BIBLIOTHÈQUE
D'ENSEIGNEMENT COMMERCIAL

Dirigée par M. GEORGES PAULET

MANUEL

DE PRÉPARATION AUX

ÉCOLES SUPÉRIEURES

DE COMMERCE

QUATRIÈME ÉDITION

TOME I

PARIS

BERGER-LEVRAULT ET Cᵉ, ÉDITEURS

BERGER-LEVRAULT ET Cie, LIBRAIRES-ÉDITEURS

PARIS, 5, rue des Beaux-Arts. — Rue des Glacis, 18, NANCY.

Bibliothèque d'Enseignement commercial

Dirigée par M. Georges PAULET

PROFESSEUR À L'ÉCOLE DES SCIENCES POLITIQUES

La **Bibliothèque d'enseignement commercial** est principalement destinée aux élèves qui se préparent aux Écoles supérieures de commerce ou qui s'y disputent le diplôme supérieur; aux élèves des grandes écoles industrielles et des Facultés de droit, qui ne sauraient se désintéresser des études commerciales; aux jeunes gens et aux jeunes filles qui, dans les écoles professionnelles, dans les cours du soir ou à leurs heures de libre étude, cherchent à se mettre en état de rendre dans le commerce des services appréciés.

Rédigée par les professeurs, les jurisconsultes et les spécialistes les plus autorisés, échappant à tout parti pris de doctrine, sacrifiant les développements purement théoriques au souci d'une instruction réellement utile et pratique, cette Bibliothèque pourra rendre en même temps de précieux services aux industriels et aux négociants désireux de parfaire leur éducation technique et de se tenir toujours, comme leurs concurrents étrangers, au courant de la législation commerciale, des procédés et des faits commerciaux : elle constituera ainsi la véritable **Bibliothèque du commerçant.**

OUVRAGES PARUS

Code annoté du Commerce et de l'Industrie. Lois, décrets, règlements relatifs au commerce et à l'industrie, avec un commentaire tiré des circulaires ministérielles, de la jurisprudence du Conseil d'État et de la Cour de cassation, par Georges PAULET, chef de bureau au Ministère du commerce, 1891. Un volume grand in-8 sur deux colonnes, broché. . . **15 fr.** Relié en demi-chagrin, plats toile. . **18 fr.**

Code de Commerce et Lois commerciales usuelles, avec des notions de législation comparée, à l'usage des élèves des Facultés de droit et des Écoles de commerce, par E. COHENDY, professeur à la Faculté de droit et à l'École supérieure de commerce de Lyon. 2e édition. 1898. Un volume in-18, relié en percaline gaufrée . . . . . . **2 fr.**

Recueil des Lois industrielles, avec des notions de législation comparée, à l'usage des élèves des Facultés de droit et des écoles industrielles et commerciales, par E. COHENDY, professeur à la Faculté de droit et à l'École supérieure de commerce de Lyon. 2e édition. 1898. Un volume in-18, relié en percaline gaufrée. . . . . . . **2 fr.**

Manuel pratique des Opérations commerciales, par A. DANY, directeur de l'École supérieure de commerce du Havre, ancien chef de comptabilité, ancien professeur à la société mutuelle des employés de commerce du Havre. 1894. Un vol. in-8, relié en percal. gaufrée. **5 fr.**

Bibliothèque d'Enseignement commercial

OUVRAGES PARUS (*Suite*).

Principes généraux de Comptabilité, par E. Léautey, professeur de comptabilité, ancien chef de bureau au Comptoir national d'Escompte, et A. Guilbault, ancien chef d'administration de la Société métallurgique de Vierzon. 1895. Un vol. in-8, relié en percaline gaufrée . **5 fr.**

Monnaies, poids et mesures des principaux pays du monde. Traité pratique des différents systèmes monétaires et des poids et mesures, accompagné de renseignements sur les changes et les timbres d'effets de commerce, etc., par A. Lejeune, directeur de l'École supérieure de commerce de Marseille. 1894. Un volume in-8, relié en percaline gaufrée . . . . **5 fr.**

Manuel de Géographie commerciale, par V. Deville, agrégé, professeur au Lycée Michelet. (*Ouvrage récompensé par la Société de géographie commerciale de Paris.*) 1893. Deux volumes in-8 avec cartes et diagrammes, reliés en percaline gaufrée. . . . . **10 fr.**

Précis d'Histoire du Commerce, par H. Cons, recteur de l'Académie de Poitiers, ancien professeur à la Faculté des lettres de Lille, à l'École supérieure de commerce de Lille et à l'Institut industriel du Nord. 1896. 2 volumes in-8, reliés en percaline gaufrée . . . . . . **8 fr.**

Les Tribunaux de commerce. Organisation, compétence, procédure, par A. Houyvet, docteur en droit, ancien agréé près le tribunal de commerce de la Seine, professeur de législation commerciale et industrielle à l'École supérieure de commerce de Paris, avec une préface de M. F. Rataud, professeur honoraire à la Faculté de droit de Paris. 1894. Un volume in-8, relié en percaline gaufrée. . . . . **4 fr.**

Armements maritimes, cours professé à l'École supérieure de commerce de Marseille, par C. Champenois, capitaine au long cours, ancien commandant aux Messageries maritimes. 1895. Deux volumes in-8 avec 140 figures, reliés en percaline gaufrée . . . . **10 fr.**

Les Transports maritimes. Éléments de droit maritime appliqué, par Haumont et Levaney, avocats, professeurs à l'École supérieure de commerce du Havre. 2ᵉ édition. 1898. Un volume in-8, relié en percaline gaufrée. . . . . **4 fr.**

Manuel de préparation aux Écoles supérieures de commerce, contenant le développement des programmes officiels des concours d'entrée (arithmétique, algèbre, géométrie, physique, chimie, géographie, histoire, comptabilité). *3ᵉ édition. 1899.* Deux volumes in-8, reliés en percaline gaufrée . . . . **10 fr.**

Annuaire de l'Enseignement commercial et industriel. 4ᵉ année, 1895 (dernière parue). Un volume in-18, de 760 pages, cart. **3 fr.**

Les frais de port en sus, à raison de 75 centimes pour l'envoi par la poste d'un volume de 4 ou 5 fr.; plusieurs volumes peuvent être réunis dans un colis postal de 3 kilogr. (85 centimes), ou 5 kilogr. (1 fr. 05), ou 10 kilogr. (1 fr. 50).

EXAMENS ET CONCOURS

Les Écoles françaises civiles et militaires. Programmes, études, titres, diplômes, service militaire, par ANDRÉANI. In-8 . . . . 5 fr.

Organisation des pouvoirs publics. 1re partie du *Précis de Droit*, spécialement à l'usage des candidats aux carrières administratives, par A. THIBAULT et A. SAILLARD. In-12, broché. . . . . 4 fr. — Relié . . . . . . 5 fr.

Les Carrières administratives. *Nouveau guide des candidats* aux emplois des ministères et des grandes administrations, par S. CHABRILLAT et A. SAILLARD. In-8, broché . . . . 5 fr. — Relié . . . . 6 fr.

Les Emplois publics. *Guide des aspirants* aux carrières administratives, par MÉTÉRIÉ-LARREY. 2e édition. In-12, broché. . . . . 4 fr. — Relié . . . . 5 fr.

Administration centrale du Ministère des finances et Trésorerie d'Afrique. *Guide pratique des candidats aux examens*, par J. JOSAT. In-8. . . . 3 fr. 50 c.

Administration des Contributions indirectes. — *Guide pratique des surnuméraires, avant et après le concours*, par ROUSSAN et JOSAT. *Partie administrative.* 3e édition. In-8 . . . . 3 fr. 50 c.
— *Partie scientifique.* **Notions élémentaires sur la physique et la chimie,** par BARDY, directeur du laboratoire des contributions indirectes. In-8. 3 fr. 50 c.

Recueil de Rédactions sur des sujets d'économie politique et sur des questions financières ou administratives. Sujets et questions donnés aux différents *concours aux grandes administrations financières de l'État*, par J. JOSAT, ancien sous-chef de bureau au ministère des finances. Un volume in-8. . 8 fr.

Les Aspirants Percepteurs. Manuel du candidat aux emplois de percepteur surnuméraire et de percepteur-receveur municipal, par Ch. M. L., percepteur-receveur municipal. 9e édition refondue. 1899. Un volume in-12 de 512 pages, broché . . . . 4 fr. — Relié en percaline . . . . . . 5 fr.

Programme des examens des Aspirants Percepteurs. — *Percepteurs surnuméraires :* Concours des candidats ; examens professionnels. — *Examens des sous-officiers :* Lois et décrets ; arrêtés et circulaires ministérielles. 1899. In-12, broché . . . . 1 fr.

Contributions directes. Conférences écrites pour la préparation aux examens des surnuméraires-contrôleurs, par D. MILLET. 2e édition. Volume in-12, broché . . . . 4 fr. — Relié en percaline . . . . 5 fr.

Manuel de préparation pour l'examen des Douanes, par un employé de la Direction générale des douanes. 8e édition. 1898. In-8, broché . . . . . 2 fr.

Manuel du candidat à l'emploi de Commissaire de surveillance administrative des chemins de fer, par A. LAPLAICHE. 5e édition, avec 100 figures. Ouvrage rédigé conformément aux programmes officiels. 1898. Un volume in-12 de 871 pages, broché. . . . . . 7 fr. 50 c. — Relié . . . . 8 fr. 50 c.
— **Supplément :** *Programme de 1894.* Un vol. in-12 de 195 pages, br. . . 2 fr.
— **2e Partie. — Solutions** des questions posées aux candidats de 1878 à 1898 avec 106 figures. Un vol. in-12 de 661 pages, broché. 7 fr. 50 c. Relié. 9 fr.

Manuel du candidat à l'emploi d'Inspecteur particulier de l'Exploitation commerciale des chemins de fer, par A. LAPLAICHE. Rédigé conformément aux programmes officiels. 4e édition. Un volume in-12 de 1,072 pages, avec 100 figures, relié en percaline . . . . 15 fr.

Manuel du candidat à l'emploi de Contrôleur comptable du service du contrôle des chemins de fer, par A. LAPLAICHE. Un volume in-12 de 691 pages, avec 97 figures, broché. . . . 7 fr. 50 c. — Relié. . . . . 8 fr. 50 c.

De l'Administration des enfants assistés. *Manuel du Candidat à l'Inspection.* Répertoire méthodique de la législation et des instructions ministérielles, par A. MÉTÉRIÉ-LARREY et DRIMONT, inspecteurs du service des enfants assistés. 1897. Un volume in-12 de 326 pages, broché. 4 fr. — Relié en percaline . . . 5 fr.

Le Travail des enfants, des filles mineures et des femmes dans l'industrie. Commentaire de la loi du 2 novembre 1892, par L. BOUQUET, directeur au ministère du commerce. 3e édition. In-8, broché . . . 6 fr. — Relié . . . 7 fr.

Réglementation du travail dans l'industrie. Code annoté par A. DUPRAT et A. SAILLARD. In-8, broché . . . . . 5 fr. — Relié . . . . . . 6 fr. 50 c.

Emplois civils. Guide pratique des sous-officiers candidats à des emplois civils (Loi du 18 mars 1889), par Paul WISNIEWSKI et Charles DUBOIS. 2e édition. 1899. Un volume in-8 de 365 pages, broché . . . . 5 fr.

Manuel littéraire à l'usage des sous-officiers candidats aux Écoles militaires et aux Emplois civils, par le lieutenant DEDIEUVRE. 1899. Vol. in-12, br. . . 2 fr.

MANUEL DE PRÉPARATION

AUX CONCOURS D'ENTRÉE DES

ÉCOLES SUPÉRIEURES DE COMMERCE

NANCY. — IMPRIMERIE BERGER-LEVRAULT ET Cⁱᵉ.

BIBLIOTHÈQUE D'ENSEIGNEMENT COMMERCIAL

Publiée sous la direction de M. GEORGES PAULET

MANUEL DE PRÉPARATION

AUX CONCOURS D'ENTRÉE DES

Écoles supérieures de Commerce

CONTENANT LE

DÉVELOPPEMENT DES PROGRAMMES OFFICIELS

TOME PREMIER

ARITHMÉTIQUE, ALGÈBRE, GÉOMÉTRIE, PHYSIQUE, CHIMIE

Par E. DRINCOURT

ANCIEN ÉLÈVE DE L'ÉCOLE NORMALE SUPÉRIEURE
PROFESSEUR AGRÉGÉ AU COLLÈGE ROLLIN

QUATRIÈME ÉDITION

PARIS

BERGER-LEVRAULT ET Cⁱᵉ | LIBRAIRIE NONY ET Cⁱᵉ

ÉDITEURS | ÉDITEURS

5, rue des Beaux-Arts, 5 | 17, rue des Écoles, 17

1901

AVERTISSEMENT

———•o•———

Ce *Manuel* a été composé dès 1892, en vue de la préparation aux concours d'entrée des *Écoles supérieures de Commerce* reconnues par l'État[1], et la présente édition est entièrement remaniée d'après les nouveaux programmes publiés en 1898.

Le premier volume comprend, avec le Règlement déterminant les conditions et programmes des concours, le développement des programmes d'*arithmétique*, d'*algèbre*, de *géométrie*, de *physique* et de *chimie*.

Le second volume contient le développement des programmes de *géographie* et d'*histoire*.

---

1. Les candidats qui, sans se contenter de ce *Mémento*, voudraient approfondir les matières du programme d'entrée, pourraient utilement recourir à d'autres ouvrages de la *Bibliothèque d'enseignement commercial*, notamment aux suivants : *Principes généraux de comptabilité*, par E. Léautey et A. Guilbault ; *Manuel de géographie commerciale*, par V. Deville ; *Précis d'histoire du Commerce*, par H. Cons ; *Monnaies, poids et mesures des principaux pays du monde*, par Lejeune ; *Manuel pratique des Opérations commerciales*, par A. Dany.

ARRÊTÉ MINISTÉRIEL DU 23 MARS 1899

RÉGLANT LES CONDITIONS ET PROGRAMMES D'ADMISSION ET LE MODE D'ATTRIBUTION DES BOURSES DANS LES ÉCOLES SUPÉRIEURES DE COMMERCE RECONNUES PAR L'ÉTAT.

Le Ministre du commerce, de l'industrie, des postes et des télégraphes,

Vu les règlements d'administration publique du 23 novembre 1889 et du 31 mai 1890, rendus pour exécution de l'article 23 de la loi du 15 juillet 1889 sur le recrutement de l'armée ;

Vu le décret du 31 mai 1890, modifié par le décret du 11 juin 1898, et relatif à la reconnaissance par l'État des écoles supérieures de commerce ;

Vu les décrets des 22 juillet 1890, 12 juillet 1892, 29 août 1895, 2 octobre 1896 et 16 juillet 1897, portant reconnaissance par l'État de l'école des hautes études commerciales, de l'école supérieure de commerce de Paris, de l'Institut commercial de Paris, des écoles supérieures de commerce de Bordeaux, du Havre, de Lille, de Lyon, de Marseille, de Montpellier, de Nancy et de Rouen ;

Vu le décret du 11 juin 1898, relatif aux écoles supérieures de commerce reconnues par l'État ;

Vu l'arrêté ministériel du 19 janvier 1891, modifié par les arrêtés des 20 février et 9 juillet 1895, 1ᵉʳ février 1896 et celui du 1ᵉʳ juillet 1898 réglant les conditions et programmes d'admission dans les écoles supérieures de commerce reconnues par l'État ;

Vu l'arrêté ministériel du 1er octobre 1891, relatif aux épreuves du concours d'admission à l'école supérieure de commerce de Marseille ;

Vu l'arrêté ministériel du 27 juillet 1892, relatif aux conditions d'option pour la section du commerce des matières tinctoriales et produits chimiques à l'école supérieure de commerce de Lyon, et pour la section de la marine marchande à l'école supérieure de commerce de Marseille ;

Vu l'arrêté ministériel du 13 décembre 1892, modifié par l'arrêté du 4 juillet 1893, et relatif au fonctionnement de la section de la marine marchande de l'école supérieure de commerce de Marseille ;

Vu l'arrêté ministériel du 4 juillet 1893, relatif au fonctionnement de la section des matières tinctoriales et produits chimiques à l'école supérieure de commerce de Lyon ;

Vu les avis des directeurs des écoles intéressées,

Sur le rapport du directeur du personnel, de la comptabilité et de l'enseignement technique,

Arrête :

1. — DES CONCOURS D'ENTRÉE.

ART. 1er. — L'admission dans les écoles supérieures de commerce reconnues par l'État est réglée dans les conditions ci-après indiquées :

ART. 2. — Ne sont admis aux épreuves des concours d'entrée que les candidats âgés de seize ans au moins au 1er juillet de l'année du concours. Aucune dispense d'âge ne peut être accordée.

Les candidats doivent adresser leurs demandes d'admission aux directeurs d'école avec toutes les pièces exigibles quinze jours avant la date fixée pour l'ouverture du concours.

ART. 3. — Les épreuves obligatoires comprennent les matières et donnent lieu à l'attribution des coefficients ci-après :

ÉPREUVES ÉCRITES.

Composition de mathématiques :

Question d'arithmétique	3
Question de géométrie.	1
Question d'algèbre	4

Composition française :

Rédaction.	3
Orthographe.	1
Écriture.	1

Composition de langues vivantes (avec l'aide d'un dictionnaire) :

Thème	3
Version.	1
Composition de géographie	4

ÉPREUVES ORALES.

Arithmétique.	4
Langue vivante (explication d'un texte et exercice de conversation)	4
Chimie	2
Physique	1
Histoire.	1
Total.	33

ART. 4. — Les candidats désireux d'opter, au cas où ils seraient admis à l'école supérieure de commerce de Marseille, pour la section de la marine marchande, doivent justifier qu'ils n'ont point accompli leur dix-neuvième année au 1er octobre de l'année du concours et qu'ils ont préalablement subi avec succès un examen spécial, qui a lieu chaque année à

Marseille la veille du jour fixé pour l'ouverture du concours d'entrée à l'école (l'avant-veille, si la veille est un dimanche). Il comprend une composition de géométrie et une composition de trigonométrie rectiligne, d'après les programmes annexés au présent arrêté.

Sont dispensés de subir cet examen spécial les candidats qui justifient soit de leur admissibilité à l'École navale, à l'École polytechnique ou à l'École de Saint-Cyr, soit de la possession du baccalauréat ès sciences complet ou du baccalauréat de l'enseignement moderne, soit d'une attestation d'études satisfaisantes au cours préparatoire institué à l'école pour la section de la marine marchande.

Le nombre des candidats à admettre dans cette section est fixé annuellement par le ministre ; il ne peut être dépassé.

ART. 5. — Les candidats désireux d'opter, au cas où ils seraient admis à l'école supérieure de commerce de Lyon, pour la section du commerce des soieries, devront justifier de connaissances élémentaires du dessin d'ornement.

Les candidats à la section des matières tinctoriales et produits chimiques ne pourront y être admis que jusqu'à concurrence du nombre annuellement fixé par le ministre.

ART. 6. — Il est attribué à chacune des compositions ou interrogations une note exprimée par des chiffres variant de 0 à 20 et ayant respectivement les significations ci-après :

0, nul ;

1, 2, très mal ;

3, 4, 5, mal ;

6, 7, 8, médiocre ;

9, 10, 11, passable ;

12, 13, 14, assez bien ;

15, 16, bien ;

17, 18, 19, très bien ;

20, parfait.

ART. 7. — Les sujets des épreuves écrites et des interro-

gations orales sont choisis dans les programmes annexés au
présent arrêté.

L'épreuve écrite et orale de langue vivante porte, au choix
du candidat, sur la langue anglaise, la langue espagnole ou
la langue allemande. Elle peut également porter, pour l'école
de Lyon, sur la langue italienne ; pour l'école de Marseille,
sur la langue italienne et sur la langue grecque moderne, et,
pour l'école de Nancy, sur la langue russe.

ART. 8. — Les sujets des compositions écrites sont choisis
par l'Administration et adressés, sous plis cachetés, aux directeurs des écoles qui les tiennent à la disposition des pré-
sidents des jurys.

Chacun des plis n'est ouvert qu'à l'heure fixée pour la
composition correspondante et en présence des candidats
appelés à la faire ; il est décacheté et le sujet est dicté, s'il y
a lieu, par le président du jury ou par celui des membres du
jury que le président désigne pour surveiller, sans interruption, chacune des compositions écrites.

ART. 9. — Pour les interrogations orales, le jury visé par
l'article 3 du décret du 31 mai 1890 est partagé, si le nombre
des concurrents l'exige, par les soins du président, en autant
de sous-commissions qu'il est nécessaire. Chaque sous-com-
mission ne peut valablement procéder que si elle compte au
moins deux membres présents. Elle doit faire subir l'examen
oral à l'intégralité des candidats sur les matières dont ses
membres sont chargés.

ART. 10. — Les épreuves orales terminées, le jury du
concours, en séance plénière, arrête les notes des candidats
telles qu'elles résultent des compositions écrites et des épreuves orales.

Le jury dresse ensuite la liste de classement, par ordre
de mérite, de tous les concurrents et détermine le nombre
d'élèves admis dans la limite des places mises au concours.

Le classement ne doit comporter aucun *ex-æquo*. En cas

d'égalité de points, le candidat qui aura obtenu le plus de points aux compositions écrites sera classé le premier. En cas d'égalité de points à l'oral et à l'écrit, le classement sera déterminé par la composition de mathématiques.

Le minimum de points à exiger de chaque candidat est annuellement fixé par arrêté ministériel.

Si, en raison du niveau constaté du concours, le nombre des candidats reconnus admissibles est supérieur à celui des places mises au concours, le jury établit une liste supplémentaire, par ordre de mérite, des jeunes gens appelés à remplacer ceux qui, pour une raison quelconque, renoncent au bénéfice de leur admission.

Après un délai de trois semaines à partir de la publication de la liste d'admission, il n'est plus procédé au remplacement des démissionnaires.

Le directeur de l'école communique au ministre la liste des élèves admis à titre supplémentaire.

Art. 11. — Le secrétaire du jury est nommé par le ministre. Il n'a pas voix délibérative.

Les listes de classement, avec l'indication détaillée des notes obtenues par chaque candidat, sont adressées au ministre dans les cinq jours de la clôture du concours, ainsi que le procès-verbal des opérations du concours, signé de tous les membres du jury.

Art. 12. — Les candidats admis qui ne se trouveraient point en situation d'être appelés au service militaire pendant le cours des études doivent, sous peine d'exclusion de l'école, terminer les deux années d'études avant de satisfaire à la loi sur le recrutement.

Les candidats admis qui, en raison de leur âge, devraient être appelés au service militaire en cours d'études sont tenus, sous peine d'exclusion de l'école, de se réclamer des dispositions de l'avant-dernier alinéa de l'article 59 de la loi du 15 juillet 1889.

Ils doivent, dans ce cas, contracter immédiatement l'engagement volontaire prévu par la loi, de manière à pouvoir suivre les cours de l'école au plus tard trois semaines après la rentrée scolaire de l'année suivante.

Il n'est pas pourvu au remplacement de ces élèves par des candidats de la liste supplémentaire.

Si l'autorité militaire ne les admet point à l'engagement volontaire, le directeur de l'école, dans le délai ci-dessus spécifié et au vu des pièces constatant cet ajournement, les autorise à commencer effectivement leurs études.

Il rend compte au ministre de ces autorisations.

ART. 13. — Sont exclus de l'école les candidats admis qui, dans les huit jours de la rentrée des classes et sans excuse jugée légitime, ne sont point effectivement entrés à l'école.

II. — DES PLACES GRATUITES.

ART. 14. — Le ministère du commerce fixe chaque année le nombre des places qui seront mises gratuitement à la disposition des candidats.

Cette décision est portée à la connaissance des intéressés par la voie du *Journal officiel*.

ART. 15. — Les candidats à ces places doivent adresser au préfet du département de leur domicile, avant le 15 juin, une demande sur papier timbré indiquant l'école à laquelle ils doivent se présenter et accompagnée des pièces ci-après :

1° Pièce authentique établissant qu'ils sont de nationalité française et qu'ils auront seize ans au moins au 1er juillet ;

2° Certificat de bonne vie et mœurs ;

3° Certificat délivré par le maire de la commune du domicile des parents et constatant la situation de fortune de ces derniers ;

4° Extrait du rôle des contributions imposées aux parents des candidats.

ART. 16. — Le préfet instruit les demandes des candidats et les adresse au ministre avec ses avis motivés, avant le 15 juillet.

ART. 17. — Le ministre arrête la liste des candidats qui, en raison de leur situation de fortune, sont susceptibles d'obtenir une place gratuite.

ART. 18. — Les jeunes gens désignés conformément aux dispositions de l'article précédent doivent, pour pouvoir obtenir une place gratuite, être classés dans la première moitié des candidats admis. Ils sont nommés d'après leur rang de classement et jusqu'à concurrence du nombre des places gratuites.

ART. 19. — Au cas où les candidats admis ainsi gratuitement quittent l'école pour une raison quelconque, même en cours d'études, la gratuité revient de plein droit à ceux des candidats remplissant les conditions des articles 17 et 18, qui se trouvaient classés après eux au concours et qui sont entrés à l'école.

ART. 20. — Les candidats qui, après avoir été admis à l'école à la suite d'un concours et après avoir été classés en rang utile pour l'attribution d'une place gratuite, doivent accomplir leur service militaire, conformément aux dispositions de l'article 12 ci-dessus, conserveront leurs droits s'ils rentrent l'année suivante.

Les candidats qui se trouveront dans cette situation devront adresser au ministre une demande spéciale un mois avant la date fixée pour l'ouverture du concours et indiquer dans cette demande la date de leur libération.

ART. 21. — Le directeur du personnel, de la comptabilité et de l'enseignement technique, les préfets et les directeurs des écoles supérieures de commerce reconnues par l'État, sont chargés, chacun en ce qui le concerne, de l'exécution du présent arrêté.

PROGRAMME D'ADMISSION

ARITHMÉTIQUE.

1. *Définitions préliminaires.* — Grandeurs, nombres, mesure d'une grandeur, unités, nombre entier, fraction, nombre fractionnaire.

2. *Numération parlée.* — Définitions, numération décimale.

3. *Numération écrite.* — Définitions, valeur absolue d'un chiffre, valeur relative.

4. *Opérations sur les nombres entiers.* — Addition et soustraction. — Définitions, règles, preuves ; exercices de calcul rapide, mental et écrit sur l'addition et la soustraction.

Multiplication. — Définitions. — Table de multiplication des quinze premiers nombres. — Divers cas de multiplication ; théorie et règles pratiques. — Théorèmes relatifs à la multiplication.

Division. — Définitions. — Règles. — Exercices. — Théorèmes relatifs à la division. — Division par 25, 75, 125, leurs multiples et sous-multiples.

5. *Propriétés des nombres entiers.* — Divisibilité. — Théorèmes préliminaires. — Reste de la division d'un nombre par 2, 3, 5, 9, 11, 14 et 25. — Preuves par 9 et par 11 de la multiplication et de la division. — Exercices.

6. *Plus grand commun diviseur.* — Définition. — Recherche du plus grand commun diviseur de deux nombres. — Théorèmes fondamentaux. — Règle. — Simplification. — Exercices. — Propriétés du plus grand commun diviseur. — Plus grand commun diviseur de plusieurs nombres.

7. *Nombres premiers.* — Définitions des nombres premiers et des nombres premiers entre eux. — Théorèmes. — Etablissement d'une table de nombres premiers. — Décomposition d'un nombre en ses facteurs premiers. — Règle. — Exercices. — Diviseurs d'un nombre. Méthodes pour les trouver. — Plus grand commun diviseur. — Plus petit multiple commun.

8. *Fractions.* — Définition. — Réduction des fractions à leur plus simple expression. — Réduction au même dénominateur. —

Opérations sur les fractions. — Exercices. — Fractions décimales. — Définitions. — Numération des nombres décimaux. — Opérations sur les nombres décimaux. — Évaluation d'un quotient à moins d'une unité décimale donnée. — Conversion des fractions ordinaires en fractions décimales, et inversement. — Fraction ordinaire irréductible donnant naissance à une fraction périodique. — Fractions périodiques. — Définitions. — Recherche des fractions génératrices.

9. *Puissances et racines.* — Définitions et théorèmes. — Extraction de la racine carrée d'un nombre entier. — Extraction de la racine carrée d'un nombre entier ou fractionnaire avec une approximation donnée. — Racine carrée des nombres décimaux. — Carré et racine carrée des fractions. — Définitions.

10. *Mesures.* — Mesures françaises anciennes et mesures légales actuelles. — Comparaison. — Conversion des mesures anciennes et actuelles, et inversement. — Mesures de longueur, de surface, de volume, de capacité, de poids. — Mesures monétaires. — Monnaies étrangères.

11. *Nombres complexes.* — Définitions. — Opérations sur les nombres complexes.

12. *Rapports.* — Définitions. — Proportions. — Grandeurs proportionnelles. — Théorèmes. — Applications. — Règle de trois (directe, inverse, simple, composée). — Méthode de réduction à l'unité. — Questions faciles sur les partages proportionnels, alliages et mélanges. — Règle d'intérêt simple. — Formule générale. — Application des calculs rapides pour les taux usuels. — Définition de l'intérêt composé. — Escompte en dehors. — Règle de société.

ALGÈBRE.

Calcul algébrique. — Emploi des lettres et des signes comme moyen d'abréviation et de généralisation. — Termes semblables. — Addition et soustraction. — Multiplication. — Règle des signes. — Division des monômes. — Division des polynômes. — Introduction et calcul des nombres négatifs. — Exposants négatifs. — Exposants fractionnaires.

Équation du premier degré à une inconnue. — Résolution : d'un système de deux équations du premier degré à deux inconnues ; d'un système de trois équations du premier degré à trois inconnues. — Exposé sommaire de la méthode de résolution, par l'emploi des facteurs indéterminés, d'un nombre quelconque d'équations du premier degré renfermant un pareil nombre d'inconnues.

Problèmes du premier degré. — Interprétation des solutions négatives.

Équation du second degré à une inconnue. — Résolution de l'équation $ax^2 + bx + c = 0$. — Discussion. — Racines imaginaires. — Décomposition du trinôme $ax^2 + bx + c$ en un produit de facteurs du premier degré.

Progressions arithmétiques et géométriques. — Théorie complète des progressions. — Somme des n premiers termes. — Limite de la somme des termes d'une progression géométrique décroissante. — Théorie des logarithmes déduite des progressions. — Logarithmes dont la base est 10. — Tables. — De la caractéristique. — Introduction des caractéristiques négatives pour étendre aux nombres plus petits que 1 les calculs logarithmiques. — Usage des tables. — Extraction d'une racine carrée, d'une racine cubique, d'une racine d'indice quelconque.

Intérêts composés et annuités. — Application des logarithmes à ces questions.

GÉOMÉTRIE.

De la ligne droite. — Des perpendiculaires. — Des obliques. — Des parallèles.

Des angles. — Des triangles. — Des polygones.

De la circonférence. — Mesure des angles. — Arcs et cordes. — Cercles. — Tangentes et sécantes au cercle.

Des lignes proportionnelles. — De la similitude. — Polygones réguliers. — Mesure de la circonférence.

Mesure des surfaces planes. — Triangles. — Quadrilatères. — Polygones. — Cercle. — Secteur circulaire. — Segment.

Mesure de la surface et du volume des principaux corps solides. — Prismes. — Parallélipipède. — Pyramide. — Tronc de pyramide. — Cylindre. — Cône. — Tronc de cône. — Sphère. — Surface d'une zone. — Volume d'un segment sphérique.

Applications pratiques. — Capacité du tonneau. — Volume d'un tas de sable, etc.

CHIMIE.

(Notions générales.)

Chimie générale. — Corps simples et composés. — Différents états de la matière. — Dissolution. — Cristallisation. — Isomérie. —

Allotropie. — Combinaisons chimiques. — Caractères de la combinaison. — Loi des masses. — Loi des proportions définies. — Loi des proportions multiples. — Lois de Gay-Lussac. — Lois de proportionnalité. — Nombres proportionnels. — Poids atomiques. — Poids moléculaires. — Volume moléculaire.

Valence des éléments. — Nomenclature chimique. — Notation atomique. — Usage exclusif de la notation atomique.

Notions très sommaires de thermochimie. — Notions très sommaires sur la dissociation.

Métalloïdes et métaux.

Classification actuelle des métalloïdes.

Hydrogène. — Préparation, propriétés et usages.

Fluor. — Acide fluorhydrique. — Gravure sur verre.

Chlore. — Préparation, propriétés et usages. — Chlorures décolorants. — Blanchiment. — Acide chlorhydrique. — Eau régale. — Sel marin. — Notions sommaires sur le brome et l'iode.

Oxygène. — Préparation, propriétés et usages. — Combustion. — Oxydes métalliques. — Ozone.

Eau. — Composition de l'eau. — Propriétés de l'eau. — Eaux naturelles. — Eaux potables. — Eaux minérales.

Soufre. — Extraction, propriétés et usages. — Anhydride sulfureux. — Désinfection par l'anhydride sulfureux. — Acide sulfurique de Nordhausen. — Acide sulfurique ordinaire. — Acide sulfhydrique.

Azote. — Préparation et propriétés. — Air atmosphérique. — Composition de l'air.

Ammoniaque. — Circonstances naturelles de production. — Préparation industrielle de l'ammoniaque du commerce et des sels ammoniacaux. — Sel ammoniac. — Propriétés du gaz ammoniac et de l'ammoniaque ordinaire. — Usages de l'ammoniaque.

Composés oxygénés de l'azote. — Protoxyde et bioxyde d'azote. — Peroxyde d'azote. — Acide azotique fumant. — Acide azotique du commerce. — Nitrification.

Phosphore. — Propriétés physiques et chimiques. — Phosphore rouge. — Usages du phosphore. — Notions sommaires sur les phosphures d'hydrogène. — Anhydride phosphorique.

Acide phosphorique. — Phosphates usuels. — Notions sommaires sur l'acide pyrophosphorique et sur l'acide métaphosphorique. — Préparation industrielle du phosphore.

Arsenic. — Préparation et propriétés. — Anhydride arsénieux. — Hydrogène arsénié ; appareil de Marsh.

Acide borique.

Silice et silicates.

Carbone. — Examen de ses différentes variétés. — Oxyde de carbone et anhydride carbonique. — Air confiné. — Carbonates usuels. — Méthane. — Pétroles. — Éthylène. — Acétylène. — Benzine. — Gaz d'éclairage. — Flamme. — Sulfure de carbone et sulfo-carbonates.

Cyanogène. — Acide cyanhydrique.

Métaux en général. — Propriétés générales. — Alliages. — Hydrates métalliques. — Potasse, soude. — Chaux et mortiers.

Métallurgie du fer. — Fer, fontes et aciers.

Sels. — Leurs propriétés générales. — Lois de Berthollet. — Salpêtre. — Potasses et soudes du commerce. — Plâtre. — Sulfate de cuivre. — Sulfate de fer. — Aluns. — Argiles.

Notions générales sur les métaux usuels : Fer. — Cuivre. — Plomb. — Zinc. — Étain. — Nickel. — Aluminium. — Mercure. — Argent. — Or. — Platine.

PHYSIQUE.

(Notions générales.)

Mécanique physique. — Mouvement uniforme. — Mouvement uniformément varié. — Inertie. — Forces en général. — Proportionnalité des forces aux accélérations. — Masse. — Travail et force vive. — Système C. G. S.

Propriétés physiques générales des corps. — Divers états physiques des corps.

Pesanteur. — Direction de la pesanteur. — Centre de gravité. — Poids. — Balance. — Double pesée. — Masse spécifique. — Poids spécifique. — Densité. — Lois de la chute des corps. — Machine d'Atwood. — Pendule et ses applications.

Hydrostatique. — Principes de Pascal et ses conséquences. — Surface libre des liquides pesants en équilibre. — Pression sur le fond des vases. — Principe des vases communicants. — Applications. — Presse hydraulique. — Principe d'Archimède. — Densités des solides et des liquides. — Aréomètres à poids constant. — Diverses graduations. — Densimètres. — Alcoomètres.

Pression atmosphérique. — Baromètres. — Loi de Mariotte. — Manomètres. — Machine pneumatique. — Pompes, siphons.

Chaleur. — Dilatation des corps par la chaleur. — Thermomètres. — Définition des coefficients de dilatation. — Leurs usages. — Action de la chaleur sur les gaz. — Masse spécifique normale de l'air. — Densité des gaz par rapport à l'air. — Principe d'Archimède appliqué aux gaz. — Aérostats.

Chaleur spécifique. — Principe de la méthode des mélanges.

Fusion, solidification, dissolution. — Mélanges réfrigérants. — Formation des vapeurs dans le vide. — Vapeurs saturées et non saturées. — Maximum de tension. — Usage des tables. — Mélange des gaz et des vapeurs. — Évaporation, ébullition, distillation. — Définition de la chaleur de fusion et de la chaleur de vaporisation. — Principe de la machine à vapeur. — Condenseur. — Détente. — Puissance. — Notions sur l'équivalent du travail mécanique de la calorie. — Idée de la conservation de l'énergie.

Hygrométrie. — Pluie. — Neige. — Rosée. — Hygromètres usuels.

Magnétisme. — Aimants. — Pôles. — Attractions et répulsions magnétiques. — Déclinaison. — Inclinaison. — Boussole de déclinaison.

Électricité. — Phénomènes électriques généraux. — Énoncé des lois des attractions et des répulsions électriques. — Unité électrostatique de quantités C. G. S. — Notions expérimentales sur le potentiel et sur la capacité électrique. — Unités électrostatiques C. G. S. — Électrisation par influence. — Électroscopes. — Électrophore. — Machines électriques à frottement et à influence.

Condensation électrique. — Bouteille de Leyde. — Batterie. — Énergie d'une batterie. — Effets de la décharge électrique.

Électricité dynamique. — Principe de Volta. — Lois des contacts successifs. — Piles diverses. — Courant électrique. — Propriétés du courant électrique. — Intensité d'un courant. — Résistance électrique. — Lois d'Ohm. — Force électromotrice totale d'une pile. — Unités pratiques d'intensité, de résistance et de force électromotrice. — Puissance d'une pile. — Unité pratique de travail. — Unité pratique de puissance. — Effets calorifiques du courant. — Effets chimiques du courant. — Voltamètre. — Mesure de l'intensité d'un courant. — Électrolyses diverses. — Applications diverses. — Accumulateurs.

Expérience d'Œrsted. — Galvanomètres. — Solénoïdes. — Assimilation des aimants aux solénoïdes. — Aimantation par les courants. — Électro-aimant. — Télégraphes.

Induction électrique. — Induction par variation d'intensité d'un courant électrique ; bobine de Rhumkorff. — Téléphones. — Induction par les aimants. — Loi de Lenz. — Machines électriques de

Gramme à courants continus ou à courants alternatifs. — Énergie d'une machine électrique. — Réversibilité des machines électriques. — Transport de l'énergie à distance. — Éclairage électrique.

Acoustique. — Production et propagation du son. — Vitesse. — Intensité, hauteur. — Timbre.

Optique. — Propagation de la lumière. — Ombre et pénombre. — Loi de la réflexion. — Miroirs sphériques, concaves et convexes. — Réfraction. — Prismes. — Lentilles. — Loupe.

Microscope composé. — Lunette astronomique. — Lunette terrestre. — Lunette de Galilée. — Télescope de Newton.

Dispersion de la lumière. — Spectre solaire. — Couleur du corps. — Contraste des couleurs. — Spectres de différentes sources lumineuses. — Spectres non lumineux. — Photographie.

Chaleur rayonnante. — Notions sommaires. — Conductibilité des corps pour la chaleur.

GÉOGRAPHIE.

I

Objet et utilité de la géographie. — Comment elle s'applique à l'étude des questions économiques. — Utilité des cartes murales et des croquis sommaires.

II

France. — Étude de la géographie physique. — Montrer les rapports étroits qui la rattachent à la géographie économique.

Composition du sol français. — Diverses natures des terrains : le sol minier et le sol cultivable.

Relief. — Étude des massifs, des chaînes, des plateaux, des plaines, des vallées : faire voir en quoi le relief gêne ou facilite les communications. — Cols et passages naturels.

Climats. — Principales divisions et contrastes, climat océanique, climat méditerranéen, climat continental. — Vents et pluies. — Influence des divers climats sur les forêts, les cultures, les prairies, la navigation côtière.

Fleuves et rivières. — Description physique : montrer quels secours les eaux courantes apportent à l'agriculture par l'irrigation, à l'industrie par la force motrice, au commerce par leur étendue navigable.

Les côtes. — Forme, nature, facilité ou difficulté d'accès, les marées, la pêche.

Agriculture. — Condition générale de l'agriculture française. — Productions principales et progrès réalisés (céréales, vignes, forêts), etc. — Importance de l'élevage et ses produits.

Industrie. — Condition générale de l'industrie française. — Insuffisance de la houille et des matières premières. — Les productions et les grands centres de nos industries métallurgiques, alimentaires, textiles.

Voies de communication. — Réseau des voies navigables : leur tracé en raison du relief : importance et nature des transports dans les diverses régions. — Réseau des voies ferrées : les grandes compagnies ; étude physique et économique des principaux tracés. — Comment ils se relient à nos grands ports et aux grandes voies étrangères. — Les grandes compagnies de navigation maritime.

Commerce. — Sa valeur : nature et provenance des principales marchandises importées en France ; nature et destination des marchandises exportées à l'étranger. — Concurrence étrangère.

Notions sur la population, la race, l'émigration, le régime politique et administratif.

III

Le domaine colonial français.

Étude physique et économique des colonies françaises :

En Afrique : Algérie, Tunisie, Afrique occidentale et centrale, Congo, Obock, Madagascar, la Réunion.

En Asie : L'Inde et l'Indo-Chine françaises.

En Océanie : La Nouvelle-Calédonie, les archipels océaniens.

En Amérique : La Guyane, les Antilles françaises, Saint-Pierre et Miquelon.

Étudier les climats, les ressources minières et agricoles, les populations, les rapports commerciaux avec la France et avec les nations étrangères.

IV

L'Europe. — Étude physique et économique des divers États et de leurs colonies, Grande-Bretagne, Empire russe, Empire allemand, Pays-Bas, Belgique, Espagne, Portugal, Italie, Suisse, Autriche-Hongrie, péninsule des Balkans, Suède et Norvège, Danemark.

Mettre en relief leurs principales richesses naturelles et les causes qui ont contribué au développement de leur activité industrielle et commerciale.

Population et densité. — Émigration et colonisation.

Grandes voies internationales. — Rapports commerciaux avec la France.

V

L'Asie. — Empire turc. — Empire chinois. — Japon. — Indiquer l'étendue, la population, les grands ports fréquentés par les navires européens et les grands chemins de fer asiatiques.

VI

L'Afrique. — Étude sommaire de géographie physique. — Distinguer les climats tempérés et les climats tropicaux. — Indiquer le partage de l'Afrique entre les nations de l'Europe.

Étude sommaire de géographie physique et économique.

Maroc. — Égypte et canal de Suez.

Abyssinie. — Soudan oriental.

État du Congo. — Afrique centrale, allemande et anglaise. — Afrique australe anglaise.

États indépendants : République d'Orange et Transvaal.

Océanie et Australie. — Archipels de la Sonde et des Philippines.

Amérique. — Canada. — États-Unis. — Mexique. — Amérique centrale. — Antilles. — Brésil. — Paraguay. — Uruguay. — République Argentine. — Chili. — Pérou. — Bolivie. — Colombie, etc.

Étude sommaire des ressources naturelles. — Insister sur les progrès et la puissance des États-Unis, sur le rôle de l'émigration européenne, sur la question des isthmes, sur les relations avec la France et l'Europe.

HISTOIRE.

Le monde moderne. — Établissement de l'unité française et de la monarchie absolue avec Louis XI et François Ier. — Rivalité de François Ier et de Charles-Quint : le principe de l'équilibre européen. — Résultats des grandes inventions et des découvertes maritimes des xve et xvie siècles. — Influence de la Renaissance et de la Réforme. — Exposé succinct des guerres de religion en France.

Henri IV. — Édit de Nantes. — Sully, O. de Serres, Champlain. — État de l'Europe en 1610.

Louis XIII. — États généraux de 1614. — Richelieu : luttes contre les protestants et la noblesse. — Guerre de Trente ans (particulièrement la période française), traité de Westphalie.

Minorité de Louis XIV. — Mazarin et la Fronde. — Révolution anglaise de 1648. — Cromwell. — Traité des Pyrénées. — État de l'Europe en 1660. — Gouvernement personnel de Louis XIV : mécanisme de la monarchie absolue. — Réformes et œuvre de Colbert et de Louvois. — Vauban. — Les guerres de Louis XIV et les grands traités du règne : Bréda, Aix-la-Chapelle, Nimègue, Ryswick, Utrecht et Rastadt. — Révocation de l'Édit de Nantes : ses conséquences politiques et industrielles. — Révolution anglaise de 1688 : la monarchie parlementaire. — Lettres, sciences, arts au xvııᵉ siècle. — L'Europe vers 1715. — Règne de Louis XV. — La régence et le système de Law. — Traités de Madrid, de Vienne, d'Aix-la-Chapelle, de Paris et d'Hubertsbourg. — Rivalité de la France et de l'Angleterre aux Indes et au Canada : Dupleix, La Bourdonnais, Montcalm. — Ministère de Choiseul. — Le premier partage de la Pologne. — La réforme de la justice par Maupeou et la lutte des Parlements contre le pouvoir royal. — Les écrivains, les savants, les philosophes, les économistes français du xvıɪᵉ siècle. — Règne de Louis XVI. — Turgot. — Necker. — Essais de réformes en France et en Europe. — La guerre de l'indépendance américaine et le traité de Versailles. — Constitution de la République des États-Unis en 1787. — Vue générale sur l'Europe en 1789.

L'ancien régime et la Révolution. — États généraux de 1789 et Assemblée constituante. — La déclaration des droits de l'homme et la Constitution de 1791. — L'Assemblée législative. — La Convention nationale : Girondins et Montagnards. — Robespierre et le 9 Thermidor. — Guerres de Vendée. — Les guerres de la Révolution : Valmy, Jemmapes, Fleurus ; les traités de Bâle. — Les deux derniers partages de la Pologne et la question d'Orient. — Le Directoire. — Bonaparte en Italie. — Traité de Campo-Formio. — Expédition d'Égypte et de Syrie. — Zurich et Bergen. — Le 18 Brumaire. — Le Consulat. — Institutions du Consulat : Code civil, Concordat, Banque de France, Légion d'honneur. — Marengo et Hohenlinden. — Traités de Lunéville et d'Amiens.

L'Empire. — Ulm, Trafalgar, Austerlitz ; traité de Presbourg. — Iéna et Auerstaedt ; Eylau et Friedland : paix de Tilsitt. — Guerres de Portugal et d'Espagne : le blocus continental. — Essling et Wagram : traité de Vienne. — L'Empire de Napoléon Ier vers 1810. — Expédition de Russie. — Campagne de Saxe et invasion de la France en 1814. — *La première Restauration* : Louis XVIII et la Charte. — Les Cent Jours. — Waterloo. — Les traités de Paris, le congrès de Vienne et la Sainte Alliance. — État de l'Europe en 1815.

La seconde Restauration : Les deux ministères du duc de Richelieu. — Règne de Charles X. — Bataille de Navarin et prise d'Alger. — Les Ordonnances et les Journées de juillet 1830. — Contre-coup de la Révolution de 1830 en Belgique, Pologne et Espagne. — L'émancipation des colonies espagnoles d'Amérique. — Règne de Louis-Philippe Ier. — Les questions d'Orient, Turquie et Égypte, Indes, Turkestan, Chine. — Conquête de l'Algérie. — La Révolution de février 1848 et son contre-coup en Italie, en Allemagne et en Hongrie.

La seconde République et le coup d'État du 2 décembre 1851.

Le second Empire. — La question d'Orient : guerre de Crimée et traité de Paris. — Formation de l'unité italienne : guerre d'Italie et paix de Zurich. — Expéditions de Syrie et du Mexique. — Développement des États-Unis et de l'Amérique du Nord et guerre de Sécession. — Formation de l'unité allemande ; guerre de la France et de la Prusse ; traité de Francfort-sur-le-Mein.

La troisième République. — La Commune. — Présidence de M. Thiers et de Mac-Mahon : la Constitution de 1875. — Lettres, arts, sciences au XIXe siècle. — Principales découvertes géographiques et formation de l'empire colonial français. — Progrès de l'industrie et du commerce : la vapeur et l'électricité ; traités de commerce et expositions universelles.

MANUEL

DE PRÉPARATION AUX

ÉCOLES SUPÉRIEURES DE COMMERCE

—·o·—

PREMIÈRE PARTIE

ARITHMÉTIQUE, ALGÈBRE, GÉOMÉTRIE, PHYSIQUE, CHIMIE

ARITHMÉTIQUE

I. — NOMBRES ENTIERS

NUMÉRATION

1. On appelle *nombre* une collection d'objets de même espèce ou d'êtres semblables.

Un nombre est déterminé quand on a compté les objets ou les êtres qui forment la collection considérée.

2. On appelle *grandeur* ou *quantité* tout ce qui peut être augmenté ou diminué : les longueurs, les surfaces, les volumes, les poids, etc., sont des grandeurs.

3. Les grandeurs se déterminent par leur *mesure*. Mesurer une grandeur, c'est chercher combien de fois elle contient une grandeur de même espèce, dont le choix est arbitraire, mais qui doit rester invariable, une fois qu'elle a été choisie. Chaque grandeur prise pour terme de comparaison s'appelle l'unité de mesure des grandeurs de même espèce. Ainsi, l'unité de longueur est le mètre ; l'unité de poids est le kilogramme, etc. ; la mesure d'une longueur sera un nombre de mètres ; la mesure d'un poids sera un nombre de kilogrammes, etc.

4. Lorsqu'une unité est contenue exactement un certain nombre de fois dans une grandeur, on dit que la mesure de cette grandeur est un *nombre entier* ; lorsqu'une grandeur est plus petite que son unité, la mesure de cette grandeur est dite une *fraction* ; lorsqu'une grandeur est supérieure à son unité et qu'elle ne la contient pas exactement un certain nombre de fois, la mesure de cette grandeur est dite un *nombre fractionnaire*.

5. La *numération* est l'ensemble des conventions adoptées pour énoncer et écrire tous les nombres en employant le moins de mots et de caractères possible.

Numération parlée.

6. La *numération parlée* est l'art de nommer les nombres ; il y a une infinité de systèmes de numération ; le système exclusivement adopté est le système décimal ; il est fondé sur un certain nombre de conventions :

1° On donne d'abord un nom à chacun des dix premiers nombres :

Un, deux, trois, quatre, cinq, six, sept, huit, neuf, dix ; et on dit : un objet, deux objets, etc. ; ou une unité, deux unités, trois unités simples, etc.

2° On réunit ensemble dix unités simples et on en fait un groupe unique ou ordre, que l'on appelle une *dizaine :* on compte par dizaines comme on a compté par unités simples ; on dit : une dizaine, deux dizaines, trois dizaines, etc., dix dizaines.

3° On réunit ensemble dix dizaines et on en fait un nouvel ordre appelé une *centaine,* et l'on compte par centaines comme on a compté par dizaines ; on dit : une centaine, deux centaines (ou deux cents)....., dix centaines.

4° On réunit ensemble dix centaines et on en constitue un

nouvel ordre, appelé ordre des *mille*, et on compte par mille comme on a compté par centaines, etc.

7. Il résulte de ces conventions un principe fondamental : *dix unités d'un ordre valent une unité de l'ordre immédiatement supérieur.*

8. Les unités, les dizaines et les centaines forment une première classe appelée la classe des unités simples.

On compte par mille comme on a compté par unités simples. On a des mille, des dizaines de mille et des centaines de mille. Pour énoncer tous ces nombres de mille, il suffit d'ajouter le mot mille à tous les nombres déjà formés, jusqu'à mille mille ou un *million*.

Les mille, dizaines de mille et centaines de mille forment la deuxième classe, appelée la classe des mille.

On compte par millions comme on a compté par mille et par unités simples. On a des millions, des dizaines de millions et des centaines de millions. Pour énoncer tous ces nombres de millions, il suffit d'ajouter le mot million à chacun des mille premiers nombres, jusqu'à mille millions ou un billion.

Les millions, dizaines de millions et centaines de millions forment la troisième classe appelée la classe des millions.

Les *billions* forment une quatrième classe ; et ainsi de suite.

Chaque classe contient trois ordres et le nombre des classes est illimité. Toutefois, on n'a jamais à considérer les classes supérieures à celle des billions ou milliards et celle-là même très rarement.

9. Il y a quelques anomalies consacrées par l'usage ; on dit : vingt, trente, quarante, etc., au lieu de deux, trois, etc., dizaines.

10. Un nombre peut contenir à la fois des unités de chaque ordre ; pour nommer ce nombre on groupe les ordres en classes, et on énonce, dans chaque classe, le nombre de chacun des ordres.

Exemple. — Deux cent quarante-deux millions, trois cent vingt-deux mille, trois cent trente-deux unités.

Par usage, on dit : onze, douze, treize, quatorze, quinze, seize, au lieu de dix un, dix deux, dix trois, dix quatre, dix cinq, dix six unités ; on dit aussi : onze cents, douze cents, etc., ou onze mille, douze mille, etc.

Numération écrite.

11. Pour représenter tous les nombres on emploie seulement dix caractères ou chiffres qui sont : 1, 2, 3, 4, 5, 6, 7, 8, 9, 0.

Ces chiffres suffisent, en adoptant les conventions suivantes : *tout chiffre placé à la gauche d'un autre représente des unités de l'ordre immédiatement supérieur.*

Ainsi, le premier chiffre à droite, dans un nombre, représentant les unités, le second représentera les dizaines, le troisième les centaines, le quatrième les mille, le cinquième les dizaines de mille, etc. Les trois premiers chiffres représentent ainsi les unités simples, les trois suivants représentent les mille, les trois suivants les millions, etc.

12. Chaque chiffre a ainsi deux valeurs : sa valeur absolue, qu'il a par lui-même, et sa valeur relative, qu'il acquiert par la place qu'il occupe.

Le zéro, qui n'a aucune valeur par lui-même, est destiné à remplacer les unités des différents ordres qui peuvent manquer dans un nombre.

Tous les chiffres, excepté le zéro, sont appelés chiffres significatifs.

13. Pour écrire un nombre quelconque, on écrit successivement de la droite vers la gauche les chiffres qui représentent le nombre des unités, des dizaines, des centaines, des mille, des dizaines de mille, etc., en remplaçant par des zéros les ordres qui peuvent manquer.

Exemple. — Soit à écrire le nombre : vingt-cinq millions, trois cent soixante-quatre mille, sept cent quatre-vingt-neuf.

Ce nombre s'écrira : 25364789

Autres exemples :

$$304$$
$$6730$$
$$80527$$
$$190200$$
$$2007$$

14. Il résulte des principes de la numération écrite que, pour lire un nombre quelconque, on doit le partager en tranches de trois chiffres à partir de la droite, chaque tranche représentant une classe ; puis, énoncer chaque tranche comme si elle était seule, en commençant par la gauche, et en donnant à chacune le nom qui lui convient, billions, millions, mille, unités simples.

La dernière tranche à gauche peut n'avoir qu'un ou deux chiffres.

Système duodécimal.

15. Dans le commerce, on emploie encore le système duodécimal, dont la base est 12 ; c'est-à-dire que 12 unités d'un ordre valent une unité de l'ordre immédiatement supérieur ; la douzaine vaut douze unités simples ; la grosse vaut 12 douzaines ; on n'a pas donné de noms aux autres ordres.

Il n'est pas d'usage d'écrire dans le système duodécimal ; il faudrait alors employer onze caractères et le zéro ; pour faire les calculs relatifs aux nombres de ce système, on les fait passer dans le système décimal.

Exemple : 6 grosses, 3 douzaines et 11 unités.

$$\begin{aligned}
6 \text{ grosses} &\dots & 6 \times 12 \times 12 &= 864 \text{ unités.} \\
3 \text{ douzaines} &\dots & 3 \times 12 &= 36 \text{ unités.} \\
11 \text{ unités} &\dots & &= 11 \text{ unités.} \\
\hline
& & & 911
\end{aligned}$$

Le nombre donné est égal à 911 unités simples.

ADDITION ET SOUSTRACTION DES NOMBRES ENTIERS

16. Addition. — L'addition est une opération qui a pour but de réunir plusieurs nombres en un seul.

Le résultat de l'addition se nomme *somme* ou *total*.

17. *Règle.* — On écrit les nombres à ajouter les uns au-dessous des autres, de manière que les unités de même ordre soient placées dans une même colonne verticale ; puis on ajoute séparément les unités, séparément les dizaines, etc. ; on transcrit les résultats en transformant, quand cela est possible, le nombre obtenu d'unités de chaque ordre en unités de l'ordre immédiatement supérieur.

Exemple. — Ajouter les nombres suivants :

$$879$$
$$984$$
$$542$$

Total. . . . . $\quad 2405$

On dit : 9 unités et 4 font 13, et 2, 15. Or 15 unités valent 1 dizaine et 5 unités. Je pose 5 sous la colonne des unités, et je retiens 1 dizaine pour la porter à la colonne des dizaines.

1 dizaine de retenue et 7 dizaines font 8, et 8, 16, et 4, 20. Or 20 dizaines font exactement 2 centaines. Je pose donc 0 sous la colonne des dizaines et je reporte 2 centaines à la colonne des centaines.

2 centaines de retenue et 8 centaines font 10, et 9, 19, et 5, 24. Or 24 centaines valent 2 mille et 4 centaines ; je pose 4 sous la colonne des centaines et 2 à la gauche des centaines, c'est-à-dire au rang des mille.

18. *Preuve.* — On fait la preuve en additionnant les nombres dans un sens inverse de celui dans lequel l'opération a été faite ; on doit retrouver le même total.

19. *Signe de l'addition.* — Les nombres à additionner sont réunis par le signe $+$, qu'on énonce *plus*.

$$3 + 12 + 43 = 58.$$

Le signe $=$ signifie *égale* ; 3 plus 12 plus 43 égale 58.

20. Soustraction. — La soustraction a pour but, étant donnés deux nombres, d'en trouver un troisième qui, ajouté au plus petit, reproduira le plus grand.

1er CAS. — *Tous les chiffres qui composent le plus petit nombre sont inférieurs aux chiffres de même ordre du plus grand.*

On écrit les deux nombres l'un au-dessous de l'autre, comme pour l'addition, et on retranche les unités de chaque ordre du plus petit nombre des unités de même ordre du plus grand en commençant par la droite.

$$7856$$
$$3245$$
$$\overline{4611}$$

Le résultat 4611 s'appelle le reste de la soustraction, ou l'excès du plus grand nombre sur le plus petit, ou la différence des deux nombres.

2e CAS. — *Il peut se faire que certains chiffres du plus petit nombre soient supérieurs aux chiffres correspondants du plus grand.*

Dans ce cas on fera l'opération en remarquant que la différence de deux nombres ne change pas si on ajoute au plus grand et au plus petit la même quantité.

Exemple : 5324
$$2789$$
$$\overline{2535}$$

On ne peut retrancher 9 unités de 4 unités.

On ajoute alors à 4 unités une dizaine, ce qui fait 14 unités et on dit 9 unités de 14 unités reste 5 unités.

Il faut alors, pour ne pas changer la différence, ajouter une dizaine au nombre inférieur, ce qui donne 9 dizaines.

Comme on ne peut retrancher 9 dizaines de 2 dizaines, on ajoute à 2 dix dizaines, c'est-à-dire une centaine, et on dit 9 dizaines de 12 dizaines donne 3 dizaines, etc.

Le reste est 2535.

21. *Autre méthode.* — Dans la pratique, les negociants, les comptables, les calculateurs trouvent plus commode et plus rapide de faire la soustraction par l'addition de la manière suivante :

Exemples. — 1° Soit à retrancher 5243 de 8769.

$$\begin{array}{r} 8769 \\ 5243 \\ \hline 3526 \end{array}$$

On écrit les deux nombres l'un au-dessous de l'autre et on cherche mentalement le chiffre qui, ajouté à 3, fera 9 ; celui qui, ajouté à 4, fera 6 ; celui qui, ajouté à 2, fera 7, etc. Ainsi l'on dit : 3 et 6, 9, et on pose 6 ; 4 et 2, 6, et on pose 2 ; 2 et 5, 7, et on pose 5 ; 5 et 3, 8, et on pose 3.

2° Soit encore à retrancher 437 de 802.

$$\begin{array}{r} 802 \\ 437 \\ \hline 365 \end{array}$$

On dit 7 et 5, 12, et on pose 5 ; 1 de retenue et 3, 4 ; 4 et 6, 10, et on pose 6 ; 1 de retenue et 4, 5 ; 5 et 3, 8, et on pose 3.

22. *Preuve.* — Pour faire la preuve de la soustraction, on additionne le plus petit nombre avec le reste : si l'opération est exacte, on doit retrouver le plus grand nombre, d'après la définition de la soustraction.

23. *Signe de la soustraction.* — On place entre les deux nombres le signe —, qui s'énonce *moins*.

$$4722 - 1904 = 2818.$$

MULTIPLICATION DES NOMBRES ENTIERS

24. *Définition.* — La *multiplication* a pour but de répéter un nombre, appelé *multiplicande,* autant de fois qu'il y a d'unités dans un autre nombre appelé *multiplicateur* ; le résultat de l'opération s'appelle *produit.* Le multiplicande et le multiplicateur s'appellent aussi les *facteurs* du produit. Le signe de la multiplication est $\times$, que l'on énonce *multiplié par*.

$$7 \times 4 = 28.$$

25. *Remarque.* — Le multiplicande représente toujours des objets déterminés, tels que des cailloux, des pommes, etc., ou des grandeurs déterminées, telles que des mètres, des litres, des grammes, etc. Le multiplicateur indique seulement combien de fois le multiplicande doit être répété. Le produit exprime des objets ou des grandeurs identiques à ceux représentés par le multiplicande.

26. 1ᵉʳ CAS. — *Les deux facteurs sont inférieurs à 10.*

Le produit s'obtient à l'aide d'une table spéciale, appelée *table de multiplication*.

Nous donnons ci-dessous la table de multiplication des quinze premiers nombres.

Table de multiplication.

1	2	3	4	5	6	7	8	9	10	11	12	13	14	15
2	4	6	8	10	12	14	16	18	20	22	24	26	28	30
3	6	9	12	15	18	21	24	27	30	33	36	39	42	45
4	8	12	16	20	24	28	32	36	40	44	48	52	56	60
5	10	15	20	25	30	35	40	45	50	55	60	65	70	75
6	12	18	24	30	36	42	48	54	60	66	72	78	84	90
7	14	21	28	35	42	49	56	63	70	77	84	91	98	105
8	16	24	32	40	48	56	64	72	80	88	96	104	112	120
9	18	27	36	45	54	63	72	81	90	99	108	117	126	135
10	20	30	40	50	60	70	80	90	100	110	120	130	140	150
11	22	33	44	55	66	77	88	99	110	121	132	143	154	165
12	24	36	48	60	72	84	96	108	120	132	144	156	168	180
13	26	39	52	65	78	91	104	117	130	143	156	169	182	195
14	28	42	56	70	84	98	112	126	140	154	168	182	196	210
15	30	45	60	75	90	105	120	135	150	165	180	195	210	225

27. 2ᵉ CAS. — *Le multiplicande est quelconque et le multipli-*
cateur n'a qu'un chiffre.

Exemple : 5387×4

Règle. — Il suffit de répéter 4 fois chacune des parties du
nombre donné et de faire la somme des produits obtenus : en
effet, 5387 se compose de 7 unités, 8 dizaines, 3 centaines
et 5 mille ; pour répéter ce nombre quatre fois, il suffit de
répéter quatre fois les unités, quatre fois les dizaines, etc.

4 fois 7 unités égalent.	4×7 ou 28 unités ou. . .	28
4 fois 8 dizaines . . .	8×4 ou 32 dizaines ou. .	320
4 fois 3 centaines ou .	3×4 ou 12 centaines ou .	1200
4 fois 5 mille	5×4 ou 20 mille ou . . .	20000
	Le produit est donc	21548

Dans la pratique on fait du même coup la multiplication
et l'addition.

$$\begin{array}{r} 5387 \\ 4 \\ \hline 21518 \end{array}$$

28. 3ᵉ CAS. — *Les deux facteurs sont quelconques.*

Premier lemme. — *Pour multiplier un nombre par l'unité*
suivie d'un certain nombre de zéros, on écrit à la droite du nombre
autant de zéros qu'il y en a dans le multiplicateur.

Je dis que
$$534 \times 100 = 53400.$$

En effet, dans le nombre 534, le 4 représente des unités,
et dans le nombre 53400, le 4 représente des centaines ; de
même chacun des autres chiffres significatifs représente dans
53400 des unités cent fois plus grandes que celles qu'il re-
présentait dans 534 ; toutes les parties du nombre 534 ont
été rendues 100 fois plus grandes ; il en est donc de même
du nombre 534.

Second lemme. — *Pour multiplier un nombre donné par un*
chiffre significatif suivi de zéros, il suffit de multiplier le nombre

donné par le chiffre significatif et d'écrire à la droite du produit autant de zéros qu'il y en avait dans le multiplicateur.

Exemple : $\qquad 537 \times 400$

Effectuer cette multiplication, c'est répéter 537 quatre cents fois, ce qui se fera en écrivant 537 400 fois au-dessous de lui-même et en faisant l'addition.

$$\left.\begin{matrix} 537 \\ 537 \\ 537 \\ 537 \end{matrix}\right\} \quad 537 \times 4 = 2148$$

Le tableau pourra être partagé en groupe de 4 nombres et il y aura 100 groupes ; il suffira de faire l'addition des quatre nombres d'un groupe, ce qui donne $537 \times 4 = 2148$, puis de répéter 100 fois 2148, ce qui donne $2148 \times 100 = 214800$, d'après le premier lemme ; le second lemme est ainsi démontré.

Cas général. — Soit 35239×423.

Effectuer cette multiplication c'est répéter 423 fois le nombre 35239 ; or 423 se compose de $3 + 20 + 400$; donc, il faut répéter 35239 d'abord 3 fois, puis 20 fois, puis 400 fois et faire la somme des résultats obtenus ; chacune des trois premières multiplications rentre dans l'un des lemmes précédents ; on aura :

$$\begin{aligned} 35239 \times \quad 3 &= \quad\; 105717 \\ 35239 \times \;\,20 &= \quad\; 704780 \\ 35239 \times 400 &= 14095600 \\ \hline &\quad 14906097 \end{aligned}$$

Voici le dispositif du calcul :

$$\begin{array}{r} 35239 \\ 423 \\ \hline 105717 \\ 70478 \\ 140956 \\ \hline 14906097 \end{array}$$

Dans la pratique il est inutile d'écrire les zéros placés à la droite des produits partiels ; il suffit de placer le premier chiffre à droite de chacun d'eux, au-dessous du chiffre du multiplicateur correspondant.

Remarque. — Si dans le multiplicateur se trouvent des zéros intercalés, on n'en tient pas compte et on place le premier chiffre à droite de chaque produit partiel à la place indiquée précédemment.

Exemple :

$$2387$$
$$304$$
$$\overline{9548}$$
$$7161$$
$$\overline{725648}$$

29. *Les deux facteurs sont terminés par des zéros.* — On effectue la multiplication en faisant abstraction des zéros et on ajoute à la droite du produit autant de zéros qu'il y en avait dans les deux facteurs. Cette règle est une conséquence du second lemme (§ 28).

Exemple :

$$27000 \times 350$$
$$27000$$
$$350$$
$$\overline{135}$$
$$81$$
$$\overline{9450000}$$

30. *Multiples.* — On appelle multiples d'un nombre tous les produits obtenus en multipliant ce nombre par tous les nombres possibles.

Ainsi

8, 12, 16, sont des multiples de 4
14, 21, 28, sont des multiples de 7, etc.

Théorèmes relatifs à la multiplication.

31. *Produit de plusieurs facteurs.* — On appelle produit de plusieurs nombres ou produit de plusieurs facteurs le résultat qu'on obtient en multipliant le premier nombre par le second, puis le produit ainsi obtenu par le troisième nombre, et ainsi de suite.

Exemple. — Soit à effectuer le produit de trois nombres, 7, 3 et 4. L'opération s'indique ainsi :

$$7 \times 3 \times 4$$

On multiplie 7 par 3, ce qui donne 21 ; puis on multiplie 21 par 4, ce qui donne 84, et l'en a :

$$7 \times 3 \times 4 = 84$$

32. Premier principe. — *Un produit de plusieurs facteurs ne change pas, lorsqu'on intervertit d'une manière quelconque l'ordre des facteurs.*

Ce principe se démontre à l'aide des théorèmes suivants :

THÉORÈME I. — *Le produit de deux facteurs est indépendant de l'ordre des facteurs :*

$$5 \times 4 = 4 \times 5$$

En effet, multiplier 5 par 4, c'est répéter 4 fois chacune des unités dont se compose le nombre 5 ; chacune d'elles devient 4, et, comme il y en a 5, on a 5 fois 4 unités, ou 4×5 ; donc : $5 \times 4 = 4 \times 5$.

THÉORÈME II. — *Dans un produit de trois facteurs, on peut intervertir l'ordre des deux derniers facteurs, sans changer le produit :*

$$3 \times 4 \times 5 = 3 \times 5 \times 4$$

En effet, 3×4 peut s'écrire $3.3.3.3$; il faut répéter ce groupe 5 fois, ce qui donne :

$$3.3.3.3$$
$$3.3.3.3$$
$$3.3.3.3$$
$$3.3.3.3$$
$$3.3.3.3$$

Si on fait la somme des nombres de ce tableau, en opérant par lignes de gauche à droite, on a 3×4 répété 5 fois ; en opérant par lignes de haut en bas, on a (3×5) répété 4 fois ; les deux résultats sont identiques, on a donc : $3 \times 4 \times 5 = 3 \times 5 \times 4$.

THÉORÈME III. — Dans un produit de plusieurs facteurs, on peut toujours intervertir l'ordre de deux facteurs consécutifs quelconques.

$$3 \times 4 \times 5 \times 6 \times 7 = 3 \times 5 \times 4 \times 6 \times 7$$

En effet, d'après le théorème précédent, $3 \times 4 \times 5 = 3 \times 5 \times 4$; et, par suite $(3 \times 4 \times 5) \times 6 \times 7 = (3 \times 5 \times 4) \times 6 \times 7$, en indiquant par une parenthèse le produit effectué $3 \times 4 \times 5$ ou $3 \times 5 \times 4$.

Principe général. — *Dans un produit de plusieurs facteurs, on peut intervertir l'ordre des facteurs d'une manière quelconque.*

$$3 \times 4 \times 5 \times 6 \times 7 = 5 \times 7 \times 6 \times 4 \times 3$$

En effet, on peut intervertir l'ordre de deux facteurs consécutifs jusqu'à ce que chaque facteur soit amené à la place qu'il occupe dans le second produit de facteurs.

33. Deuxième principe. — *Dans un produit de plusieurs facteurs, on peut remplacer plusieurs facteurs par leur produit effectué.*

Je dis que

$$3 \times 4 \times 5 \times 6 = 3 \times 20 \times 6$$

En effet, $3 \times 4 \times 5 \times 6$ peut s'écrire $4 \times 5 \times 3 \times 6$ (§ 32). Effectuons le produit $4 \times 5 = 20$; par définition d'un produit de plusieurs facteurs, $4 \times 5 \times 3 \times 6 = 20 \times 3 \times 6 = 3 \times 20 \times 6$ en intervertissant l'ordre des facteurs.

34. Troisième principe. — *Inversement, pour multiplier un nombre par un produit de plusieurs facteurs, on peut multiplier d'abord ce nombre par le premier facteur, puis le produit obtenu par le second facteur, puis le nouveau produit par le troisième facteur, et ainsi de suite jusqu'au dernier facteur.*

$$5 \times 18 = 5 \times 3 \times 6$$

Ce principe est une conséquence des deux premiers.

35. Quatrième principe. — *Pour multiplier un produit de plusieurs facteurs par un nombre, on peut multiplier l'un des facteurs de ce produit par ce nombre, en conservant les autres facteurs.*

Exemple : $(3 \times 4 \times 5) \times 6 = 3 \times 24 \times 5$

En effet, $(3 \times 4 \times 5) \times 6 = 3 \times 4 \times 5 \times 6$ *par définition*; je puis intervertir l'ordre des facteurs, ce qui me donne $3 \times 4 \times 6 \times 5$; je puis remplacer 4×6 par leur produit effectué 24, ce qui donne $3 \times 24 \times 5$; donc $(3 \times 4 \times 5) \times 6 = 3 \times 24 \times 5$.

36. Cinquième principe. — *Pour multiplier un produit de plusieurs facteurs par un autre produit de plusieurs facteurs, on peut faire un produit unique de tous ces facteurs, puis en intervertir l'ordre d'une manière quelconque et les grouper deux par deux, trois par trois, à volonté.*

Je dis que :

$$(3 \times 4 \times 5) \times (2 \times 7 \times 9) = 3 \times 4 \times 5 \times 2 \times 7 \times 9$$

En effet, dans ce second produit, je puis remplacer plusieurs facteurs par leur produit effectué; je prends les trois derniers, ce qui me donne $3 \times 4 \times 5 \times (2 \times 7 \times 9)$; de même je puis remplacer $3 \times 4 \times 5$ par $(3 \times 4 \times 5)$; j'obtiens alors $(3 \times 4 \times 5) \times (2 \times 7 \times 9)$, c'est-à-dire le produit donné primitivement.

37. Principes divers. — Nous nous contenterons d'énoncer les principes suivants qui sont évidents :

1° *Pour multiplier une somme par un nombre, on multiplie par ce nombre chacune des parties de la somme et on fait la somme des produits obtenus.*

2° *Pour multiplier un nombre par une somme, on peut multiplier ce nombre successivement par chacune des parties de cette somme et faire la somme des produits.*

3° *Pour multiplier une différence par un nombre, on peut multiplier les deux termes de cette différence par ce nombre et faire la différence des produits.*

4° *Pour multiplier un nombre par une différence, on peut multiplier ce nombre par chacun des termes de cette différence et faire la différence des produits.*

5° *Pour multiplier une somme par une autre somme ou une différence, on multiplie le multiplicande par chacune des parties du multiplicateur, et on fait la somme des produits partiels obtenus.*

Multiplication rapide par certains nombres.

38. — Dans un grand nombre de cas, la multiplication de deux nombres peut se faire mentalement à l'aide d'artifices de calcul.

1° Pour multiplier un nombre par **4**, on le double deux fois.

2° Pour multiplier un nombre par **5**, on ajoute un zéro à sa droite et on divise par 2 le nouveau nombre obtenu.

3° Pour multiplier un nombre par **9**, on le multiplie par 10 et on retranche du produit le nombre lui-même (§ 37, 4°).

4° Pour multiplier un nombre par **11**, on le multiplie par 10 et on ajoute au produit le nombre lui-même (§ 37, 1°). Quand le nombre est très grand, il suffit de l'écrire au-dessous de lui-même, en reculant d'un rang vers la gauche et en faisant la somme des deux nombres obtenus.

5° Pour multiplier un nombre par **15**, on le multiplie par 3, puis on multiplie par 5 le produit obtenu (§ 36).

6° Pour multiplier un nombre par **20**, on le multiplie par 2 et on ajoute un zéro à la droite du produit (§ 28).

7° Pour multiplier un nombre par **19**, on le multiplie par 20 et on retranche du produit le nombre lui-même (§ 37, 4°).

8° Pour multiplier un nombre par **21**, on le multiplie par 20 et on ajoute au produit le nombre lui-même (§ 37, 1°).

9° Pour multiplier un nombre par **25**, on le multiplie successivement deux fois par 5 (§ 30).

10° Pour multiplier un nombre par **30**, on le multiplie par 3 et on écrit un zéro à la droite du produit (§ 28).

11° Pour multiplier un nombre par **29**, on le multiplie par 30 et on retranche le nombre donné du produit obtenu (§ 37, 4°).

12° Pour multiplier un nombre par **31**, on le multiplie par 30 et on ajoute au produit le nombre donné (§ 37, 1°).

13° Pour multiplier un nombre par 40, on le multiplie par 4 et on ajoute un zéro à la droite du produit (§ 28).

14° Pour multiplier un nombre par 39, on le multiplie par 40 et on retranche le nombre donné du produit obtenu (§ 37, 4°).

15° Pour multiplier un nombre par 41, on le multiplie par 40 et on ajoute au produit le nombre donné (§ 37, 1°).

16° Pour multiplier un nombre par 125, on remarque que $125 = 5 \times 5 \times 5$, il suffit donc de multiplier le nombre donné trois fois successivement par 5 (§ 36).

Puissances.

39. *Définition.* — On appelle *puissance* d'un nombre le produit de plusieurs facteurs égaux à ce nombre; le nombre des facteurs s'indique par un *exposant,* écrit à la droite du nombre donné et en haut.

Exemple : $\qquad 6^7 = 6 \times 6 \times 6 \times 6 \times 6 \times 6 \times 6$

Le carré d'un nombre est la deuxième puissance de ce nombre; le carré de 7 est $7^2 = 7 \times 7 = 49$.

Le cube d'un nombre est la troisième puissance de ce nombre; le cube de 7 est $7^3 = 7 \times 7 \times 7 = 49 \times 7 = 343$.

Les autres puissances n'ont pas de nom particulier.

40. *THÉORÈME.* — *Le carré d'un produit de plusieurs facteurs s'obtient en faisant le produit des carrés des facteurs.*

$$(3 \times 4 \times 5)^2 = 3^2 \times 4^2 \times 5^2$$

En effet, $(3 \times 4 \times 5)^2 = (3 \times 4 \times 5) \times (3 \times 4 \times 5)$
$= 3 \times 4 \times 5 \times 3 \times 4 \times 5 = 3 \times 3 \times 4 \times 4 \times 5 \times 5$
$= 3^2 \times 4^2 \times 5^2$, en appliquant les principes fondamentaux relatifs à la multiplication.

41. *Pour multiplier deux puissances d'un même nombre, il suffit de donner au nombre, comme exposant, la somme des exposants des puissances.*

Je dis que :

$$3^3 \times 3^4 = 3^7.$$

En effet, $3^3 \times 3^4 = 3 \times 3 \times 3 \times 3 \times 3 \times 3 \times 3 = 3^7$.

Il en serait de même pour plusieurs puissances d'un même nombre :

$$3^2 \times 3^3 \times 3^4 = 3^9.$$

42. *Pour élever une puissance d'un nombre au carré, au cube, à la quatrième puissance, etc., il suffit de multiplier son exposant par 2, 3, 4, etc.*

$$(3^4)^2 = 3^4 \times 3^4 = 3^8, \qquad (3^4)^3 = 3^4 \times 3^4 \times 3^4 = 3^{12}, \text{ etc.}$$

DIVISION DES NOMBRES ENTIERS

43. *Définition.* — La *division* est une opération qui a pour but de trouver le plus grand nombre entier de fois qu'un nombre appelé *dividende* contient un autre nombre appelé *diviseur* ; le résultat de la division se nomme *quotient*.

1er CAS. — *Le diviseur est exactement contenu dans le dividende.*

Par exemple, le dividende 30 contient 6 fois le diviseur 5, puisque $30 = 5 \times 6$; on dit alors que la division se fait exactement ou sans reste et on peut en donner la définition suivante : la division est une opération qui a pour but, étant donnés un produit de deux facteurs et l'un de ces facteurs, de trouver l'autre.

On peut dire aussi que : la division est une opération qui a pour but de chercher combien de fois un nombre, appelé dividende, en contient un autre appelé diviseur.

2e CAS. — *Il peut arriver que le diviseur ne soit pas contenu exactement dans le dividende.*

Ainsi

$$37 = 17 \times 2 + 3$$

2 est donc le plus grand nombre entier de fois que 17 est contenu dans 37 et 3 est la différence entre 37 et 17×2 ; on dit alors que 2 est le *quotient* entier ou à une unité près de la division de 37 par 17 et que 3 est le *reste* de cette division. On voit que le reste est toujours inférieur au diviseur.

Pour généraliser, représentons le dividende par D, le diviseur par d, le quotient par Q et le reste par R, nous aurons :

$$D = d \times Q + R$$

De là, une nouvelle définition de la division : la division a pour but de chercher le plus grand nombre entier qui, multiplié par le diviseur, donne un produit inférieur au dividende.

Signes de la division. — Pour indiquer la division d'un nombre par un autre nombre, on les écrit à la suite l'un de l'autre, en les séparant par deux points (:).

$$37 : 17$$

Plus souvent encore on écrit les deux nombres l'un au-dessous de l'autre, en les séparant par un trait :

$$\frac{37}{17}.$$

44. *Nombre des chiffres du quotient.* — Pour trouver le nombre des chiffres du quotient, on multiplie le diviseur par les puissances successives de 10, jusqu'à ce que l'on trouve deux nombres entre lesquels est compris le dividende ; le quotient aura autant de chiffres qu'il y en a dans la plus grande puissance de 10 dont le produit par le diviseur est inférieur au dividende.

Exemple : $\qquad$ $98351 : 658$

Or, 98351 est compris entre 65800 ou 658×100 et 658000 ou 658×1000 ; donc le quotient aura 3 chiffres.

Règles de la division.

45. 1er CAS. — *Le diviseur et le quotient n'ont qu'un chiffre l'un et l'autre.*

Exemple : $\qquad$ $59 : 7$

La table de multiplication montre que 59 est compris entre

les deux multiples consécutifs de 7 suivants : 56 ou 7×8 et 63 ou 7×9 ; donc, par définition, le quotient est 8 et le reste est 3.

Calcul :

$$\begin{array}{r|l} 59 & 8 \\ 56 & \overline{7} \\ \hline 3 \end{array}$$

46. 2ᵉ CAS. — *Le diviseur a plusieurs chiffres et le dividende est inférieur à 10 fois le diviseur.*

Exemple : $5387 : 738$

On reconnaît d'abord que le quotient n'aura qu'un chiffre (§ 44). On peut multiplier successivement 738 par les nombres 1, 2, 3,..... 9, et voir que 5387 est compris entre 738×7 ou 5166 et 738×8 ou 5904 ; donc le quotient est 7 et le reste est 221.

Calcul :

$$\begin{array}{r|l} 5387 & 738 \\ 5166 & \overline{7} \\ \hline 221 \end{array}$$

Règle pratique. — Mais on abrège les opérations en opérant de la manière suivante : On sépare, sur la gauche du dividende, autant de chiffres qu'il en faut pour contenir le premier chiffre du diviseur moins de 10 fois. On divise le nombre ainsi obtenu par le premier chiffre du diviseur, ce qui donne le quotient ou un nombre trop fort ; on fait le produit du diviseur par le nombre précédent et on examine si le produit obtenu est inférieur au dividende ; si cela est, le nombre essayé est bon ; sinon, on le diminue d'une ou de plusieurs unités, jusqu'à ce que le produit puisse se retrancher du dividende[1].

Dans l'exemple précédent, 53 : 7 donne 7 pour quotient ; on multipliera 738 par 7, ce qui donne 5166, qui peut se retrancher de 5387 ; donc 7 est bien le quotient cherché.

---

1. Nous ne donnons pas la théorie de cette règle ; cette théorie n'est pas comprise dans le programme.

Pour abréger, on fait, du même coup, la multiplication et la soustraction :

$$\begin{array}{r|l} 5387 & 738 \\ 221 & \overline{7} \end{array}$$

47. Cas général. — *Le dividende et le diviseur sont quelconques.*

Exemple :   53768 : 853

Règle. — On dispose le calcul comme précédemment ; on sépare, sur la gauche du dividende, autant de chiffres qu'il en faut pour contenir le diviseur 9 fois au plus et une fois au moins ; ici, on prendra 5376 ; on divisera 5376 par 853 et on obtiendra le premier chiffre du quotient ou 6 ; on l'inscrit à la place que doit occuper le quotient ; puis on multiplie le diviseur par le premier chiffre du quotient et on retranche le produit du dividende ; on a pour reste 258 ; on abaisse à côté de 258 la partie non employée du dividende, ce qui donne 2588 ; on divise 2588 par 853, et on obtient le second chiffre du quotient ou 3 ; on multiplie 853 par 3 et on retranche le produit du dividende ; on a pour reste 29. Donc le quotient de la division est 63 et le reste est 29.

$$\begin{array}{r|l} 53768 & 853 \\ 5118 & \overline{63} \\ \hline 2588 & \\ 2559 & \\ \hline 29 & \end{array}$$

Dans la pratique, après avoir déterminé le premier chiffre du quotient et avoir obtenu le premier reste, on abaisse à la droite de celui-ci le chiffre du dividende qui suit le premier dividende partiel employé ; on divise le nombre ainsi obtenu par le diviseur et on obtient le second chiffre du quotient ; on multiplie le diviseur par le second chiffre du quotient, on retranche le produit du second dividende partiel, etc. Un exemple fera beaucoup mieux comprendre la pratique de la division.

$$\begin{array}{r|l} 485792 & 782 \\ 1659 & \overline{621} \\ 952 & \\ 170 & \end{array}$$

Remarque. — Quand un dividende partiel n'est pas divisible par le diviseur, on inscrit zéro au quotient.

$$\begin{array}{r|l} 46187 & 227 \\ 787 & \overline{203} \\ 106 & \end{array}$$

48. *Abréviation de la division.* — Dans certains cas particuliers, on peut abréger les opérations.

1° Quand le diviseur n'a qu'un chiffre, on fait mentalement la plupart des opérations.

Soit

$$37421 : 7$$

On dira : le septième de 37 est 5 pour 35 et il reste 2 ; on écrira 5 au-dessous du 7 de 37 et mentalement on retiendra 2 ; le septième de 24 est 3 pour 21 et il reste 3 ; le septième de 32 est 4 pour 28 et il reste 4, etc. ; le reste final 6 s'écrit au-dessous du dernier chiffre du quotient.

$$\begin{array}{r|l} 37421 & 7 \\ 5345 & \overline{} \\ 6 & \end{array}$$

2° *Le dividende et le diviseur sont terminés par des zéros.*
Soit

$$49000 : 3100$$

Je supprime deux zéros à la droite du dividende et du diviseur, et je fais la division de 490 par 31 ; le quotient est 15 ; c'est aussi celui de la division proposée, le reste est 25 ; ce n'est plus celui de la division proposée, qui est 2500. Nous trouverons la justification de cette abréviation plus loin (§ 52).

$$\begin{array}{r|l} 490 & 31 \\ 180 & \overline{15} \\ 25 & \end{array}$$

Théorèmes relatifs à la division.

49. *THÉORÈME I.* — *Pour diviser une somme ou une différence par un nombre, on divise chaque terme de la somme ou de* *la différence par ce nombre et on fait la somme ou la différence des quotients.*

Ce principe est évident.

50. *Théorème II. — Pour diviser un produit de plusieurs facteurs par un nombre, il suffit de diviser l'un des facteurs du produit par ce nombre.*

Exemple : $(7 \times 65 \times 9) : 5 = 7 \times 13 \times 9$

En effet, si $7 \times 13 \times 9$ est bien le quotient cherché, $(7 \times 13 \times 9) \times 5$ doit être égal à $7 \times 65 \times 9$; or $(7 \times 13 \times 9) \times 5 = 7 \times (13 \times 5) \times 9$ (§ 35) ; et $7 \times (13 \times 5) \times 9 = 7 \times 65 \times 9$ (§ 33) ; donc $7 \times 13 \times 9$ est bien le quotient cherché.

Pour diviser un produit de plusieurs facteurs par l'un d'eux, il suffit de le supprimer.

51. *Théorème III. — Pour diviser un nombre par un produit de plusieurs facteurs, on peut diviser ce nombre par le premier facteur, puis le quotient obtenu par le second facteur, puis le nouveau quotient par le troisième facteur, et ainsi de suite jusqu'au dernier facteur, pourvu que ces divisions se fassent exactement.*

Soit

$$360 : (3 \times 4 \times 5).$$
$$360 = 3 \times 120$$
$$120 = 4 \times 30$$
$$30 = 5 \times 6$$

Multiplions ces égalités membre à membre, il vient :

$$360 \times 120 \times 30 = 3 \times 120 \times 4 \times 30 \times 5 \times 6$$

Divisons les deux membres de la nouvelle égalité successivement par 120 et 30, ce qui se fait en supprimant 120 et 30 dans chaque membre (§ 50) ; il viendra :

$$360 = 3 \times 4 \times 5 \times 6 = (3 \times 4 \times 5) \times 6$$

Donc 6 est bien le quotient de 360 par $(2 \times 4 \times 5)$.

52. *Théorème IV. — Si on multiplie ou si on divise le dividende et le diviseur d'une division par un nombre, le quotient ne change pas ; mais le reste est multiplié ou divisé par ce nombre.*

Nous avons vu (§ 42, 2° cas) que l'on a :

$$D = d \times Q + R.$$

Multiplions par 6 les deux membres de l'égalité ; nous aurons (§§ 37 et 35) :

$$D \times 6 = d \times Q \times 6 + R \times 6$$

et cette égalité nouvelle exprime que Q est le quotient de la division de $D \times 6$ par $d \times 6$, puisque $R \times 6$ est plus petit que $d \times 6$, car R est inférieur à d par définition.

La démonstration serait la même dans le cas de la division du dividende et du diviseur par un même nombre.

Divisions par 5, 25, 75 et 125.

53. — 1° Pour diviser un nombre par 5, on le multiplie par 2 et on divise par 10 le produit obtenu.

2° Pour diviser un nombre par 25, on le multiplie par 4 et on divise par 100 le produit obtenu.

3° Pour diviser un nombre par 125, on le multiplie par 8 et on divise par 1000 le produit obtenu.

DIVISIBILITÉ

54. *Définition.* — On dit qu'un nombre est *divisible* par un autre ou qu'il en est un *multiple*, lorsqu'il le contient plusieurs fois exactement ; le second nombre est dit être un *diviseur*, un *sous-multiple* ou un *facteur* du premier.

55. *THÉORÈMES FONDAMENTAUX.* — I. — *Tout diviseur de plusieurs nombres est un diviseur de leur somme.*

II. — *Tout diviseur d'un nombre est un diviseur de ses multiples.*

III. — *Tout nombre divisible par un autre nombre est aussi divisible par les sous-multiples de ce dernier.*

IV. — *Tout nombre qui divise deux autres nombres divise leur différence.*

V. — *Tout nombre qui divise une somme et l'une des parties de cette somme, divise l'autre.*

Ces théorèmes sont évidents.

56. Principe fondamental de la divisibilité. — *Si un nombre divise toutes les parties d'une somme, moins une seule, il ne divise pas cette somme ; et, en outre, le reste de la division de cette somme par le nombre donné est le même que le reste de la division par ce même nombre de la partie non divisible.*

Exemple. — Soit 9, qui divise 18, 45 et 72, mais qui ne divise pas 150. Je dis que 9 ne divisera pas 285, qui est la somme de ces quatre nombres.

En effet, 18, 45 et 72 contiennent un nombre exact de fois 9, et 150 ne le contient pas un nombre exact de fois ; donc la somme 285 ne pourra pas le contenir un nombre exact de fois ; donc elle ne sera pas divisible par 9.

Je dis en outre que le reste de la division de 285 par 9 sera le même que le reste de la division de 150 par 9.

En effet, les trois premiers nombres contiennent 9 un nombre exact de fois, soit 2 fois + 5 fois + 8 fois, en tout 15 fois ; et 150 le contient 16 fois avec un reste égal à 6. Donc le nombre 285 le contiendra un nombre exact de fois, soit 15 fois + 16 fois, ou 31 fois, plus le même reste 6. Donc le reste de la division de 285 par 9 sera 6, comme le reste de la division de 150 par 9.

57. Corollaires. — *1° Tout nombre qui en divise deux autres divise le reste de leur division.*

2° Tout nombre qui divise le diviseur et le reste d'une division divise le dividende.

Ces corollaires sont les conséquences des théorèmes fondamentaux précédents.

Caractère de divisibilité.

58. Caractère de divisibilité par 2. — *Théorème.* — *Le reste de la division d'un nombre par 2 est égal à 0 ou à 1.*

En effet, tous les nombres pairs sont divisibles par 2 et tous les nombres impairs sont des multiples de 2 plus 1 ; pour les premiers le reste de la division par 2 est 0 ; pour les seconds le reste de la division par 2 est 1.

De là un caractère de divisibilité très simple : *Un nombre est divisible par 2, lorsqu'il est terminé par un 0 ou par un chiffre pair.*

59. Caractère de divisibilité par 4. — THÉORÈME. — *Le reste de la division d'un nombre par 4 est le même que le reste de la division par 4 du nombre formé par ses deux derniers chiffres à droite.*

En effet, soit le nombre 542 ; on peut écrire 542 = 500 + 42 ; or 100 est divisible par 4, car 100 = 4 × 25, il en est de même de 500 (§ 55, II) ; donc, dans la division de 542 par 4, 500 ne donne pas de reste, le reste provient seulement de la division de 42 par 4.

De là un caractère de divisibilité : *Un nombre est divisible par 4 lorsqu'il est terminé par deux zéros, ou lorsque le nombre formé par ses deux derniers chiffres à droite est divisible par 4.*

60. Caractère de divisibilité par 5. — THÉORÈME. — *Le reste de la division d'un nombre par 5 est le même que le reste de la division par 5 de son dernier chiffre à droite.*

En effet, soit le nombre 63, on peut écrire : 63 = 60 + 3 ; or 10 est un multiple de 5 et il en est de même de 60 ; donc le reste de la division sera le même que celui de la division par 5 du chiffre des unités.

Caractère. — *Un nombre est divisible par 5, lorsqu'il est terminé par un 0 ou par un 5.*

En effet, le seul nombre d'un seul chiffre divisible par 5 est 5 ; en outre, si le dernier chiffre à droite est un 0, le nombre est un nombre exact de dizaines et par suite il est divisible par 5.

61. Caractère de divisibilité par 25. — THÉORÈME. — *Le reste de la division d'un nombre par 25 est le même que le reste de la division par 25 du nombre formé par les deux derniers chiffres à droite.*

Ce théorème se démontre comme le théorème 59.

Caractère. — *Un nombre est divisible par 25, quand il est terminé par deux zéros ou lorsque le nombre formé par les deux derniers chiffres à droite est divisible par 25.*

62. Caractère de divisibilité par 9. — THÉORÈME I. — *L'unité suivie d'un nombre quelconque de zéros est un multiple de 9 augmenté de 1.*

On le démontre en faisant la division par 9 d'une puissance quelconque de 10.

THÉORÈME II. — *Tout chiffre significatif suivi de zéros est un multiple de 9 augmenté de ce chiffre.*

En effet, soit le nombre 4000. On a :

$$4000 = 1000 \times 4$$

$$\begin{array}{r|l} 1000 & 9 \\ 10 & \overline{111} \\ 10 & \\ 1 & \end{array}$$

Or, 1000 étant une puissance de 10, est un multiple de 9, plus 1 ; donc :

$$4000 = (m.\,9 + 1) \times 4.$$

Pour multiplier une somme de deux parties par 4, on multiplie chaque partie par 4, et il vient :

$$4000 = m.\,9 \times 4 + 4.$$

Et puisqu'un multiple de 9, multiplié par 4, est encore un multiple de 9, on aura finalement :

$$4000 = m.\,9 + 4.$$

THÉORÈME III. — *Tout nombre est égal à un multiple de 9 augmenté de la somme des valeurs absolues de ses chiffres significatifs.*

En effet, soit le nombre 8534. On peut le décomposer en ses différentes unités décimales, exprimer la valeur de chacune d'elles et faire la somme de toutes ces valeurs.

Si on observe qu'une somme de 3 multiples de 9 est encore un multiple de 9, on a le tableau suivant :

$$
\begin{aligned}
8000 &= m.\,9 + 8 \\
500 &= m.\,9 + 5 \\
30 &= m.\,9 + 3 \\
4 &= \phantom{m.\,9 + {}} 4 \\
\hline
8534 &= m.\,9 + (8 + 5 + 3 + 4)
\end{aligned}
$$

Caractère. — *Pour qu'un nombre soit divisible par 9, il faut et il suffit que la somme des valeurs absolues de ses chiffres significatifs soit divisible par 9.*

Corollaire. — *Le reste de la division d'un nombre par 9 est le même que le reste de la division par 9 de la somme des valeurs absolues de ses chiffres significatifs.*

63. *Caractère de divisibilité par 3.* — Les théorèmes et caractères relatifs à 9 sont applicables à 3, qui est un sous-multiple de 9 (§ 55, III).

64. Caractère de divisibilité par 11. — *Théorème.* — *Pour qu'un nombre soit divisible par 11, il faut et il suffit que la différence que l'on obtient en retranchant la somme des valeurs absolues des chiffres de rang pair, de la somme des valeurs absolues des chiffres de rang impair, soit divisible par 11.*

La démonstration de ce théorème se divise encore en trois parties :

1° L'unité suivie de zéros est un multiple de 11 plus ou moins 1, suivant que le nombre des zéros est pair ou impair.

Si l'on divise par 11 l'unité suivie de 1, 2, 3... zéros, les restes sont alternativement 10 et 1 et les quotients, 0, 9, 90, 909... etc. De sorte que l'on a le tableau suivant :

$$10 = 11 \times \quad\quad 0 + 10 = 11 \times 1 \quad\quad - 1 \quad\quad (1)$$
$$100 = \quad\quad\quad\quad\quad\quad\quad = 11 \times 9 \quad\quad + 1 \quad\quad (2)$$
$$1000 = 11 \times \quad\quad 90 + 10 = 11 \times 91 \quad - 1 \quad\quad (3)$$
$$10000 = \quad\quad\quad\quad\quad\quad\quad = 11 \times 909 \quad + 1 \quad\quad (4)$$
$$100000 = 11 \times 9090 + 10 = 11 \times 9091 - 1 \quad\quad (5)$$

2° Un chiffre significatif suivi de zéros est un multiple de 11, plus ou moins ce chiffre, suivant que le nombre des zéros est pair ou impair.

Si l'on multiplie par un chiffre quelconque, 8 par exemple, les deux membres des égalités consécutives (2) et (3), on a :

$$800 = 11 \times (\ 9 \times 8) + 8$$
$$8000 = 11 \times (91 \times 8) - 8$$

ce qui démontre le principe énoncé.

3° Un nombre quelconque est un multiple de 11, augmenté de la différence obtenue en retranchant la somme des chiffres de rang pair de la somme des chiffres de rang impair.

Soit le nombre 864935.

On a :

$$5 = 5$$
$$30 = m \cdot 11 - 3$$
$$900 = m \cdot 11 + 9$$
$$4000 = m \cdot 11 - 4$$
$$60000 = m \cdot 11 + 6$$
$$800000 = m \cdot 11 - 8$$

D'où
$$864935 = m \cdot 11 + [(5 + 9 + 6) - (3 + 4 + 8)]$$

La première partie, $m.11$, est divisible par 11 ; si 11 divise la seconde partie $[(5 + 9 + 6) - (3 + 4 + 8)]$, qui est la différence entre la somme des chiffres de rang impair et la somme des chiffres de rang pair, 11 divisera la somme des deux parties, c'est-à-dire le nombre donné 864935, et si 11 ne divise pas cette seconde partie, 11 ne divisera pas le nombre 864935. Le reste de la division de ce nombre par 11 sera le même que le reste qu'on obtiendrait en divisant par 11 la seconde partie de la somme, c'est-à-dire la différence entre la somme des chiffres de rang impair et la somme des chiffres de rang pair (§ 56).

Caractère. — *Un nombre est divisible par 11, lorsque la différence entre la somme de ses chiffres de rang impair, en commençant par la droite, et la somme de ses chiffres de rang pair, est nulle ou divisible par 11.*

65. *Divisibilité par 7 et par 14.* — Nous n'établirons pas la démonstration du caractère de divisibilité, nous nous contenterons d'en donner l'énoncé.

1° Caractère de divisibilité par 7. — Étant donné un nombre, on le partage en tranches de trois chiffres à partir de la droite ; on fait la somme des tranches de rang impair et la somme des tranches de rang pair ; puis, on retranche la seconde somme de la première ; si la différence obtenue est un multiple de 7, le nombre donné est un multiple de 7 ; si la différence obtenue n'est pas divisible par 7, le nombre donné n'est pas divisible par 7.

Le reste de la division d'un nombre par 7 est le même que le reste de la division par 7 de la différence entre la somme des tranches de rang impair et la somme des tranches de rang pair.

2° *Caractère de divisibilité par 14.* — Le nombre doit être pair ; en outre, il doit être divisible par 7 ; il suffira donc que, après l'avoir divisé en tranches de trois chiffres à partir de la droite, la différence entre la somme des tranches de rang impair et la somme des tranches de rang pair, soit divisible par 14.

<h3 align="center">Preuves par 9 et par 11 de la multiplication
et de la division.</h3>

66. Multiplication. — *Théorème.* — *Le produit de deux nombres est égal à un multiple de 9 augmenté du produit des restes obtenus en divisant chacun des deux facteurs par 9.*

En effet, considérons la multiplication : 385×139.

$$385 = m.\,\text{de } 9 + 7$$
$$139 = m.\,\text{de } 9 + 4$$

$$\begin{array}{r} 385 \\ 139 \\ \hline 5465 \\ 1155 \\ 385 \\ \hline 53515 \end{array}$$

Pour multiplier deux sommes entre elles, on multiplie tous les termes de la première somme par chacun des termes de la seconde et on fait la somme des produits obtenus (§ 37, 5°).

On aura donc :

$$385 \times 139 = m.\,\text{de } 9 \times m.\,\text{de } 9 + 7 \times m.\,\text{de } 9 + m.\,\text{de } 9 \times 4 + 7 \times 4$$
$$= m.\,\text{de } 9 + 7 \times 4$$

puisqu'une somme de multiples de 9 est un multiple de 9 (§ 55, 1°). Enfin : comme $7 \times 4 = 28 = m.\,\text{de } 9 + 1$, on a :

$$385 \times 139 = m.\,\text{de } 9 + 1$$

Règle. — On cherche les restes de la division par 9 du multiplicande et du multiplicateur et on les inscrit entre les branches d'une croix de Saint-André à gauche et à droite ; on fait le produit des deux nombres ainsi obtenus, on cherche le reste de la division de ce nombre par 9 et on l'inscrit dans l'angle supérieur de la croix ; on cherche ensuite le reste de la division par 9 du produit des deux nombres donnés, on l'inscrit dans l'angle inférieur de la croix.

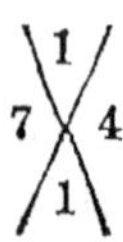

Si les deux nombres inscrits dans les deux angles supérieur et inférieur de la croix sont égaux, l'opération est exacte.

67. Division. — Soit $53684 : 3259$

$$53684 = 3259 \times 16 + 1540.$$

Or

$$3259 = m. \text{ de } 9 + 1$$
$$16 = m. \text{ de } 9 + 7$$
$$1540 = m. \text{ de } 9 + 1$$

53684	3259
21094	16
1540	

Donc,

$$53684 = m. \text{ de } 9 + 7 \times 1 + 1540 = m. \text{ de } 9 + 7 \times 1 + 1$$

D'autre part,

$$53685 = m. \text{ de } 9 + 8 \qquad \text{et} \qquad 8 = 7 \times 1 + 1.$$

Donc, pour faire la preuve par 9 de la division, on cherchera le reste de la division du diviseur par 9, on l'inscrira dans l'angle de gauche de la croix ; on cherchera le reste de la division du quotient par 9 et on l'inscrira dans l'angle de droite, on fera le produit de ces deux restes, on y ajoutera le reste de la division par 9 du reste de la division et on inscrira la somme dans l'angle supérieur de la croix ; on cherchera le reste de la division par 9 du dividende ; si les deux restes ainsi trouvés sont égaux, la division est exacte.

68. *Remarque.* — On ne peut pas induire de l'exactitude des procédés précédents l'exactitude d'une multiplication ou d'une division, car ils peuvent réussir encore, quand le résultat de l'opération contient une erreur égale à un multiple de 9, ou quand on a écrit un 0 au lieu d'un 9 ; mais ces erreurs se produisent rarement ; on peut alors considérer la preuve par 9 comme l'une des plus exactes.

69. *Preuve par 11.* — On opérera exactement comme dans la preuve par 9.

Exemple : $386 \times 139 = 53654.$

Exemple : $53685 : 3259$

on a

$$53685 = 3259 \times 16 + 1541$$

PLUS GRAND COMMUN DIVISEUR

70. *Définitions.* — Un *diviseur commun* de plusieurs nombres est un autre nombre qui divise chacun d'eux exactement.

Le *plus grand commun diviseur* de plusieurs nombres est le plus grand des nombres qui divisent chacun d'eux exactement, ou le plus grand de leurs diviseurs communs.

Deux ou plusieurs nombres sont premiers entre eux, s'ils n'ont d'autre diviseur commun que l'unité.

Exemple : 8 et 9, 10 et 21, 15 et 34.

71. *Recherche du plus grand commun diviseur de deux nombres.* — Pour chercher le plus grand commun diviseur de deux nombres, on commence par essayer la division du plus grand par le plus petit ; si elle se fait sans reste, le plus petit nombre est évidemment le plus grand commun diviseur cherché.

Si la division ne se fait pas exactement, elle n'aura pas été inutile, en vertu des théorèmes suivants.

72. Théorème. — *Le plus grand commun diviseur de deux nombres dont le plus grand n'est pas exactement divisible par le plus petit est le même que le plus grand commun diviseur du plus petit nombre et du reste de leur division.*

Soient les nombres 276 et 84. La division de 276 par 84 donne 3 pour quotient et 24 pour reste ; on a l'égalité

$$276 = 84 \times 3 + 24$$

1° Tous les diviseurs communs de 276 et 84 sont diviseurs communs de 84 et 24, car, on a vu que tout nombre qui en divise deux autres divise aussi le reste de la division du plus grand nombre par le plus petit (§ 57, 1°).

2° Tous les diviseurs communs de 84 et 24 sont diviseurs communs de 276 et 84, car, on a vu que tout nombre qui divise le reste de la division de deux nombres et le diviseur, divise le dividende (§ 57, 2°).

Les diviseurs communs des nombres 276 et 84 sont donc les mêmes que les diviseurs communs des nombres 84 et 24. Par conséquent, le plus grand diviseur commun de 276 et 84 est le même que le plus grand diviseur commun de 84 et 24.

73. *Trouver le plus grand commun diviseur de deux nombres donnés.*

Soient 276 et 84 les deux nombres donnés. Le p. g. c. d. de ces nombres devant diviser le plus petit, 84, ne peut le surpasser ; mais il peut lui être égal, car si 84 divise 276, il est lui-même le p. g. c. d. cherché. La division de 276 par 84 donnant 24 pour reste, j'en conclus que 84 n'est pas le p. g. c. d.

Or le p. g. c. d. de 276 et 84 est le même que le p. g. c. d. de 84 et 24 (§ 71). Je cherche donc le p. g. c. d. de 84 et 24.

En répétant sur les nombres 84 et 24 le raisonnement que l'on vient de faire sur 276 et 84, je suis conduit à diviser 84 par 24 pour essayer si 24 est le p. g. c. d. La division de 84 par 24 donnant encore un reste 12, le nombre 24 n'est pas le p. g. c. d.

Je cherche par conséquent le p. g. c. d. de 24 et 12, et, pour cela, je divise 24 par 12. La division donne zéro pour reste. J'en conclus que 12 est le p. g. c. d.

des nombres 12 et 24 et, par conséquent, des nombres 24 et 84, et aussi des nombres donnés 84 et 276.

Règle. — Pour trouver le plus grand commun diviseur de deux nombres, on divise le plus grand par le plus petit. Si la division s'effectue exactement, le plus petit des deux nombres est le plus grand commun diviseur cherché. Si cela n'a pas lieu, on divise le plus petit nombre par le reste ; et si la seconde division réussit, ce premier reste sera le plus grand commun diviseur ; dans le cas contraire, on divisera le premier reste par le second, celui-ci par le troisième, et ainsi de suite jusqu'à ce qu'on parvienne à un quotient exact : le dernier diviseur employé sera le plus grand commun diviseur demandé.

Disposition du calcul :

	3	3	2
276	84	24	12
24	12	0	

73. *Simplification.* — 1° Si le dernier diviseur employé est 1, les deux nombres sont premiers entre eux.

2° Si, dans le cours des opérations, on est amené à diviser l'un par l'autre deux nombres que l'on reconnaît être premiers entre eux, il est inutile de continuer le calcul, les deux nombres proposés sont premiers entre eux.

74. Propriétés du plus grand commun diviseur. — *Théorème I.* — *Tout nombre qui en divise deux autres divise leur p. g. c. d.*

En effet, le p. g. c. d. est le dernier reste des divisions successives ; or tout nombre qui divise 276 et 84 divise 24, reste de leur division ; tout nombre qui divise 84 et 24 divise 12, reste de leur division, etc.

Donc, tout nombre qui divise 276 et 84 divise les restes des divisions successives et par suite 12, qui est le dernier reste.

75. *Théorème II.* — *Tout nombre qui divise le p. g. c. d. de deux nombres divise ces nombres.*

En effet, les nombres donnés sont des multiples de leur

p. g. c. d. ; donc chacun est divisible par chacun des diviseurs de leur p. g. c. d. (§ 55, 2°).

Conséquence. — Pour trouver tous les diviseurs communs de deux nombres, on cherchera tous les diviseurs de leur p. g. c. d.

76. *Théorème III.* — *Si on multiplie ou si on divise deux nombres par un troisième, leur p. g. c. d. est multiplié ou divisé par ce troisième nombre.*

Ce théorème est une conséquence du théorème fondamental (§ 72) et du quatrième théorème (§ 52).

77. *Théorème IV.* — *Si on divise deux nombres par leur p. g. c. d., les quotients obtenus sont premiers entre eux.*

En effet, d'après le théorème précédent, le nouveau p. g. c. d. est égal à l'ancien divisé par lui-même, c'est-à-dire à 1.

78. *Théorème V.* — *Tout nombre qui divise un produit de deux facteurs, et qui est premier avec l'un d'eux, divise l'autre facteur.*

Soit le produit $8 \times 15 = 120$.

Le nombre 4 divise 120 ; il est premier avec 15 ; je dis qu'il divise 8

En effet, le p. g. c. d. de 15 et 4 est 1. Donc le p. g. c. d. de 15×8 et 4×8 est 1×8 ou 8 (§ 76).

Or, 4 divise par hypothèse $15 \times 8 = 120$.

4 divise son multiple 4×8.

Par conséquent, 4 divise le p. g. c. d. de 15×8 et 4×8, c'est-à-dire 8 (§ 74).

79. *Théorème VI.* — *Lorsqu'un nombre est divisible par plusieurs autres nombres premiers entre eux deux à deux, il est divisible par leur produit.*

Soit le nombre 840 qui est divisible par les nombres 2, 3 et 5, premiers entre eux deux à deux ; je dis que 840 est divisible par le produit $2 \times 3 \times 5$ ou 30.

Le quotient de 840 par 2 étant 420, on a :

$$840 = 2 \times 420 \qquad (1)$$

3 divisant 840 et étant premier avec 2, divisera 420 (§ 78).

Le quotient de 420 par 3 étant 140, on peut écrire :
$$420 = 3 \times 140 \qquad (2)$$
5 divisant 840 [égalité (1)] et étant premier avec 2, divise 420. Le même nombre, divisant 420 [égalité (2)] et étant premier avec 3, divise 140.

Le quotient de 140 par 5 est 28, et l'on a :
$$140 = 5 \times 28 \qquad (3)$$
Si l'on multiplie membre à membre les égalités (1), (2), (3), on obtient
$$840 \times 420 \times 140 = 2 \times 420 \times 3 \times 140 \times 5 \times 28.$$
En divisant les deux membres par le produit des facteurs communs à ces membres, on a
$$840 = 2 \times 3 \times 5 \times 28.$$
Or, dans le second membre, on peut remplacer plusieurs facteurs par leur produit effectué.

Donc
$$840 = (2 \times 3 \times 5) \times 28.$$
Ce qui prouve que le quotient de 840 par le produit $2 \times 3 \times 5$ est le nombre entier 28.

80. *Plus grand commun diviseur de plusieurs nombres.* — Proposons-nous de trouver le p. g. c. d. des trois nombres 234, 312, 429. Je cherche d'abord le p. g. c. d. de 312 et 234 qui est 78 ; je dis que le p. g. c. d. des nombres 234, 312 et 429 est le même que celui des nombres 78 et 429. En effet, tout diviseur commun à 78 et à 429 divise 78 et par suite ses multiples 312 et 234 ; donc tout diviseur commun à 78 et à 429 est diviseur commun à 312, 234 et 429. Réciproquement, tout diviseur commun à 312, 234 et 429 divise 78, p. g. c. d. de 312 et 234, et divise aussi 429 ; donc il est commun à 78 et à 429. Donc le groupe 312, 234, 429 admet les mêmes diviseurs communs que le groupe 78, 429 ; le p. g. c. d. de l'un de ces groupes est donc le p. g. c. d. de l'autre. Le p. g. c. d. cherché est donc le p. g. c. d. des deux nombres 78 et 429 ; on est ainsi ramené au cas précédent.

Règle. — Pour trouver le p. g. c. d. de trois nombres, on cherche d'abord le p. g. c. d. des deux premiers ; puis, on cherche le p. g. c. d. du nombre ainsi trouvé et du troisième nombre proposé ; ce dernier p. g. c. d. est le p. g. c. d. des trois nombres donnés.

Le raisonnement précédent est général et s'applique de proche en proche à 4, 5, 6, etc., nombres.

Exemple. — Trouver le p. g. c. d. des nombres 234, 312, 429, 715.

$$234 \qquad 312 \qquad 429 \qquad 715$$
$$78 \qquad 429 \qquad 715$$
$$39 \qquad 715$$
$$13$$

Le p. g. c. d. cherché est 13.

81. Corollaire I. — *Tout nombre qui divise plusieurs nombres donnés divise leur p. g. c. d.*

Corollaire II. — *Si l'on multiplie ou si l'on divise plusieurs nombres par un même nombre, leur p. g. c. d. est multiplié ou divisé par ce nombre.*

Corollaire III. — *Si l'on divise plusieurs nombres par leur* **p. g. c. d.,** *ces nombres sont, dans leur ensemble, premiers entre eux, sans être nécessairement premiers entre eux deux à deux.*

NOMBRES PREMIERS

82. *Définitions.* — On appelle *nombre premier* tout nombre qui n'est divisible que par lui-même et par l'unité.

Exemple :   1. 2. 3. 5. 7. 11. 13.....

On appelle *nombres premiers entre eux* des nombres qui n'admettent pour diviseur commun que l'unité.

83. *THÉORÈME I.* — *Tout nombre qui n'est pas premier est un produit de nombres premiers.*

En effet, un nombre qui n'est pas premier est divisible par un nombre autre que lui-même et l'unité ; il est donc égal au produit de deux facteurs plus petits que lui ; si ces facteurs ne sont pas premiers, chacun d'eux peut être remplacé par le produit de deux autres facteurs plus petits que lui ; or, ces décompositions ont une limite, car chaque facteur est au moins égal à 2, et le nombre des facteurs n'est pas illimité. Il arrive donc un moment où chaque facteur n'est divisible que par lui-même et l'unité, c'est-à-dire est premier. Le nombre donné est donc un produit de facteurs premiers.

Exemple : $60 = 12 \times 5 = 4 \times 3 \times 5 = 2 \times 2 \times 3 \times 5$.

84. *Théorème II.* — *Tout nombre premier qui ne divise pas un nombre donné est premier avec lui.*

Ainsi, le nombre premier 7, qui ne divise pas 15, est premier avec 15.

En effet, les seuls diviseurs de 7 sont 7 et 1 ; 7 ne divise pas 15 ; 1 divise 15 ; par conséquent le p. g. c. d. de 7 et 15 est 1 ; ces nombres sont donc premiers entre eux (§ 70).

85. *Théorème III.* — *La suite des nombres premiers est illimitée.*

Soit 13 un nombre premier ; je dis qu'il existe un nombre premier supérieur à 13.

En effet, considérons le nombre $1 \times 2 \times 3 \times 5 \times 7 \times 11 \times 13 + 1$, que j'appellerai A pour abréger ; si A est premier, le théorème est démontré ; si A n'est pas premier, il est un produit de facteurs premiers (§ 83) ; or A n'est divisible par aucun des nombres inférieurs à 13, puisque le reste de la division de A par un de ces nombres serait 1 ; donc A admet un diviseur premier supérieur à 13.

Donc, il existe un nombre premier supérieur à 13. La démonstration est générale et s'applique à un nombre premier quelconque.

86. *Construction d'une table de nombres premiers.* — Pour former une table de nombres premiers, on écrit la suite naturelle des nombres, depuis 1 jusqu'à la limite qu'on s'est assignée, 100, 1000, par exemple ; puis on barre successivement tous les multiples de 2, de 3, de 5, de 7, etc. Tous les nombres barrés seront des nombres premiers.

$$1, \quad 2, \quad 3, \quad 5, \quad 7, \quad 9, \quad 11, \quad 13, \quad 15, \quad 17, \quad 19$$
$$21, \quad 23, \quad 25, \quad 27, \quad 29, \quad 31, \quad 33, \quad 35, \quad 37, \quad 39$$
$$41, \quad 43, \quad 45, \quad 47, \quad 49, \quad 51, \quad 53, \quad 55, \quad 57, \quad 59$$
$$61, \quad 63, \quad 65, \quad 67, \quad 69, \quad 71, \quad 73, \quad 75, \quad 77, \quad 79$$
$$81, \quad 83, \quad 85, \quad 87, \quad 89, \quad 91, \quad 93, \quad 95, \quad 97, \quad 99, \text{ etc.}$$

87. *Reconnaître si un nombre donné est premier.* — On divise le nombre donné successivement par les nombres premiers 2, 3, 5, 7..., et on s'arrête lorsqu'on obtient un quotient inférieur au diviseur. Si aucune des divisions n'a réussi, le nombre donné est premier.

88. *Théorème IV.* — *Tout nombre premier qui divise un produit de plusieurs facteurs, divise au moins l'un des facteurs*

Pour généraliser, désignons par A, B, C, les trois facteurs et par P le nombre premier considéré ; par hypothèse P divise le produit $A \times B \times C$; si P divise A, le théorème est démontré ; si P ne divise pas A, il est premier avec lui ; donc il divise le produit effectué $(B \times C)$ (§ 78) ; si P divise B, le théorème est démontré ; si P est premier avec B, il doit diviser C, ce qui démontre la proposition. La démonstration est générale et s'applique à un nombre quelconque de facteurs.

89. Corollaire I. — *Tout nombre premier qui divise une puissance d'un nombre, divise ce nombre.*

Corollaire II. — *Lorsque deux nombres sont premiers entre eux, deux puissances quelconques de ces nombres sont premières entre elles.*

Décomposition d'un nombre en ses facteurs premiers.

90. Nous avons vu qu'un nombre qui n'est pas premier, est un produit de facteurs premiers ; proposons-nous d'effectuer la décomposition d'un nombre en ses facteurs premiers : la règle à suivre résulte du théorème précité (§ 83).

Règle. — Pour décomposer un nombre en ses facteurs premiers on le divise autant de fois que possible par le plus peti.t nombre premier qui le divise exactement, puis, le dernier quotient, autant de fois que possible par le nombre premier suivant qui le divise exactement, et ainsi de suite jusqu'à ce que l'on trouve pour quotient un nombre premier ; on divise ce quotient par lui-même et l'opération est terminée. Le nombre donné est égal au produit de tous les diviseurs employés.

Ainsi

$$60 = 2 \times 180 = 2 \times 2 \times 90 = 2 \times 2 \times 2 \times 45$$
$$= 2 \times 2 \times 2 \times 3 \times 15 = 2 \times 2 \times 2 \times 3 \times 3 \times 5.$$

Tableau du calcul :

360	2
180	2
90	2
45	3
15	3
5	5
1	

Donc

$$360 = 2^3 \times 3^2 \times 5.$$

91. *Théorème. — Un nombre n'est décomposable qu'en un seul système de facteurs premiers.*

Je suppose qu'on ait trouvé : $N = 2 \times 3 \times 3 \times 5$ et que, par une autre méthode, on ait trouvé $N = a \times b \times c \times d \times f$; on aura alors : $2 \times 3 \times 3 \times 5 = a \times b \times c \times d \times f$. Or 2 divise le premier membre de l'égalité ; donc 2 divise le second membre, et par suite il divise un des facteurs qui le composent (§ 88), a par exemple, et, comme a est un nombre premier absolu, $a = 2$; divisons par 2 les deux membres de l'égalité, elle devient : $3 \times 3 \times 5 = b \times c \times d \times f$; on verrait de même que l'on a $b = 3$; il restera $3 \times 5 = c \times d \times f$ et on trouvera $c = 3$, $d = 5$ et $f = 1$.

Donc la seconde décomposition est identique à la première.

Recherche des diviseurs d'un nombre.

92. *Théorème. — Pour qu'un nombre A soit divisible par un nombre B il faut et il suffit que A renferme tous les facteurs premiers de B avec un exposant au moins égal.*

$1°$ *La condition est nécessaire.* — En effet, on a $A = B \times Q$, et, comme Q peut renfermer certains facteurs de B, A renferme tous les facteurs premiers de B avec un exposant au moins égal.

$2°$ *La condition est suffisante.* — Supposons que $B = 2^3 \times 3^2 \times 5^4$; si A contient 2 à la troisième puissance au moins, 3 à la deuxième puissance au moins et 5 à la quatrième puissance au moins, A pourra s'écrire : $A = 2^3 \times 3^2 \times 5^4 \times C$; donc A est bien divisible par B.

93. *Trouver tous les diviseurs d'un nombre.* — Soit à trouver tous les diviseurs de 360. En décomposant ce nombre en ses facteurs premiers, on trouve :

$$360 = 2^3 \times 3^2 \times 5.$$

Par conséquent

$$360 \text{ est divisible par } 1, 2, 2^2, 2^3 \qquad (1)$$
$$\text{par } 1, 3, 3^2 \qquad (2)$$
$$\text{et par } 1, 5 \qquad (3)$$

Les nombres 2, 3, 5, étant premiers entre eux deux à deux, leurs puissances sont premières entre elles deux à deux; il en résulte que 360 est divisible par leurs produits 2 à 2, 3 à 3 (§ 79) et n'a pas d'autres diviseurs (§ 92).

Dans la pratique on dispose le calcul de la manière suivante :

360	1	1
180	2	2
90	2	4
45	2	8
15	3	3, 6, 12, 24
5	3	9, 18, 36, 72
1	5	9, 10, 20, 40; 15, 30, 60, 120; 45, 90, 180, 360.

94. *Nombre des diviseurs d'un nombre donné.* — On a : $360 = 2^3 \times 3^2 \times 5$; d'après le calcul précédent, le nombre des diviseurs est :

$$(3+1)(2+1)(1+1) = 24.$$

Donc : *Le nombre total des diviseurs d'un nombre est égal au*

*produit des facteurs obtenus en augmentant d'une unité les expo-
sants des nombres premiers qui divisent le nombre donné.*

Plus grand commun diviseur de plusieurs nombres.

95. *Étant donnés plusieurs nombres décomposés en leurs facteurs
premiers, on trouve leur p. g. c. d. en prenant les facteurs premiers
communs à ces nombres, affectés chacun de son plus faible
exposant.*

Soient les nombres

$$A = 2^2 \times 3^3 \times 5$$
$$B = 2^3 \times 3^1 \times 5^2 \times 7$$
$$C = 2^2 \times 3^3 \times 5^3 \times 7 \times 13,$$

je dis que leur p. g. c. d. est

$$D = 2^2 \times 3^3 \times 5.$$

1° D est un diviseur commun des nombres A, B, C, parce
que chacun des nombres A, B, C contient tous les facteurs
de D avec des exposants au moins égaux.

2° Tout autre diviseur commun D′ des nombres donnés ne
peut contenir que les facteurs 2, 3 et 5, c'est-à-dire les facteurs de D ; d'un autre côté les exposants de ces facteurs
dans D′ ne sauraient être plus grands que dans D, car alors
D′ ne diviserait plus les nombres donnés ; donc D′ est un
diviseur de D ; par conséquent D est le p. g. c. d. des
nombres donnés.

Plus petit multiple commun.

96. On appelle *multiple commun* de plusieurs nombres,
tout nombre qui est divisible par chacun d'eux.

Le plus petit multiple commun de plusieurs nombres est
le plus petit nombre qui soit divisible par chacun d'eux ; on
l'indique ainsi : p. p. m. c.

Considérons les nombres 6 et 8.

Les multiples de 6 sont 6, 12, 18, 24, 30, 36, 42, 48... etc.
Les multiples de 8 sont 8, 16, 24, 32, 40, 48, 56, 64... etc.

Les multiples communs de 6 et 8 sont :

24, 48... etc.

Le plus petit multiple commun de ces nombres est 24.

97. *Règle.* — Pour trouver le p. p. m. c. de plusieurs nombres, on les décompose en facteurs premiers ; puis on prend tous les facteurs différents qui entrent dans ces nombres en donnant à chacun son plus grand exposant ; on en fait le produit et l'on a le plus petit multiple commun cherché.

Soient les nombres

$$A = 2^2 \times 3^3 \times 5$$
$$B = 2^3 \times 3^4 \times 5^2 \times 7$$
$$C = 2^2 \times 3^3 \times 5^3 \times 7^2 \times 13$$

je dis que leur p. p. m. c. est

$$M = 2^3 \times 3^4 \times 5^3 \times 7^2 \times 13.$$

1° M est un multiple commun des nombres A, B, C, puisqu'il contient tous les facteurs de ces nombres avec des exposants au moins égaux.

2° Tout multiple commun M′ des mêmes nombres contient au moins tous les facteurs 2, 3, 5, 7, 13, c'est-à-dire les facteurs de M, et les exposants de ces facteurs dans M′ ne sauraient être inférieurs aux exposants des mêmes facteurs dans M. Car alors M′ ne serait plus multiple commun des nombres donnés. Donc M′ est un multiple de M. Par conséquent M est le p. p. m. c. des nombres donnés.

98. *Théorème I.* — *Le p. p. m. c. de deux nombres est égal au produit de l'un d'eux par le quotient obtenu en divisant l'autre par le p. g. c. d. des deux nombres donnés.*

Théorème II. — *Tout multiple commun de plusieurs nombres est un multiple de leur p. p. m. c.*

Théorème III. — *Le produit de deux nombres est égal au produit de leur p. p. m. c. par leur p. g. c. d.*

Théorème IV. — *Lorsque deux nombres sont premiers entre eux, leur p. p. m. c. est égal à leur produit.*

———

II. — FRACTIONS ORDINAIRES

SIMPLIFICATION ET COMPARAISON

99. *Définitions.* — Si on partage l'unité en un certain nombre de parties égales, 7 par exemple, et si l'on prend une ou plusieurs de ces parties, 3 par exemple, la quantité obtenue, plus petite que l'unité, s'appelle une *fraction*. On la représente par le symbole $\frac{3}{7}$, que l'on énonce *trois septièmes*.

Une fraction s'exprime au moyen de deux termes ; l'un, appelé *dénominateur*, indique en combien de parties égales l'unité a été divisée ; l'autre, appelé *numérateur*, exprime le nombre de ces parties contenues dans la fraction.

On appelle *nombre fractionnaire* tout nombre qui se compose d'un entier et d'une fraction.

Exemple : $\qquad\qquad 3 + \frac{4}{7}$;

or, l'unité vaut 7 septièmes, donc 3 unités valent 21 septièmes et $3 + \frac{4}{7} = \frac{25}{7}$; on donne ainsi aux nombres fractionnaires la forme d'une fraction et on peut leur appliquer tous les calculs applicables aux fractions proprement dites.

Une fraction est plus petite ou plus grande que l'unité, suivant que son numérateur est inférieur ou supérieur à son dénominateur ; elle est égale à l'unité, lorsque son numérateur et son dénominateur sont égaux.

100. *Théorème I.* — *Une fraction est égale au quotient de la division de son numérateur par son dénominateur.*

Exemple. — La fraction $\frac{5}{8}$ est le quotient de la division de 5 par 8, car le produit de 8 par $\frac{5}{8}$ est égal à 5.

En effet, chaque huitième répété 8 fois reproduit l'unité ; donc 5 huitièmes répétés 8 fois donneront 5 unités.

101. *Théorème II.* — *Pour rendre une fraction un certain nombre de fois plus grande ou plus petite, il suffit de rendre son numérateur ce même nombre de fois plus grand ou plus petit.*

102. *Théorème III.* — *Pour rendre une fraction un certain nombre de fois plus petite, il suffit de rendre son dénominateur ce même nombre de fois plus grand.*

103. *Théorème IV.* — *La valeur d'une fraction ne change pas quand on multiplie ou qu'on divise ses deux termes par un même nombre.*

Les deux premiers théorèmes résultent de la définition des termes d'une fraction ; le troisième est une conséquence des deux premiers.

104. *Simplification des fractions.* — Simplifier une fraction, c'est la remplacer par une fraction équivalente ayant des termes plus simples. Pour simplifier une fraction, il suffit de diviser ses deux termes par un même nombre (§ 103). Une fraction est *irréductible* ou *réduite à sa plus simple expression*, lorsque toute fraction qui lui est égale a ses termes plus grands que ceux de la fraction proposée.

Théorème. — *Toute fraction irréductible a ses deux termes premiers entre eux* ; car, s'ils n'étaient pas premiers entre eux, ils admettraient au moins un diviseur commun autre que 1 ; alors, en divisant les deux termes de la fraction par ce diviseur commun, on aurait une fraction équivalente à la fraction donnée et ayant des termes plus simples, ce qui est contraire à l'hypothèse.

Réciproquement, toute fraction, dont les deux termes sont premiers entre eux, est irréductible.

Soit la fraction $\dfrac{5}{8}$ dont les termes sont premiers entre eux, et soit $\dfrac{A}{B}$ une autre fraction équivalente à $\dfrac{5}{8}$; je dis que les termes de $\dfrac{A}{B}$ sont plus grands que ceux de la fraction $\dfrac{5}{8}$ et que l'on a : $\qquad A = 5 \times Q \qquad$ et $\qquad B = 8 \times Q.$

En effet, la fraction $\dfrac{5}{8}$ ne change pas si je multiplie les deux termes par B ; elle devient $\dfrac{5 \times B}{8 \times B}$; de même la fraction $\dfrac{A}{B}$ ne change pas si je multiplie ses deux termes par 8 ; elle devient $\dfrac{A \times 8}{8 \times B}$, et on a encore : $\dfrac{5 \times B}{8 \times B} = \dfrac{A \times 8}{8 \times B}$; ces deux fractions ont même dénominateur, donc leurs numérateurs sont égaux ; on a donc : $5 \times B = A \times 8$. Or, 8 divise $(A \times 8)$, puisqu'il y entre comme facteur, donc 8 divise $(5 \times B)$; et, comme 8 est premier avec 5 par hypothèse, il doit diviser B (§ 78) ; on a donc : $B = 8 \times Q$.

De même, 5 divise $(5 \times B)$; donc il divise $A \times 8$; et, comme 5 est premier avec 8, il divise A ; on a donc : $A = 5 \times Q'$. Dans l'égalité $5 \times B = A \times 8$, remplaçons B et A par leurs valeurs, il viendra : $5 \times 8 \times Q = 5 \times Q' \times 8$ ou $Q = Q'$; donc A et B sont des équimultiples de 5 et de 8 ; par suite, la fraction $\dfrac{A}{B}$ a ses termes plus grands que ceux de la fraction $\dfrac{5}{8}$ et la fraction $\dfrac{5}{8}$ est irréductible.

Règle. — Pour rendre une fraction irréductible, on cherche le p. g. c. d. de ses deux termes et on divise chacun des termes de la fraction par le p. g. c. d. calculé (§ 81).

105. *THÉORÈME. — Lorsqu'on a plusieurs fractions égales, si on les ajoute terme à terme, on obtient une fraction égale à chacune des fractions données.*

Soient $\dfrac{6}{15} = \dfrac{18}{45} = \dfrac{24}{60}$, chacune de ces fractions est égale à la fraction irréductible $\dfrac{2}{5}$, par conséquent, les termes de chacune des fractions données sont des équimultiples de 2 et de 5 ; on a donc :

$$6 = 2 \times 3 \qquad 18 = 2 \times 9 \qquad 24 = 2 \times 12$$
$$15 = 5 \times 3 \qquad 45 = 5 \times 9 \qquad 60 = 5 \times 12$$

et, par suite

$$6 + 18 + 24 = (3 + 9 + 12) \times 2$$
$$15 + 45 + 60 = (3 + 9 + 12) \times 5$$

ou

$$\frac{6 + 18 + 24}{15 + 45 + 60} = \frac{2}{5} = \frac{6}{15} = \frac{18}{45} = \frac{24}{60}.$$

106. *Réduction des fractions au même dénominateur.* — On ne peut comparer entre elles que des fractions ayant le même dénominateur ; il est donc nécessaire de savoir réduire plusieurs fractions au même dénominateur, c'est-à-dire de savoir les remplacer par des fractions équivalentes, mais ayant toutes le même dénominateur.

Proposons-nous de réduire *au plus petit dénominateur commun possible* les fractions irréductibles suivantes :

$$\frac{3}{8}, \qquad \frac{5}{6}, \qquad \frac{11}{12}.$$

Toute fraction équivalente à $\frac{3}{8}$ a ses termes équimultiples de 3 et de 8 ; il en est de même pour $\frac{5}{6}$ et $\frac{11}{12}$; donc le dénominateur commun cherché sera un multiple commun de 8, 6 et 12 ; et le plus petit dénominateur commun sera le p. p. m. c. des dénominateurs des fractions données, c'est-à-dire 24. D'autre part $\frac{24}{8} = 3$; donc la première fraction devient $\frac{3 \times 3}{8 \times 3}$; de même, la fraction $\frac{5}{6}$ devient $\frac{5 \times 4}{6 \times 4}$ et la fraction $\frac{11}{12}$ devient $\frac{11 \times 2}{12 \times 2}$; les trois fractions sont devenues :

$$\frac{9}{24}, \qquad \frac{20}{24} \qquad \text{et} \qquad \frac{22}{24}.$$

Règle. — Pour réduire plusieurs fractions au plus petit dénominateur commun possible, on réduit d'abord ces fractions à leur plus simple expression, puis, on cherche le plus petit multiple commun des dénominateurs ; ensuite, on divise le plus petit multiple commun par tous les dénominateurs, et l'on multiplie les deux termes de chaque fraction par le quotient correspondant.

Exemple :

Fractions données . . $\dfrac{3}{8}$ $\dfrac{11}{20}$ $\dfrac{17}{30}$ $\dfrac{23}{45}$ $\dfrac{7}{12}$

Dénominateur commun : $2^3 \times 3^2 \times 5 = 360$

Multiplicateur 45   18   12   8   30

Fractions nouvelles. . $\dfrac{3 \times 45}{360}$ $\dfrac{11 \times 18}{360}$ $\dfrac{17 \times 12}{360}$ $\dfrac{23 \times 8}{360}$ $\dfrac{7 \times 30}{360}$

ou. . . . . $\dfrac{135}{360}$ $\dfrac{198}{360}$ $\dfrac{204}{360}$ $\dfrac{184}{360}$ $\dfrac{210}{360}$.

Remarque. — Lorsque les dénominateurs des fractions données sont premiers entre eux, on multiplie les deux termes de chacune d'elles par le produit des dénominateurs de toutes les autres ; en effet, le p. p. m. c. de tous les dénominateurs est alors égal a leur produit.

107. *Comparaison des fractions entre elles.* — Pour comparer plusieurs fractions on les réduit d'abord au même dénominateur et on compare les numérateurs entre eux.

Exemple.—Ranger par ordre de grandeur les fractions suivantes :

$$\dfrac{7}{12}, \quad \dfrac{11}{20}, \quad \dfrac{3}{8}, \quad \dfrac{23}{45} \quad \text{et} \quad \dfrac{17}{30} ;$$

les fractions équivalentes sont :

$$\dfrac{210}{360}, \quad \dfrac{198}{360}, \quad \dfrac{135}{360}, \quad \dfrac{184}{360} \quad \text{et} \quad \dfrac{204}{360} ;$$

par ordre de grandeur croissant on a :

$$\dfrac{135}{360}, \quad \dfrac{184}{360}, \quad \dfrac{198}{360}, \quad \dfrac{204}{360} \quad \text{et} \quad \dfrac{210}{360}$$

ou $\dfrac{3}{8}, \quad \dfrac{23}{45}, \quad \dfrac{11}{20}, \quad \dfrac{17}{30} \quad \text{et} \quad \dfrac{7}{12}.$

OPÉRATIONS SUR LES FRACTIONS

108. Addition et soustraction. — 1° Pour ajouter plusieurs fractions, on les réduit au même dénominateur, on fait la somme des numérateurs des nouvelles fractions et on lui donne pour dénominateur le dénominateur commun.

Exemple : $\dfrac{3}{4} + \dfrac{5}{6} + \dfrac{3}{8} = \dfrac{18}{24} + \dfrac{20}{24} + \dfrac{9}{24} = \dfrac{47}{24}.$

2° Pour faire la soustraction de deux fractions, on les réduit au même dénominateur, on fait la différence des numérateurs des nouvelles fractions et on lui donne pour dénominateur le dénominateur commun.

Exemple : $\dfrac{5}{6} - \dfrac{3}{4} = \dfrac{10}{12} - \dfrac{9}{12} = \dfrac{1}{12}.$

Si l'on avait à opérer sur des nombres fractionnaires, on mettrait chacun d'eux sous la forme de fraction ordinaire et on opérerait comme dans les deux cas précédents.

Exemple : $11 - 8\dfrac{3}{4} = \dfrac{44}{4} - \left(8 + \dfrac{3}{4}\right) = \dfrac{44}{4} - \left(\dfrac{32+3}{4}\right)$

$$= \dfrac{44}{4} - \dfrac{35}{4} = \dfrac{9}{4} = 2\dfrac{1}{4}.$$

109. *Théorème.* — *Lorsqu'on ajoute un même nombre aux deux termes d'une fraction proprement dite, cette fraction augmente et tend vers l'unité ; dans les mêmes conditions, un nombre fractionnaire diminuerait en tendant vers l'unité.*

1° Soit la fraction $\dfrac{5}{12}$; ajoutons 3 à chacun de ces termes ; nous obtiendrons la fraction $\dfrac{8}{15}$; réduisons les deux fractions au même dénominateur ; elles deviennent $\dfrac{25}{60}$ et $\dfrac{32}{60}$; or,

$1 - \dfrac{25}{60} = \dfrac{35}{60}$ et $1 - \dfrac{32}{60} = \dfrac{28}{60}$; donc, la nouvelle fraction est plus grande que la première ; de plus, les différences entre l'unité et les fractions obtenues successivement tendent vers zéro, comme nous le montrerons facilement en algèbre.

2° Soit le nombre fractionnaire $\dfrac{12}{7}$; ajoutons 4 à ses deux termes, nous avons : $\dfrac{16}{11}$; réduisons au même dénominateur, nous obtenons $\dfrac{132}{77}$ et $\dfrac{112}{77}$; la deuxième fraction est plus petite que la première; de plus, les fractions successivement obtenues tendront vers l'unité.

110. Multiplication. — On distingue plusieurs cas :

1er CAS. — *Multiplier une fraction par un entier.*

Soit $\qquad \dfrac{5}{7} \times 4.$

Par définition, c'est répéter 4 fois la fraction $\dfrac{5}{7}$ ou faire la somme de 4 fractions égales à $\dfrac{5}{7}$; donc

$$\frac{5}{7} \times 4 = \frac{5}{7} + \frac{5}{7} + \frac{5}{7} + \frac{5}{7} = \frac{5+5+5+5}{7} = \frac{5 \times 4}{7}.$$

Règle. — On multiplie le numérateur de la fraction par l'entier et on donne au produit pour dénominateur le dénominateur de la fraction.

2e CAS. — *Multiplier un entier par une fraction.*

Soit $\qquad 4 \times \dfrac{5}{7}.$

On ne peut plus appliquer ici la définition de la multiplication des nombres entiers; il faut donner une nouvelle définition de la multiplication; nous dirons alors : *multiplier 4 par* $\dfrac{5}{7}$, *c'est prendre, par convention, les cinq septièmes de 4.*

Or, le septième de 4 est $\dfrac{4}{7}$ et les cinq septièmes de 4 sont cinq fois plus grands que $\dfrac{4}{7}$, et on rend une fraction cinq fois

plus grande en multipliant son numérateur par 5 (§ 101), ce qui donne
$$\frac{4 \times 5}{7}.$$

Règle. — On multiplie l'entier par le numérateur de la fraction et on donne au produit pour dénominateur le dénominateur de la fraction.

3ᵉ CAS. — *Multiplication de deux fractions.*

Soit
$$\frac{2}{5} \times \frac{3}{7}.$$

Nous adopterons la même définition que pour le cas précédent ; le même raisonnement conduit à multiplier les numérateurs entre eux et les dénominateurs entre eux.

$$\frac{2}{5} \times \frac{3}{7} = \frac{2 \times 3}{5 \times 7} = \frac{6}{35}.$$

111. *Produit de plusieurs fractions.* — Un *produit de plusieurs fractions* se définit comme un produit de plusieurs facteurs.

Exemple : $\dfrac{2}{3} \times \dfrac{4}{7} \times \dfrac{5}{8} = \left(\dfrac{2}{3} \times \dfrac{4}{7}\right) \times \dfrac{5}{8} = \dfrac{2 \times 4 \times 5}{3 \times 7 \times 8} = \dfrac{5}{21}.$

On multiplie les numérateurs entre eux et les dénominateurs entre eux.

On donne souvent le nom de *fractions de fractions* à un produit de plusieurs fractions.

Exemple. — Prendre les $\dfrac{2}{3}$ des $\dfrac{5}{7}$ des $\dfrac{8}{9}$ de 21.

Cela veut dire qu'il faut effectuer le produit suivant :
$$\frac{2}{3} \times \frac{5}{7} \times \frac{8}{9} \times 21 ;$$

le résultat de l'opération est :
$$\frac{2 \times 5 \times 8 \times 21}{3 \times 7 \times 9} = \frac{80}{9}.$$

112. Division. — La définition de la division qui convient pour les fractions est la suivante : *étant donné un produit de deux facteurs et l'un d'eux, trouver l'autre.*

1er CAS. — *Diviser une fraction par un entier.*

Soit à diviser $\dfrac{3}{5}$ par 4.

Diviser $\dfrac{3}{5}$ par 4, c'est chercher un nombre qui, multiplié par 4, reproduise $\dfrac{3}{5}$; donc ce nombre est quatre fois plus petit que $\dfrac{3}{5}$, et on sait que pour rendre une fraction quatre fois plus petite, il suffit de multiplier son dénominateur par 4 (§ 102) ; on aura donc :

$$\frac{3}{5} : 4 = \frac{3}{5 \times 4} = \frac{3}{20}.$$

Règle. — On multiplie par l'entier le dénominateur de la fraction.

2e CAS. — *Diviser un entier par une fraction.*

Soit à diviser 4 par $\dfrac{3}{5}$.

On cherche un nombre, appelé *quotient*, dont le produit par $\dfrac{3}{5}$ soit égal à 4, c'est-à-dire un quotient dont les $\dfrac{3}{5}$ valent 4 ; donc $\dfrac{1}{5}$ du quotient sera trois fois plus petit que 4 et vaudra $\dfrac{4}{3}$; le quotient entier sera *cinq fois* plus grand que son cinquième, il vaudra donc

$$\frac{4}{3} \times 5 \quad \text{ou} \quad \frac{4 \times 5}{3} \quad \text{ou} \quad 4 \times \frac{5}{3}.$$

Règle. — On multiplie l'entier par la fraction diviseur renversée.

3e CAS. — *Division de deux fractions.*

Le raisonnement est le même que pour le second cas ; la

règle sera aussi la même ; on multiplie la fraction dividende par la fraction diviseur renversée.

Exemple :
$$\frac{2}{3} : \frac{5}{7} = \frac{2}{3} \times \frac{7}{5} = \frac{14}{15}.$$

113. *Puissance d'une fraction.* — Pour élever une fraction à une puissance quelconque, il suffit d'élever à cette puissance chacun des deux termes de la fraction.

Exemple :
$$\left(\frac{5}{7}\right)^4 = \frac{5}{7} \times \frac{5}{7} \times \frac{5}{7} \times \frac{5}{7} = \frac{5^4}{7^4}.$$

114. *Fractions inverses.* — Deux fractions sont inverses l'une de l'autre lorsque leur produit est égal à l'unité.

Étant donnée une fraction, on obtient son inverse en permutant les deux termes. Ainsi, $\frac{3}{4}$ et $\frac{4}{3}$ sont deux fractions inverses.

III.—NOMBRES DÉCIMAUX

NUMÉRATION ET OPÉRATIONS

115. — On appelle *fraction décimale* toute fraction dont le dénominateur est 10 ou une puissance de 10. On appelle *nombre décimal* tout nombre formé d'un nombre entier augmenté d'une fraction décimale ; dans la pratique on donne souvent aux fractions décimales le nom de nombres décimaux.

Les fractions décimales présentent l'avantage de pouvoir être écrites sans dénominateur, en se fondant sur le principe de la numération écrite des nombres entiers ; tout chiffre placé à la droite d'un autre représente des unités dix fois plus petites que celles représentées par cet autre ; à la droite des unités simples seront écrits les dixièmes ; à la droite des dixièmes seront écrits les centièmes, etc., la virgule servira seulement à distinguer la partie entière de la partie fractionnaire, dont les différents chiffres s'appellent *chiffres décimaux* ou *décimales*.

Dans ce Manuel, nous supposerons connues l'écriture et la lecture des nombres décimaux.

116. Principe. — *On ne change pas la valeur d'un nombre décimal en écrivant ou en supprimant un certain nombre de zéros à sa droite,* car cette opération n'altère en rien la position relative des différents chiffres significatifs par rapport à la virgule.

117. Principe. — *Pour multiplier un nombre décimal par une puissance de 10, il suffit de reculer la virgule d'autant de rangs vers la droite qu'il y a d'unités dans l'exposant de la puissance de 10.*

Soit : 3,5478 à multiplier par 1000 ; on a à effectuer l'opération suivante :

$$\frac{35478}{10000} \times 1000 = \frac{35478 \times 1000}{10000} = \frac{35478}{10} = 3547,8.$$

118. Principe. — *Pour diviser un nombre décimal par une puissance de 10, il suffit de reculer la virgule d'autant de rangs vers la gauche qu'il y a d'unités dans l'exposant de la puissance de 10.*

Même démonstration que pour le théorème précédent :

$$3,5478 : 10^3 = 0,0035478.$$

119. Addition et Soustraction. — On écrit les nombres décimaux l'un au-dessous de l'autre, en plaçant dans une même colonne verticale les chiffres qui expriment des unités du même ordre décimal ; on fait les opérations comme si les nombres étaient entiers et on place la virgule au résultat dans la colonne des virgules.

Exemple d'addition :

$$
\begin{array}{r}
42,568 \\
2,86 \\
18,5 \\
7,365 \\
\hline
71,293
\end{array}
$$

Exemple de soustraction :

$$
\begin{array}{r}
75,230 \\
38,645 \\
\hline
36,585
\end{array}
$$

120. Multiplication. — *Règle.* — Pour multiplier un nombre décimal par un nombre décimal, on opère sans tenir compte des virgules, comme s'il s'agissait de nombres entiers ; mais, au produit, on a soin de séparer par une virgule, à partir de la droite, autant de chiffres décimaux qu'il y en a dans les deux facteurs.

Soit à multiplier 8,43 par 3,5 :

$$843 \times 35 = 29505$$

Or, en supprimant la virgule au multiplicande, je l'ai rendu 100 fois plus grand (§ 117) ; en supprimant la virgule au multiplicateur, je l'ai aussi rendu 10 fois plus grand ; donc le nombre 29505 est 1000 fois plus grand que le produit cherché (§ 34) ; pour obtenir le produit demandé, il me suffit de diviser 29505 par 1000, ce qui se fera en séparant 3 chiffres décimaux à sa droite (§ 118). Le produit cherché est donc : 29,505.

121. Division. — 1ᵉʳ CAS. — *Diviser un nombre décimal par un nombre entier.*

Soit 437,834 à diviser par 12.

Le dividende exprime des millièmes ; le quotient est donc le plus grand nombre de millièmes dont le produit par 12 soit inférieur à 437834 millièmes. Cette division est identique à celle des nombres entiers. On effectuera donc la division de 437834 par 12, à une unité près, et on fera exprimer des millièmes au quotient.

Règle. — On fait la division comme si le dividende était entier et on sépare à la droite du quotient autant de chiffres décimaux qu'il y en avait au dividende ; en complétant par des zéros, si cela est nécessaire. Le reste exprime des unités de même ordre que celles du dividende.

$$
\begin{array}{r|l}
437,834 & 12 \\
77 & \overline{} \\
58 & 36,486 \\
103 & \\
74 & \\
2 &
\end{array}
$$

$$437,834 : 12 = 36,486 + 0,002$$

2ᵉ CAS. — *Division de deux nombres décimaux.*

Règle. — On supprime la virgule au diviseur et on l'avance, au dividende, d'autant de rangs vers la droite qu'il y avait de chiffres décimaux au diviseur, en complétant par des zéros s'il est nécessaire. On est alors ramené au cas précédent.

Soit 28,932 à diviser par 6,75 ; je dis que le quotient est le même que celui de la division de 2893,2 par 675.

En effet, le quotient d'une division ne change pas quand on multiplie le dividende et le diviseur par un même nombre (§ 52) ; or, en avançant la virgule de deux rangs vers la droite au diviseur et au dividende, nous avons multiplié chacun d'eux par 100 (§ 117) ; par conséquent le quotient de la division de 28,932 par 6,75 est le même que celui de la division de 2893,2 par 675. Le reste réel a été modifié ; il a été lui-même multiplié par 100 (§ 52).

$$\begin{array}{c|c} 2893,2 & 675 \\ 1932 & \overline{4,2} \\ 582 & \end{array}$$

Le quotient est donc 4,2 et le reste réel est 0,582.

122. *Évaluation d'un quotient à moins d'une unité décimale d'un ordre donné.*

Définition. — Soit à diviser 25,34789 par 4,7 à 0,01 près ; faire cette opération, c'est chercher le plus grand nombre de centièmes dont le produit par 4,7 soit inférieur à 25,34789 ; désignons par x ce plus grand nombre de centièmes ; nous aurons l'inégalité

$$\frac{x}{100} \times 4,7 < 25,34789 < \frac{(x+1)}{100} \times 4,7$$

ou
$$\frac{x}{100} \times 47 < 253,4789 < \frac{(x+1)}{100} \times 47$$

ou
$$\frac{x}{100} < \frac{253,4789}{47} < \frac{(x+1)}{100}$$

ou
$$x < \frac{25347,89}{47} < (x+1).$$

Donc x est le quotient, *à moins d'un entier*, de la division de 25347,89 par 47 : ici, $x = 539$ et le quotient demandé est $\frac{x}{100} = 5,39$.

Quand le reste de la division est inférieur à la moitié du diviseur, le quotient obtenu est conservé et on dit qu'il est obtenu *par défaut*. Quand le reste de la division est supérieur à la moitié du diviseur, on peut augmenter d'une unité le dernier chiffre du quotient, qui est dit alors obtenu par excès ;

$$\begin{array}{r|l} 25347{,}89 & 47 \\ 184 & \overline{539} \\ 437 & \\ 14 & \end{array}$$

dans les deux cas, l'approximation est égale à une demi-unité de l'ordre du dernier chiffre du quotient.

On ne peut donner de règle à suivre pour ce cas ; le procédé infaillible consiste à écrire les inégalités précédentes et à les résoudre ; dans les exercices, nous donnerons plusieurs exemples de la marche à suivre.

CONVERSION DES FRACTIONS ORDINAIRES EN FRACTIONS DÉCIMALES

123. Le calcul des fractions décimales étant aussi simple que celui des nombres entiers, il y aurait intérêt à pouvoir transformer une fraction ordinaire en fraction décimale ; malheureusement, dans la plupart des cas, on est obligé de se contenter d'une conversion approchée.

124. *THÉORÈME.* — *Pour qu'une fraction ordinaire irréductible puisse être exactement convertie en décimales, il faut et il suffit que son dénominateur ne contienne pas d'autres facteurs premiers que 2 et 5.*

La condition est nécessaire : en effet, soit $\frac{a}{b}$ une fraction irréductible que l'on suppose pouvoir être convertie exactement en décimales ; on aura $\frac{a}{b} = \frac{M}{10^n} = \frac{M}{2^n \times 5^n}$ et M et $(2^n \times 5^n)$ seront des équimultiples de a et de b (§ 104) ; donc b divise $(2^n \times 5^n)$ et b ne peut contenir comme facteurs premiers que 2 et 5.

La condition est suffisante : je dis que la fraction $\dfrac{11}{2^2 \times 5^6}$

peut être exactement convertie en décimales ; pour le prouver, multiplions les deux termes par 2^4, nous aurons :

$$\frac{11}{2^2 \times 5^6} = \frac{11 \times 2^4}{2^2 \times 2^4 \times 5^6} = \frac{11 \times 2^4}{2^6 \times 5^6} = \frac{11 \times 2^4}{10^6} ;$$

or, cette dernière fraction est décimale ; par conséquent, la fraction proposée peut être exactement convertie en une fraction décimale ayant 6 chiffres décimaux. Le nombre des chiffres décimaux est égal au plus grand des exposants qui affectent 2 et 5 dans le dénominateur de la fraction donnée.

$$\begin{array}{r|l} 110 & 32 \\ 140 & \overline{0{,}34375} \\ 120 & \\ 240 & \\ 160 & \\ 0 & \end{array}$$

Dans la pratique, on effectue la division du numérateur par le dénominateur, en mettant des zéros à la droite des restes successifs, jusqu'à ce qu'on trouve un reste nul.

125. *Théorème.* — *Toute fraction ordinaire irréductible dont le dénominateur contient d'autres facteurs que les facteurs 2 et 5, donne lieu, quand on la réduit en décimales, à une fraction décimale dans laquelle un ou plusieurs chiffres se reproduisent dans le même ordre et à l'infini.*

Soit la fraction $\dfrac{4}{11}$. Cette fraction n'est pas exactement réductible en décimales, car son dénominateur 11 contient d'autres facteurs que les facteurs 2 et 5 (§ 124). La division de 5 par 11 ne peut donc jamais se terminer.

$$\begin{array}{r|l} 40 & 11 \\ 70 & \overline{0{,}363636\ldots} \\ 40 & \\ 70 & \\ 40 & \\ 70 & \\ 4 & \end{array}$$

Or, dans toute division, le reste est plus petit que le diviseur ; on trouvera donc *au plus* dix restes différents ; le onzième reste sera *nécessairement* un reste déjà trouvé ; ce reste, suivi d'un zéro, donnera un dividende déjà employé, et, par conséquent, un quotient déjà obtenu ; à partir de ce quotient la même série de chiffres se reproduira dans le même ordre, pour recommencer plus loin, et ainsi de suite indéfiniment.

La série des chiffres qui se reproduisent dans le même

ordre s'appelle *période*. La période peut ne pas commencer immédiatement après la virgule : la conversion de la fraction $\frac{3}{14}$ en décimales en est un exemple.

```
30  | 14
  20 |————————————————————————————————
   60| 0,2 | 142857 | 142857 | 142857 | ...
    40
   120
     80
    100
      20
       6
```

126. *Définitions.* — On appelle *fraction décimale périodique* une fraction décimale dans laquelle la même série de chiffres se reproduit indéfiniment dans le même ordre. Une fraction périodique est *simple*, quand la période commence immédiatement après la virgule ; elle est *mixte*, lorsque la période ne commence pas immédiatement après la virgule ; dans ce dernier cas, l'ensemble des chiffres compris entre la virgule et la période s'appelle la *partie non périodique* de la fraction.

Ainsi, la fraction 0,363636... est une fraction périodique simple, dont la période est 36. La fraction 0,2142857142857 est une fraction périodique mixte dont la période est 142857 et dont la partie non périodique est 2.

Remarque. — Une fraction décimale périodique n'est jamais équivalente à la fraction ordinaire qui lui a donné naissance, quel que soit le nombre *fini* de périodes que l'on considère ; mais la différence entre la fraction ordinaire et la fraction périodique peut devenir aussi petite qu'on le voudra : on dit alors que la fraction périodique a pour *limite* la fraction ordinaire qui lui a donné naissance.

127. *Trouver la fraction ordinaire génératrice d'une fraction périodique donnée.*

1er CAS. — *La fraction est périodique simple.*

Soit la fraction périodique simple 0,363636363... Prenons

un nombre fini de périodes, trois par exemple, et désignons par f_3 la valeur particulière prise par la fraction périodique limitée à trois périodes : nous aurons :

$$f_3 = 0{,}363636. \qquad (1)$$

Multiplions par 100 les deux membres de l'égalité ; nous aurons :

$$100 f_3 = 36{,}3636 = 36 + 0{,}3636 \qquad (2)$$

Retranchons (1) de (2) ; nous aurons :

$$99 f_3 = 36{,}3636 - 0{,}363636 = 36 - 0{,}000036$$

ou
$$f_3 = \frac{36}{99} - \frac{0{,}000036}{99}$$

ou
$$\frac{36}{99} - f_3 = \frac{0{,}000036}{99} = \frac{36}{99 \times 10^6}.$$

De même si l'on prend n périodes, chacune de 2 chiffres, on aura :

$$\frac{36}{99} - f_n = \frac{36}{99 \times 10^{2n}}.$$

Or $\dfrac{36}{99 \times 10^{2n}}$ diminue à mesure que l'on prend un plus grand nombre de périodes et peut devenir plus petite que toute quantité donnée. Par conséquent $\dfrac{36}{99} - f_n$ tend vers zéro quand n augmente indéfiniment et $\dfrac{36}{99}$ est la limite vers laquelle tend la fraction finie f_n quand on prend un nombre de périodes de plus en plus grand.

La fraction décimale périodique simple $0{,}363636\ldots$ a pour génératrice la fraction ordinaire $\dfrac{36}{99}$.

Règle. — La fraction ordinaire génératrice d'une fraction périodique simple a pour numérateur la période et pour dénominateur un nombre formé d'autant de 9 qu'il y a de chiffres dans la période.

Remarque. — Il faut ensuite simplifier la fraction ainsi

obtenue : $\dfrac{36}{99} = \dfrac{4}{11}$; et, même après simplification, *le dénomi-nateur de la fraction irréductible obtenue ne contiendra jamais aucun des facteurs premiers 2 ou 5.*

2° CAS. — *La fraction est périodique mixte.*

Soit la fraction périodique mixte : 0,5436363636...

Prenons *trois* périodes ; nous aurons :

$$f_3 = \quad 0{,}54363636 \qquad (1)$$

ou $$100\,f_3 = \quad 54{,}363636 \qquad (2)$$

ou $$10000\,f_3 = 5436{,}3636 \qquad (3)$$

Retranchons (2) de (3) ; nous aurons :

$$9900\,f_3 = 5436 - 54 - 0{,}000036$$

ou $$f_3 = \frac{5436 - 54}{9900} - \frac{0{,}000036}{9900}$$

ou $$f_3 = \frac{5436 - 54}{9900} - \frac{36}{9900 \times 10^6}$$

De même, si l'on prend n périodes, chacune de deux chif-fres, on aura :

$$f_n = \frac{5436 - 54}{9900} - \frac{36}{9900 \times 10^{2n}}$$

$$\frac{5436 - 54}{9900} - f_n = \frac{36}{9900 \times 10^{2n}}$$

Or $\dfrac{36}{9900 \times 10^{2n}}$ diminue à mesure que l'on prend un plus grand nombre de périodes ; donc f_n a pour limite :

$$\frac{5436 - 54}{9900} \qquad \text{ou} \qquad \frac{5382}{9900} = \frac{299}{550}.$$

Règle. — La fraction ordinaire génératrice d'une fraction périodique mixte a pour numérateur la différence des nom-bres entiers que l'on obtient en transportant successivement la virgule à droite et à gauche de la première période et pour dénominateur un nombre composé d'autant de 9 qu'il y a de chiffres dans la période, suivis d'autant de zéros qu'il y a de chiffres dans la partie non périodique.

Remarque. — Le dénominateur de la fraction génératrice d'une fraction périodique mixte étant un nombre composé de chiffres 9, suivis d'autant de zéros qu'il y a de chiffres dans la partie non périodique, admet les facteurs 2 et 5 à une puissance marquée par le nombre des chiffres de la partie non périodique.

Le numérateur n'est jamais terminé par un zéro, car il faudrait pour cela que le dernier chiffre non périodique fût égal au dernier chiffre de la période ; mais alors la période commencerait un rang plus tôt, et l'on aurait une autre fraction périodique que celle qui est donnée.

Le numérateur n'est donc jamais divisible à la fois par 2 et par 5. Il peut l'être par l'un ou l'autre de ces facteurs, mais jamais par tous les deux en même temps.

Il résulte de là que *si l'on réduit à sa plus simple expression la fraction génératrice d'une fraction périodique mixte, le dénominateur admet encore l'un ou l'autre des facteurs 2 et 5 à une puissance marquée par le nombre des chiffres non périodiques.*

128. *Théorème.* —*Toute fraction irréductible dont le dénominateur ne contient ni le facteur 2, ni le facteur 5, donne naissance, quand on la réduit en décimales, à une fraction périodique simple.*

Théorème. —— *Toute fraction irréductible dont le dénominateur contient les facteurs 2 ou 5 avec d'autres facteurs, donne naissance, quand on la convertit en décimales, à une fraction périodique mixte.*

Ces deux principes sont les conséquences des remarques faites dans la recherche de la fraction génératrice d'une fraction périodique donnée.

MESURES

Mesures françaises anciennes.

129. 1° *Longueur.* — Les anciennes mesures françaises de longueur étaient : la *toise*, ou unité de longueur, longueur arbitraire définie par un étalon déposé aux archives de l'Académie ; le *pied* ou sixième partie de la toise, le *pouce* ou douzième partie du pied, et la *ligne* ou douzième partie du pouce.

La *lieue de poste* valait 2000 toises ; la *lieue commune* valait la 25ᵉ partie d'un degré du méridien terrestre ; la *lieue marine* de 20 au degré, le *mille marin*, ou tiers de la lieue marine, le *nœud* ou cent-vingtième partie du mille, étaient des unités employées dans la marine.

2° *Superficie.* — On employait pour unités de superficie des carrés ayant pour côtés les unités de longueur.

L'unité principale des mesures de superficie était la *toise carrée* (tq) dont les subdivisions étaient le *pied carré* (Pq), le *pouce carré* (pq) et la *ligne carrée* (lq).

La toise carrée valait . .   6 × 6 = 36 pieds carrés.
Le pied carré valait . . .   12 × 12 = 144 pouces carrés.
Le pouce carré valait . .   12 × 12 = 144 lignes carrées.

Les mesures agraires étaient :

1° La *perche de Paris*, carré ayant 18 pieds de côté ; 2° la *perche des eaux et forêts*, carré ayant 22 pieds de côté ; 3° l'*arpent de Paris*, valant 100 perches de Paris ; 4° l'*arpent des eaux et forêts*, valant 100 perches des eaux et forêts.

3° *Volume.* — On employait pour unités de volume des cubes ayant pour côtés les unités de longueur.

L'unité principale était la *toise cube* (tc), dont les subdivisions étaient le *pied cube* (Pc), le *pouce cube* (pc), la *ligne cube* (lc), etc.

La toise cube valait. .   6 × 6 × 6 = 216 pieds cubes.
Le pied cube valait. .   12 × 12 × 12 = 1728 pouces cubes.
Le pouce cube valait .   12 × 12 × 12 = 1728 lignes cubes.

Pour le *bois de chauffage*, l'unité principale était la *corde*, qui avait 8 pieds de couche sur 4 de hauteur ; la longueur du bois variait de 2 pieds à 4 pieds et demi ; mais pour les eaux et forêts, la longueur du bois était fixée à 3 pieds et demi.

La corde se divisait en deux *voies*.

4° *Capacité*. — Pour les liquides, on employait la *pinte*, mesure arbitraire de capacité, conforme à un étalon déposé, la *velte* ou 8 pintes, le *quartaut* ou 9 veltes, la *feuillette* ou 2 quartauts, et le *muid* ou 2 feuillettes ; enfin, on se servait aussi de la *chopine* ou demi-pinte, et du *demi-setier*, ou quart de pinte.

Pour les graines, on employait le *boisseau*, le *setier* valant 12 boisseaux, et le *litron*, ou seizième de boisseau.

Toutes ces mesures variaient d'une province à l'autre.

5° *Poids*. — L'unité de poids était la *livre*. Elle se divisait en 16 *onces*, l'once en 8 *gros*, le gros en 3 *scrupules*, et le scrupule en 24 *grains*.

6° *Monnaies*. — L'unité de monnaie était la *livre tournois*; elle se divisait en 20 *sols*, le sol en 4 *liards*, et le liard en 3 *deniers*: 5 deniers valaient un *blanc*. Le *louis* valait 24 livres; l'*écu d'argent* valait 3 livres.

130. — Ce système avait plusieurs inconvénients: d'abord, il n'était pas uniforme en France ; chaque province avait ses mesures particulières ; il n'était pas simple et il n'était pas stable, car les unités avaient été choisies arbitrairement et elles changeaient de valeur en un même lieu avec le temps et suivant les circonstances. Aussi l'Assemblée constituante institua une commission chargée de créer un système de mesures uniforme, stable, simple et pouvant être adopté par tous les peuples.

Système métrique.

131. — La commission décida que le nouveau système suivrait la loi décimale, et que l'unité de longueur serait liée à la grandeur de la terre et serait une fraction du méridien terrestre.

Il fut convenu que l'unité de longueur, appelée *mètre*, serait égale à la *dix-millionième partie du quart du méridien terrestre;* or la longueur du quart du méridien terrestre fut trouvée égale-

à 5130740 toises ; le mètre vaut donc $\dfrac{5130740}{10000000}$ de toises ou 443,296 lignes.

On construisit des étalons en métal qui furent déposés au Conservatoire des Arts-et-Métiers, où ils sont encore aujourd'hui.

On peut donc dire que *l'unité de longueur est la longueur, à 0°, du mètre étalon en platine déposé aux Archives nationales.*

Après avoir adopté l'unité de longueur, on en déduisit les valeurs du mètre carré, du litre, du gramme et du franc ; on appliqua à chaque mesure la division décimale et on créa le *système légal des poids et mesures pour la France,* système uniforme, simple, stable et pouvant être adopté par tous les peuples.

132. *Unités principales. Multiples et sous-multiples.* — Pour chaque espèce de grandeur on a fait choix d'une *unité principale,* comme le mètre, le litre, le gramme, à laquelle on a ajouté des *multiples* et *sous-multiples décimaux,* qui peuvent à leur tour servir *d'unités secondaires.*

Les multiples sont désignés par le nom de l'unité principale, précédé des mots *déca, hecto, kilo, myria,* qui sont empruntés au grec, et qui signifient dix, cent, mille, dix mille.

Ainsi un *décamètre* vaut *dix mètres,* un *hectolitre* vaut *cent litres,* un *kilogramme* vaut *mille grammes.*

Les sous-multiples sont désignés par le nom de l'unité principale, précédé des mots *déci, centi, milli,* qui sont empruntés au latin, et qui signifient respectivement dixième, centième, millième.

Ainsi, un *décimètre* est le *dixième* d'un mètre ; un *centilitre* est le *centième* d'un litre ; un *milligramme* est le *millième* d'un gramme.

133. *Mesures de longueur.* — L'unité de longueur est le *mètre* étalon déposé aux Archives nationales.

Les multiples du mètre sont :

Le myriamètre (Mm), qui vaut 10000 mètres.
Le kilomètre　(Km),　—　　1000　—
L'hectomètre　(Hm),　—　　100　—
Le décamètre　(Dm),　—　　10　—

Les sous-multiples du mètre sont :

Le décimètre　(dm), qui vaut 0ᵐ,1
Le centimètre (cm),　—　0 ,01
Le millimètre (mm),　—　0 ,001

134. *Écriture des longueurs.* — Les mesures de longueur suivent la loi décimale, c'est-à-dire qu'une unité d'un ordre quelconque en vaut dix de l'ordre immédiatement inférieur.

D'après cela, si le mètre est pris pour unité,

les décamètres　sont des　dizaines,
les hectomètres　—　centaines,
les kilomètres　—　mille,
les myriamètres　—　dizaines de mille.
les décimètres　—　dixièmes,
les centimètres　—　centièmes,
les millimètres　—　millièmes.

Soit à écrire le nombre :

$$5^{Mm}, 4^{Km}, 3^{Hm}, 2^{Dm}, 5^{m}, 3^{dm}.$$

Il suffit d'écrire un nombre décimal comprenant 5 dizaines de mille, 4 mille, 3 centaines, 2 dizaines, 5 unités et 3 dixièmes, c'est-à-dire le nombre

$$54325^{m},3$$

135. *Mesures de surface ou de superficie.* — L'unité de surface est le *mètre carré*, c'est-à-dire la superficie du carré qui a un mètre de côté, les multiples du mètre carré sont des carrés ayant pour côtés les multiples du mètre ; les sous-multiples sont des carrés ayant pour côtés les sous-multiples du mètre. On leur donne les noms suivants : *décamètre carré, hectomètre carré, kilomètre carré, myriamètre carré* pour les multiples ; *décimètre carré, centimètre carré, millimètre carré* pour les sous-multiples.

Principe. — *Une unité de surface d'un ordre quelconque vaut cent unités de l'ordre immédiatement inférieur.*

Cela résulte de la construction même d'un carré.

136. *Écriture et lecture des surfaces.* — D'après le principe précédent :

Le mètre carré vaut . . . 100 décimètres carrés

— . . . $100 \times 100 = 10000$ centimètres carrés.

— . . . $100 \times 100 \times 100 = 1000000$ millimètres carrés.

Le décamètre carré vaut. 100 mètres carrés.

L'hectomètre carré — $100 \times 100 = 10000$ mètres carrés.

Le kilomètre carré — $100 \times 100 \times 100 = 1000000$ mètres carrés.

Le myriamètre carré — $100 \times 100 \times 100 \times 100 = 100000000$ mètres carrés.

Par conséquent :

Le mètre carré étant pris pour unité,

les décimètres carrés sont des centièmes (2ᵉ rang à droite de la virgule),

les centimètres carrés — dix-millièmes (4ᵉ rang),

les millimètres carrés — millionièmes (6ᵉ rang),

les décamètres carrés — dizaines (2ᵉ rang à gauche de la virgule),

les hectomètres carrés — dizaines de mille (4ᵉ rang à gauche de la virgule),

les kilomètres carrés — unités de millions (6ᵉ rang),

les myriamètres carrés — centaines de millions (8ᵉ rang).

Chaque unité de surface doit donc être représentée par une tranche de deux chiffres.

Soit à écrire le nombre

$$25^{\text{Kmq}} \ 7^{\text{Hmq}} \ 12^{\text{Dmq}} \ 3^{\text{mq}} \ 13^{\text{dmq}}$$

On écrira d'abord le nombre 25, qui représente les Kmq ; puis le chiffre 7 précédé d'un zéro, c'est-à-dire le nombre 07, pour représenter les Hmq ; ensuite les nombres 12 et 03, qui représenteront les Dmq et les mq. On mettra une virgule, à la suite de laquelle on écrira le nombre 13, qui représente les dmq. On aura ainsi le nombre

$$25071203^{\text{mq}},13$$

Règle I. — Pour écrire un nombre représentant une surface on écrit successivement de gauche à droite toutes les unités dont il se compose en ayant soin que chacune d'elles soit représentée par une tranche de deux chiffres. Si le nombre des unités d'un ordre n'a qu'un chiffre, on place un zéro devant ce chiffre ; enfin on remplace par des tranches de deux zéros les ordres d'unités qui manquent et l'on met une virgule à la droite de l'unité principale.

Exemples. — Le nombre $4^{Dmq}\ 5^{mq}\ 3^{cmq}$ s'écrit $405^{mq},0003$
$2^{llmq}\ 3^{mq}\ 40^{dmq}\ 5^{mnq}$ — $20003^{mq},400005$
$23^{mq}\ 2^{dmq}\ 3^{cmq}\ 5^{mmq}$ — $23^{mq},020305$

Règle II. — Pour lire un nombre représentant une surface, on partage la partie décimale en tranches de deux chiffres à partir de la virgule, en complétant au besoin la dernière tranche par un zéro. Ensuite on énonce la partie entière comme si elle était seule ; puis, successivement les tranches de la partie décimale, en donnant à chacune d'elles le nom de l'unité qu'elle représente.

Exemple : $348^{mq},563207.$

On partage la partie décimale en tranches de deux chiffres à partir de la virgule, $348^{mq},56.32.07$, et on lit : 348 mètres carrés, 56 décimètres carrés, 32 centimètres carrés, 7 millimètres carrés.

137. *Surfaces diverses.* — Le choix de l'unité de surface dépend de la nature de la surface à évaluer. On distingue les *petites surfaces*, les *surfaces ordinaires*, les *surfaces agraires* et les *surfaces topographiques.*

1° *Petites surfaces.* — Pour les surfaces de petites dimensions, telles que la surface d'une feuille de verre, de papier ou de carton, la section d'un tube barométrique, etc., on emploie comme unité le centimètre carré ou le millimètre carré.

2° *Surfaces ordinaires.* — On entend par surfaces ordinaires, celles qu'on rencontre à l'intérieur et dans le voisinage des habitations ; telles sont les surfaces des murs, de plafonds, des planchers, des toits, des cours, des jardins, etc. On les évalue en mètres carrés.

3° *Surfaces agraires*. — Les surfaces agraires sont les surfaces des terrains cultivés.

L'unité principale des mesures agraires est l'*are* (a).

L'are est un décamètre carré.

Les unités secondaires sont :

L'*hectare* (Ha), qui vaut 100 ares, et, par suite, 100 décamètres carrés ou un hectomètre carré.

Le *centiare* (ca), qui est la 100ᵉ partie de l'are, et qui vaut, par conséquent, un mètre carré.

Les unités agraires ne sont donc pas autre chose que l'hectomètre carré, le décamètre carré et le mètre carré, auxquels on a donné des noms nouveaux.

Elles suivent la loi centésimale des surfaces ordinaires, s'écrivent et se lisent d'après les mêmes règles.

4° *Surfaces topographiques*. — On prend pour unité le *kilomètre carré* ou le *myriamètre carré*.

138. *Mesures de volume*. — L'unité de volume est le *mètre cube*, c'est-à-dire le volume intérieur d'un cube ayant *un mètre* d'arête. On n'emploie pas les multiples du mètre cube : les sous-multiples sont des cubes ayant pour arêtes les sous-multiples du mètre.

Ce sont : le *décimètre cube*, le *centimètre cube* et le *millimètre cube*.

Principe. — *Une unité de volume d'un ordre quelconque vaut mille unités de l'ordre immédiatement inférieur.*

Cela résulte de la construction même d'un cube.

139. *Écriture et lecture des volumes*. — D'après le principe précédent :

le mètre cube vaut 1000 décimètres cubes.

    — 1000×1000 ou 1000000 de centimètres cubes.

    — $1000 \times 1000 \times 1000$ ou 1000000000 de millimètres cubes.

Par conséquent :

Le mètre cube étant pris pour unité,

les décimètres cubes sont des millièmes (3ᵉ rang à droite de la virgule),
les centimètres cubes   —   millionièmes (6ᵉ rang),
les millimètres cubes   —   billionièmes (9ᵉ rang).

Chaque unité de volume est donc représentée par une tranche de trois chiffres.

Soit à écrire le nombre

$$4^{mc} \; 13^{dmc} \; 648^{cmc} \; 7^{mmc}.$$

On écrira d'abord le chiffre 4 qui représente les mètres cubes, puis une virgule pour les séparer des unités décimales. Le nombre contient 13^{dmc}, c'est-à-dire 13 millièmes de mètre cube ; on fera donc précéder d'un zéro le nombre 13, pour que le chiffre 3 soit au troisième rang ; on écrira ensuite la tranche 648 des centimètres cubes telle qu'elle est, puisqu'elle contient trois chiffres ; enfin on fera précéder de deux zéros le chiffre 7 qui représente les millimètres cubes, pour que ce chiffre occupe le neuvième rang. On aura ainsi le nombre

$$4^{mc},013648007.$$

Règle. — Pour écrire un nombre représentant un volume, on écrit d'abord la partie entière, ou un zéro, s'il n'y en a pas, puis on met une virgule ; ensuite, on écrit successivement, et par ordre, les décimètres cubes, les centimètres cubes et les millimètres cubes, en ayant soin que chacune de ces unités soit représentée par une tranche de trois chiffres. Si le nombre des unités d'un ordre n'a qu'un ou deux chiffres, on place deux ou un zéro devant ce nombre. Enfin, on remplace par des tranches de trois zéros les ordres d'unités qui manquent.

Lire un nombre exprimant un volume. — Pour lire un nombre représentant un volume, on partage la partie décimale en tranches de trois chiffres, à partir de la virgule, en complétant au besoin la dernière tranche par un ou deux zéros.

Ensuite, on énonce la partie entière comme si elle était seule ; puis, successivement les tranches de la partie décimale en donnant à chacune d'elles le nom de l'unité qu'elle représente.

Exemple I ·   2^{mc},26

On met un zéro sur la droite du nombre pour que la partie décimale contienne trois chiffres, 2^{mc},260, et on lit : 2 mètres cubes, 260 décimètres cubes.

Exemple II :   7^{mc},3487

On partage la partie décimale en tranches de trois chiffres en complétant la dernière tranche par deux zéros, 7^{mc},348,700, et on lit : 7 mètres cubes, 348 décimètres cubes, 700 centimètres cubes.

140. *Mesures usuelles.* — Il n'existe pas de mesures de volume ; on détermine le volume d'un corps par des procédés géométriques : le bois de chauffage se mesure en prenant pour unité le mètre cube, qui prend le nom de *stère* ; le multiple du stère est le *décastère,* qui vaut 10 stères ; le sous-multiple du stère est le *décistère,* qui est le dixième du stère.

141. *Mesures de capacité.* — L'unité principale est le *litre,* ou décimètre cube ; les unités secondaires sont :

Le décalitre	10 litres
L'hectolitre	100 —
Le décilitre	0^{l},1
Le centilitre	0 ,01

Pour faciliter les opérations commerciales, la loi a prescrit que *chacune des mesures de capacité aurait son double et sa moitié.* Voici la liste des mesures réelles de capacité :

Hectolitre	100 litres
Demi-hectolitre.	50 —
Double décalitre	20 —
Décalitre	10 —
Demi-décalitre	5 —
Double litre	2 —
Litre	1 —
Demi-litre	0^{l},5

Double décilitre ou cinquième de litre .	0 ,2
Décilitre	0 ,1
Demi-décilitre.	0 ,05
Double centilitre.	0 ,02
Centilitre.	0 ,01

142. Les mesures destinées à mesurer les liquides sont construites en étain, en cuivre étamé ou en fer-blanc. Ce sont des vases de forme cylindrique, munis d'une ou de deux anses qui permettent de les soulever et de les transporter. Leur hauteur est le double du diamètre de leur base, c'est-à-dire de leur largeur.

Les mesures destinées à mesurer les grains et les graines sont aussi des vases de forme cylindrique, mais construits en chêne et munis de garnitures de fer. Les anses sont remplacées par une sorte de T en fer placé à l'intérieur. Leur hauteur est égale au diamètre de leur base, c'est-à-dire à leur largeur.

L'écriture et la lecture des nombres qui représentent les capacités est identique à celles des nombres décimaux ; les unités simples seront des litres, les dizaines seront des décalitres, les centaines seront des hectolitres, etc. ; les dixièmes seront des décilitres, les centièmes des centilitres.

143. *Mesures de poids.* — L'unité de poids est le *gramme*, *c'est-à-dire le poids, dans le vide, à Paris, d'un centimètre cube d'eau pure à la température de son maximum de densité, ou à 4 degrés centigrades.*

Les multiples du gramme sont :

Le décagramme	(Dg), qui vaut	10	grammes
L'hectogramme	(hg),	—	100	—
Le kilogramme	(kg),	1000	—
Le myriagramme	(mg),	—	10000	—

Les sous-multiples du gramme sont :

Le décigramme,	qui vaut un dixième	de gramme	0gr,1
Le centigramme,	—	un centième	—	0 ,01
Le milligramme,	—	un millième	—	0 .001

Les unités de poids des divers ordres suivent la loi décimale et leur numération sera la même que celle des nombres décimaux.

La loi admet le double et la moitié de chaque multiple et sous-multiple du gramme; les mesures usuelles sont des lingots en fonte ou en laiton ou des lames carrées en argent ou en platine, suivant la grandeur des poids à représenter.

Pour la pharmacie, la chimie et l'évaluation des matières précieuses, on exprime les poids en grammes et en centigrammes; dans les pesées ordinaires, on prend le kilogramme pour unité; pour les pesées un peu fortes, on prend pour unité le *quintal* qui vaut 100 kilogrammes; pour les pesées très fortes, on prend pour unité la *tonne* ou tonneau de mer, qui vaut mille kilogrammes.

Pour les diamants, les perles, les pierres précieuses, on prend pour unité le *carat,* qui vaut 205,5 milligrammes; c'est une unité commerciale et qui n'appartient en rien au système métrique.

Monnaies.

144. — L'unité de monnaie est le *franc*; le franc est une pièce de monnaie, pesant 5 grammes, de 23 millimètres de diamètre, formé d'un alliage d'argent et de cuivre au titre de 835 millièmes. La numération des monnaies est identique à celle des nombres entiers pour les sommes supérieures à un franc; on dit : deux, trois, dix francs, cent francs, cinq cents francs, mille francs, etc.

Pour les sommes inférieures à un franc, on prend pour sous-multiples du franc le *décime* et le *centime*; le décime est le dixième du franc; le centime est le centième du franc. L'écriture d'un nombre représentant la valeur d'un objet est identique à celle d'un nombre décimal ordinaire.

Monnaie d'argent. — On frappe, à la Monnaie de Paris, des pièces d'argent, dites divisionnaires, de 2 fr., 1 fr., 0 fr. 50 c., 0 fr. 20 c., au titre de 0,835.

On frappe des pièces de 5 fr. au titre de 0,900.

Monnaie d'or. — On frappe des pièces de 10 fr., 20 fr., 50 fr. et 100 fr. en un alliage d'or et de cuivre, au titre de 0,900.

Billets de banque. — La Banque de France a le privilège d'émettre des billets de 1000 fr., 500 fr., 100 fr. et 50 fr.

Monnaie de billon. — On frappe des pièces de 10 cent., 5 cent., 2 cent. et 1 cent., formées d'un alliage de 95 parties de cuivre, 4 d'étain et 1 de zinc.

Tolérance. — Comme il est impossible d'obtenir des pièces rigoureusement au titre légal, la loi admet une tolérance de quelques millièmes en plus ou en moins sur le titre ; cette tolérance varie avec la nature de la monnaie. La loi admet en outre le double et la moitié de chaque unité.

Poids des monnaies françaises. — Un franc pèse 5 grammes ; un kilogramme d'alliage d'or contient 155 pièces de 20 francs ; il résulte de là qu'à poids égal, le rapport de la valeur de l'or à celle de l'argent est 15,5. Un centime pèse un gramme ; donc, à poids égal, le rapport de la valeur de l'argent à celle du billon est 20. Chaque pièce a donc un poids légal ou un *poids droit.*

Dans beaucoup de maisons de banque, on pèse la monnaie au lieu de la compter ; pour l'or, on multiplie par 3,1 le poids de la somme évalué en grammes ; pour l'argent, le coefficient est 0,2 et pour le billon le coefficient est 0,01.

Valeur intrinsèque et valeur fiduciaire. — D'après ce qui précède, un kilogramme de monnaie d'or vaut 3100 francs ; mais, en tenant compte des frais de fabrication, un kilogramme d'or monnayé ne vaut que 3093 fr. 90 c. ; par conséquent un kilogramme d'or pur a pour valeur *au change* 3437 francs. De même, un kilogramme d'argent monnayé vaut 198 fr. 50 c. et un kilogramme d'argent pur a pour valeur *au change* 220 fr. 56 c. ; pour la petite monnaie, un kilogramme de pièces divisionnaires vaut 185 fr. 56 c.

Tableau des monnaies françaises.

| NOMS. | TITRE. | POIDS DROIT. | TOLÉRANCE EN MILLIÈMES | | POIDS | | DIAMÈTRE ou MODULE en milli- mètres. | NOMBRE de PIÈCES par kilo- gramme. |
			du titre.	du poids.	MAXIMUM.	MINIMUM.		
OR							millim.	
100 fr.	0.900	32^{gr},258	2	1	32^{gr},290258	32^{gr},225742	35	31
50	0.900	16 ,129	2	2	16 ,161258	16 ,096742	28	62
20	0.900	6 ,45161	2	2	6 ,46451	6 ,43871	21	155
10	0.900	3 ,22580	2	2.5	3 ,23386	3 ,21773	19	310
5	0.900	1 ,61290	2	3	1 ,61774	1 ,60806	17	620
ARGENT								
5	0.900	25	3	3	25 ,075	24 ,925	37	40
2	0.835	10	3	3	10 ,03	9 ,97	27	100
1	0.835	5	3	5	5 ,025	4 ,975	23	200
0 fr. 50 c.	0.835	2 ,5	3	7	2 ,5175	2 ,4825	18	400
0 20	0.835	1	3	10	1 ,01	0 ,99	15	1000
CUIVRE								
0 10	95 p. 100 de cuivre	10	10 pour le cuivre	10	10 ,100	9 ,900	30	100
0 05	4 — d'étain	5	5 pour les autres	10	5 ,050	4 ,950	25	200
0 02	1 — de zinc	2	métaux	15	2 ,030	1 ,970	20	500
0 01		1		15	1 ,015	0 ,985	15	1000

Tables de conversion.

145. Pour convertir les anciennes mesures en mesures actuelles, on fait usage des tableaux suivants :

Mesures de longueur.

NOMBRES.	TOISES EN MÈTRES.	PIEDS EN MÈTRES.	POUCES EN MÈTRES.	LIGNES EN MÈTRES.
1	1,94904	0,32484	0,027070	0,002256
2	3,89807	0,64968	0,054140	0,004512
3	5,84711	0,97452	0,081210	0.006767
4	7,79615	1,29936	0,108280	0,009023
5	9,74518	1,62420	0,135350	0,011279
6	11,69422	1,99404	0,162420	0,013535
7	13,64326	2,27388	0,189490	0,015791
8	15,59229	2,59872	0,216560	0,018047
9	17,54133	2,92355	0,243630	0,020302

Proposons-nous de transformer au moyen de cette table, $328^t 4^p 7^p 8^l$.

La table donne immédiatement les valeurs de 300 toises, de 20 toises, de 8 toises, de 4 pieds, 7 pouces et 8 lignes. On n'a plus qu'à additionner ces résultats.

Voici les calculs :

$$
\begin{aligned}
300^t &= 584^m,711 \\
20^t &= 38 ,807 \\
8^t &= 15 ,59229 \\
4^p &= 1 ,29936 \\
7^p &= 0 ,18949 \\
8^l &= 0 ,018047 \\
\hline
328^t 4^p 7^p 8^l &= 640^m,617187 \ \text{ou } 640,617
\end{aligned}
$$

Mesures de superficie.

NOMBRE.	TOISES CARRÉES en mètres carrés.	PIEDS CARRÉS en mètres carrés.	POUCES CARRÉS en mètres carrés.	LIGNES CARRÉES en mètres carrés.
1	3,798743	0,105521	0,00073278	0,000005089
2	7,597485	0,211041	0,00146556	0,000010178
3	11,396228	0,316562	0,00219835	0,000015266
4	15,194970	0,422083	0,00293113	0,000020355
5	18,993713	0,527603	0,00366391	0,000025444
6	22,792455	0,633124	0,00439669	0,000030533
7	26,591198	0,738644	0,00512947	0,000035621
8	30,389940	0,844165	0,00586226	0,000040719
9	34,188683	0,949686	0,00659504	0,000055799

Mesures agraires.

NOMS DE CES MESURES.	PIEDS CARRÉS.	TOISES CARRÉES.	MÈTRES CARRÉS.
Perche de Paris	324	9,00	34,19
Arpent de Paris	32400	900	3418,87
Perche des eaux et forêts.	484	13,44	51,07
Arpent des eaux et forêts.	48400	1344,44	5107,20

Mesures de volume.

TOISES CUBES.	MÈTRES CUBES.	PIEDS CUBES.	MÈTRES CUBES.
1	7,4039	1	0,0342
2	14,8078	2	0,0685
3	22,2117	3	0,1028
4	29,6156	4	0,1371
5	37,0195	5	0,1713
6	44,4233	6	0,2056
7	51,8272	7	0,2399
8	59,2311	8	0,2742
9	66,6350	9	0,3085

Pour les mesures de capacité, il faut rappeler que :

Le *setier* vaut. . . . . . . 156 litres ;
La *pinte* vaut. 0ˡ,93
Le *muid* vaut. . . . . . . 264 litres.

Mesures de poids.

NOMBRE.	LIVRES en KILOGRAMMES.	ONCES en GRAMMES.	GROS en GRAMMES.	GRAINS en GRAMMES.
1	0,48951	30,59	3,824	0,053
2	0,97901	61,19	7,649	0,106
3	1,46852	91,78	11,473	0,159
4	1,95802	122,38	15,297	0,212
5	2,44753	152,97	19,121	0,266
6	2,93704	183,56	22,946	0,319
7	3,42654	214,16	26,770	0,372
8	3,91605	244,75	30,594	0,425
9	4,40555	275,35	34,418	0,478

Monnaies.

NOMBRES.	LIVRES en FRANCS.	SOUS en FRANCS.	DENIERS en FRANCS.
1	0,987650943	0,049382547	0,004115212
2	1,975301885	0,098765094	0,008230425
3	2,962952828	0,148147641	0,012345637
4	3,950603771	0,197530189	0,016460849
5	4,938254713	0,246912736	0,020576061
6	5,925905656	0,296295283	0,024691274
7	6,913556598	0,345677830	0,028806486
8	7,901207541	0,395060377	0,032921698
9	8,888858484	0,444442924	0,037036910

Monnaies étrangères.

146. — Un certain nombre d'États européens ont adopté le système monétaire décimal, ayant le franc pour base, avec les mêmes monnaies de compte et les mêmes monnaies effectives en or et argent, au même titre.

Voici les États faisant partie de l'union monétaire latine; les dénominations de l'unité pour chaque pays :

Belgique. — Même dénomination qu'en France; les pièces de 20 c., 10 c. et 5 c. sont en nickel; celles de 2 c. et de 1 c. sont en cuivre.

Italie. — Le franc s'appelle *lira;* 1 lira = 100 centesimi; et 20 lire = 20 francs.

Suisse. — Même dénomination qu'en France; les pièces de 20 c., de 10 c. et de 5 c. sont fabriquées avec un alliage de cuivre, de zinc et de nickel.

Grèce. — Le franc s'appelle *drachme;* 1 drachme = 100 *lepta.*

Pays ne faisant pas partie de l'union latine.

Angleterre. — Les comptes se tiennent par *pound sterling* (£ st) de 20 *shillings* (sh) à 12 *pence* ou *deniers* (d); le denier ou *penny* se subdivise encore en 4 *farthings* (q) dans le commerce de détail.

$$1 \text{ £ st.} = 20 \, sh = 240 \, d = 960 \, q = 25^{f},20$$

Les monnaies effectives anglaises sont : les pièces en bronze d'un *penny,* d'un *half-penny;* les pièces en argent sont : *three pence* (3 pence), *four pence* (4 pence), *six pence* (demi-shilling), le *shilling,* le *florin* (2 shillings), la *couronne* (5 shillings), la *demi-couronne;* les pièces en or sont : la *livre sterling* et la *demi-livre* nommées *sovereign* et *half-sovereign.* Enfin, pour certains paiements, on emploie encore la *guinée* de 21 shillings.

Allemagne. — L'unité est le *mark* d'argent (mk), au titre de 0,900, avec ses multiples et sous-multiples décimaux; le mark vaut 1 fr. 23456, au tarif français. Le mark se subdivise en 100 *pfennige* et les monnaies effectives sont : en or, les pièces de 20, 10 et 5 marks; en argent, les pièces de 5, 2 et 1 mark, les pièces de 50 et 20 pfennige; en nickel, 10 et 5 pfennige; en cuivre, 2 et 1 pfennig.

Autriche-Hongrie. — L'unité monétaire est le *florin* d'Autriche, pièce d'argent au titre de 0,900, valant 2 fr. 50 c. au tarif français; les pièces d'or de 8 et de 4 florins sont au même titre que nos pièces de 20 et de 10 francs; et elles sont admises au même titre dans les Caisses publiques françaises. Le florin se divise en 100 *kreutzers*.

Espagne. — L'Espagne a adopté le système monétaire décimal; l'unité est la *peseta*, valant 1 franc, on la divise en 100 *centesimos*. Dans le commerce on compte encore par *piastres*; la piastre d'argent vaut 4 fr. 8675; on la subdivise en 20 *réaux*. On frappe des pièces d'or de 25 pesetas; des pièces d'argent de 5, 2 et 1 peseta et de 2 réaux.

Russie. — L'unité de compte est le *rouble* d'argent, valant 4 francs au pair; le rouble se divise en 100 *kopecks*. Les monnaies d'or sont les pièces de 3 et de 5 roubles; les monnaies d'argent sont les pièces de 100, 50, 25, 20, 15, 10 et 5 kopecks.

États-Unis d'Amérique du Nord. — L'unité est le *dollar* en or de 5 fr. 18 c., qui se subdivise en 100 *cents*. Les monnaies d'or sont : le dollar, l'aigle qui vaut 10 dollars, le demi-aigle et la pièce de 3 dollars; les monnaies d'argent sont : le demi-dollar, le quart de dollar, la pièce de 20 cents et la pièce de 10 cents.

Roumanie. — L'unité s'appelle le *lei*; 1 lei = 100 *bani*.

Finlande. — Le gouvernement d'Helsingfors a adopté pour le grand-duché de Finlande le système monétaire français.

Le franc s'appelle la *markka*; 1 markka = 100 *penni*.

147. — Les valeurs des tableaux précédents (§ 144) donnent les valeurs *au pair*, d'après l'*Annuaire du Bureau des Longitudes*, calculées d'après les poids et le titre des pièces ; les monnaies d'or, au point de vue commercial, ont une valeur qui diffère très peu de leur valeur au pair ; les monnaies d'argent, au contraire, subissent des dépréciations très notables, dues à la valeur variable de l'argent métallique et à l'état des finances du pays.

NOMBRES COMPLEXES

148. — On appelle *nombres complexes* des nombres représentant la mesure d'une grandeur avec une unité dont les multiples ou sous-multiples ne suivent pas les lois de la numération décimale : tels sont les nombres qui exprimaient autrefois les anciennes mesures françaises ; tels sont les nombres qui expriment les mesures du temps ou les divisions de la circonférence, etc.

149. *Mesure du temps.* — L'unité de temps est le jour *solaire moyen*, qui se divise en 24 heures ; l'heure se divise en 60 minutes, la minute se divise en 60 secondes et la seconde en fractions décimales de seconde.

Ainsi on dit : $\qquad 3^h 20^m 8^s,3.$

150. *Division de la circonférence.* — La circonférence se divise en 360 arcs égaux, appelés *degrés* ; le degré se divise en 60 minutes, la minute en 60 secondes et la seconde en fractions décimales de seconde.

On emploie la notation suivante :
$$22°4'23'',4.$$

151. *Problème.* — Convertir un nombre complexe en unités de l'ordre le plus faible. Convertir en secondes : $3^h 20^m 8^s,3.$

On exécutera les opérations indiquées dans le tableau ci-dessous.

$$3^h$$
$$60$$
$$\overline{180} + 20 = 200^m$$
$$60$$
$$\overline{12000} + 8.3 = 12008^s,3$$

152. *Problème.* — Combien y a-t-il d'heures, de minutes et de secondes dans 12023,4 secondes?

On effectuera les opérations indiquées dans le tableau ci-après ; les restes successifs représentent les divers ordres d'unités ; le dernier quotient représente les unités de l'ordre le plus élevé :

$$
\begin{array}{r|l}
12023,4 & 60 \\
023,4 & \overline{200 \;|\; 60} \\
& 20 \;|\; \overline{3}
\end{array}
\qquad 12023^s,4 = 3^h\,20^m\,23^s,4.
$$

153. *Problème.* — Réduire en degrés, minutes et secondes un arc de 42°,253.

Un degré vaut 60 minutes; donc 0°,253 vaut $0,253 \times 60$ minutes, c'est-à-dire 15′,18.

Une minute vaut 60 secondes; donc 0′,18 vaut $0,18 \times 60$ ou 10″,8. En résumé :

$$42°,253 = 42°15'10'',8.$$

154. *Problème.* — Quelle est la fraction de jour représentée par $5^h\,48^m\,51^s,264$?

On convertit d'abord le nombre complexe donné en unités du dernier ordre (§ 151), ce qui donne ici 20931^s,264 ; or le jour vaut $24 \times 60 \times 60 = 86400$ secondes ; donc le nombre proposé est une fraction de jour égale à

$$\frac{20931,264}{86400} \quad \text{ou} \quad \frac{20931264}{86400000} \quad \text{ou} \quad 0^j,24226.$$

155. *Année.* — L'année civile *commune* est de 365 jours de 24 heures ; mais, pour faire coïncider le calendrier civil avec le calendrier astronomique, il faut, tous les quatre ans, ajouter un jour à la dernière année commune, qui est dite bissextile : les années *bissextiles* sont celles dont le millésime est un multiple de 4 ; mais, l'intercalation d'un jour tous les quatre ans est un peu trop forte, parce que l'année tropique est de 365^j,2422166 ; les années séculaires ne seront bissextiles que tous les quatre siècles ; ainsi 1700, 1800,

1900 sont des années communes, tandis que 2000 sera bissextile.

L'année se subdivise en 12 mois d'inégale durée ; le mois de février est de 28 jours pour les années communes et de 29 jours pour les années bissextiles.

L'année commerciale, en banque, est de 360 jours, formée de 12 mois de 30 jours chacun.

156. Addition des nombres complexes.—On écrit les nombres les uns au-dessous des autres de façon que les unités de même ordre se trouvent dans une même colonne verticale; on opère comme pour les nombres décimaux ; seulement les retenues se déduisent de la loi de numération du nombre complexe donné.

Exemple.—Faire l'addition suivante :

$$
\begin{array}{r}
12^h\ \ 6^m\,30^s,2 \\
18\ \ 32\ \ \ \ 4\,,5 \\
16\ \ 54\ \ 52\,,0 \\
\hline
47^h\,33^m\,26^s,7
\end{array}
$$

157. Soustraction des nombres complexes. — On écrit le plus petit nombre au-dessous du plus grand, de manière que les unités de même ordre se correspondent; puis on commence la soustraction par les plus petites unités. Si une soustraction partielle n'est pas possible, on ajoute au nombre dont on doit soustraire une unité de l'espèce immédiatement supérieure, et l'on augmente d'autant le nombre d'unités de cette espèce dans le nombre à soustraire.

Exemple.—Faire la soustraction suivante :

$$
\begin{array}{r}
42°12'\ \ 8'',3 \\
23\ \ 19\ \ 22\,,8 \\
\hline
\end{array}
$$

Reste. . . . . $18°52'\,45'',5$

158. Multiplication d'un nombre complexe par un nombre entier. — On multiplie successivement par le nombre entier chacune des unités du multiplicande, *en commençant par les plus faibles*, et en ayant soin de transformer chacun des produits partiels en unités de l'ordre suivant, d'après la loi qui les régit.

Exemple. — Multiplier $7^j 6^h 56^m 4^s,8$ par 5.

$$7^j 6^h 56^m 4^s,8$$
$$5$$
$$\overline{35^j 30^h 280^m 24^s,0}$$

Or,

24^s		24^s
280^m		$4^h 40^m$
30^h	$1^j 6^h$	
35^j	35	
Produit.	$36^j 10^h 40^m 24^s$	

Remarque. — Il est souvent plus simple de transformer le nombre complexe en unités de l'ordre le plus faible; on effectue la multiplication et on exprime le produit trouvé en unités des divers ordres correspondant au nombre complexe donné; il faut toujours agir ainsi, quand on doit effectuer la multiplication de deux nombres complexes.

Exemple. — Une étoffe coûte 4 livres 13 sols la toise; on a acheté une pièce mesurant 12 toises 4 pieds 6 pouces. Quelle somme faut-il payer?

Réduisons en toises la longueur de la pièce, nous aurons :

$$\left(12 + \frac{4}{6} + \frac{3}{36}\right) \text{ toises},$$

c'est-à-dire,

$$12 + \frac{27}{36} \quad \text{ou} \quad \frac{459}{36} \quad \text{ou} \quad \frac{51}{4} \text{ de toise};$$

d'autre part, la livre vaut 20 sous, donc une toise d'étoffe coûte 93 sous, donc la pièce d'étoffe coûte

$$\left(93 \times \frac{51}{4}\right) \text{ sols}, \quad \text{ou} \quad 1185 \text{ sols} \frac{3}{4};$$

convertissons les sols en livres en divisant par 20, nous aurons :

$$59 \text{ livres } 7^{sous},75 \quad \text{ou} \quad 59 \text{ livres } 5 \text{ sols } 3 \text{ liards}.$$

150. **Division d'un nombre complexe par un nombre entier.** — On divise successivement par le nombre entier chacune des unités du dividende, *en commençant par les plus fortes*, et en ayant soin de transformer chacun des restes partiels en unités de l'ordre suivant, d'après la loi qui les régit.

Exemple. — Diviser $97°21'47'',2$ par 23.

$$
\begin{array}{lll|l}
97° & 21' & 47'',2 & 23 \\
5 & & & \overline{4°\,13'\,59'',44} \\
60 & & & \\
\hline
300 & 321' & & \\
& 91 & & \\
& 22 & & \\
& 60 & & \\
\hline
& 1320 & 1367'',2 & \\
& & 217 & \\
& & 10\ ,2 & \\
& & 1\ ,00 & \\
& & 8 & \\
\end{array}
$$

Remarque. — Pour la division des nombres complexes entre eux, il est indispensable de les convertir en unités de l'ordre le plus faible ; on fait la division comme pour des nombres non complexes ; le quotient est nécessairement un nombre abstrait ordinaire.

PUISSANCES ET RACINES

160. *Définitions.* — Le carré d'un nombre est le produit de deux facteurs égaux à ce nombre : le carré de 8 s'exprime ainsi :
$$8^2 = 8 \times 8 = 64 ;$$
le carré de $\dfrac{5}{7}$ est :
$$\left(\frac{5}{7}\right)^2 = \frac{5}{7} \times \frac{5}{7} = \frac{25}{49} ;$$
il en serait de même pour tout autre nombre entier ou fractionnaire. Les carrés des neuf premiers nombres sont :
$$1,\ 4,\ 9,\ 16,\ 25,\ 36,\ 49,\ 64,\ 81.$$

Inversement, la *racine carrée* d'un nombre est un autre nombre qui, multiplié par lui-même, ou élevé au carré, reproduit le nombre proposé.

Ainsi la racine carrée de 64 est 8, parce que $8 \times 8 = 64$; la racine carrée de $\dfrac{25}{49}$ est $\dfrac{5}{7}$.

La racine carrée d'un nombre s'indique en plaçant le nombre sous le signe $\sqrt{}$, que l'on appelle un *radical*.

Exemple: $\qquad\qquad\qquad \sqrt{64} = 8.$

Un nombre est un *carré parfait* quand sa racine est exactement un nombre entier ou un nombre fractionnaire; tout nombre entier, qui n'est pas le carré d'un autre nombre entier, n'est pas le carré d'un nombre fractionnaire.

161. *Théorème. — Le carré d'un nombre supérieur à 10 se compose du carré des dizaines, du double produit des dizaines par les unités et du carré des unités.*

Soit le nombre 253 à élever au carré; on peut écrire:

$$253 = 250 + 3; \qquad \text{et} \qquad \overline{253}^2 = (250 + 3) \times (250 + 3);$$

or, pour multiplier deux sommes l'une par l'autre, il faut multiplier chacune des parties du multiplicande par chacune des parties du multiplicateur et faire la somme des produits partiels obtenus (§ 37).

On a donc:

$$\overline{253}^2 = (250 + 3) \times (250 + 3) = \overline{250}^2 + 2(250 \times 3) + 3^2.$$

162. *Théorème. — La différence des carrés de deux nombres entiers consécutifs est égale au double du plus petit nombre, plus un, ou égale à la somme des deux nombres.*

Prenons les nombres 9 et 8; on a $9 = 8 + 1$

$$9^2 = (8 + 1)^2 = 8^2 + 2 \times 8 + 1^2$$

ou $\qquad\qquad\quad 9^2 \quad 8^2 = 2 \times 8 + 1.$

163. *Théorème. — Le carré d'un produit est égal au produit des carrés des facteurs; la racine carrée d'un produit est égale au produit des racines carrées des facteurs.*

164. *Théorème. — Le carré d'un nombre terminé par des zéros est terminé par un nombre double de zéros. — Le carré d'un nombre de dizaines est un nombre exact de centaines.*

165. *Théorème. — Le carré d'un nombre est toujours terminé par le chiffre qui termine le carré de ses unités.*

Extraction de la racine carrée.

166. *Le nombre donné est un carré parfait.* — On cherche dans la table des carrés quel est le nombre qui a pour carré le nombre donné.

Exemple : $\qquad \sqrt{144} = 12 ; \qquad \sqrt{625} = 25.$

167. *Le nombre donné n'est pas un carré parfait.* — Dans ce cas, la racine carrée du nombre n'est pas *commensurable* ; on ne peut alors que calculer la racine carrée avec une *approximation donnée* ; une nouvelle définition est nécessaire : on appelle racine carrée d'un nombre entier *à moins d'une unité*, le plus grand nombre entier dont le carré est inférieur au nombre donné.

Soit N un nombre donné ; il existe toujours deux nombres entiers consécutifs A et (A + 1), tels que l'on ait :

$$A^2 < N < (A + 1)^2.$$

Par définition A est la racine carrée de N à moins d'une unité entière, ou, comme l'on dit, à moins d'un entier ; on appelle *reste* de l'opération la différence $R = N - A^2$; or on doit avoir

$$(A + 1)^2 > N,$$

c'est-à-dire

$$(A + 1)^2 > A^2 + R \qquad \text{ou} \qquad 2A + 1 > R ;$$

donc, le reste de l'opération est au plus égal au double de la racine cherchée.

168. *Théorie de la racine carrée.*

1er Cas. — *Le nombre donné est inférieur à 100.*

Il suffit de chercher dans la table des carrés des 10 premiers nombres quels sont les deux carrés consécutifs entre lesquels est compris le nombre donné ; la racine carrée du plus petit est la racine cherchée.

Exemple : $\qquad\qquad \sqrt{76}$

76 est compris entre 64 et 81 ; donc la racine carrée cherchée est 8.

169. 2° Cas. — *Le nombre donné est supérieur à 100.*

Alors la racine cherchée est supérieure à 10 ; elle se composera donc de *dizaines et d'unités.*

Premier principe. — *Le nombre des dizaines de la racine s'obtient exactement en extrayant la racine carrée des centaines du nombre donné.*

Soit le nombre 532648 et soit d le nombre des dizaines de la racine carrée de 532648 ; on a :

$$(d \times 10)^2 < 532648 < [(d+1) \times 10]^2$$

ou $\qquad d^2 \times 100 < 532648 < (d+1)^2 \times 100.$

Si on néglige dans le nombre intermédiaire les 48 unités, les deux inégalités subsistent, puisque $d^2 \times 100$ est un nombre de centaines qui ne peuvent se trouver que dans les centaines du nombre intermédiaire ; on a donc :

$$d^2 \times 100 \leqq 532600 < (d+1)^2 \times 100$$

et, en divisant par 100, on a :

$$d^2 < 5326 < (d+1)^2$$

Par définition d est alors la racine carrée de 5326 à moins d'un entier.

On aura donc le nombre des dizaines de $\sqrt{532648}$ en extrayant, à moins d'un entier, $\sqrt{5326}$.

Deuxième principe. — *On retranche du nombre donné le carré des dizaines de la racine ; on divise le nombre des dizaines du reste par le double du nombre des dizaines de la racine ; le quotient obtenu est le chiffre des unités de la racine ou un chiffre trop fort.*

Soit 532648 ; $\sqrt{5326}$ est 72 à moins d'un entier ; donc le nombre des dizaines de $\sqrt{532648}$ est 72 et on a $720^2 = 518400$; désignons par u le chiffre des unités de la racine et par R le reste de l'opération ; nous aurons :

$$532648 = (720 + u)^2 + R ;$$

or,

$$(720 + u)^2 = 720^2 + 2 \times 720 \times u + u^2 = 518400 + 1440 \times u + u^2 ;$$

donc, $532648 > 518400 + 1440 \times u$

ou $532648 - 518400 > 1440 \times u$ ou $14248 > 1440 \times u ;$

et, comme $1440 \times u$ est un nombre de dizaines, on aura :

$$14240 > 1440 \times u \quad \text{ou} \quad 1424 > 144 \times u \quad \text{ou} \quad u < \frac{1424}{144} ;$$

donc, si on divise 1424 par 144, on aura le chiffre des unités de la racine ou un chiffre trop fort.

Essai du chiffre u. — Il faut savoir maintenant si 14248 contient $1440 \times u + u^2$ ou $(1440 + u) \times u$; à cet effet, on placera le chiffre à essayer à la droite du double du nombre des dizaines de la racine et on multipliera par le chiffre à essayer le nombre ainsi obtenu ; si le produit obtenu peut se retrancher de 14248, le chiffre essayé est bon ; sinon, on diminuera successivement u de 1, 2, ... unités, jusqu'à ce que l'opération précédente réussisse.

170. *Opération pratique.*

1° Extraire, à moins d'une unité, la racine de 5326.

D'après le premier principe, on obtiendra le nombre des dizaines de la racine en extrayant la racine carrée de 53, ce qui ramènera au premier cas (§ 167). Cette racine est 7 ; donc le nombre des dizaines de la racine est 7 ; d'après le deuxième principe, on trouvera le chiffre des unités en disposant le calcul comme ci-dessous ; la racine cherchée est 72 et le reste est 142.

$$
\begin{array}{r|l}
5326 & 72 \\
\underline{49} & \overline{142} \\
426 & 2 \\
284 & \\
\hline
142 &
\end{array}
$$

2° Extraire la racine de 532648.

D'après le premier principe, on obtiendra le nombre des dizaines de la racine en extrayant la racine carrée de 5326,

qui est 72; donc le nombre des dizaines de la racine est 72 ;
on achèvera conformément au deuxième principe : la racine
cherchée est 729 et le reste est 1207.

$$
\begin{array}{l|l|l}
532648 & 729 & \\
49 & & \\
\hline
426 & 142 & 1449 \\
284 & 2 & 9 \\
\hline
14248 & & \\
13041 & & \\
\hline
1207 & &
\end{array}
$$

3° *Extraire la racine carrée d'un nombre quelconque.*

Pour extraire la racine carrée d'un nombre entier, on le
partage en tranches de deux chiffres à partir de la droite. Il
peut arriver que la première tranche à gauche n'ait qu'un
chiffre.

On extrait la racine carrée du plus grand carré parfait contenu dans le nombre qui forme la première tranche à gauche;
on a ainsi le premier chiffre de la racine. Le carré de ce
chiffre retranché de la première tranche à gauche donne le
premier reste.

A droite de ce reste, on abaisse la seconde tranche et l'on
sépare par un point le chiffre à droite du nombre obtenu.

On divise le nombre à gauche du point par le double du
premier chiffre de la racine et l'on a le second chiffre, ou un
chiffre plus fort. Pour l'essayer, on le place à la droite du
double de la racine et on le multiplie par le nombre obtenu;
on retranche le produit du nombre total formé par les chiffres
à gauche du point et par le chiffre à droite.

Si la soustraction peut se faire, le chiffre essayé est exact;
sinon, on essaye de la même manière le chiffre inférieur
d'une unité, et ainsi de suite, jusqu'à ce qu'on ait trouvé le
chiffre exact. La soustraction étant effectuée, on a le deuxième
reste.

A droite de ce deuxième reste, on abaisse la troisième

tranche et l'on sépare par un point le chiffre à droite du nombre obtenu.

On divise le nombre à gauche du point par le double du nombre formé par les deux premiers chiffres de la racine, ce qui donne le troisième chiffre, ou un chiffre plus fort. Pour l'essayer, on l'écrit à la droite du double du nombre formé par les deux premiers chiffres de la racine et on le multiplie par le nombre obtenu. On retranche le produit du nombre total formé par les chiffres à gauche du point et par le chiffre à droite ; si la soustraction peut se faire, le chiffre essayé est exact ; sinon, on essaye le chiffre inférieur d'une unité.

On continue ainsi jusqu'à ce que toutes les tranches aient été abaissées.

171. — La valeur du reste final doit être au plus égale au double de la racine trouvée ; c'est une application du théorème 162 ; si le reste est inférieur à la racine trouvée, la racine est évaluée à une demi-unité près par défaut ; si le reste est supérieur à la racine trouvée, celle-ci, augmentée d'une unité, est évaluée à moins d'une unité, pour entier.

172. *Racine carrée d'un nombre à moins de* $\dfrac{1}{n}$. — On appelle racine carrée d'un nombre à moins de $\dfrac{1}{n}$, le plus grand multiple de $\dfrac{1}{n}$ dont le carré est inférieur au nombre donné ; ainsi la racine de A à moins de $\dfrac{1}{n}$ sera de la forme $\dfrac{x}{n}$ et on devra avoir :

$$\left(\frac{x}{n}\right)^2 < A < \left(\frac{x+1}{n}\right)^2 \quad \text{ou} \quad x^2 < A \times n^2 < (x+1)^2 ;$$

x est alors la racine carrée, à une unité près, du nombre $A \times n^2$.

Exemple : $\qquad\qquad \sqrt{35}$ à $\dfrac{1}{7^0}$ près :

Multiplions 35 par 7^2, nous aurons 1715 ; extrayons la racine carrée de 1715 à moins d'une unité ; le résultat de l'opération est 81 et le reste est 34 ; par suite $\sqrt{35}$ à $\frac{1}{7}$ près est égal à $\frac{81}{7}$ et le reste de l'opération est $\frac{34}{49}$.

173. *Racine carrée d'une fraction.* — Une fraction dont les deux termes sont des carrés parfaits a seule une racine carrée ; on l'obtient en extrayant la racine carrée de chaque terme.

$$\sqrt{\frac{36}{49}} = \frac{\sqrt{36}}{\sqrt{49}} = \frac{6}{7}.$$

Quand les deux termes d'une fraction ne sont pas des carrés parfaits, elle n'est le carré ni d'un nombre entier, ni d'une autre fraction ; dans ce cas, on ne peut calculer que la racine carrée de la fraction avec une approximation donnée.

Soit à extraire $\sqrt{\frac{3}{7}}$ à $\frac{1}{7^e}$ près ; on aura

$$\frac{x^2}{7^2} < \frac{3}{7} < \frac{(x+1)^2}{7^2} \qquad \text{ou} \qquad x^2 < 3 \times 7 < (x+1)^2 ;$$

nous extrairons, à moins d'une unité, la racine carrée de 3×7 ou 21 qui est 4, et la $\sqrt{\frac{3}{7}}$, à moins de $\frac{1}{7}$, est $\frac{4}{7}$.

Racine carrée d'un nombre fractionnaire à moins d'une unité. — La racine carrée, à moins d'une unité près, d'un nombre qui n'est pas entier, est égale à celle de sa partie entière.

Je dis que la racine de $46\frac{3}{5}$ à moins d'une unité est la même que celle de 46, c'est-à-dire 6, qui est la racine du plus grand carré entier contenu dans 46.

Le carré de 6 est au plus égal à 46 et, par suite, inférieur à $46\frac{3}{5}$.

Le carré de 7 surpasse 46 au moins d'une unité ; ce carré est, par conséquent, plus grand que $46\dfrac{3}{5}$.

6 étant le plus grand nombre d'unités dont le carré soit contenu dans le nombre $46\dfrac{3}{5}$, est la racine de $46\dfrac{3}{5}$ à moins d'une unité près.

Racine carrée d'un nombre décimal. — Soit $\sqrt{41,365}$.

41,365 peut s'écrire $\dfrac{41365}{1000}$; je rends le dénominateur carré parfait en multipliant par 10 les deux termes de la fraction qui devient $\dfrac{413650}{10000}$; j'extrais, à une unité près, la racine carrée de 413650, qui est 643 ; par suite $\dfrac{643}{100}$ ou 6,43 est la racine carrée de 41,365 à un centième près.

Règle. — Pour extraire la racine carrée d'un nombre décimal, on fait en sorte que le nombre de ses chiffres décimaux soit pair, en écrivant un zéro sur sa droite si c'est nécessaire. On supprime la virgule ; on extrait, à moins d'une unité près, la racine du nombre entier obtenu et l'on sépare sur la droite de cette racine deux fois moins de chiffres décimaux qu'il n'y en avait dans le nombre après avoir complété la partie décimale.

174. *Racine carrée d'un nombre avec une approximation décimale donnée.* — Soit à extraire $\sqrt{A}$ à moins de $\dfrac{1}{10^n}$; on devra avoir :

$$\left(\dfrac{x}{10^n}\right)^2 < A < \left(\dfrac{x+1}{10^n}\right)^2 \quad \text{ou} \quad \dfrac{x^2}{10^{2n}} < A < \dfrac{(x+1)^2}{10^{2n}}$$

ou $$x^2 < A \times 10^{2n} < (x+1)^2.$$

On extraira donc, à une unité près, la racine du nombre $(A \times 10^{2n})$ et on divisera la racine obtenue par 10^n.

Exemple : $\qquad\qquad \sqrt{12}$ à 0,001 près.

Je multiplie 12 par 10^6 et j'extrais la racine de 12000000 qui est 3464 et le reste est 704 ; donc $\sqrt{12}$ à 0,001 près est 3,464 et le reste est 0,000704.

Exemple : $\qquad\qquad \sqrt{\dfrac{5}{7}}$ à 0,001 près.

On doit avoir

$$\frac{x^2}{1000000} < \frac{5}{7} < \frac{(x+1)^2}{1000000} \quad \text{ou} \quad x^2 < \frac{5 \times 1000000}{7} < (x+1)^2.$$

Or $\qquad\qquad\qquad \dfrac{5000000}{7} = 714285 + \dfrac{5}{7} ;$

d'autre part, pour obtenir, à moins d'une unité, la racine carrée d'un nombre fractionnaire, il suffit d'extraire la racine carrée de sa partie entière (§ 174) ; j'extrais donc la racine de 714285, qui est 845 ; donc $\sqrt{\dfrac{5}{7}}$ à 0,001 près est 0,845.

Cube et racine cubique.

175. — On appelle *cube* d'un nombre le produit de trois facteurs égaux à ce nombre ; on l'indique A^3 et l'on a $A^3 = A \times A \times A$.

Les cubes des 9 premiers nombres sont :

$$1, \ 8, \ 27, \ 64, \ 125, \ 216, \ 343, \ 512, \ 729.$$

On appelle *racine cubique* d'un nombre un autre nombre qui, élevé au cube, reproduit le premier. Il existe des nombres qui sont des *cubes* parfaits, et qui, par suite, ont une racine cubique, et des nombres qui ne sont pas des cubes parfaits et dont la racine cubique ne peut être calculée qu'avec une approximation donnée. La racine cubique s'indique ainsi : $\qquad \sqrt[3]{A}.$

Racine cubique d'un nombre entier. — On appelle racine cubique d'un nombre donné à moins d'une unité entière le plus grand nombre entier dont le cube est inférieur au nombre donné. Si le nombre donné est inférieur à 1000, il suffit de consulter la table des cubes des 9 premiers nombres.

Exemple : $\sqrt[3]{613}.$

613 est compris entre 512 et 729 ; donc la racine cubique cherchée est 8.

Le nombre donné est supérieur à 1000. — Nous nous contenterons de donner la règle pratique :

Règle. — Pour extraire la racine cubique d'un nombre entier, on le partage en tranches de trois chiffres, à partir de la droite. Il peut arriver que la première tranche à gauche n'ait qu'un ou deux chiffres.

On extrait la racine cubique du plus grand cube contenu dans la première tranche à gauche ; on a ainsi le premier chiffre de la racine totale. Le cube de ce chiffre retranché de la première tranche donne le premier reste.

A droite de ce reste, on abaisse la seconde tranche et l'on sépare par un point les deux chiffres à droite du nombre obtenu.

On divise le nombre à gauche du point par le triple carré du premier chiffre de la racine et l'on a le second chiffre de la racine ou un chiffre plus fort.

Pour l'essayer, on met deux zéros sur la droite du triple carré de la racine déjà obtenue ; puis on place le chiffre à essayer à droite du triple de cette racine ; on multiplie le nombre qui en résulte par le chiffre qu'on essaye et l'on place le produit au-dessous du triple carré multiplié par 100, avec lequel on l'additionne ; on multiplie le total par le chiffre essayé et l'on retranche le produit du premier reste suivi de la seconde tranche. On a ainsi le deuxième reste.

A la droite du deuxième reste, on abaisse la troisième tranche et l'on sépare les deux chiffres à droite par un point.

On divise le nombre à gauche du point par le triple carré du nombre formé par les deux premiers chiffres de la racine ; le quotient est le troisième chiffre ou un chiffre plus fort. On l'essaye comme le précédent.

A la droite du reste, on abaisse la tranche suivante et l'on continue ainsi jusqu'à ce que toutes les tranches aient été abaissées.

On dispose ainsi l'opération :

```
107.215.859    | 475
     64        | 4800        127
   432.15        889  )        7
   398.23       ─────  }      ───
 33928.59       5689  )
 33488.75        49   )
 ───────       ──────
   439.84      662700       1415
               7075            5
              ──────         ───
              669775
```

Remarque. — Le reste de l'opération est 43984; il doit être au plus égal au triple carré de la racine, augmenté du triple de la racine; sinon, le chiffre essayé en dernier lieu est trop faible; il en est de même pour chacun des restes successifs.

176. *Racine cubique d'une fraction.* — Si les deux termes de la fraction sont des cubes parfaits, il suffit d'extraire la racine cubique de chaque terme; si non, on évaluera la racine avec une approximation déterminée par son dénominateur.

Exemple :
$$\sqrt[3]{\frac{4}{7}} = \sqrt[3]{\frac{4 \times 7^2}{7^3}} = \sqrt[3]{\frac{196}{7^3}};$$

or la racine cubique de 196, à une unité près, est 5; donc $\sqrt[3]{\frac{4}{7}}$, à $\frac{1}{7}$ près, est $\frac{5}{7}$.

Racine cubique d'un nombre fractionnaire à une unité près. — On extrait la racine cubique, à moins d'une unité, de la partie entière du nombre fractionnaire donné.

Racine cubique d'un nombre décimal. — On complétera le nombre décimal par des zéros, si cela est nécessaire, de manière que le nombre des chiffres décimaux soit toujours un multiple de 3; on supprime la virgule, on extrait, à moins d'une unité, la racine cubique du nombre ainsi obtenu, et on sépare sur sa droite trois fois moins de chiffres décimaux qu'il n'y en avait dans le nombre complété.

Exemple : $\sqrt[3]{31,3496}$;

J'ajoute deux zéros ; j'ai alors 31,349600 ; j'extrais la racine cubique de 31349600 qui est 315 ; donc $\sqrt[3]{31,3496}$ est 3,15 à 0,01 près.

Racine cubique d'un nombre à moins de $\dfrac{1}{n}$. — On doit avoir :

$$\left(\frac{x}{n}\right)^3 < A < \left(\frac{x+1}{n}\right)^3 \qquad \text{ou} \qquad x^3 < A \times n^3 < (x+1)^3$$

On extraira, à moins d'un entier, la racine cubique du nombre $(A \times n^3)$ et elle sera le numérateur d'une fraction dont le dénominateur est n.

Si n est une puissance de 10, on opérera comme suit :
Soit $\sqrt[3]{14}$ à 0,01 près ; multiplions 14 par le cube de 100 qui est 1000000 et extrayons à une unité près la racine cubique du nombre 14000000 ainsi obtenu ; on trouve 241 ; donc $\sqrt[3]{14}$ à 0,01 près est 2,41 par défaut[1].

Le nouveau programme ne comporte plus l'extraction de la racine cubique par les procédés de l'arithmétique ; comme elle constitue un excellent exercice de calcul, nous l'avons maintenue malgré cela.

RAPPORTS ET PROPORTIONS

177. *Définition.* — On appelle *rapport de deux nombres* le quotient de la division du premier par le second. On appelle *rapport de deux grandeurs de même espèce* le rapport des nombres qui leur servent de mesures, les deux mesures étant rapportées à la même unité. Les deux termes d'un rapport s'appellent *numérateur* et *dénominateur*. Un rapport possède toutes les propriétés des fractions, quels que soient ses termes,

---

1. Pour les exposants positifs, négatifs, etc, voir l'algèbre.

entiers, fractionnaires ou incommensurables ; nous l'admettrons et nous pourrons appliquer aux rapports toutes les opérations faites sur les fractions ordinaires ; les règles seront identiques.

178. *Proportions numériques.* — Une *proportion* est l'égalité de deux rapports. Telle est l'égalité $\frac{a}{b} = \frac{c}{d}$; a et d sont les *termes extrêmes ;* b et c sont les termes *moyens.*

THÉORÈME I. — *Dans une proportion le produit des extrêmes est égal au produit des moyens.*

Soit la proportion :

$$\frac{a}{b} = \frac{c}{d};$$

réduisons les rapports au même dénominateur ; nous aurons :

$$\frac{a \times d}{b \times d} = \frac{c \times b}{d \times b};$$

dans cette nouvelle proportion les dénominateurs sont égaux ; donc il en est de même des numérateurs et on a :

$$a \times d = c \times b.$$

La réciproque de ce théorème est évidente.

179. THÉORÈME II. — *Dans toute proportion, on peut intervertir l'ordre des extrêmes ou l'ordre des moyens ; on peut aussi mettre les moyens à la place des extrêmes et réciproquement.*

En effet, chacune de ces opérations n'altère pas l'égalité entre le produit des extrêmes et le produit des moyens.

180. THÉORÈME III. — *Dans toute proportion, la somme ou la différence des deux premiers termes est au second comme la somme ou la différence des deux derniers est au dernier.*

Soit la proportion

$$\frac{a}{b} = \frac{c}{d}.$$

Si l'on suppose les deux rapports plus grands que l'unité, on peut ajouter ou retrancher 1 à ces rapports ; il vient

$$\frac{a}{b} \pm 1 = \frac{c}{d} \pm 1 \qquad \text{ou} \qquad \frac{a}{b} \pm \frac{b}{b} = \frac{c}{d} \pm \frac{d}{d}$$

d'où l'on tire

$$\frac{a \pm b}{b} = \frac{c \pm d}{d}$$

Si les rapports sont plus petits que l'unité, on a

$$1 \pm \frac{a}{b} = 1 \pm \frac{c}{d} \qquad \text{ou} \qquad \frac{b \pm a}{b} = \frac{d \pm c}{d}.$$

On démontrerait de même que l'on a :

$$\frac{b \pm a}{a} = \frac{d \pm c}{c}.$$

On démontrerait facilement que l'on a :

$$\frac{a + b}{c + d} = \frac{a - b}{c - d} \qquad \text{ou} \qquad \frac{a + b}{a - b} = \frac{c + d}{c - d}$$

ou $\qquad \dfrac{a + c}{a - c} = \dfrac{b + d}{b - d} \qquad$ ou $\qquad \dfrac{a + b}{c + d} = \dfrac{b}{d}.$

181. *Théorème IV.* — *Dans une suite de rapports égaux, la somme des numérateurs est à la somme des dénominateurs comme un numérateur est à son dénominateur.*

Soient les égalités

$$\frac{a}{a'} = \frac{b}{b'} = \frac{c}{c'} = \frac{d}{d'}$$

Si l'on considère seulement les deux premiers rapports, on a (§ 180).

$$\frac{a + b}{a' + b'} = \frac{b}{b'}$$

en remplaçant dans cette proportion $\dfrac{b}{b'}$ par $\dfrac{c}{c'}$, il vient

$$\frac{a + b}{a' + b'} = \frac{c}{c'}, \qquad \text{d'ou} \qquad \frac{a + b + c}{a' + b' + c'} = \frac{c}{c'}$$

Substituons encore $\dfrac{d}{d'}$ à $\dfrac{c}{c'}$ et appliquons le même théo-rème, on a

$$\frac{a + b + c}{a' + b' + c'} = \frac{d}{d'}$$

d'où $\qquad \dfrac{a + b + c + d}{a' + b' + c' + d'} = \dfrac{d}{d'} = \dfrac{a}{a'} = \dfrac{b}{b'} = \dfrac{c}{c'}.$

182. *Problème.* — Calculer une *quatrième proportionnelle* à trois nombres donnés.

Le nombre cherché doit être le quatrième terme d'une proportion dont les nombres donnés formeront les trois premiers. On aura, par exemple,

$$\frac{a}{b} = \frac{c}{x}.$$

En égalant le produit des extrêmes au produit des moyens, on aura :

$$a \times x = b \times c; \qquad \text{d'où} \qquad x = \frac{b \times c}{a}.$$

On peut avoir aussi : $\frac{a}{b} = \frac{x}{d}$; on en tirera :

$$x = \frac{a \times d}{b}.$$

183. *Moyenne proportionnelle.* — On appelle *moyenne proportionnelle* entre deux nombres donnés un troisième nombre formant avec les premiers une proportion dans laquelle les deux nombres donnés sont les extrêmes; on aura, par exemple:

$$\frac{a}{x} = \frac{x}{b} \qquad \text{d'où} \qquad x^2 = a \times b \qquad \text{et} \qquad x = \sqrt{a \times b}.$$

184. *Troisième proportionnelle.* — Considérons la proportion $\frac{a}{b} = \frac{b}{x}$, le nombre x s'appelle une troisième proportionnelle entre a et b ; on en tire :

$$x = \frac{b^2}{a}.$$

185. *Grandeurs proportionnelles.* — Deux grandeurs, dépendantes l'une de l'autre, sont *directement proportionnelles*, ou varient en *raison directe*, lorsque le rapport de deux valeurs quelconques de la première est égal au rapport des deux valeurs correspondantes de la seconde. On dit encore que deux grandeurs sont *directement proportionnelles*, lorsque, la première devenant m fois plus grande ou plus petite, la seconde devient aussi m fois plus grande ou plus petite.

Deux grandeurs, dépendantes l'une de l'autre, sont *inversement proportionnelles*, ou varient *en raison inverse*, lorsque le rapport de deux valeurs quelconques de la première est égal au rapport *inverse* des deux valeurs correspondantes de la seconde. On dit encore que deux grandeurs sont *inversement proportionnelles*, lorsque la première devenant m fois plus grande ou plus petite, la seconde devient au contraire m fois plus petite ou plus grande.

Une grandeur peut être à la fois directement proportionnelle à une ou plusieurs grandeurs et inversement proportionnelle à d'autres.

Il peut aussi arriver qu'une grandeur varie en raison directe ou en raison inverse d'une puissance quelconque de plusieurs autres grandeurs.

APPLICATIONS DES PROPORTIONS

Règles de trois.

186. On appelle *règle de trois* toute opération qui peut s'effectuer au moyen d'une proportion, dont *trois* termes sont connus ou au moyen de plusieurs proportions dans chacune desquelles *trois* termes sont connus. La règle de trois est *simple,* quand elle ne s'applique qu'à deux grandeurs ; elle peut être alors directe ou inverse, suivant que les deux grandeurs sont directement ou inversement proportionnelles. La règle de trois est *composée,* lorsqu'elle s'applique à plus de deux grandeurs.

Règle de trois simple et directe. — Deux grandeurs G et A sont proportionnelles ; on connaît deux valeurs correspondantes G′ et A′ ; on donne la valeur A″ à A, déterminer la valeur correspondante de G. Désignons par G″ la valeur cherchée ; par définition, on aura

$$\frac{G''}{G'} = \frac{A''}{A'} ; \qquad \text{d'où :} \qquad G'' = G' \times \frac{A''}{A'} .$$

Règle de trois simple et inverse. — On aurait, dans ce cas, la proportion

$$\frac{G''}{G'} = \frac{A'}{A''}, \qquad \text{d'où :} \qquad G'' = G' \times \frac{A'}{A''}.$$

Règle de trois composée. — Une grandeur G dépend des grandeurs A, B, M ; elle est directement proportionnelle à A et à B ; elle est inversement proportionnelle à M ; on donne les valeurs correspondantes G′, A′, B′, M′ et on donne en outre les valeurs A″ B″ M″ : déterminer la valeur G″ prise par la grandeur G. En appliquant les définitions, on aura :

$$G'' = G' \times \frac{A''}{A'} \times \frac{B''}{B'} \times \frac{M'}{M''}.$$

Méthode de réduction à l'unité. — On peut résoudre une règle de trois composée par la méthode dite de réduction à l'unité ; un exemple suffira pour faire comprendre la méthode qui a l'inconvénient d'être trop longue.

Problème. — 50 ouvriers, travaillant 8 heures par jour, pendant 18 jours, ont élevé un mur de 125 mètres de long. Combien faudrait-il de jours à 32 ouvriers, travaillant 10 heures par jour, pour élever un mur de 200 mètres de long et de même épaisseur ?

$$
\begin{array}{ccccc}
50^{\circ}. & \ldots & 8^{\text{h}}. & \ldots & 18^{\text{j}}. \ldots & 125^{\text{m}} \\
32^{\circ}. & \ldots & 10^{\text{h}}. & \ldots & x. \ldots & 200^{\text{m}}
\end{array}
$$

On raisonne de la manière suivante :

Puisque 50 ouvriers, pour faire un certain ouvrage, dans certaines conditions, ont mis 18 jours, 1 ouvrier mettrait 50 fois plus de jours, ou $18^{\text{j}} \times 50$, et 32 ouvriers mettraient 32 fois moins de jours, ou :

$$\frac{18 \times 50}{32}.$$

Puisque ces ouvriers, travaillant 8 heures par jour, ont mis $\dfrac{18 \times 50}{32}$ jours, en travaillant 1 heure par jour, ils mettraient

8 fois plus de jours, ou $\dfrac{18 \times 50 \times 8}{32}$ jours, et en travaillant

10 heures par jour, ils mettraient 10 fois moins de temps, ou :

$$\dfrac{18 \times 50 \times 8}{32 \times 10} \text{ jours.}$$

Puisque ces ouvriers, pour faire 125 mètres d'ouvrage, dans les conditions précédentes, ont mis $\dfrac{18 \times 50 \times 8}{32 \times 10}$ jours, pour faire 1 mètre d'ouvrage, ils mettront 125 fois moins de temps, ou $\dfrac{18 \times 50 \times 8}{32 \times 10 \times 125}$ jours,

et pour faire 200 mètres d'ouvrage, ils mettront 200 fois plus de temps, ou :

$$x = \dfrac{18 \times 50 \times 8 \times 200}{32 \times 10 \times 125} \text{ jours.}$$

Partages proportionnels.

187. *Problème I.* — Partager le nombre 1440 en parties proportionnelles aux nombres 2, 3 et 4.

Les problèmes de ce genre se résolvent par la réduction à l'unité ; toute autre méthode n'est qu'une méthode algébrique déguisée.

Raisonnement. — Si le nombre à partager proportionnellement aux nombres 2, 3 et 4 était $2 + 3 + 4$ ou 9, les parties seraient évidemment 2, 3 et 4 ; si le nombre à partager devenait 9 fois plus petit, c'est-à-dire 1, les parts deviendraient 9 fois plus petites et seraient $\dfrac{2}{9}, \dfrac{3}{9}, \dfrac{4}{9}$; le nombre à partager étant 1440, les parts sont 1440 fois plus grandes que si le nombre est 1 ; ces parts sont donc

$$\dfrac{1440 \times 2}{9}, \qquad \dfrac{1440 \times 3}{9}, \qquad \dfrac{1440 \times 4}{9}.$$

c'est-à-dire

$$320, \qquad 480 \quad \text{et} \quad 640$$

Problème II. — Partager le nombre 360 en parties proportionnelles aux nombres 4, $5\frac{1}{6}$, $8\frac{3}{4}$.

Je réduis au même dénominateur les nombres proportionnels aux parts ; ces nombres deviennent :

$$\frac{4 \times 12}{12}, \quad \frac{31 \times 2}{12}, \quad \frac{35 \times 3}{12}$$

ou

$$\frac{48}{12}, \quad \frac{62}{12}, \quad \frac{105}{12}.$$

Il suffit donc de partager 360 en parties proportionnelles aux nombres 48, 62 et 105.

Or
$$48 + 62 + 105 = 215$$

Les trois parts sont :

$$\frac{360 \times 48}{215} = 80,372$$

$$\frac{360 \times 62}{215} = 103,813$$

$$\frac{360 \times 105}{215} = 175,813.$$

Problème III. — Partager 12673 en parties inversement proportionnelles aux nombres $4\frac{3}{8}$, $2\frac{6}{7}$ et $\frac{15}{11}$.

Les inverses des nombres proportionnels aux parts sont :

$$1 : 4\frac{3}{8} = \frac{8}{35}, \quad 1 : 2\frac{6}{7} = \frac{7}{20} \quad \text{et} \quad 1 : \frac{15}{11} = \frac{11}{15}.$$

Il s'agit donc de partager 12683 en parties proportionnelles aux nombres $\frac{8}{35}$, $\frac{7}{20}$ et $\frac{11}{15}$,

ou

$$\frac{8 \times 12}{420}, \quad \frac{7 \times 21}{420}, \quad \frac{11 \times 28}{420}$$

ou encore

$$96, \quad 147, \quad 308.$$

On a
$$96 + 147 + 308 = 551.$$
Les parts sont :
$$\frac{12673 \times 96}{551} = 2208$$

$$\frac{12673 \times 147}{551} = 3381$$

$$\frac{12673 \times 308}{551} = 7084$$

Règles de société.

188. On appelle *règles de société* la répartition des bénéfices ou des pertes d'une association commerciale entre les associés ; comme généralement les *mises* des associés restent dans la société pendant le même temps, la répartition se fait proportionnellement aux mises, ou, comme l'on dit, au *centime le franc*. Dans ce cas on peut opérer rapidement en employant la méthode suivante :

Prenons pour exemple la répartition de l'actif d'une faillite.

Supposons que l'*actif* soit 346238 fr. et le *passif* de 598237 fr. On raisonne ainsi :

Pour une créance de 598237 fr. on toucherait 346238 fr. et pour une créance de 1 fr.
$$\frac{346238}{598237} = 0^{f},578763.$$

Ce quotient, calculé avec une grande approximation, est ce que l'on appelle le centime le franc.

Il est évident qu'en multipliant le centime le franc par les différentes créances on aura la part correspondante à chacune d'elles.

Pour faire rapidement ces multiplications, on commence par calculer les neuf premiers multiples du nombre 0 fr. 578763, et chaque multiplication se transforme en addition.

Tableau des multiples de 0,578763 :

1	0,578763
2	1,157526
3	1,736289
4	2,315052
5	2,893815
6	3,472578
7	4,051341
8	4,630104
9	5,208867

Ainsi, que doit-on toucher pour une créance de 32498 fr.?

Pour 30000 fr. on aurait.	17362^f,89
— 2000 —	1157,26
— 400 —	231,50
— 90 —	52,08
— 8 —	4,63
Pour 32498 fr. on aura	18808^f,36

On donne, quelquefois, comme exercice, des problèmes dans lesquels les mises des associés restent dans la société pendant des temps différents ; ce cas ne se réalise jamais dans la pratique, car la société est liquidée par le départ d'un sociétaire ; nous donnerons en exercices la solution de ce genre de problèmes.

Alliages.

189. Un alliage est un lingot obtenu en fondant ensemble plusieurs métaux différents. Parmi ces métaux, il en est toujours un qui a plus de valeur que les autres : on l'appelle le *métal fin*. On appelle *titre* d'un alliage le rapport entre le poids du métal fin et le poids total du lingot

Problème I. — On fond ensemble trois lingots d'argent : le premier, au titre de 0,900, pèse 1^{kg},300 ; le deuxième, au titre de 0,830, pèse 2^{kg},500 ; le troisième, au titre de 0,650, pèse 0^{kg},800 ; on demande le titre de l'alliage.

Le titre cherché est égal au quotient du poids de l'argent pur contenu dans l'alliage par le poids total de l'alliage.

Cherchons d'abord le poids de l'argent pur.

Le premier lingot renferme $1^{kg},300 \times 0,900 = 1^{kg},170$ d'argent pur
Le deuxième   — $2\ ,500 \times 0,830 = 2\ ,075$ —
Le troisième   — $0\ ,800 \times 0,650 = 0\ ,520$ —

L'alliage renferme donc. . . . . $3^{kg},765$ d'argent pur.

Le poids total de l'alliage est d'ailleurs :

$$1^{kg},300 + 2^{kg},500 + 0^{kg},800 = 4^{kg},600.$$

Le **titre** est, par conséquent :

$$\frac{3.765}{4,600} = 0,818.$$

Problème II. — Dans quel rapport faut-il allier de l'argent au titre de 0,900 et de l'argent au titre de 0,725 pour avoir de l'argent au titre de 0,798 ?

Si l'on prend un gramme au titre 0,725, on a un *déficit* de

$$0^{gr},798 - 0^{gr},725 = 0^{gr},073$$

On aura le rapport cherché, en calculant combien on doit prendre de grammes du premier lingot pour que l'*excès* d'argent soit de $0^{gr},073$.

Or sur un gramme au titre de 0,900, il y a un excès d'argent de

$$0^{gr},900 - 0^{gr},798 = 0^{gr},102.$$

Par conséquent :

Pour obtenir un excès de $0^{gr},102$ d'argent il faut prendre 1 gramme du premier lingot ; pour obtenir un excès de $0^{gr},001$ d'argent il faut prendre $\frac{1}{102}$ de gramme du premier lingot, et pour obtenir un excès de $0^{gr},073$ d'argent il faut prendre $\frac{73}{102}$ de gramme du premier lingot.

Le poids du premier lingot est au poids du deuxième comme 73 est à 102.

Les problèmes de ce genre sont plus facilement et plus rapidement résolus par l'algèbre.

Mélanges.

190. *Problème I.* — On a mélangé 248 litres de vin à 0ᶠ65 avec 130 litres à 0ᶠ,50 et 92 litres à 0ᶠ,90 ; quel est le prix d'un litre du mélange ?

$$
\begin{array}{lllll}
248 \text{ litres à } 0^f,65 \text{ coûtent. .} & 0^f,65 \times 248 = 161^f,20 \\
130 \quad — \quad 0,50 \quad — \text{ . .} & 0,50 \times 130 = 65 \\
92 \quad — \quad 0,90 \quad — \text{ . .} & 0,90 \times 92 = 82,80 \\
\end{array}
$$

Les 470 litres du mélange coûtent 309ᶠ,00

1 litre de mélange coûtera donc

$$
\frac{309}{470} = 0^f,567.
$$

Ce problème est un simple exercice de *moyenne*.

Problème II. — Dans quel rapport faut-il mélanger du vin à 82 centimes et du vin à 50 centimes pour avoir du vin à 65 centimes le litre ?

Sur 1 litre de vin à 82 centimes on perd 17 centimes ; sur un litre de vin à 50 centimes on gagne 15 centimes ; pour que le gain compense la perte, il faut donc mélanger les deux vins dans le rapport de 15 à 17.

Les problèmes de ce genre se résolvent plus facilement et plus rapidement par l'algèbre.

Règle d'intérêt simple.

191. L'intérêt d'un capital est proportionnel à la valeur de ce capital et au temps. On appelle *taux* l'intérêt convenu pour une somme de *cent francs* placée pendant *un an*. L'année est de 12 mois ou de 360 jours ; les mois sont considérés comme étant de 30 jours ; cependant, pour évaluer le temps écoulé entre deux dates, on compte tous les jours écoulés d'après le calendrier, en comprenant le premier jour, mais en négligeant le dernier.

On appelle *rente* l'intérêt d'un capital pour un an.

Dans les questions d'intérêt simple il y a quatre quantités

à considérer, savoir : le *capital*, le *taux*, l'*intérêt* et le *temps* ou la durée du placement.

Connaissant trois de ces quantités, on peut toujours calculer la quatrième ; de là, quatre problèmes à résoudre, qui ne sont autres que des règles de trois.

On peut les résoudre directement ou à l'aide d'une *formule*, que l'on appelle la formule des intérêts simples. Si on désigne par A le capital placé exprimé en francs, par r le taux de l'intérêt, par t le temps exprimé en fonction de l'année, l'intérêt I du capital A est donné par la formule :

$$I = \frac{A\,rt}{100}.$$

Si le temps est donné en *mois*, t est une fraction dont le dénominateur est 12 et dont le numérateur est le nombre des mois ; si le temps est donné en *jours*, t est une fraction dont le dénominateur est 360.

La formule précédente ne permet pas de résoudre toutes les questions d'intérêt simple ; pour un grand nombre d'entre elles, on a recours à l'algèbre ou à un raisonnement arithmétique particulier à chaque question.

Nous allons donner un exemple :

Problème. — Quel est le capital qui, placé à 5 p. 100, est devenu, au bout de 3 ans, égal à 3174 fr., capital et intérêts compris ?

Puisque 100 fr., en 1 an, rapportent. . . . . .   5 fr.

100 fr., en 3 ans, rapporteront . . . . $5 \times 3 = 15$ fr.

Donc 100 fr., en 3 ans, seront devenus . . .   115 fr.

Puisque 115 fr. proviennent d'un capital de 100 fr.,

1 fr. proviendra   — $\dfrac{100}{115}$

et 3174 fr. proviendront   — $\dfrac{100 \times 3174}{115} = 2760$ fr.

192. *Calculs rapides pour les taux usuels.* — Dans le commerce et dans la banque on emploie, pour le calcul des intérêts, plusieurs méthodes expéditives, dont la plus employée est la méthode des *nombres* et des *diviseurs*.

Prenons la formule générale $I = \dfrac{A\,rt}{36000}$, dans laquelle t représente un nombre de jours quelconques, et calculons ce que devient cette formule pour les taux usuels.

Si le taux est 6 p. 100, cette formule devient $i = \dfrac{a \times 6 \times t}{36000} = \dfrac{a \times t}{6000}$

$$\qquad\qquad 5 \qquad\qquad\qquad i = \dfrac{a \times 5 \times t}{36000} = \dfrac{a \times t}{7200}$$

$$\qquad\qquad 4,5 \qquad\qquad\qquad i = \dfrac{a \times 4,5 \times t}{36000} = \dfrac{a \times t}{8000}$$

$$\qquad\qquad 4 \qquad\qquad\qquad i = \dfrac{a \times 4 \times t}{36000} = \dfrac{a \times t}{9000}$$

$$\qquad\qquad 3 \qquad\qquad\qquad i = \dfrac{a \times 3 \times t}{36000} = \dfrac{a \times t}{12000}$$

Remarquons que, quel que soit le taux, la formule qui donne l'intérêt a pour numérateur le produit du capital par le nombre de jours, et pour dénominateur un nombre qui varie avec le taux.

Le produit du capital par le nombre de jours s'appelle *nombre*; faire ce produit c'est faire le nombre.

Le dénominateur qui correspond à chaque taux porte le nom de *diviseur*.

Les diviseurs qui correspondent aux taux 6, 5, 4 1/2, 4 et 3, sont respectivement 6000, 7200, 8000, 9000 et 12000.

La formule de l'intérêt se réduit donc à

$$\text{intérêt} = \frac{\text{nombre}}{\text{diviseur}}.$$

Remarque. — Dans le calcul du nombre on néglige toujours les centimes du capital avant de le multiplier par le nombre de jours.

Applications numériques.

Exemple I : Calculer, par la méthode des nombres et des diviseurs, l'intérêt de 8647 fr. 35 c. à 6 p. 100 pendant 75 jours.

$$\text{Nombre} = 8647 \times 75 = 648525$$
$$\text{Diviseur} = 6000$$
$$\text{Intérêt} = \frac{648525}{6000} = \frac{648525}{6} = 108 \text{ fr. } 08 \text{ c.}$$

Exemple II : Calculer l'intérêt de 4683 fr. 40 c. à 5 p. 100 pendant 120 jours.

$$\text{Nombre} = 4683 \times 120 = 561960$$
$$\text{Diviseur} = 7200$$
$$\text{Intérêt} = \frac{561960}{7200} = \frac{1561}{20} = 78 \text{ fr. } 05 \text{ c.}$$

Escompte.

193. *Escompte commercial ou en dehors.* — On appelle escompte commercial la retenue que fait un banquier sur un effet de commerce qu'il paie avant son échéance ; la somme inscrite sur le billet est la *valeur nominale* du billet et la somme payée par le banquier est sa *valeur actuelle. Le taux légal de l'escompte est 6 p. 100.*

Les problèmes d'escompte sont les mêmes que les problèmes d'intérêt ; ils se résolvent à l'aide de la même formule ou des mêmes raisonnements. Nous donnerons quelques exemples de problèmes particuliers.

Problème I. — Quelle est la valeur actuelle d'un billet de 1800 fr. payable dans 60 jours ?

Cherchons d'abord quelle est la retenue faite par le banquier ; la formule $I = \dfrac{A\,rt}{36000}$ donne

$$I = \frac{1800 \times 6 \times 60}{36000} = 18 \text{ fr.} ;$$

la valeur actuelle du billet est donc

$$1800 - 18 \quad \text{ou} \quad 1782 \text{ fr.}$$

Problème II. — Un banquier a payé 1782 fr. pour un billet payable dans 60 jours ; quelle est la valeur nominale du billet ?

Cherchons quelle est la retenue faite sur un billet de 100 fr. payable dans 60 jours ; la formule fondamentale donne

$$\frac{100 \times 6 \times 60}{36000} = 1 \text{ fr.} ;$$

donc la valeur actuelle d'un billet de 100 fr. est

$$(100 - 1) \quad \text{ou} \quad 99 \text{ fr.} ;$$

il suffit donc de chercher combien de fois 99 est contenu dans 1782 et de multiplier par 100 le quotient obtenu ; ce qui donne

$$A = \frac{1782 \times 100}{99} = 1800 \text{ fr.}$$

194. — *Escompte rationnel ou en dedans.* — L'escompte commercial est légal ; mais il n'est pas rationnel, car, équitablement le banquier ne devrait prélever que la retenue correspondante à la somme qu'il avance et non pas la retenue calculée sur la valeur nominale du billet.

On appelle *valeur rationnelle* d'un billet une somme qui, augmentée de ses intérêts jusqu'à l'échéance, serait égale à la valeur nominale du billet.

L'escompte rationnel d'un billet est donc l'intérêt de la valeur rationnelle actuelle de ce billet.

Ainsi, par exemple, si la valeur rationnelle d'un billet payable dans un an est 100 fr., la valeur nominale de ce billet est 106 fr.

L'escompte rationnel n'est pas pratique ; les questions d'escompte rationnel doivent être considérées comme de simples exercices de calcul.

L'escompte commercial est toujours supérieur à l'escompte rationnel ; la différence des deux escomptes est égale à l'intérêt de l'escompte rationnel. En effet, désignons par E l'escompte commercial ; nous aurons :

$$E = \frac{Art}{100} \quad \text{ou} \quad A = \frac{100E}{rt} ;$$

désignons par E' l'escompte rationnel et par a la valeur rationnelle actuelle du billet, nous aurons :

$$a + E' = A \, ;$$

d'autre part, on a :

$$E' = \frac{art}{100} \qquad \text{ou} \qquad a = \frac{100\,E'}{rt} \, ;$$

on aura donc :

$$\frac{100\,E'}{rt} + E' = A \qquad \text{ou} \qquad \frac{100\,E'}{rt} + E' = \frac{100\,E}{rt}$$

ou $\qquad E' + \dfrac{E'\,rt}{100} = E \qquad$ ou $\qquad E - E' = \dfrac{E'\,rt}{100} \cdot \qquad$ C. q. f. d.

Nous allons résoudre rationnellement le premier des problèmes précédents (§ 143) : l'escompte de 100 fr. pour 60 jours est 1 fr. ; donc un billet de 101 fr. vaut actuellement 100 fr. ; un billet de 1800 fr. vaut actuellement

$$\frac{1800 \times 100}{101} \text{ fr. ;}$$

l'escompte rationnel subi par ce billet est donc égal à

$$1800 - \frac{1800 \times 100}{101} = \frac{1800}{101} \text{ fr. ;}$$

l'escompte commercial a été trouvé égal à 18 fr. ; la différence des deux escomptes est

$$18 - \frac{1800}{101} \qquad \text{ou} \qquad \frac{18}{101} \, ;$$

il est facile de voir que cette différence est égale à l'intérêt de l'escompte rationnel ; en effet, l'intérêt de l'escompte rationnel est, en appliquant la formule $I = \dfrac{A\,rt}{100}$, représenté par

$$\frac{1800}{101} \times \frac{6 \times 2}{1200} = \frac{18}{101}$$

ou un peu moins de 18 centimes. La différence des deux escomptes est toujours très petite et négligeable, si l'on tient compte surtout des droits de commission et de change.

195. *Règle d'échéance commune ou moyenne.*

Problème I. — Un premier billet de 8000 fr. est payable dans 30 jours, un deuxième de 5600 fr. dans 75 jours, et un troisième de 4350 fr. dans 120 jours ; on demande de les remplacer par un seul billet payable dans 90 jours, en tenant compte de l'escompte à 6 p. 100.

Intérêt de 8000 fr. pendant 30 jours, = 40 fr.

Valeur actuelle, 8000 — 40 = 7960 fr.

Intérêt de 5600 fr. pendant 75 jours, 56 + 14 = 70 fr.

Valeur actuelle, 5600 — 70 = 5530

Intérêt de 4350 fr. pendant 120 jours, 43^f,50 × 2 = 87 fr.

Valeur actuelle, 4350 — 87 = 4263

Valeur actuelle du billet unique, 17753 fr.

Cette somme représente la valeur nominale du billet, diminuée de l'intérêt de cette valeur nominale pendant 90 jours, à 6 p. 100.

Or, 100 fr. en 90 jours rapportent 1^f,50.

La valeur actuelle d'un billet de 100 fr. escompté en dehors à 6 p. 100 pendant 90 jours est donc

$$100 — 1,50 = 98^f,50.$$

Donc

98^f,50 de valeur actuelle proviennent d'un billet de 100 fr.

$$1 \text{ fr.} \quad — \quad \text{proviendrait} \quad — \quad \frac{100}{98^f,50}$$

$$17753 \text{ fr.} \quad — \quad \text{proviendraient} \quad — \quad \frac{100 \times 17753}{98^f,50}$$

$$= 18023^f,35.$$

Problème II. — Un billet de 8000 fr. est payable dans 30 jours, un deuxième de 5600 fr. dans 75 jours, et un troisième de 4350 fr. dans 120 jours ; on demande de les remplacer par un billet unique de 18000 fr. Quelle doit être l'échéance de ce billet unique pour qu'aucune des parties ne soit lésée, le taux de l'escompte étant de 6 p. 100 ?

Le problème précédent nous a montré que la valeur actuelle du billet unique doit être égale à 17753 fr.; par conséquent le billet de 18000 fr. subit un escompte représenté par 18000 — 17753 fr. ou 247 fr.; le problème revient à l'application de la formule $I = \dfrac{A\,rt}{100}$; elle donne :

$$247 = \frac{18000 \times 6 \times t}{100} ;$$

on en tire :

$$t = \frac{247 \times 100}{18000 \times 6} = \frac{247}{1080} \text{ d'année,}$$

ou

$$\frac{247 \times 360}{1080} = \frac{247}{3} = 83 \text{ jours.}$$

Problème III. — Remplacer plusieurs billets par un billet unique de même valeur.

Faisons le problème avec les mêmes données que dans le problème précédent : la valeur actuelle du billet unique est 17553 fr.; sa valeur nominale est

$$8000 + 5600 + 6350 \qquad \text{ou} \qquad 17950 \text{ fr. ;}$$

l'escompte est

$$17950 - 17753 = 197 \text{ fr. ;}$$

la formule $I = \dfrac{A\,rt}{100}$ donne :

$$197 = \frac{17950 \times 6 \times t}{100} \qquad \text{ou} \qquad t = \frac{197 \times 100}{6 \times 17950}$$

ou, en jours,

$$t = \frac{197 \times 100 \times 360}{6 \times 17950} = 66 \text{ jours.}$$

L'algèbre ferait voir qu'en pareil cas l'échéance moyenne est indépendante du taux de l'escompte. En effet, désignons par a, b, c, les valeurs nominales des billets ; désignons par t, t', t'', les échéances ; le billet unique aura pour valeur nominale $(a + b + c)$ et pour échéance inconnue T. Écrivons que la valeur actuelle du billet unique est égale à la somme des valeurs actuelles des trois billets : nous aurons :

$$a - \frac{art}{100} + b - \frac{brt'}{100} + c - \frac{crt''}{100} = (a+b+c) - \frac{(a+b+c)\,r\mathrm{T}}{100}$$

$$\text{ou} \quad at + bt' + ct'' = (a+b+c)\,\mathrm{T} \quad \text{ou} \quad \mathrm{T} = \frac{at+bt'+ct''}{a+b+c},$$

valeur indépendante du taux de l'escompte.

196. *Remarque générale.* — Il faut, autant que possible, dans les problèmes d'escompte ou d'intérêt, raisonner directement sur chaque cas considéré, et n'employer que très rarement les formules ; car, au lieu de traiter les questions par l'arithmétique, on les résout alors par l'algèbre : ce qui peut être préjudiciable dans un examen.

Intérêts composés.

197. — Cette question ne peut être bien traitée que par l'algèbre ; il en est de même pour les *progressions* ; aussi avons-nous dû reporter en algèbre l'étude de ces questions.

ALGÈBRE

I. — CALCUL ALGÉBRIQUE

DÉFINITIONS. — ADDITION ET SOUSTRACTION

198. — Le but de l'algèbre est de simplifier et de généraliser toutes les questions dans lesquelles entrent des nombres ; on y arrive en représentant les nombres par des lettres et les opérations par des signes. En général, les premières lettres de l'alphabet $a, b, c, d\dots$, représentent les données d'une question ; les dernières x, y, z, représentent les inconnues.

Les signes des opérations sont les mêmes qu'en arithmétique ; cependant, un produit de facteurs littéraux se représente en supprimant le signe $\times$; $a\,b$ signifie $a \times b$. Les puissances se représentent par des exposants ; les racines par un *radical* ; les signes d'égalité et d'inégalité sont les mêmes qu'en arithmétique.

199. — On appelle *expression algébrique* un ensemble de lettres reliées par des signes indiquant toutes les opérations, qu'il faudrait effectuer, si on remplaçait les lettres par des nombres ; une expression algébrique est *rationnelle* ou *irrationnelle*, suivant qu'elle ne renferme pas de radicaux, ou suivant qu'elle en renferme.

200. — Un *monôme* est une expression algébrique qui ne contient ni le signe $+$ ni le signe $-$.

Exemple : $\qquad \dfrac{3\,a^2 b}{c} \qquad$ ou $\qquad \dfrac{4\,x^2 \sqrt{p}}{5\,b}.$

201. — Tout facteur numérique placé en avant d'un monôme s'appelle un *coefficient*.

On appelle *termes semblables* des termes qui sont composés des mêmes lettres affectées des mêmes exposants, et pouvant différer par le coefficient et par le signe.

202. — Un *polynôme* est formé d'une suite de monômes reliés par les signes de l'addition et de la soustraction.

Exemple : $\qquad 3a^2b - 5ab^2 + b^3.$

Un binôme est formé de deux monômes, un trinôme de trois monômes, etc ; chacun de ces monômes s'appelle un des *termes* du polynôme.

On appelle *degré* d'un monôme la somme des exposants de toutes les lettres qui le composent.

Exemple : $\qquad 5a^3x^2y$ est du 6e degré.

Lorsque tous les termes d'un polynôme sont du même degré, on dit que le polynôme est homogène et son degré est le degré commun à chacun de ses termes.

203. — On appelle *valeur numérique* d'un monôme ou d'un polynôme le résultat numérique obtenu en remplaçant les lettres par des nombres et en effectuant les opérations indiquées.

204. *Théorème.* — *La valeur numérique d'un polynôme est égale à l'excès de la somme des termes affectés du signe $+$ sur la somme des termes affectés du signe $-$.*

La valeur numérique d'un polynôme est indépendante de l'ordre dans lequel les termes ont été écrits, car la valeur d'une somme est indépendante de l'ordre dans lequel on en compte les parties.

205. Addition algébrique. — Ajouter deux polynômes c'est chercher un polynôme unique dont la valeur numérique soit égale à la somme des valeurs numériques des deux polynômes donnés. — *Pour ajouter deux polynômes, on écrit les termes du second polynôme à la suite des termes du premier, en* *conservant les mêmes signes.* Cette règle est une conséquence du théorème précédent.

Exemple :

$$(3a - 2b + 5c) + (6b - 10a) = 3a - 2b + 5c + 6b - 10a$$
$$= 4b - 7a + 5c.$$

La règle précédente s'applique à l'addition de plusieurs polynômes.

206. *Réduction des termes semblables.* — Lorsque dans le résultat de l'addition on trouve des termes semblables, on en opérera la réduction, en calculant l'excès de la somme des termes semblables affectés du signe $+$ sur la somme des termes semblables affectés du signe $-$ et en donnant à cet excès le signe de la plus grande des deux sommes.

Exemple :

$$(a + 2b + 3c) + (a - b + c) + (3a - 2b + 4c) = 5a - b + 8c.$$

207. Soustraction algébrique. — Elle a pour but de trouver un polynôme dont la valeur numérique soit égale à la différence des valeurs numériques de deux polynômes donnés. — *Pour effectuer la soustraction de deux polynômes, on écrit à la suite du premier tous les termes du second en changeant leurs signes.*

En effet, soit à effectuer la soustraction

$$(a - b + c) - (m + n - p) ;$$

je dis que la différence est $a - b + c - m - n + p$; car, si à cette expression j'ajoute le second polynôme $m + n - p$, j'obtiens

$$a - b + c - m - n + p + m + n - p,$$

qui, après réduction des termes semblables devient, $a - b + c$, c'est-à-dire le premier polynôme.

208. *Remarque.* — Un polynôme peut être regardé comme une somme de plusieurs éléments dont chacun est constitué par chaque terme du polynôme affecté de son signe ; le terme est positif s'il est affecté du signe $+$ $(+ a)$; le terme est négatif, s'il est affecté du signe $- (- a)$; un terme affecté de son signe s'appelle un *terme algébrique*.

MULTIPLICATION ET DIVISION

209. Multiplication. — 1ᵉʳ CAS. — *Multiplication de deux monômes*:

On multiplie les coefficients entre eux ; on fait la somme des exposants des lettres communes aux deux monômes et on écrit, sans y rien changer, les lettres non communes.

Exemple : $\qquad 5\,a^3 x^2 y \times 8\,a^2 x^3 z^2 = 40\,a^5 x^5 yz^2$

Cette règle est une application de la multiplication des produits de plusieurs facteurs en arithmétique, ainsi que des règles relatives à la multiplication des puissances d'un même nombre. La même règle s'applique au produit de plusieurs monômes.

210. 2ᵉ CAS. — *Multiplication d'un polynôme par un monôme.*

On multiplie successivement par le monôme chacun des termes algébriques du multiplicande et on fait la somme algébrique des produits obtenus.

Cette règle est la conséquence du principe d'arithmétique relatif au produit d'une somme ou d'une différence par un nombre (§ 37).

Exemple : $\quad (a + b - c + d) \times m = am + bm - cm + dm.$

211. 3ᵉ CAS. — *Multiplication de deux polynômes.*

Le produit de deux polynômes s'obtient en multipliant successivement le polynôme multiplicande par chacun des termes du polynôme multiplicateur, *en suivant la règle des signes*, et on fait la somme algébrique des produits partiels obtenus.

212. *Règle des signes.* — Lorsque deux termes sont affectés du signe +, leur produit est aussi affecté du signe +; lorsque deux termes sont affectés du signe —, *par convention*, leur produit est aussi affecté du signe $+$; lorsque deux termes sont affectés de signes contraires, *par convention*, leur produit est affecté du signe $-$.

Exemple :

$$(3x^5 - 2x^4 + 4x^3 - 3x^2 + 2x + 3) \times (5x^2 - x + 4).$$

On dispose le calcul de la manière suivante :

$$
\begin{aligned}
&3x^5 - 2x^4 + 4x^3 - 3x^2 + 2x + 3 \\
&5x^2 - x + 4 \\
\hline
&15x^7 - 10x^6 + 20x^5 - 15x^4 + 10x^3 + 15x^2 \\
& - 3x^6 + 2x^5 - 4x^4 - 3x^3 - 2x^2 - 3x \\
& + 12x^5 - 8x^4 + 16x^3 - 12x^2 + 8x + 12 \\
\hline
&15x^7 - 13x^6 + 3x^4 x^5 - 27x^4 + 23x^3 + x^2 + 5x + 12
\end{aligned}
$$

213. *Polynômes ordonnés.* — Un polynôme est dit ordonné, quand ses termes sont rangés suivant les puissances croissantes ou décroissantes d'une lettre choisie arbitrairement, et appelée lettre ordonnatrice. Les deux polynômes de l'exemple précédent sont ordonnés par rapport aux puissances décroissantes de x. Le polynôme $1 + 2x - 4x^2 + 5x^3 - 6x^4$ est ordonné par rapport aux puissances croissantes de x.

Remarque. — Dans un produit de deux polynômes ordonnés, le premier et le dernier terme proviennent, sans réduction, l'un du produit des deux premiers termes de chaque facteur, l'autre du produit des deux derniers.

214. *Application.*

Carré d'un binôme :

$$(a + b)^2 = a^2 + 2ab + b^2$$
$$(a - b)^2 = a^2 - 2ab + b^2$$

Cube d'un binôme :

$$(a + b)^3 = (a + b)^2 (a + b) = (a^2 + 2ab + b^2)(a + b)$$
$$= a^3 + 3a^2 b + 3ab^2 + b^3$$
$$(a - b)^3 = (a - b)^2 (a - b) = a^3 - 3a^2 b + 3ab^2 - b^3$$

Carré d'un trinôme :

$$(a + b + c)^2 = (a + b + c)(a + b + c) = a^2 + b^2 + c^2$$
$$+ 2ab + 2bc + 2ca.$$

Produit d'une somme par une différence.

$$(a+b)(a-b) = a^2 + ab - ab - b^2 = a^2 - b^2$$

Ces expressions sont générales et indépendantes des signes des termes a et b.

215. Division algébrique. — 1er CAS. — *Division de deux puissances quelconques d'une même lettre.*

Soit à diviser $\qquad a^7 : a^2$;

le quotient est a^5, car

$$a^5 \times a^2 = a^7.$$

Il suffit donc d'affecter la lettre d'un exposant égal à l'excès de l'exposant du dividende sur l'exposant du diviseur.

216. 2e CAS. — *Division de deux monômes.*

Soit $\qquad 35\,a^6 x^4 y^2 z : 7\,a^3 x^2 y^2.$

On divise le coefficient du dividende par le coefficient du diviseur; on écrit ensuite toutes les lettres communes aux deux monômes avec un exposant égal à la différence de leurs exposants et enfin on écrit à la suite toutes les lettres du dividende qui ne se trouvent pas au diviseur.

$$\frac{35\,a^6 x^4 y^2 z}{7\,a^3 x^2 y^2} = 5\,a^3 x^2 z.$$

En effet,

$$5\,a^3 x^2 z \times 7\,a^3 x^2 y^2 = 35\,a^6 x^4 y^2 z,$$

ce qui reproduit bien le dividende.

Remarque. — Pour qu'un monôme soit exactement divisible par un autre monôme, il faut et il suffit que le monôme dividende renferme toutes les lettres du monôme diviseur avec un exposant au moins égal; ce qui est conforme aux règles de l'arithmétique. Quand la division est impossible, on représente le quotient par une fraction algébrique.

Exemple : $\quad 35\,a^6 x^2 : 27\,a^2 xy = \dfrac{35\,a^6 x^2}{25\,a^2 xy} = \dfrac{7\,a^4 x}{5\,y}.$

217. 3e CAS. — *Division de deux polynômes.*

Étant donnés deux polynômes A et B, il peut arriver qu'il

existe un tro'sième polynôme Q, dont le produit par B soit égal à A ; on aura alors A $=$ BQ, et on dira que la division de A par B se fait exactement ; c'est le seul cas que nous ayons à traiter ici ; dans tout autre cas, on ne peut qu'indiquer la division sous forme fractionnaire $\dfrac{A}{B}$.

Il est d'abord absolument nécessaire que les deux polynômes soient ordonnés de la même manière par rapport à la même lettre ; le quotient sera aussi ordonné. Dans ce cas, le premier terme du dividende est égal, sans réduction, au produit du premier terme du diviseur par le premier terme du quotient (§ 213) ; donc, pour obtenir le premier terme du quotient, il suffit de diviser le premier terme du dividende ordonné par le premier terme du diviseur ordonné, en suivant la règle des signes (§ 212), que l'on peut résumer ainsi pour la division ; deux termes de même signe ont un quotient affecté du signe $+$; deux termes de signes contraires ont un quotient affecté du signe $-$.

Soit à effectuer la division suivante :

$$(6x^5 + 2x^4 - 13x^3 + 43x^2 - 32x + 6) : (3x^3 - 5x^2 + 8x - 2).$$

On disposera le calcul comme ci-dessous :

$$
\begin{array}{l|l}
6x^5 +\ \ 2x^4 - 13x^3 + 43x^2 - 32x + 6 & 3x^3 - 5x^2 + 8x - 2 \\
\underline{-\,6x^5 + 10x^4 - 16x^3 +\ \ 4x^2} & \\
\hline
\quad\ \ +\ \ 2x^4 - 29x^3 + 47x^2 - 32x + 6 & 2x^2 + 4x - 3 \\
\quad\ \ -12x^4 + 20x^3 - 32x^2 +\ \ 8x & \\
\hline
\qquad\qquad\ -\ \ 9x^3 + 15x^2 - 24x + 6 & \\
\qquad\qquad\ -\ \ 9x^3 - 15x^2 + 24x - 6 & \\
\hline
\qquad\qquad\qquad\qquad 0 &
\end{array}
$$

On divisera le premier terme du dividende par le premier terme du diviseur, ce qui donnera pour quotient $2x^2$; multiplions le diviseur par le premier terme du quotient et retranchons le produit du dividende, nous obtiendrons le premier reste, qui est égal au produit du diviseur par la partie du quotient qui reste à trouver ; comme ce premier reste est ordonné, on obtiendra le deuxième terme du quotient en divisant le premier terme du premier reste par le premier terme du diviseur, et ainsi de suite, jusqu'à ce qu'on arrive à un reste *nul*.

218. — Pour qu'une division se fasse exactement, il faut que le premier terme du dividende soit exactement divisible par le premier terme du diviseur et que le dernier terme du dividende soit exactement divisible par le dernier terme du diviseur; il faut en outre que le premier terme de chacun des restes successifs soit exactement divisible par le premier terme du diviseur. On est arrêté lorsque l'une de ces conditions n'est pas satisfaite. Dans l'exemple

$$\begin{array}{l|l}3x^4 - 5x^3 + 4x^2 - 8x & x^2 - 2x + 1 \\ \quad\ x^3 + \ x^2 & \overline{3x^2 + x + 3} \\ \quad\quad + 3x^2 - 9x & \\ \quad\quad\quad - 3x - 3 & \end{array}$$

ci-contre, la division n'est pas possible, parce que le premier terme du dernier reste n'est pas exactement divisible par le premier terme du diviseur.

219. *Division par* $(x - a)$ *et par* $(x + a)$.

THÉORÈME. — *Le reste de la division d'un polynôme entier en* x *par* $(x - a)$ *s'obtient en remplaçant* x *par* a *dans le polynôme proposé.*

Soit le polynôme $Ax^3 + Bx^2 + Cx + D$ à diviser par $(x - a)$; on aura, en désignant le quotient par Q et le reste par R :

$$Ax^3 + Bx^2 + Cx + D = (x - a) \times Q + R.$$

Cette égalité devra être satisfaite pour toute valeur attribuée à x et en particulier pour $x = a$; si on remplace x par a, il vient :

$$Ax^3 + Bx^2 + Cx + D = (a - a) \times Q + R$$

et, comme $a - a = 0$, on a

$$R = Aa^3 + Ba^2 + Ca + D.$$

Conséquences. — Pour qu'un polynôme entier en x soit divisible par $x - a$, il faut et il suffit qu'en substituant a à x dans le polynôme, le résultat de la substitution soit *nul*.

De même, pour qu'un polynôme entier en x soit divisible par $(x + a)$, il faut et il suffit que le résultat de la substitution de $(-a)$ à x dans le polynôme soit *nul*.

On verrait facilement que $x^m - a^m$ est toujours divisible par $x - a$; que $x^m + a^m$ n'est jamais divisible par $x - a$; que $x^m + a^m$ est divisible par $x + a$, quand m est impair ; que $x^m - a^m$ est divisible par $x + a$, quand m est pair.

220. *Mise en facteur commun.* — Lorsque tous les termes d'un polynôme sont divisibles par une même quantité, on peut mettre le polynôme sous la forme d'un produit de deux facteurs dont l'un est la quantité considérée et dont l'autre est le quotient du polynôme donné par la quantité qui est facteur commun à tous les termes du polynôme.

$$Exemple : \quad am + bm - cm = m(a + b - c)$$
$$5a^2x + 50a^2y + 15a^2z = 5a^2(x + 2y + 3z)$$
$$20a^4x^2y - 16a^2x^4y^2 + 12a^3x^2z = 4a^2x^2(5a^2y - 4x^2y^2 + 3az)$$

221. *Fractions algébriques.* — On appelle *fraction algébrique* le quotient de deux expressions algébriques non exactement divisibles l'une par l'autre.

Les opérations à effectuer sur les fractions algébriques sont identiques aux opérations à effectuer sur les fractions arithmétiques. Nous engageons les candidats aux Écoles de commerce à faire les exercices que nous avons indiqués plus loin sur les fractions algébriques.

222. *Introduction et calcul des nombres négatifs.* — Considérons le polynôme $a - b$, donnons à a la valeur 12 et à b la valeur 17 ; en appliquant les règles de la soustraction, nous trouverons que $a - b = 12 - 17 = -5$, expression qui n'a aucun sens par elle-même et qui est appelée un *nombre négatif* ou une *quantité négative*. Pour laisser aux expressions algébriques toute leur généralité, on convient d'introduire en algèbre les nombres négatifs et on exécute sur ces quantités les calculs effectués sur les quantités positives, à l'aide de certaines conventions.

Considérons la série d'opérations suivante :

$$(5-1);\quad (5-2);\quad (5-3);\quad (5-4);\quad (5-5);\quad (5-6);$$
$$(5-7);\quad (5-8),\ \text{etc.}$$

Les cinq premières opérations sont des soustractions donnant les résultats 4 ; 3 ; 2 ; 1 ; 0, qui sont des quantités arithmétiques bien définies ; les opérations suivantes sont impossibles à effectuer : convenons de leur appliquer les règles de la soustraction algébrique ; les résultats seront -1 ; -2 ; -3, etc ; or les nombres 4 ; 3 ; 2 ; 1 ; 0 vont en décroissant ; convenons de dire que les nombres négatifs -1 ; -2 ; -3, etc., vont aussi en décroissant et alors un nombre négatif est d'autant plus petit que sa valeur numérique absolue est plus grande.

Pour faire mieux comprendre ce qui précède, donnons un exemple :

Un négociant a un actif de 10000 fr. et un passif de 8000 fr.; quelle est sa fortune ?

Elle est évidemment égale à (10000 — 8000) fr.; la formule algébrique correspondante sera $(a-p)$ fr., en représentant l'actif par a et le passif par p. Pour que cette formule soit générale, nous sommes obligés d'introduire les nombres négatifs dans le calcul ; en effet, supposons que

$$a = 10000 \qquad \text{et} \qquad p = 15000 ;$$

la fortune du négociant est

$$(10000 - 15000) \qquad \text{ou} \qquad -5000 \text{ fr. ;}$$

ce qui signifie que le commerçant à 5000 fr. de *dettes*.

Dans les calculs, les quantités négatives seront traitées comme les quantités positives, à la condition de leur appliquer les règles des signes ; pour les ajouter on les transcrira avec leur signe ; pour les retrancher on les transcrira en changeant leurs signes, etc.; on les traitera comme des *termes algébriques* (§ 208).

223. *Puissances.* — Pour élever à la puissance p une quantité a, il suffit de faire le produit de p facteurs égaux à

a et on convient de représenter cette opération par l'expression a^p; on aura donc :

$$a^p = a \times a \times a \times a \ldots \ldots \times a \times a;$$

en prenant p facteurs égaux à a. Si a est une quantité positive, a^p est aussi une quantité positive; mais, si a est une quantité négative, en appliquant les règles de la multiplication algébrique au produit $a \times a \times a \ldots \times a \times a$, on voit que, si p est pair, a^p est une quantité positive; et que, si p est impair, a^p est une quantité négative.

Exemples :

$$2^5 = 32 \qquad \text{et} \qquad (-2)^5 = -32;$$
$$2^4 = 16 \qquad \text{et} \qquad (-2)^4 = (+16).$$

Supposons que l'on ait $a^5 : a^5$; d'après les règles de la division, le quotient est a^0, expression qui n'a aucun sens par elle-même; mais, d'autre part, $a^5 : a^5 = 1$; on conviendra alors que toute lettre affectée de l'exposant *zéro* représentera l'*unité*.

Exposants négatifs. — Supposons maintenant que l'on ait à diviser a^5 par a^7; d'après les règles de la division, le quotient sera a^{-2}, expression qui n'a aucun sens par elle-même; mais, d'après l'arithmétique, $a^5 : a^7 = \dfrac{1}{a^2}$; on conviendra alors que toute lettre affectée d'un exposant négatif est égale à l'*inverse* de la même lettre affectée du même exposant positif :

$$a^{-2} = \frac{1}{a^2}.$$

Grâce à ces conventions, la règle donnée pour la division des puissances d'une même lettre est générale; $a^m : a^n = a^{m-n}$, quelles que soient les valeurs numériques de m et de n.

Les exposants négatifs sont soumis aux mêmes règles de calcul que les exposants positifs.

Exemple :

$$a^5 \times a^2 = a^7; \quad a^5 \times a^{-2} = a^3, \quad \text{car} \quad a^5 \times a^{-2} = \frac{a^5}{a^2} = a^3.$$

$$(a^5)^2 = a^{10}; \quad (a^{-5})^2 = a^{-10}, \quad \text{car} \quad (a^{-5})^2 = \left(\frac{1}{a^5}\right)^2 = \frac{1}{a^{10}} = a^{-10}.$$

224. *Exposants fractionnaires*. — On appelle racine $p^{\text{ième}}$ d'une quantité une autre quantité qui, élevée à la $p^{\text{ième}}$ puissance, reproduit la quantité proposée ; on l'écrit : $\sqrt[p]{a}$; p est appelé l'*indice* de la racine.

Considérons l'expression $\sqrt[p]{a^m}$; *par convention*, elle peut être représentée par $a^{\frac{m}{p}}$ et les règles relatives aux exposants positifs et négatifs sont, par généralisation, applicables aux exposants fractionnaires.

II. — ÉQUATIONS DU PREMIER DEGRÉ

ÉQUATIONS A UNE SEULE INCONNUE

225. *Définitions*. — On appelle *identité* l'expression de l'égalité évidente de deux quantités.

Exemple :
$$7 = 5 + 2$$
$$4 \times 3 = 12$$
$$(a + b)^2 = a^2 + 2ab + b^2.$$

On appelle *équation* une égalité renfermant une même lettre ou plusieurs lettres et dont les deux membres ne sont identiques que pour certaines valeurs particulières des lettres, à l'exclusion de toutes les autres.

Exemple :
$$5a = 3a + 4.$$

Il est certain que, si je remplace a par un nombre quelconque, 4 par exemple, les deux membres de l'égalité deviennent 20 et 16 et ne sont pas identiques ; mais si je remplace a par 2, les deux membres de l'égalité deviennent identiques. La lettre a s'appelle l'*inconnue* ; résoudre une équation, c'est chercher quelle valeur il faut attribuer à l'inconnue ou aux inconnues pour que les deux membres de l'égalité deviennent identiques.

Les équations se distinguent d'abord par le nombre des

inconnues, que l'on convient toujours de représenter par x, y, z, t, u...; une équation est dite à 1, 2, 3, 4... inconnues.

Exemple :
$$3x + 5 = 7 - 2x$$
$$5x + 3y = 8$$
$$x + y - 2z = 11$$

Les équations se classent d'après le *degré* des inconnues qu'elles renferment ; ainsi

$$3x + 5 = 7 - 2x \quad \text{est une équation du premier degré ;}$$
$$3x^2 - 5x + 4 = 0 \quad — \quad \text{deuxième degré ;}$$
$$x^3 - 6x^2 + 7x - 1 = 0 \quad — \quad \text{troisième degré, etc.}$$

La résolution des équations est fondée sur un certain nombre de principes, que nous allons exposer.

226. *Théorème.* — *Dans une équation, on peut ajouter aux deux membres une même quantité algébrique.*

Ce théorème veut dire que la seconde équation obtenue sera équivalente à la première, c'est-à-dire que toute solution de la première équation convient à la seconde et réciproquement.

227. *Application.* — Le théorème précédent sert à faire passer un terme d'un membre d'une équation dans l'autre ; la règle consiste à supprimer le terme dans le membre où il se trouve et à l'écrire dans l'autre membre en changeant son signe.

En effet, considérons l'équation
$$5x + 8 = 13x - 12$$

Retranchons 8 aux deux membres, nous aurons :
$$5x + 8 - 8 = 13x - 12 - 8$$
ou
$$5x = 13x - 12 - 8.$$

Cette nouvelle équation sera équivalente à l'équation proposée.

228. *Théorème.* — *On peut multiplier les deux membres d'une équation par une même quantité algébrique indépendante de l'inconnue, pourvu que cette quantité ne soit pas nulle.*

229. — Lorsqu'on prend pour multiplicateur une expression renfermant x, la seconde équation n'est plus équivalente à la première ; elle admet les solutions de la première et elle admet en outre les solutions de l'équation obtenue en égalant à zéro le multiplicateur ; considérons l'équation

$$2x + 3 = 5x - 9$$

qui admet pour solution $x = 4$; multiplions les deux membres de l'équation donnée par $(x - 1)$, nous aurons l'équation :

$$(x - 1)(2x + 3) = (x - 1)(5x - 9)$$

qui admet pour solutions $x = 4$ et $x = 1$; or $x = 1$ n'est pas une solution de l'équation proposée.

230. — On se sert du théorème précédent pour chasser les dénominateurs des termes d'une équation.

Soit l'équation :

$$\frac{x}{12} - \frac{x}{4} + \frac{x}{24} = \frac{x}{6} + 7$$

Multiplions les deux membres par 24 qui est le plus petit dénominateur commun, nous aurons l'équation nouvelle :

$$2x + 6x + x = 4x + 168$$

qui est équivalente à l'équation proposée.

231. *Théorème.* — *On peut diviser les deux membres d'une équation par une même quantité, pourvu que cette quantité ne puisse pas devenir nulle.*

232. — Si la quantité par laquelle on divise peut devenir nulle, on obtient une équation nouvelle qui est moins générale que l'équation proposée et on supprime certaines solutions qui convenaient à l'équation proposée.

En effet, considérons l'équation :

$$(x - 7)(x - 3) = 5(x - 3) ;$$

il est facile de voir que l'équation donnée se transforme en identité pour $x = 12$ et pour $x = 3$; donc elle admet deux solutions.

Divisons les deux membres de l'équation donnée par $(x - 3)$; nous obtenons l'équation nouvelle $x - 7 = 5$ qui est encore vérifiée pour $x = 12$, mais qui ne l'est plus pour $x = 3$; donc, en divisant par $(x - 3)$, nous avons supprimé une solution.

De même, prenons l'équation : $5x^2 = 10x$; en divisant par x, nous supprimons la solution $x = 0$.

233. — On se sert du théorème précédent pour isoler l'inconnue dans un des membres de l'équation. Soit l'équation $8x = 16$; en divisant par 2 les deux membres de l'équation, j'obtiens $x = 2$, qui est la solution de l'équation.

Résolution des équations du premier degré à une inconnue.

234. — Résoudre une équation, c'est trouver la valeur de x qui transforme l'équation en identité ; cette valeur de x s'appelle la *solution* ou la *racine* de l'équation ; la résolution est fondée sur les théorèmes précédents (226, 228, 231), qui conduisent à la règle suivante :

Règle. — On commence par chasser les dénominateurs, s'il en existe ; on fait passer dans un membre tous les termes qui contiennent l'inconnue, et dans l'autre membre tous les termes indépendants de l'inconnue ; on effectue la réduction des termes semblables ; on divise l'ensemble des termes indépendants de l'inconnue par le coefficient de cette dernière.

Exemples : Résoudre l'équation : $10 - 2x = 22 - 5x$.

$$5x - 2x = 22 - 10$$
$$3x = 12$$
$$x = \frac{12}{3}$$
$$x = 4$$

Résoudre l'équation : $10 - \dfrac{2x}{3} + \dfrac{1}{4} = 4x - \dfrac{5}{4}$

$$\frac{120 - 8x + 3}{12} = \frac{48x - 15}{12}$$
$$120 - 8x + 3 = 48x - 15$$
$$120 + 3 + 15 = 48x + 8x$$
$$138 = 56x$$
$$x = \frac{138}{56} = \frac{69}{28}.$$

235. — Une équation peut être *littérale* ; on la résoudra en appliquant la règle.

$$\frac{2x + 7b}{2a + b} = 1 + \frac{x + a}{2a - b}$$
$$(2x + 7b)(2a - b) = (2a + b)(2a - b) + (x + a)(2a + b)$$
$$4ax + 14ab - 2bx - 7b^2 = 4a^2 - b^2 + 2ax + 2a^2 + bx + ab$$
$$4ax - 2bx - 2ax - bx = 4a^2 - b^2 + 2a^2 + ab - 14ab + 7b^2$$
$$2ax - 3bx = 6a^2 - 13ab + 6b^2$$
$$(2a - 3b)x = 6a^2 - 13ab + 6b^2$$
$$x = \frac{6a^2 - 13ab + 6b^2}{2a - 3b}$$

236. *Discussion.* — Toute équation du premier degré à une inconnue peut se ramener à la forme

$$ax = b \qquad\qquad (1)$$

1° a *est différent de zéro.* — On peut diviser les deux membres par a (§ 231) et on obtient l'équation $x = \dfrac{b}{a}$ équivalente à l'équation proposée et admettant pour solution unique $\dfrac{b}{a}$.

Donc, une équation du premier degré à une inconnue n'admet en général qu'une solution unique.

2° a *seul est égal à zéro.* — On ne peut plus diviser les deux membres de l'équation (1) par a ; on se sert alors de l'équation elle-même, qui devient $0 \times x = b$, et qui n'admet évidemment aucune solution ; on dit alors que l'équation proposée est une équation impossible et qu'il en est de même du problème qui lui a donné naissance ; on dit alors que le symbole $\dfrac{b}{0}$ est celui de l'impossibilité.

3° a *et* b *sont nuls en même temps.* — L'équation prend la forme $0 \times x = 0$, équation qui est satisfaite pour une valeur quelconque de x ; l'équation est dite indéterminée, ainsi que le problème qui lui a donné naissance ; on dit alors que le symbole $\dfrac{0}{0}$ est celui de l'indétermination.

Si l'équation est littérale, l'indétermination peut n'être qu'apparente, par suite d'hypothèses particulières introduites dans le problème ; considérons l'équation

$$3\,ax - 3\,bx = 2\,a^2 - 2\,b^2 \; ;$$

la racine est

$$x = \frac{2\,a^2 - 2\,b^2}{3\,a - 3\,b}.$$

Si nous faisons l'hypothèse $a = b$, x se présente sous la forme $\frac{0}{0}$ et pourtant l'équation donnée n'est pas indéterminée ; en effet, elle peut s'écrire

$$3\,x\,(a - b) = 2\,(a^2 - b^2) = 2\,(a - b)\,(a + b)$$

ou, en divisant les deux membres par $(a - b)$

$$3\,x = 2\,(a + b) \qquad \text{ou} \qquad x = \frac{2}{3}\,(a + b).$$

Dans l'hypothèse de $a = b$, la solution est

$$x = \frac{4}{3}\,a.$$

On arrive au même résultat en remarquant que

$$x = \frac{2\,a^2 - 2\,b^2}{3\,a - 3\,b} = \frac{2\,(a^2 - b^2)}{3\,(a - b)} = \frac{2\,(a - b)\,(a + b)}{3\,(a - b)} = \frac{2\,(a + b)}{3}.$$

L'indétermination apparente provenait du facteur $(a - b)$ commun aux deux termes de la fraction, et qui s'annulait pour l'hypothèse particulière $a = b$.

Remarque. — Nous indiquerons plus loin, dans la résolution des problèmes, comment il faut interpréter les symboles $\frac{b}{0}$ et $\frac{0}{0}$.

SYSTÈME DE DEUX ÉQUATIONS DU PREMIER DEGRÉ A DEUX INCONNUES

237. — 1° Considérons une équation unique :

$$x + 3\,y = 10.$$

Si on donne à y une valeur quelconque :

$$y = -2, \qquad y = 2, \qquad y = 3.$$

On en déduit pour x les valeurs :

$$x = 16, \qquad x = 4, \qquad x = 1.$$

De sorte que l'on a une infinité de systèmes de valeurs convenant à l'équation proposée.

Donc une équation à deux inconnues donne l'indétermination pour les systèmes de valeurs qui lui conviennent.

2° Considérons un système de deux équations à deux inconnues :

$$\left. \begin{array}{l} 5x - 3y = 1 \\ 2x + 7y = 25 \end{array} \right\} \tag{1}$$

De la première équation je tire la valeur de x en considérant y comme une quantité connue :

$$x = \frac{1 + 3y}{5}.$$

Puis je remplace x par sa valeur dans la deuxième équation qui devient :

$$2\left(\frac{1 + 3y}{5}\right) + 7y = 25.$$

J'obtiens ainsi le système (2)

$$\left. \begin{array}{l} x = \dfrac{1 + 3y}{5} \\ 2\left(\dfrac{1 + 3y}{5}\right) + 7y = 25 \end{array} \right\} \tag{2}$$

composé de deux équations dont la première renferme deux inconnues, la seconde n'en renfermant qu'une.

Je dis que ce système est équivalent au système proposé.

Pour le démontrer, je vais faire voir que si un couple de valeurs ($x = \alpha$, $y = \beta$) satisfait au système (1), il satisfait aussi au système (2).

En effet, on a identiquement :

$$\begin{array}{l} 5\alpha - 3\beta = 1 \\ 2\alpha + 7\beta = 25 \end{array}$$

La première identité s'écrit :

$$\alpha = \frac{1 + 3\beta}{5}.$$

Par suite en remplaçant α par sa valeur dans la deuxième identité on a :

$$2 \left(\frac{1 + 3\beta}{5} \right) + 7\beta = 25.$$

Or ces deux identités montrent que α et β satisfont bien au système (2).

Réciproquement.

Supposons qu'un certain couple de valeurs α et β convienne au système (2), il conviendra aussi au système (1).

Puisqu'il convient au système (2), on a identiquement :

$$\alpha = \frac{1 + 3\beta}{5}$$

et

$$2 \left(\frac{1 + 3\beta}{5} \right) + 7\beta = 25.$$

Remplaçons, dans la deuxième identité, $\dfrac{1 + 3\beta}{5}$ par α ;

nous avons :

$$2\alpha + 7\beta = 25.$$

Quant à la première identité, elle peut se mettre sous la forme :

$$5\alpha - 3\beta = 1.$$

Identité qui prouve que α et β satisfont au système (1).

Donc ces deux systèmes sont équivalents.

Or dans le système (2) se trouve une équation qui renferme une seule inconnue et que par suite on peut résoudre.

On trouve

$$y = 3.$$

Remplaçons y par sa valeur 3 dans la valeur de x, il vient :

$$x = 2.$$

Donc un système de deux équations à deux inconnues n'admet en général qu'un système de deux solutions.

Règle. — On tire d'une des équations une des inconnues comme si l'autre était connue. On substitue cette valeur dans l'autre équation, on a alors une équation à une inconnue que l'on résout, puis on remplace la valeur de cette inconnue dans celle tirée primitivement et on obtient la valeur de cette dernière.

Cette méthode de résolution s'appelle *élimination par substitution*.

3° Imaginons un système composé de trois équations à
deux inconnues.

$$\left.\begin{array}{l} 5\,x - 3\,y = 1 \\ 2\,x + 7\,y = 25 \\ 8\,x - y = 9 \end{array}\right\} \qquad\qquad (1)$$

D'après ce que nous venons de démontrer les deux premières équations du système nous ont donné comme valeurs
qui conviennent $x = 2$, $y = 3$.

Or, si nous remplaçons x par 2 et y par 3 dans la dernière
équation, nous obtenons : $16 - 3 = 9$; ce qui est impossible.

Donc, en général, un système de trois équations à deux inconnues est incompatible.

A plus forte raison s'il y avait plus de trois équations à
deux inconnues.

238. *Élimination par addition ou soustraction.* — Étant donné
un système de deux équations à deux inconnues, on peut
toujours remplacer l'une des équations du système par l'é-
quation obtenue en additionnant membre à membre les deux
équations proposées multipliées chacune par des coefficients
arbitraires, dont l'un au moins n'est pas nul; on doit considérer cette proposition comme évidente.

On a fondé sur ce principe une méthode de résolution dite
méthode d'élimination *par réduction*.

1° Lorsque dans chacune des équations, une inconnue aura
le même coefficient, on pourra retrancher ces deux équations
l'une de l'autre, ou les ajouter membre à membre; cette inconnue disparaîtra et par suite sera éliminée.

$$\begin{array}{lll}
\textit{Exemples :} & 3\,x + 5\,y = 8 & \quad 3\,x - 5\,y = 4 \\
& 7\,x + 5\,y = 32 & \quad 7\,x + 5\,y = 26 \\ \hline
& 7\,x - 3\,x = 24 & \quad 10\,x = 30 \\
& 4\,x = 24 & \quad x = 3 \\
& x = 6 &
\end{array}$$

CAS GÉNÉRAL. — *Si les coefficients de l'inconnue que l'on veut éliminer sont différents, on multipliera les deux membres de chaque équation par des nombres convenablement choisis de manière à rendre ces coefficients égaux, puis on ajoutera ou on retranchera les équations membre à membre de manière à faire disparaître cette inconnue. On opérera de la même manière pour éliminer l'autre inconnue.*

Exemple :

$$8x - 5y = 25$$
$$7x + 4y = 47$$

Multiplions les deux membres de la première équation par 4 et les deux membres de la seconde par 5, nous aurons :

$$32x - 20y = 100$$
$$35x + 20y = 235$$

Ajoutons membre à membre :

$$67x = 335$$
$$x = \frac{335}{67} = 5.$$

Multiplions la première équation par — 7 et la deuxième par 8.

$$-56x + 35y = -175$$
$$56x + 32y = 376$$

Ajoutons membre à membre :

$$67y = 201$$
$$y = \frac{201}{67} = 3.$$

Ce procédé doit toujours être employé de préférence au procédé d'élimination par substitution.

239. *Élimination par comparaison.* — Soit le système

$$8x - 5y = 25$$
$$7x + 4y = 47.$$

Résolvons les deux équations par rapport à y :

$$y = \frac{8x - 25}{5}$$

$$y = \frac{47 - 7x}{4}$$

Égalons les valeurs de y; il vient :

$$\frac{8x - 25}{5} = \frac{47 - 7x}{4}$$

y est éliminé; en chassant les dénominateurs, on a :

$$32x - 100 = 235 - 35x$$

ou
$$67x = 335 \qquad \text{et} \qquad x = \frac{335}{67} = 7.$$

Faisons de même pour éliminer x; nous aurons :

$$x = \frac{25 + 5y}{8}$$

$$x = \frac{47 - 4y}{7}$$

et
$$\frac{25 + 5y}{8} = \frac{47 - 4y}{7} \qquad \text{ou} \qquad 175 + 35y = 376 - 337$$

ou
$$67y = 201$$

et
$$y = \frac{201}{67} = 3.$$

Remarque. — Des trois méthodes d'élimination, la meilleure est la méthode par réduction; on devra l'employer de préférence.

240. — Il peut arriver que deux équations du premier degré à deux inconnues ne soient pas compatibles ou que le système soit indéterminé.

Un système d'équations de ce genre peut toujours se ramener à la forme :

$$ax + by = c$$
$$a'x + b'y = c'$$

et les valeurs des inconnues sont

$$x = \frac{cb' - bc'}{ab' - ba'} \qquad \text{et} \qquad y = \frac{ac' - ca'}{ab' - ba'}.$$

Si $(ab' - ba')$ n'est pas nul, le système est compatible et admet un seul couple de solutions données par les formules générales précédentes.

Si $(ab' - ba')$ est nul et si aucun des numérateurs des valeurs de x et de y n'est nul, le système est incompatible.

Si $(ab' - ba')$ est nul et si, en même temps, les deux numérateurs sont nuls, le système est indéterminé. Il est bon de remarquer que si $(ab' - ba')$ est nul, et si un des numérateurs est nul, l'autre l'est aussi en même temps.

ÉQUATIONS DU PREMIER DEGRÉ A TROIS INCONNUES

241. — Un système d'équations du premier degré à trois inconnues n'est déterminé qu'à la condition qu'il renferme trois équations différentes les unes des autres.

La résolution d'un pareil système s'effectue par les procédés d'élimination précédemment étudiés ; on ne peut donner de règle précise à cet égard ; le mieux est de savoir, d'après le système d'équations donné, choisir le mode d'élimination le plus simple. Quelques exemples serviront de modèles aux questions du même genre.

Exemple I : Résoudre le système :

$$\left. \begin{array}{l} 3x - 5y + 2z = -1 \\ 2x + 4y - 3z = 4 \\ 4x + 5y - 2z = 15 \end{array} \right\} \quad (1)$$

Procédons par élimination ; tirons la valeur de l'une des équations, la première par exemple, la valeur de x en fonction de y et de z ; remplaçons x par cette valeur dans les deux autres équations ; nous obtiendrons un système (2) équivalant au système (1) et dont les deux dernières équations ne renfermeront plus que deux inconnues ; nous serons ramenés au cas précédent.

$$\left. \begin{array}{l} x = \dfrac{5y - 2z - 1}{3} \\ 22y - 13z = 14 \\ 35y - 14z = 49 \end{array} \right\} \quad (2)$$

Les racines du système des deux dernières équations s'obtiendront par tel procédé que l'on voudra ; elles sont : $y = 3$ et $z = 4$; nous remplacerons y et z par ces valeurs dans la valeur de x, qui devient :

$$x = \frac{15 - 8 - 1}{3} = \frac{6}{3} = 2.$$

Les solutions du système donné sont :

$$x = 2 ; \qquad y = 3, \qquad \text{et} \quad z = 4.$$

Exemple II : Résoudre le système :

$$3x - 5y + 2z = 1$$
$$2x + 4y - 3z = 4$$
$$4x = 5y - 2z = 15.$$

Ajoutons la première et la troisième équation, y et z disparaissent ; il vient :

$$7x = 14 \qquad \text{ou} \qquad x = 7.$$

Le système donné devient alors, en remplaçant x par cette valeur dans les deux premières équations :

$$2z - 5y = -7$$
$$4y - 3z = 0.$$

Multiplions la première de ces deux dernières équations par 3 et la deuxième par 2 et ajoutons-les membre à membre, z disparaît et nous avons :

$$-7y = -21 \qquad \text{ou} \qquad y = \frac{21}{7} = 3.$$

La seconde équation devient alors $12 - 3z = 0$ et donne

$$z = \frac{12}{3} = 4.$$

Les solutions du système sont :

$$x = 7 ; \qquad y = 3 ; \qquad z = 4.$$

On trouvera, dans les exercices, des systèmes résolus par des artifices particuliers de calcul abrégeant les opérations.

ÉQUATIONS DU PREMIER DEGRÉ A n INCONNUES

242. — Un système d'équations à n inconnues n'est déterminé, que si le système comprend n équations différentes. Pour résoudre le système, il faut éliminer par substitution $(n - 1)$ inconnues de proche en proche, à moins que le système ne se prête à quelque artifice de calcul. On peut aussi employer la méthode des facteurs indéterminés de Bezout, dont nous allons donner un aperçu, en opérant sur le système de deux équations.

$$ax + by = c$$
$$a'x + b'y = c'$$

Multiplions la deuxième équation par une indéterminée λ et ajoutons-la avec la première, nous aurons :

$$(a + \lambda a')x + (b + \lambda b')y = c + \lambda c' \qquad (1)$$

nous profiterons de l'indétermination de λ pour annuler le coefficient de y :

$$b + \lambda b' = 0$$
$$\lambda = -\frac{b}{b'}$$

il vient, en substituant à λ sa valeur dans (1),

$$\left(a - \frac{ba'}{b'}\right)x = c - \frac{b}{b'}c'$$

chassant le dénominateur et résolvant

$$x = \frac{cb' - bc'}{ab' - ba'}.$$

Cette même équation (1) qui est satisfaite, quel que soit λ, nous permettra de calculer aussi y. Annulons le coefficient de x, il vient :

$$a + \lambda a' = 0$$
$$\lambda = -\frac{a}{a'}.$$

Substituons dans (1) il vient :

$$\left(b - \frac{ab'}{a'}\right)y = c - \frac{ac'}{a'}.$$

Chassant le dénominateur on aura :

$$y = \frac{ac' - ca'}{ab' - ba'}.$$

243. — Pour trois équations, on multipliera la première par λ, la deuxième par μ et on ajoutera à la troisième équation les deux premières ainsi multipliées ; et on profitera de l'indétermination de λ et de μ pour annuler les coefficients de y et de z, ce qui ramène à un système de deux équations

. à deux inconnues λ et μ ; on terminera comme dans le cas précédent. On opérera de même pour *n* équations ; seulement pour déterminer les coefficients indéterminés on sera ramené à un système de $(n-1)$ équations ; cette méthode, bonne en théorie, n'est pas souvent appliquée ; du reste il est rare qu'un système d'équations ne se prête pas à un artifice de calcul quelconque.

PROBLÈMES DU PREMIER DEGRÉ

244. — La solution d'un problème comprend généralement quatre parties : le choix de l'inconnue, la mise en équation du problème, la résolution de l'équation obtenue et la discussion du problème. La partie la plus difficile est nécessairement la mise en équation ; on se guide sur l'énoncé du problème et on applique, s'il y a lieu, les théorèmes qui permettent d'exprimer les liaisons existant entre l'inconnue et les données. On ne peut formuler aucune règle pour la mise en équation d'un problème ; c'est une question d'habileté et de clairvoyance. La discussion est l'examen des particularités que comporte le problème. Nous allons traiter quelques problèmes et interpréter les solutions négatives qu'ils pourront présenter.

Problème I. — Les aiguilles d'une montre se trouvent à midi ; à quelle heure seront-elles de nouveau en coïncidence ?

Prenons pour inconnue le nombre x de divisons du cadran qui sépare l'aiguille des minutes de midi, au moment de la coïncidence ; la grande aiguille a parcouru $60+x$ divisions ; comme elle parcourt 60 divisions par heure, le temps pendant lequel elle a marché est, en heures, exprimé par $\dfrac{60+x}{60}$; de même la petite aiguille a marché pendant un temps marqué par $\dfrac{x}{5}$, puisqu'elle parcourt 5 divisions par heure; on aura donc, en écrivant que les temps sont égaux, l'équation suivante :

$$\frac{60 + x}{60} = \frac{x}{5} \qquad \text{ou} \qquad 60 + x = 12x$$

$$\text{ou} \qquad 11x = 60 \qquad \text{et} \qquad x = \frac{60}{11},$$

les deux aiguilles ont donc marché pendant une fraction d'heure marquée par $\frac{x}{5}$, c'est-à-dire par $\frac{60}{55}$ d'heure, c'est-à-dire 1 heure et $\frac{5}{11}$; donc les rencontres successives seront séparées par $\frac{60}{55}$ d'heure; et il y aura 11 rencontres de midi à minuit.

Problème II. — Un nombre est composé de trois chiffres; le chiffre des dizaines est le double de la somme des deux autres chiffres; la somme des trois chiffres du nombre est 12 et la différence entre le nombre cherché et ce nombre renversé est 198. Quel est ce nombre?

Représentons par x, y, z les chiffres des centaines, des dizaines, des unités; on aura :

$$y = 2(z + x)$$
$$x + y + z = 12$$
$$100x + 10y + z - 100z - 10y - x = 198.$$

On résoudra ce système de trois équations, dont les solutions sont : $x = 3$; $y = 8$; $z = 1$;

le nombre cherché est 381.

Problème III. — Un nombre est formé de deux chiffres, dont la somme est 5 et dont la différence est 4; quel est ce nombre?

Désignons par x et y les deux chiffres; nous aurons :

$$x + y = 5$$
$$x - y = 4$$

Système qui a pour solution

$$x = \frac{9}{2} \qquad \text{et} \qquad y = \frac{1}{2};$$

or les chiffres d'un nombre sont *entiers*; donc il n'y a pas de nombre satisfaisant au problème.

Problème IV. — Deux ouvriers font, l'un a mètres d'ouvrage par jour, l'autre b mètres par jour. Le premier a sur l'autre d mètres d'avance; dans combien de temps les deux ouvriers auront-ils fait le même nombre de mètres d'ouvrage?

Soit x ce temps exprimé en jours; l'équation du problème est :

$$d + ax = bx$$

dont la solution est

$$x = \frac{d}{b - a} \cdot$$

1° Supposons $b > a$; x est > 0; le problème a une solution dans l'avenir, au bout de $\dfrac{d}{b - a}$ jours; en effet le second ouvrier fait par jour plus d'ouvrage que le premier; par conséquent il arrivera un moment où les deux ouvriers auront fait le même nombre de mètres.

2° Supposons $b < a$; x est négatif; le problème n'est plus possible, puisque le second ouvrier fait par jour moins d'ouvrage que le premier et ne pourra jamais regagner l'avance qu'a le premier ouvrier.

Remplaçons x par $-x$ dans l'équation; elle devient :

$$d - ax = -bx \qquad \text{ou} \qquad bx = ax - d;$$

par conséquent le premier ouvrier avait un retard de d mètres; comme il fait par jour plus d'ouvrage que le second, il pourra regagner l'avance qu'avait le second ouvrier.

Nous avons ainsi interprété la *solution négative* de l'équation.

3° Supposons $b - a = 0$, c'est-à-dire $b = a$; alors $x = \dfrac{d}{0}$; le problème est impossible : en effet, jamais le second ouvrier ne pourra regagner l'avance du premier, puisque l'ouvrage fait par jour par chacun d'eux est le même.

4° Supposons $b - a = 0$ et $d = 0$; alors $x = \dfrac{0}{0}$; l'équation devient $0 \times x = 0$; le problème est indéterminé; en effet, aucun d'eux n'est en avance sur l'autre; par jour, ils font autant d'ouvrage, donc les ouvriers auront, à n'importe quelle époque, fait autant d'ouvrage l'un que l'autre.

Problème V. — On a du vin à a fr. le litre et du vin à b fr. le litre; on les mélange et on fait du vin à d fr. le litre. Combien faut-il prendre de litres de vin de chaque espèce par barrique de 100 litres.

Prenons x litres de vin de première espèce et y litres de vin de deuxième espèce; nous aurons :

$$x + y = 100 \quad \text{et} \quad ax + by = 100\,d.$$

Les solutions de ce système sont :

$$x = \frac{100\,(b - d)}{b - a} \quad \text{et} \quad y = \frac{100\,(d - a)}{b - a}.$$

Supposons $b > a$; x et y doivent être positifs; donc, on doit avoir

$$b - d < 0 \quad \text{et} \quad d - a > 0$$

c'est-à-dire

$$d < b \quad \text{et} \quad d > a;$$

le prix du mélange doit être intermédiaire entre les prix des deux espèces de vin, ce qui est évident *à priori*. Si on avait $b < a$, on arriverait à la même condition de possibilité du problème.

Supposons $b = a$ et d différent de b et de a; x et y se présentent sous la forme $\frac{m}{0}$; le problème est impossible; en effet, si les deux vins coûtent le même prix par litre, le prix du litre du mélange ne pourra pas être différent de a ou de b.

Supposons $b = a = d$; x et y sont de la forme $\frac{0}{0}$; le problème est indéterminé : en effet, dans ces conditions, on peut mélanger les deux vins en proportions quelconques.

Supposons $b > a$ et $d < a$; alors y est *négatif* et x est *positif*; le problème est impossible; pour interpréter la valeur négative de x, changeons x en $(-x)$ dans les équations ; elles deviennent :

$$x = 100 + y$$
$$ax = 100\,d + by \qquad \text{ou} \qquad a(100 + y) = 100\,d + by.$$

On est alors conduit à l'énoncé suivant :

On a 100 litres de vin à d fr. le litre ; combien faut-il y ajouter de litres de vin à b fr. pour obtenir du vin à a fr. le litre ?

Interprétation des solutions négatives.

245. — Supposons qu'après avoir mis un problème en équation et avoir résolu l'équation, on trouve une solution négative :

$$5x + 10 = 0$$
$$x = -2.$$

Cette valeur négative traitée algébriquement et mise à la place de l'inconnue dans l'équation, rendra le premier membre identique au deuxième ; elle satisfera à l'équation, mais elle ne conviendra pas au problème proposé, car les quantités négatives sont de pure convention et n'existent pas. Nous en conclurons donc simplement que le problème proposé est un problème impossible, ou, s'il est possible, que l'on a fait pour le mettre en équation une fausse hypothèse.

Remplaçons x par $-x$ dans l'équation du problème ; elle devient :

$$-5x + 10 = 0$$

et je suis sûr que si je résous cette équation, je trouverai comme solution la valeur acceptable $x = 2$, c'est-à-dire la valeur primitive prise positivement. Par suite, cette nouvelle équation sera la traduction d'un nouveau problème qui sera en général lié au précédent d'une manière simple, problème qui sera alors un problème possible. On cherchera de quel problème cette dernière équation est la traduction ou bien on modifiera convenablement l'hypothèse faite, en vue d'obtenir l'équation nouvelle ayant pour solution la valeur négative trouvée comptée positivement.

On dit alors que l'on a interprété la solution négative du problème proposé.

246. *Application.* — Un négociant possède des marchandises de deux espèces différentes ; une première fois, il vend 8 kilogr. de la première et 5 kilogr. de la seconde et il fait un bénéfice de 14 fr. Une deuxième fois il vend 7 kilogr. de la première et 6 kilogr. de la deuxième et il fait un bénéfice de 9 fr. On demande quel est, par kilogramme, son bénéfice sur chaque espèce de marchandises.

Soit x ce qu'il gagne par kilogramme sur la première marchandise et y ce qu'il gagne par kilogramme sur la deuxième marchandise.

On a évidemment les deux équations :
$$8x + 5y = 14$$
$$7x + 6y = 9.$$

En résolvant on trouve :
$$x = 3$$
$$y = -2.$$

Donc, comme il y a parmi les valeurs de ces inconnues une solution négative, cela prouve que le problème est impossible.

Pour voir s'il peut être interprété, remplaçons y par $-y$; nous obtenons :
$$8x - 5y = 14$$
$$7x - 6y = 9.$$

En résolvant nous trouvons :
$$x = 3$$
$$y = 2.$$

Par suite, le problème, dont ces dernières équations sont la traduction, est un problème possible, dont l'énoncé est le suivant :

Un négociant, etc., etc. Combien gagne-t-il par kilogramme sur la première marchandise et combien perd-il sur la deuxième ?

247. *Remarque.* — Nous voyons donc qu'en général quand l'inconnue représente une grandeur susceptible d'être comptée dans deux sens différents, la valeur négative indique presque toujours que l'inconnue au lieu d'être comptée dans le sens qu'indiquait le problème doit être comptée dans un sens contraire.

On ne peut cependant affirmer ce fait, que lorsqu'on a fait le changement de x en $-x$ dans l'équation et que la nouvelle équation est la solution du problème modifié comme il vient d'être dit.

III. — ÉQUATIONS DU SECOND DEGRÉ

248. *Radicaux.* — On appelle *racine carrée* d'une quantité, une autre quantité dont le carré est égal à la quantité donnée. En arithmétique,

$$\sqrt{25} = 5 \qquad \text{et} \qquad \sqrt{a^2} = a \, ;$$

mais, eu égard aux conventions faites sur les quantités négatives (§ 222)

$$(-a) \times (-a) = + a^2 \, ;$$

par conséquent

$$\sqrt{a^2} = \pm a \, ;$$

par définition 25 et a^2 sont des carrés parfaits ; par convention, une quantité quelconque A aura pour racines $+\sqrt{A}$ ou $-\sqrt{A}$ et, si A n'est pas un carré parfait, la quantité numérique $\sqrt{A}$ sera incommensurable ; et on aura, par convention,

$$\left(\pm \sqrt{A}\right)^2 = A.$$

Les quantités négatives n'ont pas de racines carrées, car aucun nombre positif ou négatif élevé au carré ne peut reproduire $-A$; on dit alors que $\sqrt{A}$ est une quantité *imaginaire* ; et tout problème, qui conduirait à une solution de la forme $\pm\sqrt{-A}$, est impossible.

Il résulte des théorèmes d'arithmétique précédemment indiqués que

$$(abc)^2 = a^2 b^2 c^2$$

et que

$$\sqrt{abc} = \sqrt{a} \times \sqrt{b} \times \sqrt{c}.$$

Une expression de la forme $\sqrt{18\,a^2\,bc^4}$ peut s'écrire :

$$3\,ac^2\,\sqrt{2\,b}\,;$$

on dit alors que l'on a fait sortir la quantité $3\,ac^2$ du radical. Réciproquement $3\,ac^2\,\sqrt{2\,b}$ peut s'écrire :

$$\sqrt{3^2 \times 2 \times a^2\,bc^4} = \sqrt{18\,a^2\,bc^4}\,;$$

on dit alors que l'on a fait entrer $3\,ac^2$ sous le radical.

Les quantités $\sqrt{a}$, $\sqrt{b}$, $\sqrt{c}$, sont considérées dans les calculs comme des termes algébriques et on peut leur appliquer toutes les règles de calcul applicables aux termes algébriques ; ainsi

$$2\sqrt{a} + 3\sqrt{a} - \sqrt{a} = 4\sqrt{a}\,;$$

de même

$$\sqrt{a} \times \sqrt{b} = \sqrt{ab} \qquad \text{et} \qquad \frac{\sqrt{a}}{\sqrt{b}} = \sqrt{\frac{a}{b}}\,;$$

de même

$$\left(\frac{\sqrt{a}}{\sqrt{b}}\right)^2 = \frac{(\sqrt{a})^2}{(\sqrt{b})^2} = \frac{a}{b}\,.$$

L'expression $\dfrac{a}{\sqrt{b}}$ peut s'écrire :

$$\frac{a\sqrt{b}}{(\sqrt{b})^2} = \frac{a\sqrt{b}}{b}$$

et

$$\frac{a}{\sqrt{b} + \sqrt{c}} = \frac{a\,(\sqrt{b} - \sqrt{c})}{(\sqrt{b} + \sqrt{c})\,(\sqrt{b} - \sqrt{c})} = \frac{a\,(\sqrt{b} - \sqrt{c})}{b - c}\,;$$

de même

$$\frac{a}{\sqrt{b} - \sqrt{c}} = \frac{a\,(\sqrt{b} + \sqrt{c})}{(b - c)}\,;$$

enfin

$$(\sqrt{b} + \sqrt{c})^2 = (b + 2\sqrt{bc} + c)\,.$$

249. *Équation du second degré.* — On appelle équation du second degré une équation dans laquelle la plus haute puissance de l'inconnue est la *deuxième puissance*, quand on a chassé les dénominateurs, fait disparaître les radicaux, effectué toutes les réductions possibles.

Exemples :

$$\frac{x-1}{x} + \frac{x+2}{x-1} = 4, \quad \text{qui se réduit à} \quad 2x^2 - 4x - 1 = 0.$$

$$2x - \sqrt{5x+1} = 4, \quad \text{qui donne} \quad \sqrt{5x+1} = 2x - 4$$

ou $\quad 5x + 1 = (2x-4)^2 \quad$ ou $\quad 4x^2 - 21x + 15 = 0.$

La forme la plus générale d'une équation du second degré est $\qquad\qquad ax^2 + bx + c = 0$

dans lesquels a, b, c sont des nombres positifs ou négatifs, a étant toujours différent de zéro. On peut aussi l'écrire :

$$x^2 + \frac{b}{a}x + \frac{c}{a} = 0 \qquad \text{ou} \qquad x^2 + px + q = 0.$$

RÉSOLUTION DE L'ÉQUATION $ax^2 + bx + c = 0.$

250. — 1er CAS. $c = 0$.

L'équation se réduit à $ax^2 + bx = 0$, qui peut s'écrire :
$$x(ax+b) = 0 ;$$
or, pour qu'un produit de deux facteurs soit nul, il faut et il suffit que l'un des facteurs soit nul, c'est-à-dire que l'on ait :
$$x = 0 \qquad \text{ou} \qquad ax + b = 0 ;$$
les deux racines de l'équation sont alors
$$x' = 0 \qquad \text{et} \qquad x'' = -\frac{b}{a}.$$

2e CAS. $b = 0$.

L'équation se réduit à
$$ax^2 + c = 0 \qquad \text{ou} \qquad x^2 = -\frac{c}{a} \qquad \text{ou} \qquad x = \pm\sqrt{-\frac{c}{a}}.$$

Si $\frac{c}{a}$ est < 0, l'équation a deux racines *réelles* égales et de signes contraires ; si $\frac{c}{a}$ est > 0, l'équation est dite alors avoir deux racines *imaginaires,* égales et de signes contraires, de la

forme $x = \pm \sqrt{-A}$, A étant la valeur numérique de $\dfrac{c}{a}$;

$\sqrt{-A}$ s'écrit aussi par convention $\sqrt{A} \times \sqrt{-1}$ et toute expression de la forme $m \sqrt{-1}$ est une quantité imaginaire.

3° CAS GÉNÉRAL.

Soit l'équation : $\qquad ax^2 + bx + c = 0.$

Comme a n'est pas nul, nous pouvons multiplier les deux membres par $4a$:

$$4a^2 x^2 + 4abx + 4ac = 0.$$

Complétons le carré dont $4a^2 x^2 + 4abx$ sont les deux premiers termes, et pour cela ajoutons et retranchons b^2 :

$$4a^2 x^2 + 4abx + b^2 + 4ac - b^2 = 0$$
$$(2ax + b)^2 = b^2 - 4ac.$$

1° Supposons $b^2 - 4ac > 0$.

On peut alors extraire les racines carrées des deux membres et en mettant le signe $+$ ou $-$ devant le radical, on aura :

$$2ax + b = \pm \sqrt{b^2 - 4ac}$$
$$2ax = -b \pm \sqrt{b^2 - 4ac}$$
$$x = \frac{-b \pm \sqrt{b^2 - 4ac}}{2a}$$

ce qui donne deux valeurs :

$$x' = \frac{-b + \sqrt{b^2 - 4ac}}{2a}$$
$$x'' = \frac{-b - \sqrt{b^2 - 4ac}}{2a}.$$

Donc, dans ce cas, il y a deux valeurs qui satisfont à l'équation ; ces valeurs sont données par les valeurs de x' et x'' précédentes.

2° Supposons $b^2 - 4ac = 0$.

L'équation se présente sous la forme :

$$(2ax + b)^2 = 0,$$

ce qui signifie que $2ax + b = 0$

$$x = \frac{-b}{2a}.$$

Il n'y a donc plus dans ce cas qu'une seule valeur qui satisfait à l'équation. On dit alors néanmoins qu'il y a deux racines mais que ces deux racines sont devenues égales ou que l'équation a une racine double.

3° Supposons $b^2 - 4ac < 0$.

Aucun nombre mis à la place de x ne peut rendre $(2ax + b)^2$ égal à $b^2 - 4ac$, car un carré, étant toujours positif, ne peut être égal à une quantité négative.

On convient néanmoins de dire qu'il y a encore deux racines satisfaisant à l'équation, mais que ces deux racines, qui sont encore dans ce cas :

$$x' = \frac{-b + \sqrt{b^2 - 4ac}}{2a}$$

$$x'' = \frac{-b - \sqrt{b^2 - 4ac}}{2a}$$

sont *imaginaires*.

Par opposition on dit que les racines trouvées dans le premier cas sont *réelles* et inégales.

$$b^2 - 4ac > 0 \quad \text{2 racines réelles et inégales.}$$
$$b^2 - 4ac = 0 \quad \text{2 racines réelles et égales.}$$
$$b^2 - 4ac < 0 \quad \text{2 racines imaginaires.}$$

Remarque. — Lorsque le terme indépendant c et le coefficient a du terme en x^2, sont de signes contraires, le produit $a \times c$ est alors négatif ; par suite $-4ac$ est positif, $b^2 - 4ac$ est donc toujours positif. On en conclut que dans ce cas les racines de l'équation du second degré sont toujours réelles. Dans les autres cas, il y aura doute et il faudra former la quantité $b^2 - 4ac$.

251. *Formule simplifiée.* — La formule qui donne les racines de l'équation du second degré se simplifie dans le cas où le coefficient du terme en x est divisible par 2.

Soit l'équation :

$$ax^2 + 2b'x + c = 0.$$

En appliquant la formule donnée, on trouve :

$$x = \frac{-2b' \pm \sqrt{4b'^2 - 4ac}}{2a}$$

c'est-à-dire :

$$x = \frac{-2b' \pm \sqrt{4(b'^2 - ac)}}{2a}$$

c'est-à-dire :

$$x = \frac{-2b' \pm 2\sqrt{b'^2 - ac}}{2a}$$

$$x = \frac{-b' \pm \sqrt{b'^2 - ac}}{a}.$$

Remarques. — Si l'équation se présente sous la forme :

$$x^2 + px + q = 0.$$

En appliquant la formule générale, on aura :

$$x = \frac{-p \pm \sqrt{p^2 - 4q}}{2}.$$

Supposons que l'on ait :

$$x^2 + 2p'x + q = 0.$$

En appliquant la dernière formule, on a :

$$x = -p' \pm \sqrt{p'^2 - q}.$$

252. *Applications numériques.*

1° Résoudre l'équation : $3x^2 - 7x + 2 = 0.$

On a :

$$x = \frac{7 \pm \sqrt{49 - 4 \times 3 \times 2}}{2 \times 3}$$

$$x = \frac{7 \pm 5}{6}.$$

En prenant le signe $+$ j'aurai : $x' = 2$

En prenant le signe $-$ j'aurai : $x'' = \dfrac{1}{3}$

2° Résoudre l'équation : $9x^2 + 24x + 16 = 0$

$$x = \frac{-12 \pm \sqrt{144 - 9 \times 16}}{9}$$

$$x = \frac{-12 \pm 0}{9}$$

donc :

$$x' = -\frac{4}{3} \qquad x'' = -\frac{4}{3}.$$

3° Résoudre l'équation : $3x^2 - 5x + 15 = 0$

$$x = \frac{5 \pm \sqrt{25 - 4 \times 3 \times 15}}{6}$$

$$x = \frac{5 \pm \sqrt{-155}}{6}$$

donc les racines sont imaginaires.

253. — Les racines ne se présentent pas toujours sous une forme rationnelle ; quand la quantité $b^2 - 4ac$ n'est pas un carré parfait, les racines sont incommensurables, si elles sont réelles ; si $b^2 - 4ac$ est négatif, les racines sont imaginaires.

Quand l'équation donnée contient des radicaux, on commence par les faire disparaître, en élevant les deux nombres de l'équation au carré ; il peut alors arriver qu'on introduise des solutions étrangères, qui ne conviennent pas à l'équation proposée.

Exemple : $\qquad \sqrt{6x} + \sqrt{5x - 14} = 10.$

Élevons au carré les deux membres ; nous aurons :

$$6x + 2\sqrt{6x(5x - 4)} + 5x - 14 = 100$$

ou $\qquad 11x - 114 = -2\sqrt{6x(5x - 4)}.$

Élevons encore au carré :

$$121x^2 - 2508x + 12996 = 120x^2 - 336x$$

ou $\qquad x^2 - 2172x + 12996 = 0$

$$x = 1086 \pm \sqrt{1086^2 - 12996} = 1086 \pm 1080$$

$$x' = 2166 \qquad \text{et} \quad x'' = 6.$$

La solution $x'' = 6$ convient seule ; $x' = 2166$ ne convient pas, car $\sqrt{6 \times 2166}$ est déjà supérieur à 10.

RELATION ENTRE LES COEFFICIENTS ET LES RACINES DE L'ÉQUATION DU DEUXIÈME DEGRÉ

254. *Théorème I.* — *La somme des racines d'une équation du second degré est égale au quotient du coefficient du terme en x changé de signe par le coefficient du terme en x^2.*

Soit l'équation :

$$ax^2 + bx + c = 0.$$

En désignant par x' et x'' les deux racines, on a :

$$x' = \frac{-b + \sqrt{b^2 - 4ac}}{2a}$$

$$x'' = \frac{-b - \sqrt{b^2 - 4ac}}{2a}.$$

Ajoutons membre à membre ; nous aurons :

$$x' + x'' = \frac{-b + \sqrt{b^2 - 4ac} - b - \sqrt{b^2 - 4ac}}{2a}$$

$$x' + x'' = \frac{-2b}{2a} = \frac{-b}{a}.$$

Théorème II. — *Le produit des racines d'une équation du second degré est égal au quotient du terme indépendant par le coefficient du terme en x^2.*

En effet,

$$x'x'' = \frac{\left(-b + \sqrt{b^2 - 4ac}\right)\left(-b - \sqrt{b^2 - 4ac}\right)}{4a^2}$$

ou

$$x'x'' = \frac{b^2 - (b^2 - 4ac)}{4a^2} = \frac{4ac}{4a^2} = \frac{c}{a}.$$

Remarque. — Si l'équation est de la forme $x^2 + px + q = 0$, on aura :

$$x' + x'' = -p$$
$$x'x'' = q$$

255. *Problème.* — Déterminer *à priori* quels sont les signes des racines de l'équation :

$$3x^2 - 7x + 2 = 0.$$

On a d'abord

$$b^2 - 4ac = 49 - 4 \times 3 \times 2 = +25 ;$$

donc les racines sont réelles; leur produit $\dfrac{2}{3}$ est positif; donc les racines sont de même signe ; leur somme $\dfrac{7}{3}$ est positive ; donc les deux racines sont réelles et positives.

Prenons maintenant l'équation :

$$9x^2 - 12x + 4 = 0.$$

On a d'abord

$$b'^2 - ac = 6^2 - 4 \times 9 = 36 - 36 = 0 ;$$

donc les racines sont égales et par suite réelles ; leur somme $\dfrac{12}{9}$ est positive ; donc la racine double est positive et égale à $\dfrac{6}{9}$.

256. — Trouver deux nombres, connaissant leur somme et leur produit.

Les deux nombres cherchés sont évidemment les racines de l'équation $\qquad x^2 - Sx + P = 0,$

en désignant par S' la somme des deux nombres et par P leur produit.

257. Former l'équation du deuxième degré qui admet pour racine deux nombres donnés m et n.

La somme des racines est $m + n$, leur produit est mn; on a donc l'équation :

$$x^2 - (m + n)x + mn = 0.$$

258. — Quelle est la forme générale des équations du second degré dont la différence des racines est égale à m.

Prenons l'équation générale $x^2 + px + q = 0$; on aura

$$x' - x'' = m.$$

Or,

$$x' - x'' = \left(-\frac{p}{2} + \sqrt{\frac{p^2}{4} - q}\right) - \left(-\frac{p}{2} - \sqrt{\frac{p^2}{2} - q}\right) = 2\sqrt{\frac{p^2}{4} - q}.$$

Donc,

$$2\sqrt{\frac{p^2}{4} = q} = m \qquad \text{ou} \qquad \frac{p^2}{4} - q = \frac{m^2}{4} \qquad \text{ou} \qquad q = \frac{p^2 - m^2}{4}.$$

L'équation générale est donc :

$$x^2 + px + \frac{p^2 - m^2}{4} = 0$$

ou
$$4x^2 + 4px + p^2 - m^2 = 0,$$

dans laquelle p est un coefficient arbitraire, que l'on déterminera par une autre condition.

Résolvons, par exemple, le problème proposé au concours d'entrée de 1891.

Écrire l'équation du second degré dont une racine est double de l'autre et dont la différence des racines est 3.

L'équation générale du second degré dont la différence des racines est 3 est de la forme

$$4x^2 + 4px + p^2 - 9 = 0.$$

D'autre part, $x' = 2x''$; par suite la somme des racines est $3x''$ et on a $3x'' = -p$; d'où $x'' = -\frac{p}{3}$;

donc $-\frac{p}{3}$ est racine de l'équation proposée, ce qui donne :

$$\frac{4p^2}{9} - \frac{4p^2}{3} + p^2 - 9 = 0$$

ou
$$4p^2 - 12p^2 + 9p^2 - 81 = 0$$

ou
$$p^2 = 81 \qquad \text{et} \qquad p = \pm\sqrt{81} = \pm 9.$$

Le problème admet donc *deux solutions* :

$$4x^2 + 36x + 81 - 9 = 0$$

ou
$$4x^2 + 36x + 72 = 0$$

ou
$$x^2 + 9x + 18 = 0$$

et
$$x^2 - 9x + 18 = 0$$

que l'on peut réunir sous la forme

$$x^2 \pm 9x + 18 = 0.$$

259. *Système d'équations.* — On peut avoir à résoudre un système de deux équations, l'une du premier degré et l'autre du second degré ; dans ce cas, on élimine une des inconnues par substitution, en choisissant naturellement l'équation du premier degré pour en tirer l'inconnue à éliminer.

Exemple :
$$x + y = a$$
$$x^2 + y^2 = b^2.$$

On pourrait tirer y de la première équation et remplacer y par sa valeur dans la seconde équation ; mais on peut résoudre ce système plus élégamment. Élevons la première équation au carré ; nous aurons :

$$x^2 + 2xy + y^2 = a^2 \quad \text{ou} \quad 2xy = a^2 - b^2 \quad \text{ou} \quad xy = \frac{a^2 - b^2}{2}$$

x et y sont alors les racines de l'équation.

$$X^2 - aX + \frac{a^2 - b^2}{2} = 0.$$

Les racines doivent être réelles ; on doit donc alors

$$\frac{a^2}{4} - \frac{a^2 - b^2}{2} > 0 \quad \text{ou} \quad 2b^2 - 4a^2 > 0$$

ou $\qquad a^2 < 2b^2 \quad$ ou $\quad a < b\sqrt{2},$

si x et y sont des nombres.

Si x et y sont des quantités algébriques, la discussion, qui est plus générale, se ferait par une méthode que nous exposerons plus tard.

260. *Équation bicarrée.* — Nous ne nous occuperons ici que des équations que l'on peut ramener au second degré.

On appelle *équation bicarrée*, une équation qui ne renferme que la quatrième et la deuxième puissance de x ; sa forme générale est

$$ax^4 + bx^2 + c = 0 \quad \text{ou} \quad x^4 + px^2 + q = 0.$$

Pour résoudre cette équation, posons $x^2 = y$; l'équation s'abaisse au second degré et devient

$$ay^2 + by + c = 0,$$

dont les racines sont y' et y'' qui sont données par la formule

$$y = \frac{-b \pm \sqrt{b^2 - 4ac}}{2a}.$$

On aura donc :

$$x^2 = y' \qquad \text{et} \qquad x^2 = y''$$

et par suite

$$x = \pm \sqrt{y'} \qquad \text{et} \qquad x = \pm \sqrt{y''}.$$

L'équation a donc quatre racines égales deux à deux et de signes contraires.

La discussion peut se résumer dans le tableau suivant.

$b^2 - 4c < 0 \quad y'$ et y'' imaginaires $\qquad\qquad$ 4 racines imaginaires

$b^2 - 4ac > 0 \begin{cases} y' \text{ et } y'' \\ \text{réelles} \end{cases} \begin{cases} \dfrac{c}{a} > 0 \text{ et } -\dfrac{b}{a} > 0 \begin{cases} y' > 0 \\ y'' > 0 \end{cases} \text{4 racines réelles.} \\[2em] \dfrac{c}{a} > 0 \text{ et } -\dfrac{b}{a} < 0 \begin{cases} y' < 0 \\ y'' < 0 \end{cases} \text{4 racines imaginaires} \\[2em] \dfrac{c}{a} < 0 \begin{cases} y' < 0 \begin{cases} \text{2 racines} \\ \text{imaginaires} \end{cases} \begin{cases} \text{2 racines ima-} \\ \text{ginaires} \end{cases} \\ y'' > 0 \begin{cases} \text{2 racines} \\ \text{réelles} \end{cases} \begin{cases} \text{2 racines réelles} \\ \pm\sqrt{y''}. \end{cases} \end{cases} \end{cases}$

$b^2 - 4ac = 0 \quad y' = y'' \begin{cases} y' > 0 \quad \text{2 racines doubles } x = \pm\sqrt{y'} \\ y' < 0 \quad \text{4 racines imaginaires.} \end{cases}$

Exemple : $\qquad\qquad 9x^4 + 14x^2 - 8 = 0.$

Posons $x^2 = y^2$

$$9y^2 + 14y - 8 = 0$$

$$y = \frac{-7 \pm 11}{9} \qquad y' = \frac{4}{9} \qquad \text{et} \qquad y'' = -2.$$

L'équation bicarrée a donc deux racines imaginaires et deux racines réelles :

$$x = \pm \sqrt{\frac{4}{9}} = \pm \frac{2}{3}.$$

ÉTUDE DU TRINOME DU SECOND DEGRÉ

261. *Fonctions.* — Lorsque deux grandeurs y et x sont liées entre elles de façon qu'à toute valeur de x correspondent des valeurs déterminées de y, on dit que y est une *fonction* de x et on écrit $y = f(x)$; la quantité x prend le nom de *variable*. Le degré d'une fonction est représenté par la plus haute puissance de la variable.

La variable peut varier d'une manière continue, être d'abord aussi petite qu'on pourra l'imaginer, devenir nulle et croître sans limite; on dit alors que x varie de $-\infty$ à $+\infty$, en donnant au symbole ∞ le nom d'*infini*. Quelquefois, la variable, d'après les conditions du problème, est assujettie à ne varier qu'entre certaines limites. Discuter une fonction, c'est chercher quelles sont les valeurs de cette fonction pour toutes les valeurs que peut prendre la variable.

Étude du trinôme du second degré $ax^2 + bx + c$.

262. — Nous nous proposerons d'étudier les variations de ce trinôme: 1° au point de vue du signe qu'il prend quant on donne à la variable une certaine valeur.

2° Au point de vue de la grandeur des différentes valeurs qu'il prend quand on fait varier la variable.

263. *Signe du trinôme.* — Si on laissait le trinôme sous la forme donnée: $ax^2 + bx + c$, il serait difficile d'étudier ses variations. On préfère le transformer en une expression équivalente, *on le décompose en un produit de facteurs du premier degré.*

En effet, on a identiquement :

$$ax^2 + bx + c = a\left[x^2 + \frac{b}{a}x + \frac{c}{a}\right]$$
$$= a\left[x^2 + \frac{b}{a}x + \frac{b^2}{4a^2} + \frac{c}{a} - \frac{b^2}{4a^2}\right]$$
$$= a\left[\left(x + \frac{b}{2a}\right)^2 - \frac{b^2 - 4ac}{4a^2}\right]$$

c'est-à-dire en supposant $b^2 - 4ac > 0$

$$a\left[\left(x + \frac{b}{2a}\right)^2 - \left(\frac{\sqrt{b^2 - 4ac}}{2a}\right)^2\right]$$

c'est-à-dire

$$a\left(x + \frac{b}{2a} + \frac{\sqrt{b^2 - 4ac}}{2a}\right)\left(x + \frac{b}{2a} - \frac{\sqrt{b^2 - 4ac}}{2a}\right)$$

$$a\left(x - \frac{-b - \sqrt{b^2 - 4ac}}{2a}\right)\left(x - \frac{-b + \sqrt{b^2 - 4ac}}{2a}\right).$$

Mais nous remarquerons que les deux fractions sont précisément les racines de l'équation obtenue en égalant le trinôme à *zéro*.

En désignant les racines par x' et x'', le trinôme peut se mettre sous la forme $a(x - x')(x - x'')$.

1er CAS. $b^2 - 4ac > 0$.

Les racines sont réelles ; dans ce cas le trinôme a le signe de a pour toutes les valeurs de x extérieures aux racines ; et il a un signe contraire à celui de a pour toutes les valeurs de x comprises entre les racines.

2e CAS. $b^2 - 4ac = 0$.

Dans ce cas, les deux racines sont égales ; le trinôme prend la forme

$$a(x - x')^2 \qquad \text{ou} \qquad a\left(x + \frac{b}{2a}\right)^2;$$

le trinôme a toujours le signe de son premier terme pour toutes les valeurs de x.

3e CAS. $b^2 - 4ac < 0$.

Les racines de l'équation sont imaginaires ; le trinôme peut se mettre sous la forme

$$a\left[x^2 + \frac{b}{a}x + \frac{b^2}{4a^2} - \left(\frac{b^2 - 4ac}{4a^2}\right)\right]$$

et, comme $b^2 - 4ac$ et < 0, on peut le représenter par le symbole $(-k^2)$ et le trinôme prend la forme

$$a\left[\left(x + \frac{b}{2a}\right)^2 + \frac{k^2}{4a^2}\right];$$

la parenthèse est égale à la somme de deux carrés et le trinôme a toujours le signe de son premier terme.

Variation du trinôme en grandeur.

264. — Cette question ne peut être traitée simplement d'une manière générale ; nous allons raisonner sur un exemple numérique.

Prenons le trinôme

$$y = 3x^2 - 5x + 2.$$

Cherchons les racines de l'équation $3x^2 - 5x + 2 = 0$; elles sont égales à 1 et à $\frac{2}{3}$; le trinôme y est donc égal à

$$3(x - 1)\left(x - \frac{2}{3}\right) ;$$

il a le signe $+$ pour toutes les valeurs de x inférieures à $\frac{2}{3}$;

il a le signe $-$ pour toutes les valeurs de x comprises entre $\frac{2}{3}$ et 1 ; il a le signe $+$ pour toutes les valeurs de x supérieures à 1.

Quand x croît progressivement de $-\infty$ à $\frac{2}{3}$, y décroît de $+\infty$ à 0 ; quand x croît de $\frac{2}{3}$ à 1, y varie de 0 à 0 en étant négatif et par conséquent il passe par un minimum ; quand x croît à partir de 1 jusqu'au delà de toute limite, y croît sans limite à partir de 0.

Le trinôme a donc passé par un minimum pour une valeur de x comprise entre $\frac{2}{3}$ et 1 ; pour le déterminer, désignons par m une valeur que la fonction y peut prendre ; pour cette valeur on aura :

$$3x^2 - 5x + 2 = m \qquad \text{ou} \qquad 3x^2 - 5x + 2 - m = 0$$

et cette équation devra avoir ses racines réelles, c'est-à-dire que l'on devra avoir :

$$5^2 - 12(2 - m) > 0 \quad \text{ou} \quad 25 - 24 + 12m > 0$$

$$12m > -1 \quad \text{ou} \quad m > -\frac{1}{12} ;$$

pour $m = -\dfrac{1}{12}$, l'équation $3x^2 - 5x + 2 - m = 0$ a une racine double qui est $x = \dfrac{5}{6}$; donc pour $x = \dfrac{5}{6}$, y est minimum et a pour valeur $-\dfrac{1}{12}$.

La discussion se résume dans le tableau suivant :

x	$-\infty$	0	$\dfrac{2}{3}$	$\dfrac{5}{6}$	1	$+\infty$
y	$+\infty$	2	0	$-\dfrac{1}{12}$	0	$+\infty$
	$<$ Décroît. . . . . $>$ minimum $<$. .croît. . $>$					

265. *Théorème.* — *Le trinôme* $ax^2 + bx + c$ *est divisible par* $(x - x')$ *et par* $(x - x'')$.

En effet on a :

$$y = ax^2 + bx + c = a(x - x')(x - x'');$$

et y est bien divisible par $(x - x')$ et par $(x - x'')$, qui sont deux facteurs de y.

D'une manière générale, étant donné une équation rationnelle de degré quelconque, admettant la racine α, le polynôme qui forme le premier nombre de l'équation est divisible par $(x - \alpha)$. Si α est une racine double, le polynôme sera divisible par $(x - \alpha)^2$.

Nous donnerons, dans les exercices, quelques problèmes dans lesquels on devra appliquer ce théorème.

IV.
PROGRESSIONS ET LOGARITHMES

PROGRESSION ARITHMÉTIQUE

266. — On appelle ainsi une suite de nombres dont chacun diffère du précédent d'une quantité constante, appelée *raison* de la progression ; ces nombres s'appellent les *termes* de la progression. Une progression arithmétique s'indique :

$$\div a . b . c . d \ldots \ldots h . k . l . ;$$

elle est croissante ou décroissante, suivant que la raison est positive ou négative.

Il résulte de la définition que le n^e terme d'une progression a pour expression : $l = a + (n - 1) r$, en appelant r la raison de la progression. Il en résulte encore que la somme de deux termes à égale distance des extrêmes est égale à la somme des extrêmes ; en effet,

$$c = a + 2r \qquad \text{et} \qquad h = l - 2r,$$

et par suite, $\qquad c + h = a + l.$

267. *Somme des termes d'une progression arithmétique.* — Considérons une progression et désignons par S la somme des n premiers termes ; nous aurons :

$$S = a + b + c + \ldots \ldots + h + k + l$$
$$S = l + k + h + \ldots \ldots \quad c + b + a.$$

Ajoutons membre à membre ; nous aurons :

$$2S = (a + l) + (b + k) + \ldots \ldots (k + b) + (l + a) = n (a + l),$$

car chaque parenthèse est la somme de deux termes à égale distance des extrêmes.

Donc,

$$S = \frac{(a + l) n}{2} \qquad \text{ou} \qquad S = \frac{[2 a + (n - 1) r] n}{2}.$$

268. *Insertion de moyens.* — Entre deux termes consécutifs h et k d'une progression, on propose d'insérer m moyens arithmétiques, c'est-à-dire de former une progression dont h et k soient les termes extrêmes et ayant $m+2$ termes ; k sera le $(m+2)$ terme de la progression ; il en aura $(m+1)$ avant lui et on aura

$$k = h + (m+1)\, x$$

en appelant x la raison de la nouvelle progression ; d'où :

$$x = \frac{k-h}{m+1} = \frac{r}{m+1}.$$

En faisant de même entre les termes consécutifs d'une progression donnée, on formera une nouvelle progression dont la raison sera $\dfrac{r}{m+1}$; si m est assez grand, les termes de la nouvelle progression croîtront ou décroîtront par degrés insensibles.

PROGRESSION GÉOMÉTRIQUE

269. — Nous commencerons par admettre les théorèmes suivants :

Théorème I. — *Les puissances positives successives d'un nombre supérieur à 1 croissent au delà de toute limite.*

Théorème II. — *Les puissances positives successives d'un nombre inférieur à 1 peuvent devenir plus petites que toute quantité donnée et tendent vers zéro.*

Théorème III. — *Les racines successives d'un nombre supérieur à 1 sont toujours supérieures à 1 et décroissent jusqu'à 1.*

Théorème IV. — *Les racines successives d'un nombre inférieur à 1 sont toujours inférieures à 1, mais elles croissent successivement et tendent vers 1.*

270. — On appelle *progression géométrique* une suite de termes dont chacun d'eux est égal au précédent multiplié par un nombre constant q, appelé *raison* de la progression. Si q

est >1, la progression est croissante ; si q est <1, la progression est décroissante.

Une progression géométrique s'indique :

$$\div a : b : c : d : \ldots\ldots h : k : l.$$

Il résulte de la définition que le n^e terme d'une progression a pour expression : $l = aq^{n-1}$.

Le produit de deux termes à égale distance des extrêmes est égal au produit des extrêmes ; en effet

$$c = aq^2 \quad\text{et}\quad h = \frac{l}{q^2} ;$$

donc $ch = al.$

271. *Somme des termes d'une progression géométrique.* — Soit une progression :

$$\div a : b : c, \ldots\ldots h : k : l.$$

Si S est la somme des n premiers termes, on aura :

$$S = a + b + c + \ldots\ldots + k + l \qquad (1)$$

Multiplions l'équation (1) par q, il vient :

$$Sq = aq + bq + cq + \ldots\ldots + kq + lq \qquad (2)$$

Or : $aq = b \qquad bq = c \qquad cq = d \ldots\ldots kq = l$

donc $$Sq = b + c + d \ldots\ldots l + lq. \qquad (3)$$

retranchant (1) de (3) il vient :

$$Sq - S = lq - a$$

d'où $$S = \frac{lq - a}{q - 1} = \frac{a(q^n - 1)}{q - 1} \qquad (4)$$

272. — *Limite de la somme des termes d'une progression géométrique décroissante.*

Si la progression est décroissante, comme q est <1, on peut écrire (4)

$$S = \frac{a - lq}{1 - q} = \frac{a - aq^n}{1 - q}.$$

ou $$S = \frac{a}{1 - q} - \frac{aq^n}{1 - q}.$$

Si le nombre des termes augmente indéfiniment, $\dfrac{a}{1 - q}$

est constant, a est aussi constant, et $\dfrac{aq^n}{1-q}$ peut devenir plus petit que toute quantité donnée ; donc, quand le nombre des termes croît sans limite, la somme des termes a pour limite $\dfrac{a}{1-q}$.

$$\lim S = \frac{a}{1-q}.$$

273. *Insertion de moyens.* — Soit à insérer m moyens géométriques entre les termes consécutifs h et k d'une progression géométrique donnée : k aura $(m+1)$ termes avant lui. On aura alors $k = hx^{m+1}$, en appelant x la raison de la nouvelle progression ; d'où :

$$x = \sqrt[m+1]{\frac{k}{h}} = \sqrt[m+1]{q}.$$

Si on opère de même entre tous les termes d'une même progression, on obtiendra une progression nouvelle de raison

$$\sqrt[m+1]{q}.$$

LOGARITHMES

274. — Considérons la progression géométrique croissante
$$\div\ 1 : q : q^2 : q^3 : q^4 : q^5 \ldots\ldots q^n$$
et la progression arithmétique croissante
$$\div\ 0 \,.\, r \,.\, 2r \,.\, 3r \ldots\ldots nr.$$

Chacun des termes de la progression arithmétique est appelé le *logarithme* du terme de même rang de la progression géométrique.

275. *Théorèmes fondamentaux.* — *Théorème I.* — *Le logarithme d'un produit est égal à la somme des logarithmes des facteurs.*

En effet, soit $a = q^m$ et $b = q^n$; $\log a = mr$ et $\log b = nr$ par définition ; d'autre part, $ab = q^m \times q^n = q^{m+n}$; donc, $\log ab = (m+n)r$ par définition ; par suite,

$$\log ab = mr + nr = \log a + \log b ;$$

le théorème est général et s'étend à un nombre quelconque de facteurs.

Théorème II. — Le logarithme d'un quotient est égal à la différence des logarithmes du dividende et du diviseur.

C'est une conséquence du théorème précédent.

Théorème III. $$\log a^m = m \log a,$$

car

$$a^m = a \times a \times a \ldots\ldots \times a \text{ et } \log a + \log a \ldots\ldots + \log a = m \log a.$$

Théorème IV. $$\sqrt[m]{a} = \frac{\log a}{m};$$

c'est une conséquence du théorème précédent.

Table de logarithmes.

276. — Les théorèmes précédents montrent que, dans le calcul des logarithmes, chaque opération s'abaisse d'un degré ; cela permet les élévations aux puissances élevées et les extractions de racines à indice quelconque, qui seraient impraticables, quand l'indice est supérieur à 3. Il est donc de toute utilité de posséder une table de logarithmes ; malheureusement, les nombres 1, q, q^2, q^3... q^n ont seuls des logarithmes, qui sont o, r, $2r$, $3r$..., nr.

Dans la pratique, on prend $q = 10$ et $r = 1$; *il en résulte que les puissances successives de 10 ont seules un logarithme qui est représenté par leur exposant.*

Il faut maintenant étendre la progression de manière à y introduire le plus de nombres possible. A cet effet, dans la progression géométrique, entre 1 et 10, entre 10 et 10^2, entre 10^2 et 10^3, etc., on inscrira m moyens géométriques ; dans la progression arithmétique, entre 0 et 1, entre 1 et 2, entre 2 et 3, etc., on inscrira m moyens arithmétiques, et les termes de la nouvelle progression arithmétique seront les logarithmes des termes correspondants de la progression géométrique ; on connaîtra ainsi un plus grand nombre de logarithmes. On choisira m assez grand pour que les termes de chaque progression varient par degrés insensibles, pour avoir les logarithmes d'une plus grande quantité de nombres; mais, quelle que soit la valeur de m, il y aura toujours des nombres qui ne figureront pas dans la table; ces nombres n'auront que des logarithmes *approchés* par excès ou par défaut et on convient d'étendre à ces logarithmes approchés les théorèmes relatifs aux logarithmes exacts (§ 275). Nous n'avons pas ici à indiquer par quels procédés on a calculé ces logarithmes approchés et dressé les tables de logarithmes vulgaires; il nous suffit de savoir que les tables contiennent les logarithmes approchés de tous les nombres compris entre 1 et 108000 et qu'à l'aide de ces tables on peut calculer le logarithme d'un nombre quelconque et effectuer sur des nombres des multiplications, divisions, élévations de puissances et extraction de racines.

277. *Base.* — On appelle *base* d'un système de logarithmes le nombre dont le logarithme est 1; les logarithmes vulgaires ont pour base 10.

278. *Caractéristique.* — Le système de logarithmes vulgaires est :

$$\therefore 1 : 10 : 10^{2} : 10^{3} : 10^{4} \ldots\ldots 10^{n}$$
$$\div 0 . \quad 1 . \quad 2 . \quad 3 . \quad 4 \ldots\ldots, n$$

On voit alors que, si un nombre est compris entre 10^{p} et 10^{p+1}, son logarithme est compris entre p et $(p+1)$ et on appelle *caractéristique* d'un logarithme la partie entière p de ce logarithme.

Règle. — *La caractéristique du logarithme d'un nombre est égale au nombre des chiffres entiers de ce nombre moins un.*

279. *Caractéristique négative.* — Les nombres inférieurs à 1 n'ont pas de logarithmes; on fait rentrer ces nombres dans les calculs logarithmiques en se fondant sur la considération suivante :

Quand on multiplie un nombre par 10^{n}, la caractéristique du logarithme de ce nombre est augmentée de n.

En effet, soit le nombre A dont le logarithme est $p + a$, a étant un nombre décimal ; nous aurons :

$$\log(A \times 10^n) = \log A + \log 10^n = p + a + n = (p + n) + a ;$$

la partie décimale est toujours a et la partie entière est devenue $p + n$; donc la caractéristique a augmenté de n.

De même

$$\log(A \times 10^{-n}) = \log A - \log 10^n = (p - n) + a.$$

Considérons maintenant un nombre décimal quelconque 0,0829 par exemple ; multiplions 0,0829 par 10^2 nous aurons :

$$0,0829 \times 10^2 = 8,29.$$

Prenons les logarithmes ; nous aurons :

$$\log 0,0829 + \log 10^2 = \log 8,29$$
ou $$\log 0,0829 + 2 = \log 8,29$$
D'où $$\log 0,0829 = \log 8,29 - 2.$$

Mais 8,29 est un nombre supérieur à 1 ; la caractéristique de son logarithme est *zéro*, et sa partie décimale est b par exemple ; on aura donc :

$$\log 0,0829 = 0 + b - 2 = -2 + b.$$

Sa caractéristique est donc -2 et sa partie décimale est la même que celle du logarithme du nombre 8,29 ; on dit alors que log 0,0829 a une *caractéristique négative*, or log 8,29 est, d'après les tables, égal à 0,91855453 ; donc

$$\log 0,0829 = \bar{2},91855453.$$

On peut toujours déterminer *à priori* la valeur numérique de la caractéristique négative du logarithme d'un nombre décimal ; *elle est égale au nombre des zéros écrits avant le premier chiffre significatif*. Ainsi, la caractéristique du logarithme du nombre 0,0000256 est $\bar{5}$.

Usage des tables.

280. — *1° Trouver le logarithme d'un nombre 557,2284.*

On s'occupe d'abord de la partie décimale du logarithme : je cherche dans la table le logarithme de 55722 compris dans la table ; je trouve pour partie décimale 7460267 et je regarde quelle est la différence tabulaire entre ce logarithme et le suivant ; je trouve 78 ; je puis, sans erreur sensible, opérer par parties proportionnelles et dire que pour 0,84 de différence entre les nombres, la différence entre les logarithmes sera $78 \times 0,84 = 65$ par excès ; j'ajoute alors 65 à 7460267, ce qui me donne 7460332 pour partie décimale du logarithme du nombre donné ; sa caractéristique est 2 ; donc on a : $\log 557,2284 = 2,7460332$.

2° *Calculer un nombre dont le logarithme est donné.*

On donne : $\log x = 2,7460332$.

Je cherche dans la table la partie décimale immédiatement inférieure à celle du logarithme donné ; je trouve 7460267 correspondant au nombre 55722 avec 78 comme différence tabulaire. Or $7460332 - 7460267 = 65$;

j'opère par parties proportionnelles et je dis : pour 78 de différence entre les logarithmes, les nombres diffèrent de 1 ; pour 65 de différence entre les logarithmes il y aura $\dfrac{65}{78}$ de différence entre les nombres ou 0,833 ; les chiffres du nombre x seront donc 55722833 et, comme la caractéristique du logarithme donné est 2, x a trois chiffres entiers. On aura donc : $x = 557,22833$.

On remarquera que nous ne retombons pas exactement sur le nombre de l'exemple précédent ; cela tient à ce que les logarithmes ne sont qu'approchés.

3° *Application.* — Calculer $x = \sqrt[5]{55722}$.

On aura
$$\log x = \frac{1}{5} \log 55722 ;$$

or $\log 55722 = 4,7460267$ et $\log x = \dfrac{4,7460267}{5} = 0,9452052$;

on cherchera dans la table le nombre correspondant.

281. Soustraction de deux logarithmes. — Soit à calculer

$$x = \frac{55722}{1028} \cdot \text{On aura :}$$

$$\log x = \log 55722 - \log 1028.$$

Disposons le calcul :

$$
\begin{aligned}
\log 55722 &= 4,7460267 \\
\log\ \ 1028 &= 3,0119931 \\
\hline
\log x \quad &= 1,7310336
\end{aligned}
$$

Lorsque plusieurs logarithmes doivent être retranchés successivement, il y a avantage à n'avoir à faire que des additions ; supposons que l'on ait à effectuer l'opération suivante :

$$\log a - \log b ;$$

je puis poser $\log a - \log b = \log a + 1 - \log b - 1$;

or $\log b$ est formé d'une caractéristique p et d'une partie décimale d ; on a donc $\log b = p + d$;

et par suite,

$$\log a + 1 - \log b - 1 = \log a + 1 - p - d - 1$$
$$\log a - \log b = \log a + (1 - d) - (p + 1).$$

La différence $(1 - d)$ s'appelle le *complément à l'unité* de la partie décimale de $\log b$ et $(- \log b)$ se compose d'une caractéristique négative $- (p + 1)$ et d'une partie décimale égale à $(1 - d)$; cet ensemble s'appelle le *cologarithme* de b. La caractéristique du cologarithme s'obtiendra en ajoutant 1 à la caractéristique donnée et en changeant le signe du résultat obtenu.

Donc, au lieu de retrancher un logarithme, on ajoutera son cologarithme et les soustractions de logarithmes seront remplacées par des additions de cologarithmes.

Exemples :
$$x = \frac{55722}{10,28 \times 0,2287}$$

$$\log x = \log 55722 - \log 10,28 - \log 0,2887$$
$$= \log 55722 + \text{colog} 10,28 + \text{colog} 0,2887$$

$$
\begin{aligned}
\log 55722 \quad &= 4,7460267 \\
\text{colog} \quad 10,28 \quad &= \overline{2},9880069 \\
\text{colog} \quad 0,2887 &= 0,5409104 \\
\hline
\log x &= 4,2749440
\end{aligned}
$$

INTÉRÊTS COMPOSÉS ET ANNUITÉS

Intérêts composés.

282. — Un capital est placé à intérêts composés lorsque, à la fin de chaque, l'intérêt est ajouté au capital pour produire intérêt pendant l'année suivante.

Désignons par r le *taux* de l'intérêt pour *1 franc*; au bout d'un an 1 fr. est devenu $(1 + r)$ qui, placé pendant une nouvelle année, devient $(1 + r)(1 + r)$ ou $(1 + r)^2$, qui, placé pendant une nouvelle année, devient $(1 + r)^3$, etc. Donc, au bout de n années, 1 fr. est devenu $(1 + r)^n$ et un capital quelconque a est devenu $a(1 + r)^n$. Désignons par A la valeur du capital a au bout de n années; nous aurons la formule des intérêts composés :

$$A = a(1 + r)^n.$$

Cette formule permet de calculer, par logarithmes, chacun des termes qui y entrent.

1° *Calcul de A.*

$$\log A = \log a + n \log (1 + r).$$

2° *Calcul de a.*
$$a = \frac{A}{(1 + r)^n};$$

donc,
$$\log a = \log A - n \log (1 + r).$$

3° *Calcul de r.*
$$(1 + r)^n = \frac{A}{a};$$

donc,
$$1 + r = \sqrt[n]{\frac{A}{a}} \qquad \text{et} \qquad r = \sqrt[n]{\frac{A}{a}} - 1.$$

On calculera $\log \sqrt[n]{\dfrac{A}{a}}$ par la formule

$$\log \sqrt[n]{\frac{A}{a}} = \frac{\log A - \log a}{n};$$

on cherchera le nombre correspondant et on en retranchera 1.

4° *Calcul de n.* — On a :

$$(1 + r)^n = \frac{A}{a} \qquad \text{ou} \qquad n \log (1 + r) = \log A - \log a ;$$

donc
$$n = \frac{\log A - \log a}{\log (1 + r)} ;$$

on calculera la fraction $\dfrac{\log A - \log a}{\log (1 + r)}$ à une unité près et le quotient trouvé sera la valeur de n.

283. *Remarque.* — Il peut arriver que le capital ait été placé pendant n années plus une fraction k d'année ; dans ce cas, pendant la fraction d'année, le résultat au bout de n années est placé à intérêts simples. La formule devient

$$A = a (1 + r)^n (1 + kr).$$

Cette remarque va nous permettre de trouver exactement pendant combien de temps un capital a a été placé pour devenir A. Cherchons d'abord le nombre n des années ; n est donné par le quotient $\dfrac{\log A - \log a}{\log (1 + r)}$ calculé à une unité près ; prenons maintenant la formule $A = a (1 + r)^n (1 + kr)$, dans laquelle n est connu ; nous en tirons :

$$\log (1 + k) = \log A - \log a - n \log (1 + r) ;$$

nous calculerons $1 + k$ à l'aide des tables et nous en déduirons la valeur de k.

Annuités.

284. — On appelle *annuité* la somme qu'il faut payer à *la fin* de chaque année, pendant n années, pour amortir une dette.

Soit A la dette à amortir et a l'annuité payée ; au bout de n années, on doit $A (1 + r)^n$; mais la première annuité reste entre les mains du créancier pendant $(n - 1)$ années et, au bout de n années, elle vaut $a (1 + r)^{n-1}$; de même la seconde annuité vaut $a(1+r)^{n-2}$, etc.; enfin la dernière annuité vaut a. On devra donc avoir :

$$a(1+r)^{n-1}+a(1+r)^{n-2}\ldots\ldots+a(1+r)+a=A(1+r)^{n}.$$

Or, le premier membre de cette égalité est la somme des n premiers termes d'une progression géométrique de raison $(1+r)$ et de premier terme a, ayant pour valeur

$$\frac{a(1+r)^{n}-a}{r}\qquad\text{ou}\qquad\frac{a}{r}\left[(1+r)^{n}-1\right].$$

On aura donc :

$$\frac{a}{r}\left[(1+r)^{n}-1\right]=A(1+r)^{n}.$$

L'annuité a est alors donnée par la formule

$$a=\frac{Ar(1+r)^{n}}{(1+r)^{n}-1}.$$

Cette formule peut s'écrire

$$a=\frac{Ar}{1-\dfrac{1}{(1+r)^{n}}};$$

on voit alors que a diminue avec le nombre des années ; pour $n=\infty$, on a : $a=Ar$; donc, il suffit de payer chaque année l'intérêt de la dette ; c'est le cas de la rente perpétuelle.

[illegible]
[illegible]
[illegible]

[illegible]
[illegible]
[illegible]

[illegible]

[illegible]
[illegible]
[illegible]

GÉOMÉTRIE

I

LIGNES, ANGLES ET TRIANGLES

283. *Définitions.* — Tous les corps de la nature occupent une certaine portion de l'espace qu'on appelle leur *volume*; de même dans l'intérieur d'un appartement, d'une cavité, se trouve une portion d'espace qu'on appelle la *capacité* de l'appartement ou de la cavité. Un corps est limité par des *surfaces* qui le séparent de l'espace environnant. Enfin, les surfaces sont limitées par des *lignes* et les lignes, par leur intersection, déterminent un *point*.

Une ligne peut être *droite* ou *courbe*; une ligne droite est le plus court chemin d'un point à un autre, et une ligne *brisée* est une ligne composée de portions de lignes droites. Enfin, toute ligne, qui n'est ni droite ni brisée, est une ligne *courbe*.

Un *plan* est une surface sur laquelle une ligne droite peut s'appliquer tout entière dans toutes les directions.

Une *figure* est la représentation de lignes, de surfaces ou de volumes; elle est dite *plane*, quand elle n'est composée que de lignes et de surfaces situées dans un même plan.

Deux figures *égales* sont deux figures superposables quand on les applique l'une sur l'autre.

Un *angle* est la figure formée par deux droites indéfinies

issues d'un même point (*fig. 1*) et appelées les *côtés* de l'angle ; leur point d'intersection s'appelle le *sommet* de l'angle ; ainsi l'angle AOB a pour sommet le point O et pour côtés OA et OB.

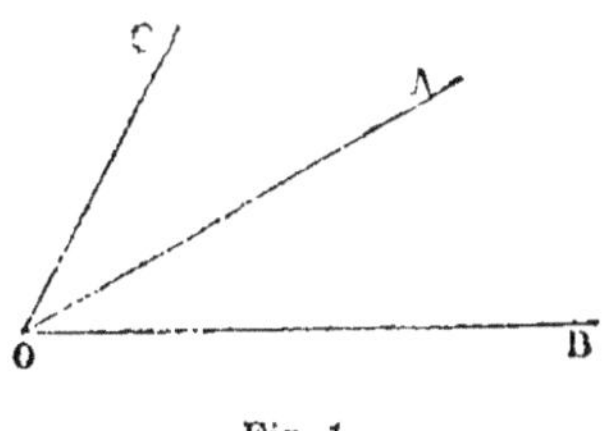

Fig. 1.

On appelle *angles adjacents* deux angles BOA et COA ayant un côté commun OA et dont les côtés OB et OC sont situés de part et d'autre de OA (*fig. 1*).

Une droite est dite perpendiculaire à une autre droite lorsqu'elle forme avec celle-ci deux angles adjacents égaux (*fig. 2*).

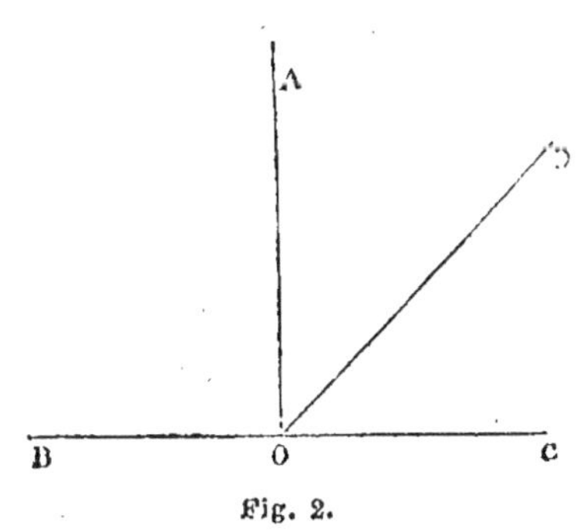

Fig. 2.

La droite OA est perpendiculaire sur la droite BC et réciproquement.

Une droite est *oblique* à une autre droite, lorsqu'elle forme avec celle-ci deux angles adjacents inégaux ; OD est oblique sur BC (*fig. 2*).

On appelle *angle droit* l'angle formé par deux droites perpendiculaires l'une sur l'autre ; les angles AOB et AOC sont des angles droits. *Tous les angles droits sont égaux entre eux*. Tout angle plus petit qu'un angle droit est dit *aigu* et tout angle plus grand qu'un angle droit est dit *obtus :* l'angle DOC est aigu ; l'angle DOB est obtus.

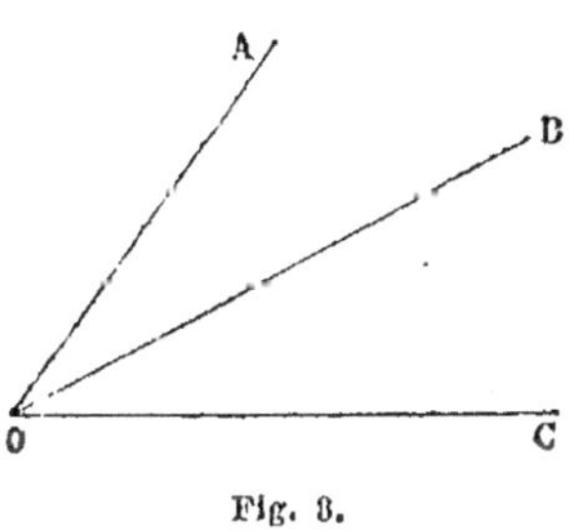

Fig. 3.

La *bissectrice* d'un angle est la droite qui divise cet angle en deux angles égaux (*fig. 3*). OB est la bissectrice de l'angle AOC, parce que les angles AOB et COB sont égaux.

On appelle *angles supplémentaires* deux angles adjacents dont les côtés non communs sont dans le prolongement l'un de l'autre.

Les angles COD et DOB (*fig. 2*) sont supplémentaires.

La somme de deux angles supplémentaires est égale à *deux* angles droits.

Deux angles complémentaires sont deux angles dont la somme est égale à *un* angle droit ; tels sont les angles COD et DOA (*fig. 2*).

Deux droites qui se coupent indéfiniment prolongées forment des angles *opposés par le sommet* et égaux entre eux ; tels sont les angles AOB et COD (*fig. 4*).

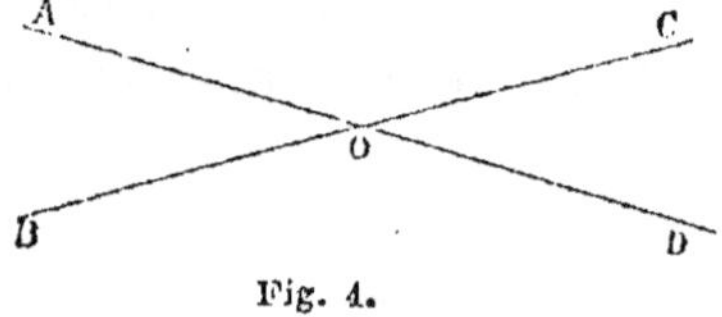

Fig. 4.

La somme des angles consécutifs formés autour d'un point est égale à quatre angles droits.

On appelle *triangle* une figure formée par trois droites se coupant deux à deux et appelés les côtés du triangle (*fig. 5*). Un triangle présente trois côtés et trois angles.

Un triangle est *équilatéral,* quand ses trois côtés sont égaux ; il est *isocèle,* si deux côtés seulement sont égaux ; un triangle est *rectangle,* quand un de ses angles est droit. On appelle *hauteur* d'un triangle la perpendi-

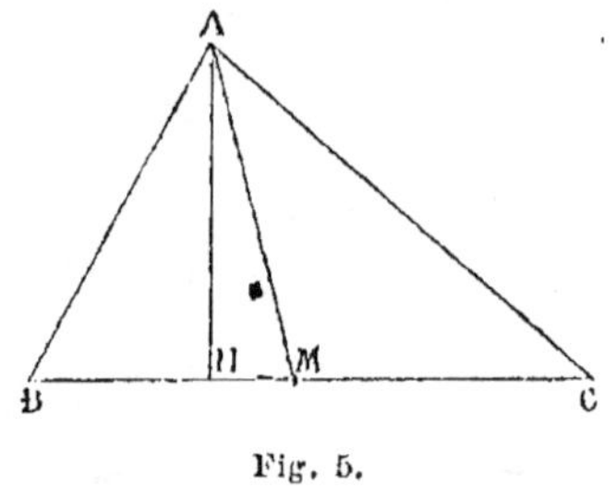

Fig. 5.

culaire AH abaissée d'un sommet sur le côté opposé ; la *médiane* est la ligne qui joint un sommet A au milieu M du côté opposé ; un triangle a trois hauteurs, trois médianes et trois bissectrices.

Dans un triangle, un côté quelconque est plus petit que la somme des deux autres et plus grand que leur différence.

284. *Égalité des triangles.* — Deux triangles sont égaux, quand ils sont superposables ; alors ils ont tous leurs éléments égaux chacun à chacun et disposés dans le même ordre. Pour que deux triangles soient égaux, il suffit que trois de leurs éléments, dont un côté au moins, soient égaux chacun à chacun.

1er CAS. — *Deux triangles sont égaux, lorsqu'ils ont un angle égal compris entre deux côtés égaux, chacun à chacun.*

Je porte le triangle A′B′C′ sur le triangle ABC, de manière que le côté A′B′ s'applique exactement sur son égal AB (*fig. 6*). L'angle A′ étant égal à l'angle A, le côté A′C′ prendra

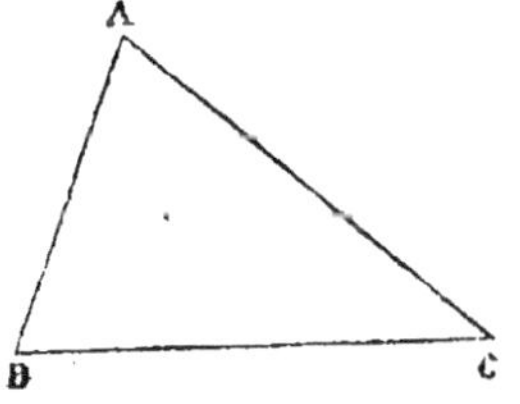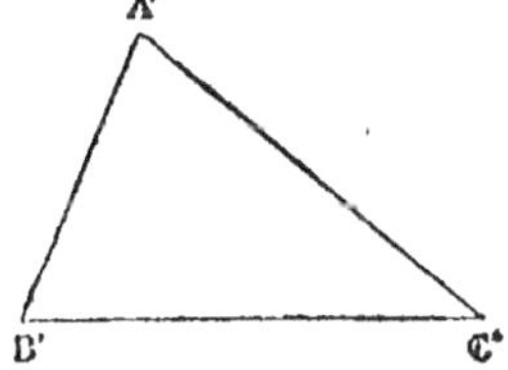

Fig. 6.

la direction du côté AC ; et, comme A′C′ = AC, le point C′ tombera sur le point C. Les troisièmes côtés BC et B′C′, ayant leurs extrémités confondues, coïncident, et les deux triangles sont superposés exactement. Donc ils sont égaux.

2e CAS. — *Deux triangles sont égaux, lorsqu'ils ont un côté égal adjacent à deux angles égaux, chacun à chacun.*

Je porte le triangle A′B′C′ sur le triangle ABC, de manière que le côté B′C′ coïncide avec son égal BC. L'angle B′ étant égal à l'angle B, le côté B′A′ prendra la direction BA, et le point A′ tombera sur BA, ou sur son prolongement. De même, l'angle C′ étant égal à l'angle C, le côté C′A′ prendra la direction CA, et le point A′ tombera sur CA, ou sur son prolongement. Le point A′, devant tomber à la fois sur BA et sur CA, tombera à leur intersection, au point A, et les deux triangles, coïncidant exactement, sont égaux.

Corollaire. — *Quand deux triangles ont deux côtés égaux chacun à chacun et comprenant un angle inégal, au plus grand angle est opposé le plus grand côté et réciproquement.*

3° CAS. — *Deux triangles sont égaux, quand ils ont les trois côtés égaux chacun à chacun et disposés dans le même ordre.*

Cette condition entraîne l'égalité des angles, car, si l'angle A′ était différent de l'angle A, le côté B′C′ serait différent du côté BC, ce qui est contraire à l'hypothèse : on est ainsi ramené au cas précédent.

285. *THÉORÈME.* — *Dans un triangle isocèle, les angles opposés aux côtés égaux sont égaux.*

Soit le triangle isocèle ABC (*fig. 7*), dans lequel AB = BC. Il faut démontrer que l'angle A égale l'angle C.

En effet, je mène la *médiane* BD. Les deux triangles ABD et DBC sont égaux comme ayant les trois côtés égaux, savoir : AB = BC par hypothèse, AD = DC par construction et BD est commun. Donc l'angle A, opposé au côté BD, dans le premier triangle, est égal à l'angle C, opposé au même côté BD, dans le second

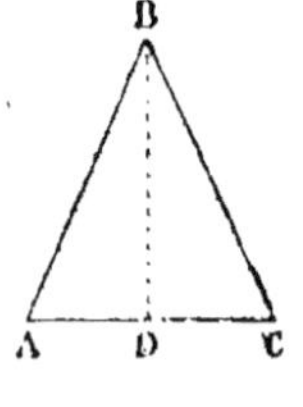
Fig. 7.

triangle. C. q. f. d. La *réciproque* se démontrerait facilement.

Corollaire I. — *Dans un triangle isocèle, la même droite est à la fois médiane, hauteur et bissectrice de l'angle au sommet.*

Corollaire II. — *Un triangle équilatéral est équiangle et réciproquement.*

PERPENDICULAIRES ET OBLIQUES

286. Axiome I. — *Par un point pris sur une droite, on peut toujours élever une perpendiculaire à cette droite, et on n'en peut élever qu'une seule.*

Axiome II. — *D'un point pris hors d'une droite, on peut toujours abaisser une perpendiculaire sur cette droite, et on n'en peut abaisser qu'une seule.*

287. *THÉORÈME.* — *Si d'un point pris hors d'une droite on abaisse sur cette droite une perpendiculaire et diverses obliques,*

1° La perpendiculaire est plus courte que toute oblique.

2° Deux obliques qui s'écartent également du pied de la perpendiculaire sont égales.

3° De deux obliques qui s'écartent inégalement du pied de la perpendiculaire, celle qui s'en écarte le plus est la plus grande.

1° Il faut démontrer que la perpendiculaire CO est plus courte que l'oblique CE (*fig. 8*).

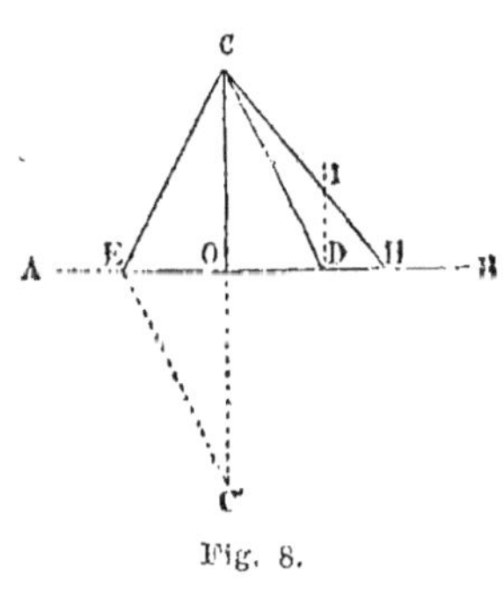

Fig. 8.

En effet, je prolonge CO d'une longueur égale OC′, et je joins le point E au point C′. Dans les deux triangles CEO et C′EO, le côté EO est commun, le côté CO égale le côté C′O par construction, et les angles COE, C′OE sont égaux comme droits. Donc les deux triangles sont égaux comme ayant un angle égal compris entre deux côtés égaux chacun à chacun ; donc CE = EC′.

Or la droite CC′ est plus courte que la ligne brisée CE + EC′. Donc CO, moitié de CC′, est plus courte que CE, moitié de CE + EC′.

2° Soit OD = OE. Il faut démontrer que CD = CE.

En effet, les deux triangles COE, COD sont aussi égaux, comme ayant un angle égal compris entre deux côtés égaux, chacun à chacun. Donc CD = CE.

3° Soit OH > OD. Il faut démontrer que CH est plus grand que CD. En effet, au point D j'élève la perpendiculaire DI, qui rencontre CH au point I. Dans le triangle CDI, on a :

$$CD < CI + ID.$$

Or, on a aussi, d'après ce qui précède : ID < IH.

Donc, à plus forte raison, on a :

$$CD < CI + IH \qquad \text{ou} \qquad CD < CH.$$

Corollaire I. — *Le lieu des points équidistants des deux extrémités d'une droite finie est la perpendiculaire élevée sur le milieu de cette droite.*

Corollaire II. — *La distance d'un point à une droite est la perpendiculaire abaissée du point sur la droite.*

288. Théorème I. — *Deux triangles rectangles sont égaux, quand ils ont l'hypoténuse égale et un angle aigu égal, chacun à chacun.*

Théorème II. — *Deux triangles rectangles sont égaux, quand ils ont l'hypoténuse égale et un côté de l'angle droit égal, chacun à chacun.*

Ces deux théorèmes sont les conséquences des axiomes (§ 286) et du théorème (§ 287).

Théorème III. — *Tout point pris sur la bissectrice d'un angle est également distant des deux côtés de cet angle.*

Soit AO la bissectrice de l'angle BAC (*fig. 9*). Il faut démontrer que les deux perpendiculaires OD et OE sont égales.

En effet, les deux triangles rectangles ODA, OEA ont l'hypoténuse AO commune et l'angle DAO égal à l'angle OAE, par hypothèse. Donc ces deux triangles sont égaux (*Th. I précédent*). Donc OD = OE.

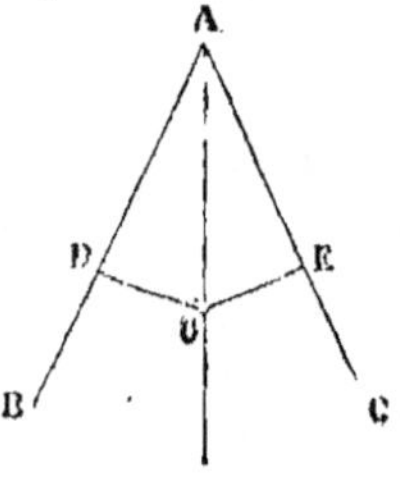

Fig. 9.

Corollaire. — *La bissectrice d'un angle est le lieu des points équidistants des deux côtés de cet angle.*

DES PARALLÈLES

289. — On appelle *parallèles* des droites qui, situées *dans un même plan*, ne peuvent se rencontrer, à quelque distance qu'on les prolonge.

290. Théorème. — *Deux droites, perpendiculaires à une même droite, sont parallèles.*

En effet, si elles ne l'étaient pas, d'un même point on

pourrait abaisser deux perpendiculaires sur une même droite, ce qui est absurde (§ 286).

291. *Postulatum d'Euclide.* — *Par un point extérieur à une droite, on peut toujours mener une parallèle à cette droite et on n'en peut mener qu'une.*

Cette propriété est considérée comme évidente.

Corollaire I. — *Deux droites parallèles ont leur perpendiculaire commune.*

Corollaire II. — *Deux droites parallèles à une même troisième sont parallèles entre elles.*

292. *Définitions.* — Quand deux droites parallèles sont coupées par une *sécante*, il se forme huit angles dénommés de la manière suivante (*fig. 10*).

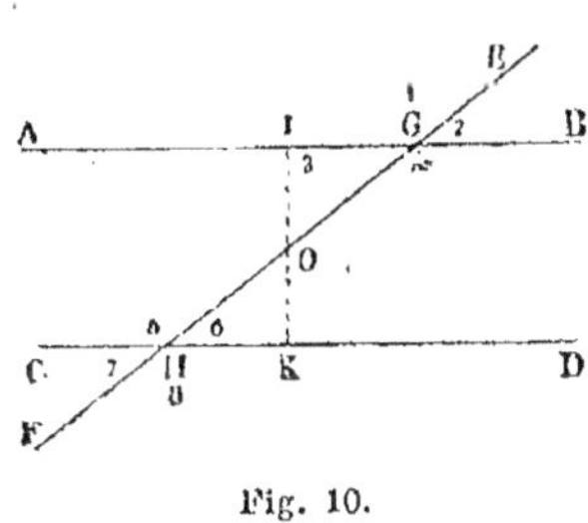

Fig. 10.

1° Angles *alternes internes.* — 3 et 6 ; 4 et 5.

2° Angles *alternes-externes.* — 1 et 8 ; 2 et 7.

3° Angles *correspondants.* — 2 et 6 ; 1 et 5 ; 4 et 8 ; 3 et 7.

4° Angles *intérieurs du même côté.* — 4 et 6 ; 3 et 5.

5° Angles *extérieurs du même côté.* — 2 et 8 ; 1 et 7.

293. *THÉORÈME.* — *Lorsque deux droites parallèles sont coupées par une sécante : 1° les angles alternes-internes sont égaux ; 2° les angles alternes-externes sont égaux ; 3° les angles correspondants sont égaux ; 4° les angles intérieurs ou extérieurs du même côté de la sécante sont supplémentaires.*

Pour le démontrer, du point O, milieu de HG (*fig. 10*) je mène HK perpendiculaire à AB. Elle sera aussi perpendiculaire à sa parallèle CD (§ 291) et les deux triangles OIG, OKH seront rectangles.

Or ces deux triangles ont l'hypoténuse OG égale à l'hypoténuse OH, par construction, et les angles en O sont égaux, comme opposés par le sommet. Donc ces deux triangles sont égaux (§ 288). Donc leurs troisièmes angles, 3 et 6, sont égaux. Or ces angles sont alternes-internes. Donc ces deux angles alternes-internes sont égaux. Les deux autres angles alternes-internes, 4 et 5, sont égaux, comme supplémentaires des deux premiers.

Les angles alternes-externes, 2 et 7, sont égaux, parce qu'ils sont opposés par le sommet, à deux angles alternes-internes égaux, 3 et 6. Les deux autres angles alternes-externes 1 et 8, sont égaux comme supplémentaires des deux premiers, 2 et 7.

Les angles correspondants, 2 et 6, sont égaux, parce qu'ils sont tous les deux égaux à l'angle 3. — De même, les deux angles 1 et 5 sont égaux à l'angle 4; etc.

Les angles intérieurs 4 et 6 sont supplémentaires, parce que l'angle 6 égale l'angle 3, et que 3 et 4 sont supplémentaires. — De même 3 et 5 sont supplémentaires, parce que 5 égale 4; etc.

En résumé, les 4 angles aigus sont égaux, les 4 angles obtus sont égaux, et un angle aigu quelconque est le supplément d'un angle obtus quelconque.

Réciproque. — *Si deux droites sont coupées par une sécante et si les angles alternes-internes sont égaux, ces deux droites sont parallèles.* C'est une conséquence du théorème précédent et du postulatum d'Euclide.

Corollaire. — *Deux angles ayant leurs côtés parallèles ou perpendiculaires sont égaux ou supplémentaires.*

DES POLYGONES

294. — On appelle *polygone* toute figure plane limitée par des lignes droites, appelées les *côtés* du polygone. Un polygone est défini par le nombre de ses côtés, on lui donne le nom de *triangle*, *quadrilatère*, *pentagone*, *hexagone*, etc. Un polygone a autant d'angles qu'il a de côtés; les sommets de ces angles sont les sommets du polygone.

295. *THÉORÈME. — La somme des trois angles d'un triangle est égale à deux angles droits.*

Je prolonge BC (*fig. 11*), et du point C je mène CE paral-

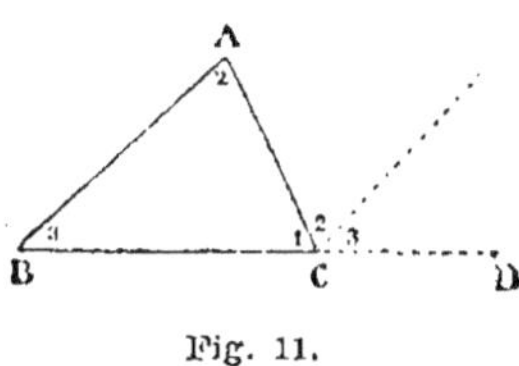

Fig. 11.

lèle à BA. L'angle A du triangle est égal à l'angle 2 qui a son sommet au point C ; ils sont alternes-internes, par rapport aux parallèles BA et CE, coupées par la sécante AC. De même l'angle B du triangle est égal à l'angle 3 qui a son sommet au point C ; ils sont correspondants, par rapport aux mêmes parallèles et à la sécante BD. L'angle C du triangle a aussi son sommet au point C. Donc les trois angles du triangle sont respectivement égaux aux trois angles qui ont leur sommet au point C ; or la somme de ces angles situés du même côté de la droite BD, vaut deux angles droits. Donc les trois angles du triangle ont aussi une somme égale à deux angles droits.

Corollaire I. — *L'angle extérieur d'un triangle est égal à la somme des deux angles intérieurs non adjacents :* DCA = CAB + ABC.

Corollaire II. — *La somme des angles d'un polygone convexe est égale à autant de fois deux angles droits qu'il y a de côtés, moins deux, dans le polygone.*

Définitions. — Un *parallélogramme* est un quadrilatère dont les côtés opposés sont parallèles deux à deux ; on démontre facilement qu'ils sont aussi égaux deux à deux.

Un *losange* est un parallélogramme dont les quatre côtés sont égaux.

Un *rectangle* est un parallélogramme dont les angles sont droits.

Un *carré* est un rectangle dont les côtés sont égaux entre eux.

Un *trapèze* est un quadrilatère dont deux côtés seulement sont parallèles.

296. *Théorème. — Tout quadrilatère dont les côtés opposés sont égaux est un parallélogramme.*

Soit le quadrilatère ABCD (*fig. 12*), dans lequel on a : BC=AD et AB=DC.

Je mène la diagonale BD. Les deux triangles ABD et BCD sont égaux, comme ayant les trois côtés égaux, chacun à chacun. Donc les angles, opposés à ces côtés égaux, sont égaux. Donc l'angle 1, opposé à DC, égale

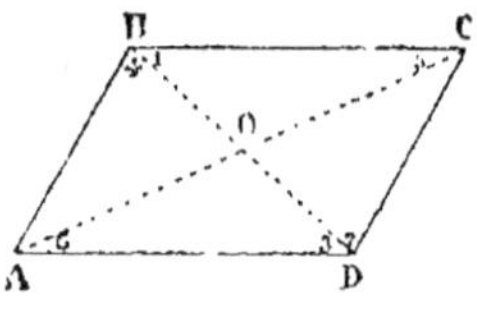

Fig. 12.

l'angle 3, opposé à AB. Or ces angles sont alternes-internes ; donc les droites BC et AD sont parallèles. De même l'angle 2, opposé à BC, égale l'angle 4, opposé à AD. Or ces angles sont alternes-internes. Donc les droites AB et DC sont parallèles.

297. *Théorème. — Si dans un quadrilatère deux côtés opposés sont égaux et parallèles, les deux autres côtés sont aussi égaux et parallèles, et la figure est un parallélogramme.*

Soit le quadrilatère ABCD (*fig. 12*), dans lequel on a : BC = AD, et BC parallèle à AD.

Je mène la diagonale BD. Les deux triangles ABD et BCD sont égaux, comme ayant un angle égal compris entre deux côtés égaux chacun à chacun. Donc, le côté DC, opposé à l'angle 1, est égal au côté AB, opposé à l'angle 3 : la figure est donc un parallélogramme (§ 296).

298. *Théorème. — Si dans un quadrilatère, les angles opposés sont égaux chacun à chacun, le quadrilatère est un parallélogramme.*

En effet, on a :   A = C   et   B = D ;
d'où   A + B = C + D = 2 droits ;
or A et B sont intérieurs du même côté par rapport à la sécante AB et aux droites HD et BC ; donc AD et BC sont parallèles ; de même AB et CD sont parallèles et la figure est un parallélogramme.

299. *Théorème.* — *Les diagonales d'un rectangle se coupent en leurs milieux.*

En effet, les deux triangles AOD et BOC (*fig. 12*) sont égaux, car BC = AD comme côtés opposés d'un même parallélogramme ; de plus les angles 1 et 3 sont égaux comme alternes-internes ; il en est de même des angles 5 et 6 ; par conséquent OB = OD et OC = OA. C. q. f. d.

300. — Corollaire I. — *Deux parallèles comprises entre parallèles sont égales.*

Corollaire II. — *Deux parallèles sont partout équidistantes.*

Corollaire III. — *Les diagonales d'un rectangle sont égales.*

Corollaire IV. — *Les diagonales d'un losange sont rectangulaires et bissectrices des angles opposés.*

DE LA CIRCONFÉRENCE

301. *Définitions.* — Une *circonférence* est une courbe plane dont tous les points sont équidistants d'un point intérieur O appelé *centre* (*fig. 13*).

Le *cercle* est la surface limitée par la circonférence.

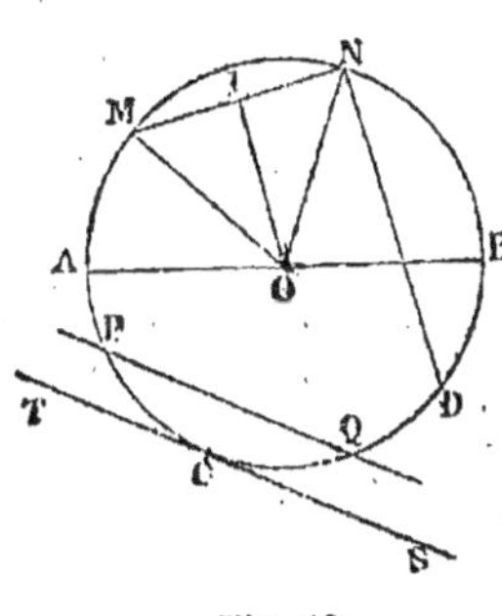

Fig. 13.

Toute droite menée du centre à la circonférence est un *rayon*.

Toute portion de circonférence est un *arc* ; la ligne MN, qui joint les deux extrémités d'un arc est une *corde*. Toute corde passant par le centre est un *diamètre* ; et un diamètre partage la circonférence et le cercle en deux parties égales comme on peut s'en assurer en faisant tourner la figure autour du diamètre AB.

On appelle *apothème* la perpendiculaire OI abaissée du centre sur une corde MN.

On appelle *sécante* une droite PQ qui coupe la circonférence en deux points ; une *tangente* est une droite TS n'ayant avec la circonférence qu'un seul point commun C, appelé *point de contact.*

On appelle *secteur* la portion de cercle MON comprise entre un arc et les deux rayons menés aux extrémités de cet arc.

On appelle *segment* la portion de cercle comprise entre un arc et sa corde.

On appelle *angle au centre* l'angle formé par deux rayons, tel que l'angle MON; l'arc MN compris entre les côtés de l'angle s'appelle l'*arc correspondant* à l'angle.

On appelle *angle inscrit* un angle ayant son sommet sur la circonférence et dont les côtés sont des cordes, tel que l'angle MND.

302. *THÉORÈME. — Toute corde est plus petite qu'un diamètre.*

En effet, dans le triangle MON (*fig. 13*), on a MN $<$ OM $+$ ON, d'après une propriété connue des triangles (§ 283).

303. *THÉORÈME I. — Dans un même cercle ou dans des cercles égaux, des arcs égaux sont sous-tendus par des cordes égales et réciproquement.*

THÉORÈME II. — Dans un même cercle ou dans des cercles égaux, des arcs inégaux sont sous-tendus par des cordes inégales et au plus grand arc correspond la plus grande corde et réciproquement.

THÉORÈME III. — Dans un même cercle, à deux angles au centre égaux correspondent des arcs égaux et réciproquement.

THÉORÈME IV. — A des angles au centre inégaux correspondent des arcs inégaux et au plus grand angle correspond le plus grand arc, et réciproquement.

Ces quatre théorèmes se démontrent facilement par juxtaposition des figures.

304. *THÉORÈME. — Tout rayon perpendiculaire à une corde partage la corde et l'arc sous-tendu chacun en deux parties égales.*

En effet, menons les deux rayons OA et OB (*fig. 14*), ces deux rayons sont des obliques égales. Donc elles s'écartent également du pied de la perpendiculaire OE. Donc AE = EB.

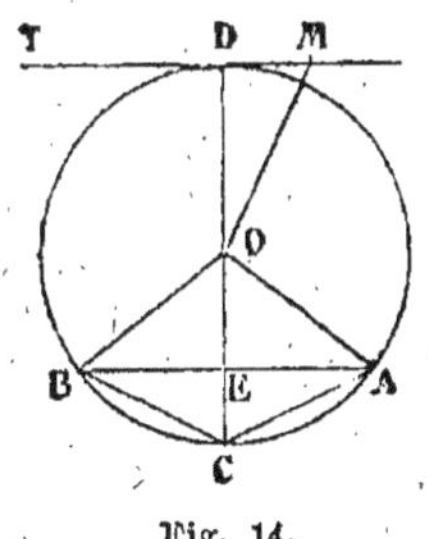

Fig. 14.

Joignons AC et CB. Puisque AE = EB, les obliques CA et CB s'écartant également du pied de la perpendiculaire CE, sont égales. Ces obliques sont des cordes égales ; donc les arcs CA et CB qu'elles sous-tendent sont égaux.

Corollaire I. — *Par trois points, non en ligne droite, on peut toujours faire passer une circonférence et on n'en peut faire passer qu'une seule.*

Corollaire II. — *Dans un même cercle, deux cordes égales sont également distantes du centre, et réciproquement.*

Corollaire III. — *Deux cordes inégales sont inégalement dis-tantes du centre et la plus grande en est la plus rapprochée, et réciproquement.*

Corollaire IV. — *Deux parallèles interceptent sur la circon-férence des arcs égaux.*

305. *Théorème.* — *La tangente est perpendiculaire au rayon mené par le point de contact et réciproquement.*

En effet, toute droite OM (*fig. 14*), joignant le centre à un point M de la tangente TD, sera plus grande que le rayon ; donc le rayon est la plus courte distance du centre à la tan-gente et lui est par conséquent perpendiculaire (§ 287).

Réciproquement. — Toute droite OM menée du centre à la droite TD est oblique ; on a donc OM > OD ; donc le point M est extérieur à la circonférence et la droite TD n'a que le point D commun avec la circonférence.

306. *Définition.* — Deux points sont *symétriques* par rapport à une droite, lorsqu'ils sont placés à égale distance de cette droite, sur une même perpendiculaire.

307. *Positions respectives de deux circonférences.* — Deux circonférences peuvent occuper l'une par rapport à l'autre cinq positions différentes.

1° *Elles sont sécantes.* — La ligne des centres est perpendiculaire sur le milieu de la corde commune (§ 306) et on a :

$$OO' < OA + O'A \qquad \text{et} \qquad OO' > OA - O'A \; (fig.\ 15).$$

2° *Elles sont tangentes extérieurement.* — La ligne des centres passe par le point de contact et est perpendiculaire à la tangente commune ; on a :

$$OO' = OA + O'A \; (fig.\ 16).$$

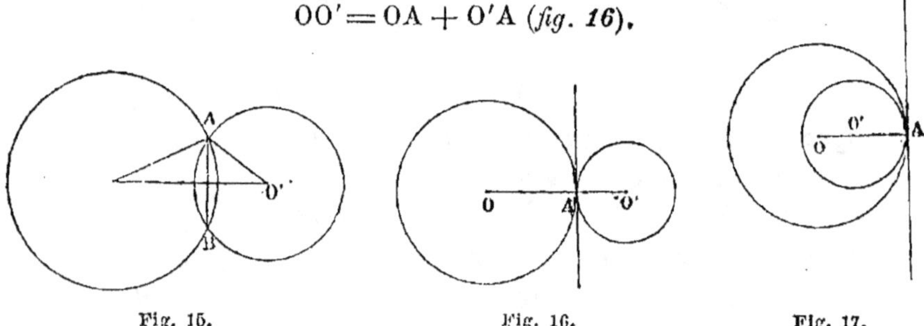

Fig. 15.   Fig. 16.   Fig. 17.

3° *Elles sont tangentes intérieurement.* — On a :

$$OO' = OA - O'A \; (fig.\ 17).$$

4° *Elles sont extérieures.* — On a :

$$OO' > OA + O'A' \; (fig.\ 18).$$

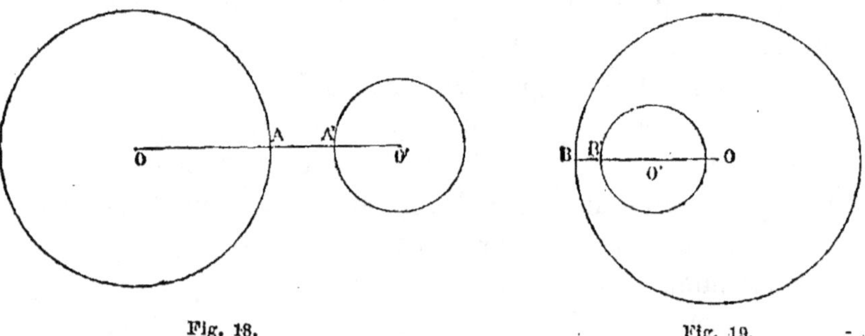

Fig. 18.   Fig. 19.

5° *Elles sont intérieures.* — On a :

$$OO' < OB - O'B' \; (fig.\ 19).$$

MESURE DES ANGLES

308. — *Mesurer* un angle c'est le comparer à un autre angle pris comme unité (§ 3). L'unité adoptée est l'*angle droit*. La mesure d'un angle est donc le rapport de l'angle considéré à l'angle droit.

On remplace, dans la pratique, la mesure des angles par la mesure des arcs correspondants (§ 301), en prenant pour unité d'arc, l'arc correspondant à un angle droit, ou l'arc appelé *quadrant*.

309. *Théorème.* — *La mesure d'un angle au centre est la même que celle de l'arc correspondant.*

En effet, puisque à des angles au centre égaux correspondent des arcs égaux, à un angle double correspondra un arc double et à un angle triple, correspondra un arc triple, etc. ; il y a donc proportionnalité entre les angles au centre et les arcs correspondants ; donc, si on prend l'unité d'arc correspondant à l'unité d'angle, la mesure d'un angle au centre est la même que celle de l'arc correspondant.

Division de la circonférence. — Dans la pratique, on prend pour unité d'arc, l'arc de *un degré*, obtenu en divisant la circonférence en 360 arcs égaux. L'unité d'angle sera alors l'angle au centre correspondant à un arc de un degré ; la mesure d'un angle sera représentée par le même nombre que celle de l'arc correspondant en degrés. Pour abréger le langage, on dit alors un angle de 10, 15, 20, etc., degrés ; le degré se subdivise en *60 minutes*, et la minute en 60 *secondes*, la seconde se subdivise en parties décimales. Un angle droit vaut 90° et une demi-circonférence vaut 180°.

La mesure des angles s'effectue à l'aide du rapporteur.

310. *Théorème.* — *Un angle inscrit a la même mesure que la moitié de l'arc compris entre ses côtés.*

En effet, considérons l'angle inscrit BAC (*fig. 20*) ; menons le diamètre AOD ; l'angle BAC est la somme des angles

1 et 2 ; or l'angle 1 est la moitié de l'angle 3, extérieur au triangle isocèle AOB ; de même l'angle 2 est la moitié de l'angle 4 ; donc l'angle BAC est la moitié de l'angle BOC ; or l'angle BOC, angle au centre, a la même mesure que l'arc BC ; donc l'angle BAC a la même mesure que la moitié de l'arc BC compris entre ses côtés. C. q. f. d.

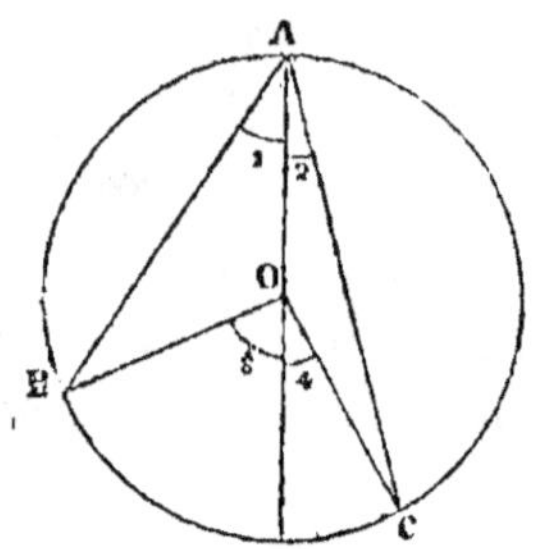
Fig. 20.

Corollaire I. — *Tous les angles inscrits dans un même segment sont égaux.*

Corollaire II. — *Tout angle inscrit dans un demi-cercle est un angle droit.*

Corollaire III. — *Tout angle inscrit dans un segment plus grand qu'un demi-cercle est aigu et tout angle inscrit dans un segment plus petit qu'un demi-cercle est obtus.*

Corollaire IV. — *L'angle formé par une corde et une tangente a aussi la même mesure que l'arc compris entre ses côtés.*

311. *Théorème.* — *L'angle formé par deux sécantes extérieures a la même mesure que la demi-différence des arcs compris entre ses côtés.*

En effet, BAC = BEC — EBD (§ 295. Cor. II) ; or la mesure de BEC (*fig. 21*) est égale à la moitié de la mesure de l'arc BC, et la mesure de EBD est la moitié de la mesure de l'arc DE, puisque ces angles sont inscrits ; donc : mesure de BAC = mesure de BEC — mesure de EBD = $\frac{1}{2}$ (mesure de arc BC — mesure de arc DE).

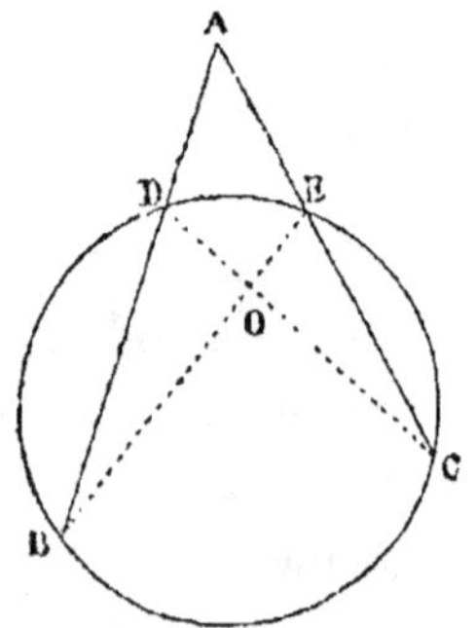
Fig. 21.

Si les sécantes sont intérieures, la mesure de l'angle BOC est égale à la *demi-somme* des mesures des arcs BC et DE ;

en effet, $BOC = BDC + EBD$; donc mesure de BOC $=$ mesure de $BDC +$ mesure de $EBD = \frac{1}{2}$(mesure de arc $BC +$ mesure de arc ED).

312. *Problème.* — Par un point A, extérieur à une circonférence, lui mener une tangente.

Sur AO comme diamètre (*fig. 22*) décrivons une circonfé-

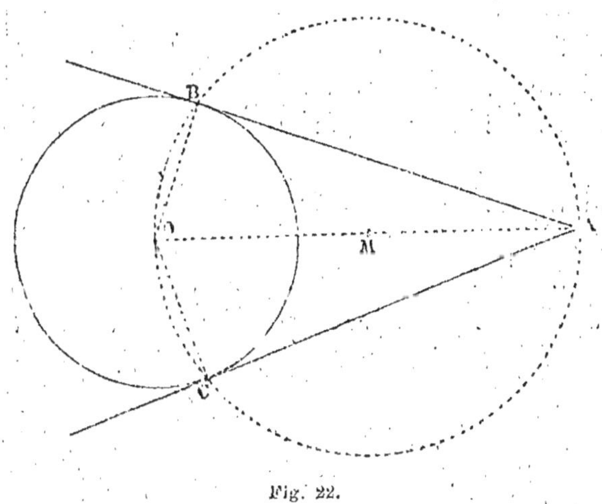

Fig. 22.

rence ; elle coupe la circonférence donnée en B et en C ; joignons AB et OB ; l'angle OBA est droit comme inscrit dans un demi-cercle (§ 310).

Donc AB est perpendiculaire sur le rayon OA, et par suite AB est tangente à la circonférence ; AC lui est aussi tangente pour la même raison.

Le problème admet donc deux solutions et les tangentes issues d'un même point extérieur sont égales.

313. *Problème.* — Mener à deux circonférences une tangente commune extérieure.

Supposons le problème résolu ; soit TT' la tangente cherchée (*fig. 23*) ; menons les rayons OT et OT', qui seront parallèles comme perpendiculaires à une même droite ; menons

O'C parallèle à TT'; alors OC=OT—O'T'; et O'T' est
tangente à la circonférence de centre O et de rayon OC ; il
suffira donc de décrire
la circonférence de
centre O et de rayon
(OT — O'T'), de me-
ner par O' une tan-
gente O'C à cette cir-
conférence, de tracer
le rayon de contact
OC et de le prolonger

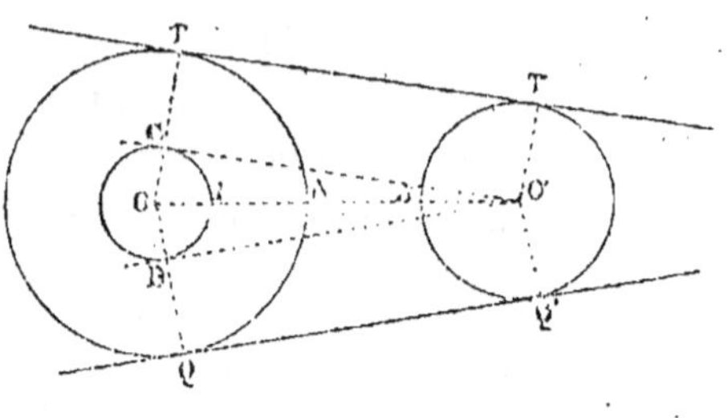

Fig. 23.

jusqu'à la circonférence, de tracer O'T' parallèle à OT et de
joindre les deux points T et T'. Le problème admet deux solutions TT' et QQ' symétriques par rapport à la ligne des
centres.

314. *Problème.* — Mener à deux circonférences une tangente commune intérieure.

En raisonnant comme pour le problème précédent, on est
conduit à la construction suivante : Du centre O de la plus

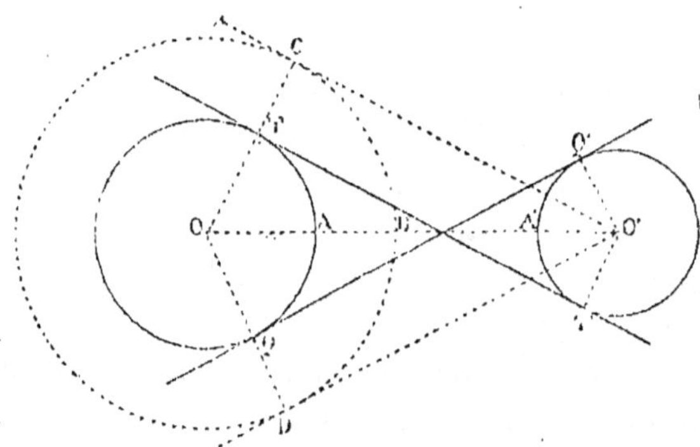

Fig. 24.

grande circonférence (*fig. 24*), avec un rayon égal à la somme
des rayons OA et O'H', on décrit une circonférence ; du
centre O' on mène à cette circonférence les deux tangentes

O'C et O'D, on mène les rayons OC, OD qui coupent la circonférence de rayon OA aux deux points T et O. Du point O' on mène O'T' perpendiculaire sur O'C et O'Q' perpendiculaire sur O'D. Les droites TT', QQ' sont tangentes aux deux circonférences.

II. — LIGNES PROPORTIONNELLES

315. *Définitions.* — Considérons un angle XOX' (*fig. 25*); portons sur le côté OX, à la suite l'une de l'autre, 5 longueurs égales OA, AB, BC, CD, DE et menons par les points de division des droites parallèles entre elles, de direction quelconque ; elles coupent le côté OX' aux points A', B', C', D', E' et je dis que les longueurs interposées sur le côté OX' sont aussi égales entre elles.

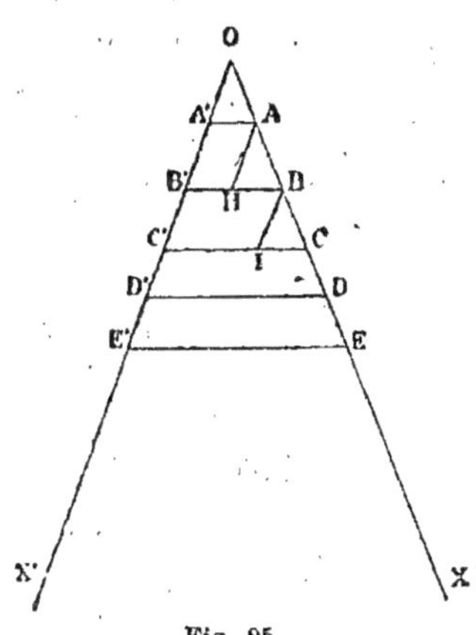

Fig. 25.

En effet, menons AH parallèle à OX'; AH = A'B' comme parallèles comprises entre parallèles ; les deux triangles AOA' et BAH sont égaux comme ayant un côté égal (AB = OA) adjacent à deux angles égaux chacun à chacun, BAH = AOA' comme correspondants et HBA = A'AO pour la même raison. Donc AH = OA' et, par suite, A'B' = OA' ; en menant BI parallèle à OX', on démontrerait de même que B'C' = OA' = A'B'; donc, les segments OA', A'B', etc., sont égaux entre eux. Donc $OB' = 2OA'$; $OC' = 3OA'$ etc., et, comme $OB = 2OA$; $OC = 3OA$, etc., on aura :

$$\frac{OA'}{OA} = \frac{OB'}{OB} = \frac{OC'}{OC}, \text{ etc.};$$

on dit alors que les longueurs OA', OB', OC', etc., sont *proportionnelles* aux longueurs OA, OB, OC, etc. Noús en déduirons le *théorème* suivant :

Si l'on coupe un angle par deux droites parallèles, les segments interceptés sur les deux côtés de l'angle sont proportionnels.

Corollaire. — *Toute droite parallèle à l'un des côtés d'un triangle divise les deux autres côtés en segments proportionnels et réciproquement.*

En effet, d'après le théorème précédent, on aura (*fig. 26*) :

$$\frac{AD}{AB} = \frac{AE}{AC}.$$

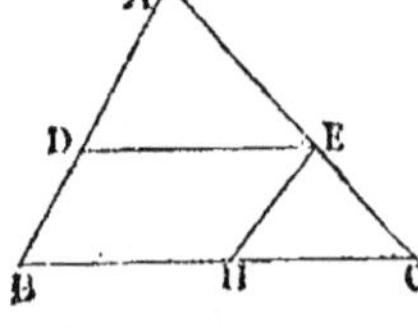
Fig. 26.

En appliquant les propriétés des proportions, on en tire :

$$\frac{AD}{DB} = \frac{AE}{EC} \quad \text{et} \quad \frac{DB}{AB} = \frac{EC}{AC}.$$

La réciproque se démontre facilement : le point E est le seul point de AC qui divise cette longueur dans un rapport donné ; par conséquent, toute autre droite menée par D et satisfaisant à la proportion se confondra avec DE.

Remarque. — Les propositions précédentes serviront à résoudre un grand nombre de problèmes tels que : diviser une longueur en un certain nombre de parties égales, construire une quatrième proportionnelle, une troisième proportionnelle, etc.

SIMILITUDE

316. — On appelle *polygones semblables* des polygones dont les angles sont égaux chacun à chacun et disposés dans le même ordre et dont les *côtés homologues* sont proportionnels.

On appelle côtés homologues les côtés adjacents aux angles égaux chacun à chacun. Nous étudierons d'abord les propriétés des *triangles* semblables.

317. *Théorème.* — *Toute parallèle à l'un des côtés d'un triangle détermine un triangle semblable au triangle donné.*

Considérons le triangle BAC (*fig. 26*); menons la parallèle DE au côté BC; le triangle DAE est semblable au triangle BAC. En effet, ils ont l'angle A commun, les angles B et D sont égaux comme correspondants; il en est de même des angles C et E. D'autre part, on a : $\dfrac{AD}{AB} = \dfrac{AE}{AC}$ (§ 315); menons EH parallèle à AB, on aura EH = DB comme côtés opposés d'un même parallélogramme et on aura aussi :

$$\frac{AE}{BH} = \frac{AE}{AC} \quad \text{ou} \quad \frac{AE}{AC} = \frac{BH}{BC} = \frac{DE}{BC};$$

on aura enfin les trois rapports égaux :

$$\frac{AD}{AB} = \frac{AE}{AC} = \frac{DE}{BC};$$

les côtés homologues des deux triangles sont proportionnels et les triangles ABC et ADE sont semblables.

Le rapport des côtés homologues s'appelle le *rapport de similitude* des deux triangles.

Cas de similitude des triangles.

318. 1ᵉʳ cas. — *Deux triangles sont semblables quand ils ont leurs angles égaux chacun à chacun.*

En effet, considérons les deux triangles ABC, A'B'C' (*fig. 27*), dont les angles sont égaux chacun à chacun; prenons sur AB une longueur AD = A'B' et menons DE parallèle à BC; les deux triangles ADE et ABC sont semblables (§ 317); or les triangles ADE et A'B'C' sont égaux, car AD = A'B' par construction, l'angle A = A' par hypothèse, l'angle D = B' et l'angle E = C' comme ayant leurs côtés parallèles et dirigés dans le même sens; puisque les triangles ADE et

ABC sont semblables, A'B'C', égal à ADE, est aussi semblable à ABC.

2ᵉ CAS. — *Deux triangles sont semblables quand ils ont un angle égal compris entre côtés proportionnels.*

En effet, par hypothèse

$$A = A' \qquad \text{et} \qquad \frac{A'B'}{AB} = \frac{A'C'}{AC}.$$

Employons la même construction que précédemment ; le

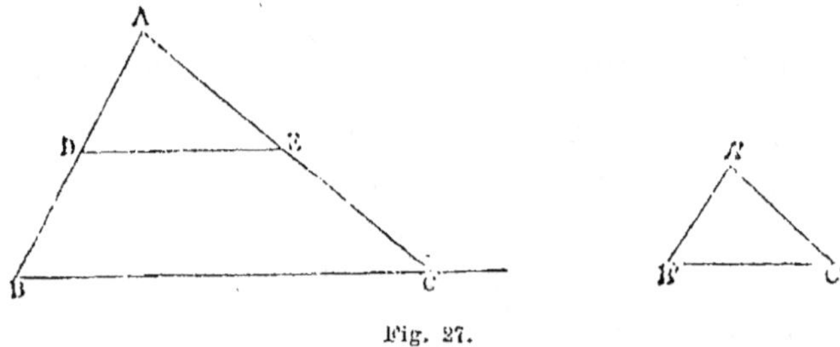

Fig. 27.

triangle ADE est semblable au triangle ABC (*fig. 27*) ; il reste à démontrer que les triangles ADE et A'B'C' sont égaux.

Or, de la similitude des triangles ADE et ABC on tire :

$$\frac{AD}{AB} = \frac{AE}{AC};$$

comparons cette proportion avec l'hypothèse, nous verrons que, puisque AD = A'B', on doit avoir AE = A'C' ; les deux triangles ADE et A'B'C', ayant un angle égal compris entre côtés égaux chacun à chacun sont égaux ; par suite, A'B'C' et ABC sont semblables.

3ᵒ CAS. — *Deux triangles sont semblables lorsque les côtés de l'un sont proportionnels aux côtés de l'autre.*

En effet, par hypothèse, on a

$$\frac{A'B'}{AB} = \frac{A'C'}{AC} = \frac{B'C'}{BC};$$

employons la même construction que précédemment ; les

deux triangles ADE et ABC sont semblables (*fig. 27*); reste à démontrer que les triangles ADE et A'B'C' sont égaux.

Or, de la similitude des triangles ADE et ABC on tire:

$$\frac{AD}{AB} = \frac{AE}{AC} = \frac{DE}{BC};$$

or, comme $AD = A'B'$ par construction, la comparaison de cette égalité de rapports avec l'hypothèse montre que l'on a aussi:

$$AE = A'C' \quad \text{et} \quad DE = B'C';$$

les deux triangles ADE et A'B'C' ayant leurs trois côtés égaux chacun à chacun sont égaux et le triangle A'B'C' est semblable au triangle ABC.

Corollaire I. — *Deux triangles rectangles ayant un angle aigu égal sont semblables.*

Corollaire II. — *Deux triangles ayant leurs côtés respectivement parallèles ou respectivement perpendiculaires sont semblables.*

Corollaire III. — *Le rapport des lignes homologues de deux triangles semblables est égal au rapport de similitude des deux triangles.*

319. THÉORÈME. — *Deux polygones composés d'un même nombre de triangles semblables et semblablement disposés sont semblables.*

Soient les deux polygones ABCDE, A'B'C'D'E' (*fig. 28*), composés d'un même nombre de triangles semblables et semblablement disposés, ABC et A'B'C', ACD et A'C'D', etc. Je dis qu'ils sont semblables.

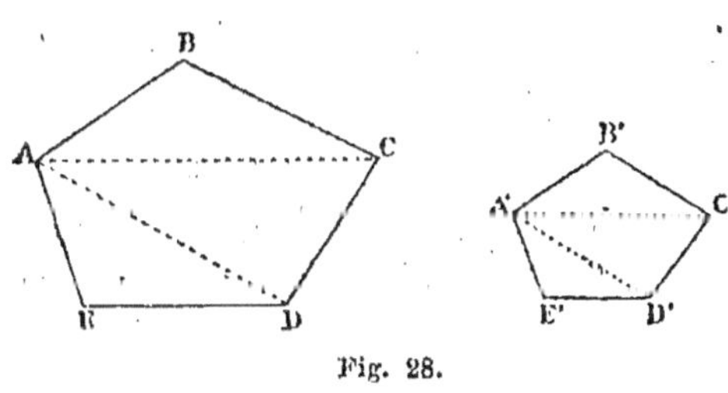
Fig. 28.

En effet, les angles A et A' sont égaux, comme sommes d'angles égaux; il en est de même de C et de C', ainsi que de D et de D'; par hypothèse, les angles B et B' sont égaux.

ainsi que les angles E et E'. Les deux polygones ont donc leurs angles égaux chacun à chacun et disposés dans le même ordre.

D'un autre côté, de la similitude des deux triangles ABC, A'B'C', on tire :

$$\frac{AB}{A'B'} = \frac{BC}{B'C'} = \frac{AC}{A'C'} \cdot$$

De la similitude des triangles ACD, A'C'D', on tire :

$$\frac{AC}{A'C'} = \frac{CD}{C'D'} = \frac{AD}{A'D'} \cdot$$

Et de la similitude des triangles ADE, A'D'E', on tire :

$$\frac{AD}{A'D'} = \frac{ED}{E'D'} = \frac{AE}{A'E'} \cdot$$

Les deux premières suites de ces rapports égaux contiennent le rapport commun $\frac{AC}{A'C'}$, et les deux dernières le rapport commun $\frac{AD}{A'D'}$. Donc tous ces rapports sont égaux, et l'on a :

$$\frac{AB}{A'B'} = \frac{BC}{B'C'} = \frac{CD}{C'D'} = \frac{ED}{E'D'} = \frac{AE}{A'E'} \cdot$$

Les côtés du premier polygone sont proportionnels aux côtés homologues du second ; donc les deux polygones, ayant leurs angles égaux chacun à chacun et disposés dans le même ordre et ayant leurs côtés homologues proportionnels, sont semblables.

La réciproque se démontrerait de la même façon.

Corollaire. — *Les périmètres de deux polygones semblables sont proportionnels aux côtés homologues.*

En effet, on a :

$$\frac{AB}{A'B'} = \frac{BC}{B'C'} = \frac{CD}{C'D'} = \ldots\ldots$$

et, d'après une propriété connue des égalités de rapports, on a :

$$\frac{AB + BC + CD + \ldots\ldots}{A'B' + B'C' + C'D' + \ldots\ldots} = \frac{AB}{A'B'} \quad \text{ou} \quad \frac{P}{P'} = \frac{AB}{A'B'} \cdot$$

Propriétés du triangle rectangle.

320. *Théorème.* — *1° La perpendiculaire abaissée du sommet de l'angle droit d'un triangle rectangle sur l'hypoténuse est moyenne proportionnelle entre les deux segments qu'elle détermine sur l'hypoténuse.*

En effet, menons la perpendiculaire AH sur l'hypoté

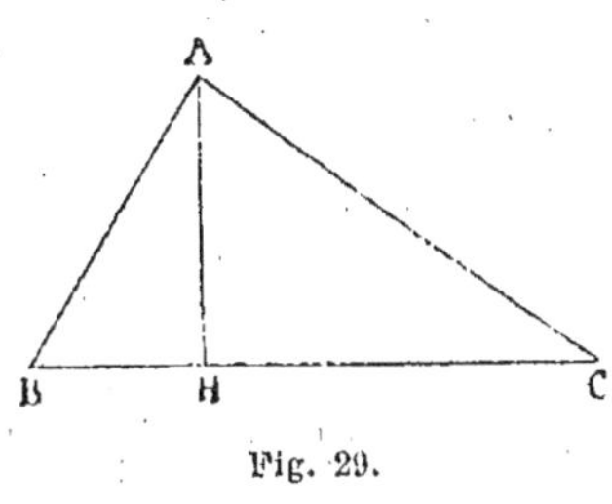

Fig. 29.

nuse du triangle rectangle BAC (*fig. 29*); les deux triangles ABH et ACH sont rectangles ; ils ont un angle commun avec le triangle ABC ; donc chacun des triangles ABH et ACH sont semblables au triangle BCA ; ils sont donc aussi semblables entre eux ; de leur similitude on tire :

$$\frac{HB}{AH} = \frac{AH}{HC} \qquad \text{ou} \qquad \overline{AH}^2 = HB \times HC.$$

2° Chaque côté de l'angle droit d'un triangle rectangle est moyen proportionnel entre l'hypoténuse entière et le segment adjacent au côté considéré.

En effet, la similitude des deux triangles ABH et BCA donne :

$$\frac{HB}{AB} = \frac{AH}{BC} \qquad \text{ou} \qquad \overline{AB}^2 = BC \times HB;$$

on aurait aussi

$$\overline{AC}^2 = BC \times HC.$$

3° Le carré de l'hypoténuse est égal à la somme des carrés des deux côtés de l'angle droit.

En effet, on a :

$$\overline{AB}^2 = BC \times HB$$
$$\overline{AC}^2 = BC \times HC$$

et $\quad \overline{AB}^2 + \overline{AC}^2 = \overline{BC} \times (HB + HC) = BC \times BC = \overline{BC}^2.$

De cette formule on tire :

$$\overline{AB}^2 = \overline{BC}^2 - \overline{AC}^2 \qquad \text{et} \qquad \overline{AC}^2 = \overline{BC}^2 - \overline{AB}^2.$$

Si l'on veut calculer l'hypoténuse en fonction des côtés,
on a :
$$BC = \sqrt{\overline{AB}^2 + \overline{AC}^2};$$
on aurait aussi
$$AB = \sqrt{\overline{BC}^2 - \overline{AC}^2}.$$

Corollaire I. — *Calculer la diagonale d'un carré.*

Cette diagonale est l'hypoténuse d d'un triangle rectangle
isocèle de côté a; on a donc
$$d^2 = 2\,a^2 \qquad \text{et} \qquad d = a\,\sqrt{2}.$$

Corollaire II. — *Toute perpendiculaire abaissée d'un point
quelconque d'une circonférence sur un diamètre est moyenne proportionnelle entre les deux segments du diamètre.*

En effet, un triangle rectangle est toujours inscrit dans
une demi-circonférence ayant l'hypoténuse pour diamètre;
par suite on a :
$$\overline{AH}^2 = HB \times HC.$$

Corollaire III. — *Toute corde menée par l'extrémité d'un diamètre est moyenne proportionnelle entre le diamètre et la projection de la corde sur le diamètre.*

Sécantes et tangentes.

321. *Théorème I.* — *Deux sécantes issues d'un même point
sont inversement proportionnelles à leurs parties extérieures.*

Soient les deux sécantes CB,
CD (*fig. 30*). Je mène les cordes
AD, BE. Les deux triangles
BCE, ACD sont semblables,
comme ayant leurs angles égaux
chacun à chacun; on a donc :
$$\frac{CB}{CD} = \frac{CE}{CA};$$
on met toujours cette proportion sous la forme

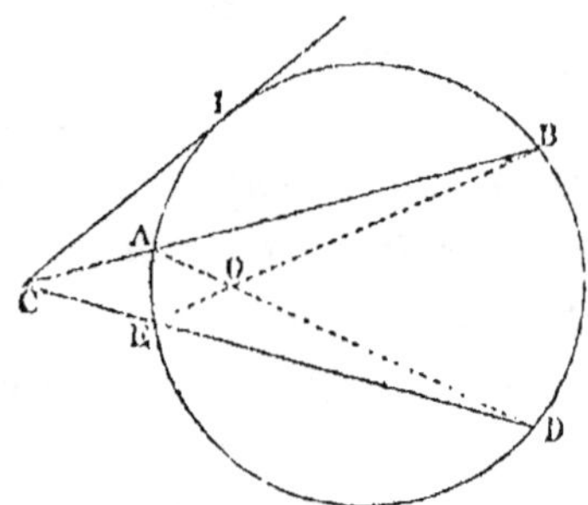

Fig. 30.

$$CB \times CA = CD \times CE.$$

THÉORÈME II. — Si deux cordes se coupent dans un cercle, le produit des deux segments de l'une est égal au produit des deux segments de l'autre.

En effet, considérons les deux cordes AD et EB qui se coupent en O (*fig. 30*); les triangles OAB et OED sont semblables, comme ayant deux angles égaux chacun à chacun; on aura alors:

$$\frac{OB}{OD} = \frac{OA}{OE} \quad \text{ou} \quad OA \times OD = OE \times OB.$$

THÉORÈME III. — Si d'un point, pris hors d'un cercle, on mène une sécante et une tangente, la tangente est moyenne proportionnelle entre la sécante entière et sa partie extérieure.

Considérons la sécante CD comme fixe (*fig. 30*) et faisons tourner la sécante CAB autour du point C; à la limite elle deviendra tangente et la partie extérieure deviendra égale à la sécante elle-même; on aura donc :

$$CI \times CI = CD \times CE \quad \text{ou} \quad \overline{CI}^2 = CD \times CE.$$

Remarque. — Les théorèmes précédents permettent de construire une droite qui soit moyenne proportionnelle entre deux droites données.

Polygones réguliers.

322. — Un polygone *régulier* est un polygone qui a ses côtés égaux et ses angles égaux. Le triangle équilatéral et le carré sont des polygones réguliers.

Un polygone est *inscrit* dans un cercle lorsque tous ses sommets sont situés sur la circonférence; il est *circonscrit* à un cercle lorsque tous ses côtés sont des tangentes à ce cercle.

On peut toujours circonscrire un polygone régulier à un cercle et on peut toujours inscrire une circonférence dans un polygone régulier (*fig. 31*).

Le *centre* d'un polygone régulier est le centre commun O au cercle inscrit et au cercle circonscrit à ce polygone. Le *rayon* d'un polygone régulier est le rayon OA du cercle circonscrit. *L'apothème* d'un polygone régulier est le rayon OH du cercle inscrit. *L'angle au centre* d'un polygone régulier est l'angle AOB formé par deux rayons ou deux apothèmes consécutifs. Tous les angles au centre sont égaux ; chacun d'eux est égal à un nombre de degrés marqué par $\dfrac{360}{n}$, *n* étant le nombre des côtés du polygone.

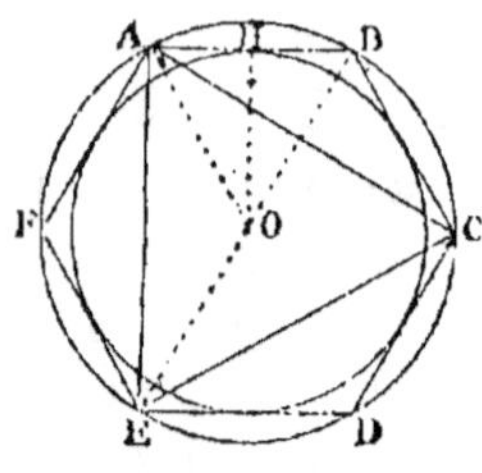

Fig. 31.

323. *Problème.* — *Inscrire un hexagone régulier dans un cercle.*

Supposons le problème résolu et soit AB le côté de l'hexagone (*fig. 31*) ; l'angle AOB vaut $\dfrac{360}{6}$ ou 60° ; la somme des angles OAB et OBA vaut 180—60 ou 120° ; comme le triangle AOB est isocèle, $OAB = OBA = \dfrac{120}{2} = 60°$; donc le triangle AOB est équilatéral et AB = OA.

Le côté de l'hexagone régulier inscrit est égal au rayon du cercle.

Si l'on mène les droites AC, CE et EA, on obtient un *triangle équilatéral inscrit*, car les arcs AC, CE, EA sont égaux et il en est de même des angles inscrits correspondants. Dans le triangle AEB on a :

$$\overline{AE}^{2} = \overline{EB}^{2} - \overline{AB}^{2} = 4\,R^{2} - R^{2} = 3\,R^{2} ;$$

donc
$$AE = R\sqrt{3}.$$

Le côté du triangle équilatéral inscrit est égal à $R\sqrt{3}$.

324. *Problème.* — *Inscrire un carré dans un cercle.*

Il suffit de mener deux diamètres rectangulaires et de joindre leurs extrémités (*fig. 32*) ; en effet, AB = BC = CD = DA, comme cordes sous-tendant des arcs égaux ; de plus, les angles ABC, BCD, CDE, DEA sont droits comme inscrits chacun dans une demi-circonférence. En prenant les milieux des arcs AB, BC, etc., et en les joignant successivement, on obtiendrait l'*octogone régulier*.

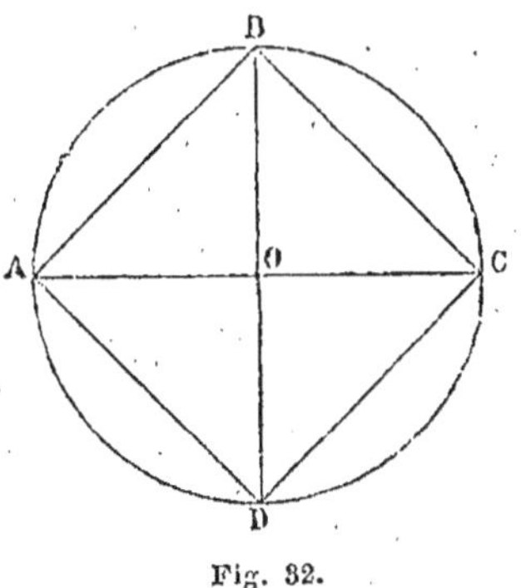

Fig. 32.

325. *THÉORÈME.* — *Deux polygones réguliers d'un même nombre de côtés sont semblables et le rapport de leurs rayons, de leurs apothèmes et de leurs périmètres est égal au rapport de leurs côtés.*

Les deux polygones ont, en effet, leurs angles égaux et leurs côtés homologues proportionnels ; donc le rapport de deux lignes homologues quelconques est égal à leur rapport de similitude ; il en est de même de leurs périmètres (§ 319).

326. *THÉORÈME.* — *Deux circonférences sont proportionnelles à leurs rayons.*

En effet, chacune d'elles est la limite du périmètre d'un polygone régulier inscrit dont le nombre des côtés double indéfiniment. Pour deux polygones réguliers inscrits donnés on aura :

$$\frac{P}{P'} = \frac{R}{R'} \, ;$$

à la limite, on aura :

$$\frac{C}{C'} = \frac{R}{R'} .$$

327. *THÉORÈME.* — *Le rapport de la circonférence au diamètre est un nombre constant.*

Soient deux circonférences dont les longueurs sont représentées par C et C′.

D'après le théorème précédent, on a :

$$\frac{C}{C'} = \frac{2R}{2R'} .$$

ou, en changeant les moyens de place :

$$\frac{C}{2R} = \frac{C'}{2R'}.$$

Ce qui exprime que le rapport d'une circonférence quelconque à son diamètre est égal au rapport d'une autre circonférence quelconque à son diamètre. Donc ce rapport est constant.

On désigne généralement le rapport de la circonférence au diamètre par la lettre grecque π. On a donc :

$$\frac{C}{2R} = \pi.$$

Le nombre π est *incommensurable* ; sa valeur pratique approchée est 3,1416 à 0,0001 près, par excès.

328. *Mesure de la circonférence.* — La relation $\dfrac{C}{2R} = \pi$ donne $C = 2\pi R$, formule employée pour mesurer la longueur d'une circonférence avec une approximation qui dépendra de la valeur de $2R$.

Un arc, dont la mesure en degrés est a a pour longueur

$$\frac{2\pi Ra}{360} = \frac{\pi Ra}{180}.$$

III.

MESURE DES SURFACES PLANES

---

329. *Définition.* — On peut toujours mesurer une longueur en portant sur cette longueur un des multiples ou sous-multiples du mètre autant de fois que possible, on ne peut plus faire de même pour les surfaces ; il faut avoir recours au calcul ; on mesure certaines lignes de la surface et on exécute sur ces mesures certaines observations arithmétiques convenues et dépendant de la forme de la surface ; on obtient ainsi l'*aire* de la surface en fonction de l'unité de surface correspondant à l'unité de longueur adoptée.

330. Aire d'un rectangle. — Considérons le rectangle AB CD (*fig. 33*) dont les côtés ont respectivement 5 mètres et 3 mètres de longueur ; le plus grand côté AB s'appelle la *base*, le côté AD s'appelle la *hauteur*.

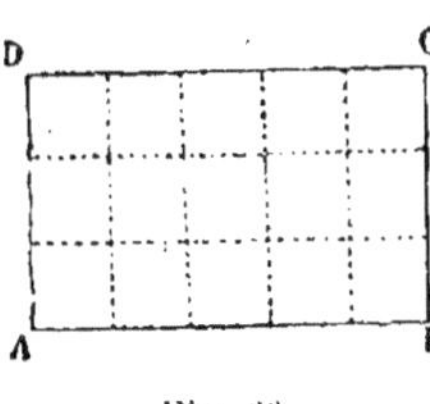

Fig. 33.

La figure montre que le rectangle contient trois bandes horizontales de cinq carrés ayant chacun pour surface *un* mètre carré ; la surface du rectangle est donc égale à 5×3 ou à 15 *mètres carrés*. De là le théorème suivant :

L'aire d'un rectangle est égale au produit de sa base par sa hauteur.

Remarque. — Il ne faut pas oublier que les deux côtés doivent être mesurés avec *la même* unité de longueur et le rectangle contient autant de fois le carré correspondant qu'il y a d'unités dans le produit des mesures de ses deux dimensions. Il en est de même pour une aire quelconque.

Corollaire. — *L'aire d'un carré est égale au carré de son côté*.

331. Parallélogramme. — *L'aire d'un parallélogramme est égale au produit de sa base par sa hauteur*.

Considérons le parallélogramme ABCD (*fig. 34*). Aux points A et B j'élève les perpendiculaires AE, BF, et je forme le rectangle AEFB.

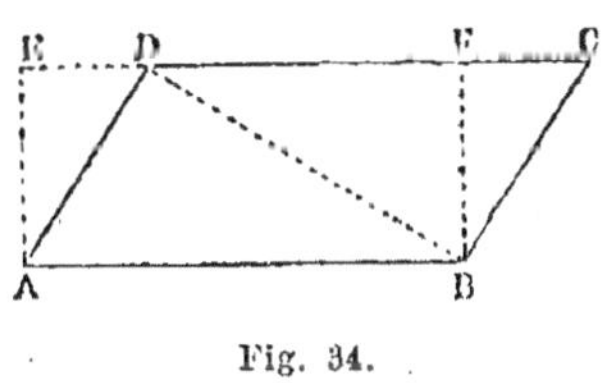

Fig. 34.

Les deux triangles rectangles AED, BFC sont égaux, comme ayant l'hypoténuse égale et un côté égal. Or, si on remplace le triangle FBC par le triangle égal AED, le parallélogramme donné devient le rectangle AEFB, qui a même base et même hauteur que lui. Donc le parallélogramme a aussi pour mesure le produit de sa base AB par sa hauteur FB.

332. Triangle. — *L'aire d'un triangle est égale à la moitié du produit de sa base par sa hauteur.*

En effet, le triangle ADB (*fig. 34*) et le triangle DBC sont égaux, comme ayant leurs trois côtés égaux, chacun à chacun ; donc chacun d'eux est la moitié du parallélogramme ABCD de même base et de même hauteur.

On peut aussi avoir besoin de connaître la surface en fonction des côtés a, b, c ; elle est donnée par la formule

$$S = \sqrt{p\,(p-a)\,(p-b)\,(p-c)}$$

dans laquelle p est le demi-périmètre du triangle

$$\left(p = \frac{a+b+c}{2}\right).$$

333. Trapèze. — *L'aire d'un trapèze est égale au produit de la demi-somme des bases par la hauteur.*

En effet, dans le trapèze ABCD (*fig. 35*), AB est la *grande base*, DC est la *petite base* et DE est la *hauteur* ; la diagonale DB partage le trapèze en deux triangles, ADB et DBC, qui ont tous deux pour hauteur la hauteur DE du trapèze ; ADB a pour mesure

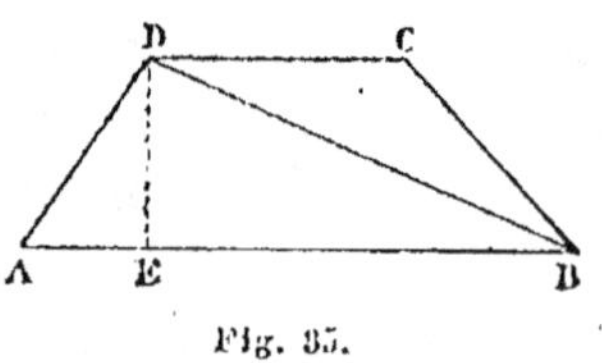

Fig. 35.

$\dfrac{AB \times DE}{2}$ et DBC a pour mesure $\dfrac{DC \times DE}{2}$; leur somme, ou

la surface du trapèze, a pour mesure $\dfrac{AB \times DE}{2} + \dfrac{DC \times DE}{2}$;

on a donc

$$S = \left(\frac{AB + DC}{2}\right) \times DE.$$

334. Polygone quelconque. — Pour calculer l'aire d'un polygone quelconque on mène une diagonale AD (*fig. 36*) et on abaisse de tous les sommets du polygone des perpendiculaires sur AD ; on décompose ainsi le polygone en triangles rectangles et en trapèzes rectangles ; on calculera chacune de ces aires et on fera la somme des aires obtenues.

335. *THÉORÈME.* — *Les aires de deux polygones semblables sont proportionnelles aux carrés de leurs côtés homologues.*

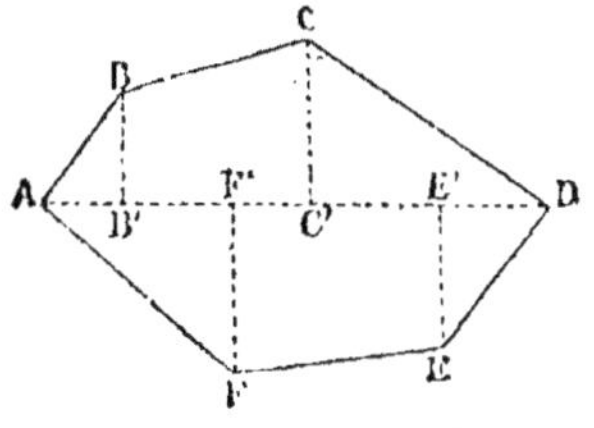

Fig. 86.

En effet, considérons deux triangles semblables, de bases B et B′, de hauteur H et H′; on aura

$$\frac{B}{B'} = \frac{H}{H'} \quad (\S\ 318);$$

d'autre part, pour le premier triangle

$$S = \frac{B \times H}{2} \quad \text{et pour le second triangle} \quad S' = \frac{B' \times H'}{2}\ ; \quad \text{donc}$$

$$\frac{S}{S'} = \frac{B}{B'} \times \frac{H}{H'} = \frac{B^2}{B'^2}.$$

Pour deux polygones semblables, nous rappellerons qu'ils peuvent être décomposés en un même nombre de triangles semblables et semblablement disposés (§ 319); les triangles semblables ABC, A′B′C′ (*fig. 28*) donnent :

$$\frac{ABC}{A'B'C'} = \frac{\overline{AC}^2}{\overline{A'C'}^2},$$

de même

$$\frac{ACD}{A'C'D'} = \frac{\overline{AC}^2}{\overline{A'C'}^2} = \frac{\overline{AD}^2}{\overline{A'D'}^2}, \quad \text{etc.,}$$

on aura donc :

$$\frac{ABC}{A'B'C'} = \frac{ACD}{A'C'D'} = \frac{ADE}{A'D'E'} = \frac{\overline{AC}^2}{\overline{A'C'}^2} = \frac{\overline{AB}^2}{\overline{A'B'}^2}$$

ou

$$\frac{ABC + ACD + ADE}{A'B'C' + A'C'D' + A'D'E'} = \frac{\overline{AB}^2}{\overline{A'B'}^2}$$

ou

$$\frac{S}{S'} = \frac{\overline{AB}^2}{\overline{A'B'}^2}.$$

336. Polygone régulier. — Un polygone régulier de n

côtés est équivalent à la somme de n triangles égaux, tels que AOB (*fig. 31*); or, AOB a pour aire $AB \times \dfrac{OI}{2}$; donc

$$S = n \times AB \times \frac{OI}{2} = P \times \frac{OI}{2},$$

en désignant par P le périmètre du polygone; or, OI est l'apothème du polygone régulier; on est ainsi conduit au théorème suivant :

L'aire d'un polygone régulier est égale au produit de son périmètre par la moitié de son apothème.

337. Cercle. — Le *cercle* est la limite de la surface d'un polygone régulier inscrit dont le périmètre a pour limite la circonférence du cercle.

La surface du cercle est donc la limite de celle du polygone. Or, le périmètre du polygone a pour limite la circonférence; l'apothème a pour limite le rayon du cercle; on aura donc pour théorème :

L'aire du cercle est égale au produit de la circonférence par la moitié du rayon.

$$S = \text{circonf.} \times \frac{R}{2} = 2\pi R \times \frac{R}{2} = \pi R^2.$$

Un *secteur* dont l'angle au centre est de n degrés a évidemment pour surface $\pi R^2 \times \dfrac{n}{360}$, car la surface est une fraction du cercle égale à $\dfrac{n}{360}$.

IV. — SURFACE ET VOLUME
DES PRINCIPAUX CORPS SOLIDES

---

338. *Définition.* — Pour mesurer la surface et le volume d'un corps solide, il faut aussi mesurer certaines lignes de ce corps solide et soumettre leurs mesures à certaines opérations. Ces mesures devront être exprimées en fonction d'une même unité de longueur ; la surface et le volume du corps solide seront exprimés en fonction de l'unité de surface ou de volume correspondant à l'unité de longueur adoptée.

339. Prisme. — Un prisme (*fig. 37*) est un solide compris entre deux polygones égaux et parallèles, appelés *bases* du

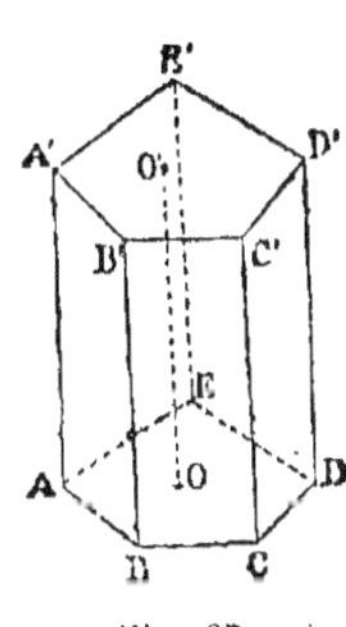

Fig. 37.

prisme et par des parallélogrammes appelés *faces* du prisme. On appelle *hauteur* du prisme une perpendiculaire commune à ses deux bases. Ainsi les polygones ABCDE, A′ B′ C′ D′ E′ sont les bases du prisme ; O O′ est sa hauteur ; les parallélogrammes ABA′B′, BCB′C′, etc., sont les faces du prisme et les droites parallèles égales AA′, BB′, etc., sont les *arêtes* du prisme. Un prisme est *droit* quand ses arêtes sont perpendiculaires aux plans des bases ; dans tout autre cas, le prisme est *oblique*. Un prisme est triangulaire quand ses bases sont des triangles ; il est quadrangulaire quand ses bases sont des quadrilatères, etc.

340. Parallélipipède. — Un parallélipipède est un prisme

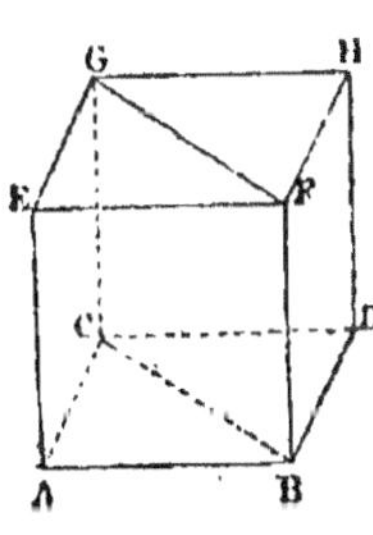

Fig. 38.

dont les bases sont des parallélogrammes. Un parallélipipède droit dont les bases sont des rectangles est appelé *parallélipipède rectangle* (*fig. 38*). Les planches, les poutres sont des parallélipipèdes rectangles.

Lorsque toutes les arêtes d'un parallélipipède rectangle sont égales et que les bases sont des carrés de côté égal aux arêtes, le solide est appelé un *cube*.

341. Surface latérale d'un prisme droit. — Chacune des faces d'un prisme droit est un rectangle et toutes les faces ont une hauteur commune, qui est celle du prisme (*fig.37*) ;

chaque face a pour aire le produit de sa base par sa hauteur ; on aura donc pour surface latérale du prisme :

$$S = AB \times OO' + BC \times OO' + \ldots = (AB + BC + \ldots) \times OO'$$
$$= p \times OO' = p \times h,$$

en désignant par p le périmètre de la base, par h la hauteur du prisme.

THÉORÈME. — *La surface latérale d'un prisme droit est égale au produit du périmètre de sa base par sa hauteur.*

Remarque. — Le même théorème est applicable à un parallélipipède droit.

342. Volume du parallélipipède rectangle. — Considérons un parallélipipède rectangle (*fig. 39*). AB, AC, AD s'appellent les trois dimensions du parallélipipède ; supposons que AB = 5 mètres, AC = 3 mètres et AD = 8 mètres ; on pourra alors placer sur la base 15 cubes ayant 1 mètre d'arête et par suite 1 mètre cube de volume ; et on pourra partager le parallélipipède en 8 tranches contenant chacune 15 cubes ; le volume du cube sera donc égal à 8×15 mètres cubes.

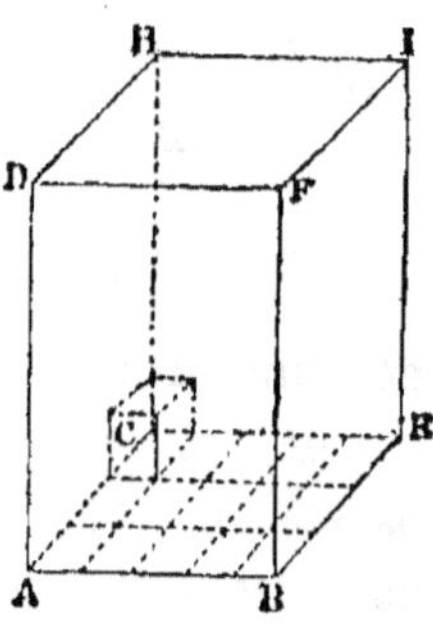

Fig. 39.

On est ainsi conduit au théorème suivant :

THÉORÈME. — *Le volume d'un parallélipipède rectangle est égal au produit de sa base par sa hauteur.*

Corollaire I. — *Le volume d'un parallélipipède droit est égal au produit de sa base par sa hauteur.*

Corollaire II. — *Le volume d'un parallélipipède quelconque est égal au produit de sa base par sa hauteur.*

343. Volume du prisme triangulaire. — Un prisme triangulaire est la moitié du parallélipipède de même base et de même hauteur, comme on le voit facilement en menant le plan qui, dans un parallélipipède, passe par deux arêtes opposées et le partage en deux prismes triangulaires égaux. Donc, *le volume du prisme est égal au produit de sa base par sa hauteur.*

344. Prisme quelconque. — *Le volume d'un prisme est égal au produit de sa base par sa hauteur.*

En effet, on peut le décomposer en une somme de prismes triangulaires ayant même hauteur que le prisme donné ; la somme de leurs bases est égale à celle du prisme ; donc le volume du prisme est bien égal au produit de sa base par sa hauteur.

PYRAMIDE

345. — Une *pyramide* est un solide qui a pour base un polygone quelconque, et pour faces latérales des triangles ayant un sommet commun S ; ce sommet commun est le *sommet* de la pyramide (*fig. 40*).

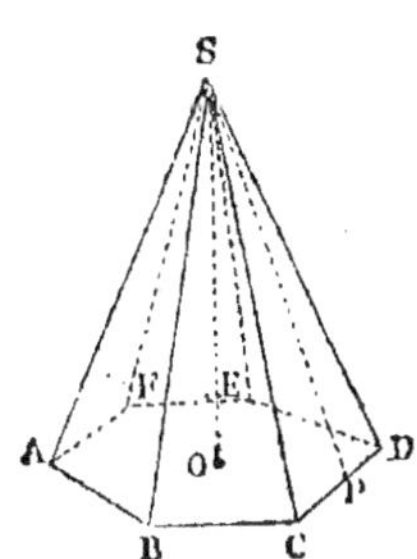

Fig. 40.

La *hauteur* de la pyramide est la perpendiculaire SO, abaissée du sommet sur le plan de la base (*fig. 40*).

Une pyramide est *triangulaire, quadrangulaire, pentagonale,* etc., suivant que sa base est un triangle, un quadrilatère, un pentagone, etc.

Une pyramide est *régulière* lorsque sa base est un polygone régulier et que sa hauteur tombe au centre même de ce polygone.

Un *tronc de pyramide* à bases parallèles est la partie d'une pyramide comprise entre la base et un plan sécant, parallèle à la base (*fig. 41*).

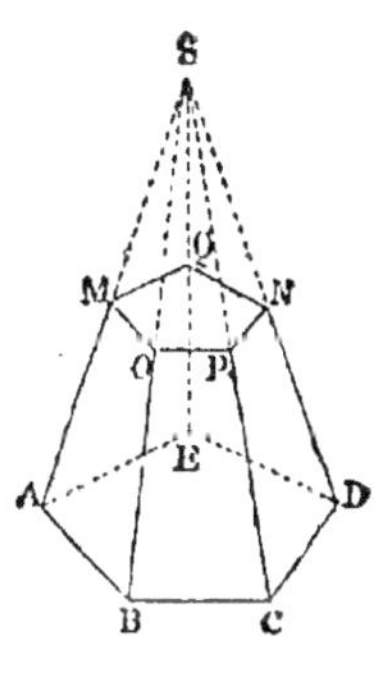

Fig. 41.

La *hauteur* du tronc de pyramide est la perpendiculaire menée entre les deux bases parallèles.

346. Surface latérale d'une pyramide régulière. — Prenons, par exemple, une pyramide régulière à base hexagonale (*fig. 40*), sa surface latérale est égale à la somme des surfaces des *six* triangles isocèles formant les faces de la pyramide. Ces triangles ont même base et même hauteur; l'un d'eux SAB a pour mesure $\dfrac{AB \times SP}{2}$; donc la surface latérale de la pyramide aura pour mesure:

$$S = AB \times \frac{SP}{2} \times 6$$

ou
$$S = 6\,AB \times \frac{SP}{2}.$$

Or 6 AB est égal au périmètre p de la base, et SP est l'apothème a de la pyramide. Donc on a:

$$S = p \times \frac{a}{2}.$$

Corollaire. — *Surface latérale du tronc de pyramide régulière.*

Nous admettrons qu'elle est égale à la demi-somme des périmètres des bases multipliée par la portion d'apothème comprise entre les deux bases.

$$S = \left(\frac{p + p'}{2}\right) \times a.$$

347. Volume de la pyramide. — *Le volume d'une pyramide a pour mesure le tiers du produit de sa base par sa hauteur.*

Nous admettrons ce théorème sans démonstration.

$$V = \frac{1}{3}\,B \times h = B \times \frac{h}{3}$$

en désignant par B et par h la base et la hauteur de la pyramide.

348. Volume du tronc d'une pyramide. — *Un tronc de pyramide, à bases parallèles, est équivalent à trois pyramides, ayant pour hauteur commune la hauteur du tronc, et pour bases,* *l'une la base inférieure, l'autre la base supérieure, et la troisième une moyenne proportionnelle entre les deux bases.*

Nous admettrons ce théorème sans démonstration.

Désignons par B la grande base des troncs, par b la petite base et par H la hauteur du tronc ; nous aurons :

$$V = \frac{1}{3} H \left(B + b + \sqrt{Bb} \right).$$

349. Volume du tas de sable. — Un tas de sable a la forme représentée ci-contre (*fig. 42*) ; les deux bases sont des rectangles ; les faces sont des trapèzes. Pour le mesurer, on détermine

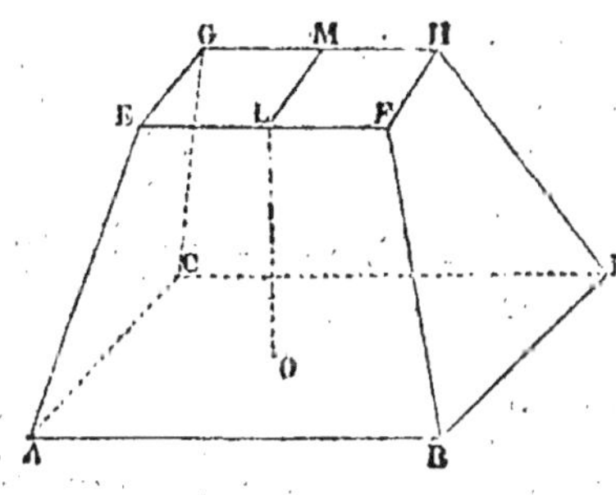

Fig. 42.

$$AB = CD = a ;$$
$$AC = BD = b ;$$
$$EF = GH = a' ;$$
$$EG = FH = b' ;$$
$$LO = h.$$

La formule qui donne le volume est :

$$V = \frac{bh}{6}(2\,a + a') + \frac{b'h}{6}(2\,a' + a).$$

CYLINDRE

350. — Un *cylindre* est un solide ayant pour *bases* deux cercles égaux, parallèles et dont les centres sont situés sur une même perpendiculaire aux bases; il est limité latéralement par la surface qu'engendre une droite, appelée *génératrice*, perpendiculaire aux deux bases et s'appuyant sur la circonférence de chacune d'elles (*fig. 43*). La *hauteur* du cylindre est la distance OO′ de ces deux bases.

THÉORÈME I. — *La surface latérale d'un cylindre est égale au produit de la circonférence de sa base multipliée par sa hauteur.*

En effet, si on inscrit dans ce cylindre (*fig. 43*) un prisme régulier droit, d'un nombre quelconque de faces, sa surface latérale et son volume seront évidemment moindres que la surface latérale et le volume du cylindre. Mais si on double indéfiniment le nombre des faces du prisme inscrit, on conçoit que ce prisme tend de plus en plus à se confondre avec le cylindre. On considère donc le cylindre comme un prisme droit régulier d'une infinité de faces, dont le périmètre de la base se confond avec la circonférence de la base du cylindre.

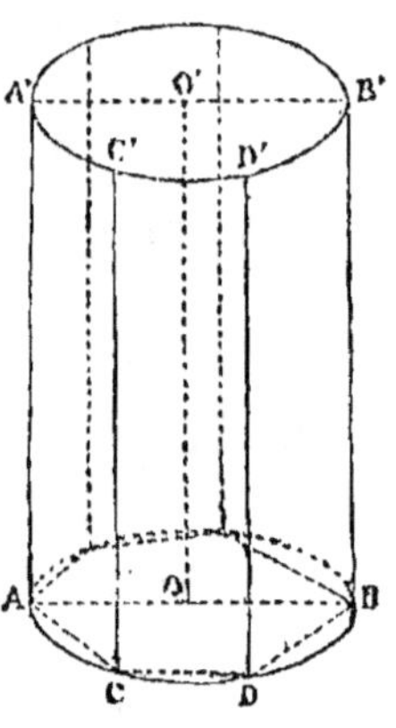

Fig. 43.

Or, la surface latérale d'un prisme droit est égale au périmètre de sa base multipliée par sa hauteur. Donc, la surface latérale du cylindre est égale à la circonférence de sa base multipliée par sa hauteur, qui est la même :

$$S = 2\pi R h$$

en appelant R le rayon de base du cylindre et h sa hauteur.

THÉORÈME II. — Le volume d'un cylindre est égal au produit de sa base par sa hauteur.

On vient de voir que le cylindre peut être considéré comme un prisme droit régulier d'une infinité de faces, dont la base se confond avec la base du cylindre, et qui a même hauteur.

Or, le volume d'un prisme droit est égal au produit de sa base par sa hauteur. Donc, le volume d'un cylindre est aussi égal au produit de sa base par sa hauteur.

$$V = \pi R^2 h.$$

CONE

351. — Imaginons une pyramide régulière (*fig. 44*) ; traçons la circonférence circonscrite à la base ; puis, imaginons que le nombre des côtés du polygone régulier augmente indéfiniment, la pyramide tendra vers un solide qu'on appelle un *cône*, dont la base est le cercle et dont la hauteur est la

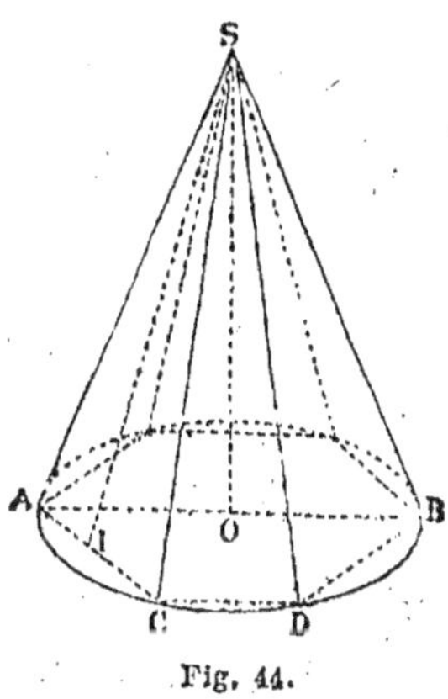

Fig. 44.

droite SO qui joint le sommet au centre de la base. Par suite, la surface latérale du cône sera la limite de celle de la pyramide ; elle aura donc pour mesure le *produit de la circonférence de la base par la moitié de l'apothème* SA.

$$S = 2\pi R \times \frac{SA}{2} = \pi R \times SA.$$

Volume du cône. — Le volume du cône aura, de même, pour mesure le *tiers du produit de sa base par sa hauteur.*

$$V = \frac{1}{3} \pi R^2 h.$$

TRONC DE CONE

352. — Un tronc de cône est le solide obtenu en coupant un cône par un plan parallèle à sa base (*fig. 45*) et en enlevant la partie supérieure du cône.

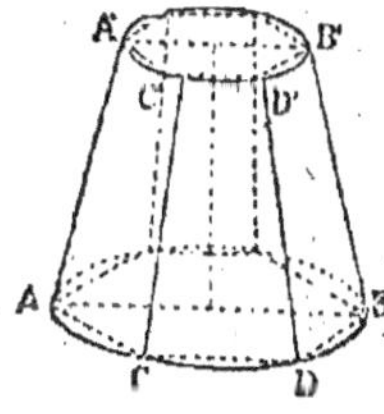

Fig. 45.

Surface latérale du tronc de cône. — Si on désigne par R le rayon de la grande base, par r celui de la petite base et par a la portion d'arête latérale comprise entre les deux bases, on aura la formule :

$$S = \pi (R + r) a.$$

Volume du tronc de cône. — Par analogie avec le tronc de pyramide, le volume d'un tronc de cône a pour expression :

$$V = \frac{1}{3} \pi h (R^2 + r^2 + Rr)$$

en appelant h la hauteur du tronc.

353. Capacité d'un tonneau. — On assimile le tonneau à un cylindre dont la hauteur h serait égale à la distance des deux fonds et dont la base serait un cercle de rayon $\dfrac{2\,a + a'}{6}$ en appelant a le diamètre du tonneau au niveau de la bonde et a' le diamètre de chacun des fonds.

$$V = \pi \left(\frac{2\,a + a'}{6} \right) h.$$

SPHÈRE

354. — On appelle *surface sphérique* une surface dont tous les points sont à égale distance d'un point intérieur O appelé le *centre* (*fig. 46*); on donne le nom de *sphère* au solide limité par cette surface; on appelle *rayon* la distance du centre à un point quelconque de la surface; on appelle *diamètre* toute droite passant par le centre et limitée à la surface; OA est un rayon, AB est un diamètre et AB $= 2$ OA. On appelle *grand cercle* toute section de la sphère par un plan passant par son centre; la

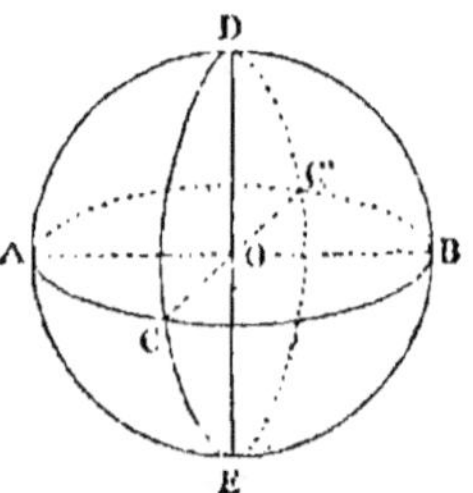

Fig. 46.

section DCEC'D est un grand cercle, ainsi que la section ACBC'A.

Surface. — Nous admettrons que *la surface d'une sphère est égale à quatre fois celle d'un grand cercle :*

$$S = 4\,\pi\,R^2.$$

Volume. — Si l'on imagine une infinité de petites pyramides ayant pour sommet commun le centre de la sphère et pour bases une infinité de petits polygones ayant leurs sommets sur la sphère, la somme des volumes de ces petites pyramides aura pour limite le volume de la sphère; la somme de leurs bases aura pour limite la surface de la sphère et la hauteur de chacune de ces pyramides aura pour limite le rayon de la sphère ; or chaque pyramide aura pour volume le produit de sa base par le tiers de sa hauteur ; par suite, à la limite, *le volume de la sphère sera égal au produit de sa surface par le tiers de son rayon.*

$$V = 4\pi R^2 \times \frac{R}{3} = \frac{4}{3}\pi R^3.$$

Si on désigne par D le diamètre de la sphère, les formules deviennent

$$S = \pi D^2 \qquad \text{et} \qquad V = \frac{1}{6}\pi D^3.$$

355. Surface d'une zone. — On appelle *zone* la portion de la surface sphérique comprise entre deux plans parallèles ; une zone est définie par sa *hauteur,* c'est-à-dire par la distance des deux plans qui limitent la zone.

La surface d'une zone est égale au produit d'une circonférence de grand cercle par la hauteur de la zone.

$$S = 2\pi R h.$$

356. Segment sphérique. — Quand on coupe une sphère par un plan quelconque, on divise cette sphère supposée massive en deux portions ; chacune de ces portions s'appelle un *segment sphérique ;* le volume d'un segment sphérique a pour expression :

$$V = \frac{\pi h^2}{3}\left(3R - h\right).$$

Dans cette formule, R représente le rayon de la sphère et h représente la hauteur du segment.

PHYSIQUE

I. — MÉCANIQUE PHYSIQUE ET PESANTEUR

NOTIONS SOMMAIRES DE MÉCANIQUE

357. *Mouvement uniforme.* — Un corps est dit *en mouvement* lorsqu'il occupe successivement différentes positions dans l'espace ; on donne le nom de *trajectoires* à la ligne droite ou courbe qu'il décrit. Le plus simple de tous les mouvements est le *mouvement rectiligne uniforme.*

Dans ce mouvement, l'espace parcouru par le mobile est proportionnel au temps employé à le parcourir, ce qui revient à dire que le mobile parcourt des espaces égaux en des temps égaux, quels que soient ces temps. Un mouvement uniforme est caractérisé par le nombre de mètres parcourus par le mobile en une seconde : on donne à ce nombre de mètres le nom de vitesse du mouvement considéré. La formule du mouvement est $e = vt$.

358. *Inertie.* — La matière ne peut d'elle-même ni se mettre en mouvement, ni modifier son état de mouvement. On en conclut que :

1° Un corps en repos restera éternellement au repos, si aucune cause extérieure ne vient agir sur lui ;

2° Un corps en mouvement, si aucune cause extérieure n'agit sur lui, conserve indéfiniment un mouvement rectiligne et uniforme.

Donc, pour qu'un corps au repos se mette en mouvement, il faut faire agir sur lui une cause extérieure de mouvement, qu'on appelle une *force* et, quand un corps est animé d'un mouvement qui n'est pas uniforme, il est nécessairement soumis à une cause extérieure de modification de mouvement, qu'on appelle aussi une force.

359. *Mouvement uniformément varié.* — Il résulte du principe de l'inertie que tout corps soumis à l'action d'une force extérieure prendra nécessairement un mouvement varié ; si la force est constante en direction, le mouvement du corps sera rectiligne et la direction du mouvement sera celle de la force. Supposons maintenant que, à un moment donné, on supprime la force qui agit sur lui ; en vertu de l'inertie, le corps continuera à se mouvoir d'un mouvement rectiligne et uniforme, et la vitesse de ce mouvement uniforme représentera par définition la vitesse du mouvement varié au moment précis où l'on a supprimé la force.

Parmi tous les mouvements variés, le plus important est le *mouvement uniformément accéléré,* dans lequel, *lorsque le mobile part du repos, sa vitesse est proportionnelle à la durée de sa course. Dans ce cas,* le calcul montre que *les espaces parcourus par le mobile sont proportionnels aux carrés des temps employés à les parcourir.*

On appelle *accélération* la quantité constante dont la vitesse s'accroît par unité de temps.

Soit γ l'accélération du mouvement, la vitesse au bout du temps t sera donnée par la formule :

$$v = \gamma t.$$

Si on représente par e la mesure en centimètres de l'espace parcouru par le mobile en t secondes, on aura la formule :

$$e = \frac{1}{2}\,\gamma t^2.$$

360. *Forces.* — On appelle *force* toute cause capable de produire ou de modifier le mouvement d'un corps. Une force est caractérisée par son *point d'application*, sa *direction* et son *intensité*. L'intensité des forces se mesure au moyen du dynamomètre ; dans l'industrie, on prend pour unité de force le *kilogramme*.

361. *Proportionnalité des forces aux accélérations.* — Nous avons vu plus haut qu'une force constante en grandeur et en direction imprime à un corps un mouvement rectiligne uniformément accéléré. Il est évident que plusieurs forces *constantes*, agissant successivement sur un *même* corps, lui communiquent des mouvements uniformément accélérés dont les accélérations sont proportionnelles aux forces.

362. *Masse.* — La *masse* d'un corps est le *rapport constant* qui existe entre l'intensité d'une force constante *quelconque* appliquée à ce corps et la mesure de l'accélération du mouvement résultant.

En désignant la masse par m et la force par F, on a la relation $F = m\gamma$.

Lorsqu'une même force agit sur deux corps de masses différentes, les accélérations correspondantes sont en raison inverse des masses.

363. *Travail.* — Le travail effectué par une force appliquée à un corps se déplaçant suivant la direction de la force est égal au produit de l'intensité de la force par le chemin parcouru par son point d'application. Dans le cas où le corps se meut suivant une direction différente de celle de la force, le travail est égal au produit de l'intensité de la force par la projection du déplacement ; le travail a pour expression $T = Fh$.

L'unité de travail ou *kilogrammètre* est le travail nécessaire pour élever 1 kilogr. à 1 mètre de hauteur. Le *cheval-vapeur* correspond à un travail de 75 kilogrammètres effectués en une seconde.

Dans toute machine à marche uniforme *le travail moteur est égal au travail résistant*. Le rendement d'une machine est le rapport qui existe entre le travail utile et le travail moteur.

364. *Force vive*. — On appelle *force vive* d'un corps en mouvement le produit de sa masse par le carré de sa vitesse.

La variation de force vive d'un corps mobile pendant un intervalle de temps quelconque est égale au double du travail effectué par la force constante qui le sollicite pendant le même temps ; si le corps part du repos et parcourt un espace h, on aura la relation $Fh = \dfrac{1}{2} mv^2$.

365. *Énergie*. — On appelle *énergie* d'un corps l'aptitude de ce corps à effectuer du travail ; elle est dite *potentielle* lorsqu'elle est à l'état *latent* ; elle est dite *actuelle* au moment où elle se transforme en force vive. L'énergie ne disparaît jamais ; elle ne peut que se transformer en mouvement, chaleur, lumière, etc.

366. *Système C. G. S.* — Les progrès remarquables accomplis par l'électricité depuis vingt ans ont obligé les physiciens à adopter un système spécial de mesures, que l'on appelle le système C. G. S.

Dans ce système, les trois unités fondamentales sont les unités de longueur, de temps et de masse ; les autres unités sont des unités dérivées.

Longueur. — L'unité de longueur est le *centimètre*.

Temps. — L'unité de temps est la *seconde*.

Masse. — L'unité de masse est la masse d'un centimètre cube d'eau distillée à la température de 4 degrés centigrades ; l'unité de masse s'appelle le *gramme-masse*.

Les unités dérivées sont les suivantes :

Vitesse. — L'unité de vitesse est la vitesse d'un mobile qui, animé d'un mouvement rectiligne uniforme, parcourt 1 centimètre par seconde.

Accélération. — L'unité d'accélération est l'accélération définie par un accroissement de vitesse égal à l'unité de vitesse par seconde.

Force. — L'unité de force est la *dyne* ; c'est la force qui, appliquée à un gramme-masse, lui imprime un mouvement dont l'accélération est égale à l'unité ; 981 000 dynes valent 1 kilogramme-force.

Travail. — L'unité de travail est l'*erg* ; un kilogrammètre vaut 98 100 000 ergs. L'unité pratique de travail est le *joule*, qui vaut 10 000 000 ergs.

Puissance. — L'unité de puissance est l'*erg-seconde*. L'unité pratique de puissance est le *watt*, correspondant à la production d'un joule par seconde ; on emploie aussi le *kilowatt*, qui vaut 1 000 watts.

Un cheval-vapeur vaut $75 \times 9,81$ watts.

PROPRIÉTÉS PHYSIQUES GÉNÉRALES DES CORPS

367. *Divers états physiques des corps.* — Les corps sont considérés comme formés par l'agrégation de particules insécables, appelées *molécules*, invariables dans leur forme et dans leur masse, séparées par des intervalles infiniment petits appelés *pores*.

La matière se présente à nous sous trois états physiques différents : *l'état solide,* dont une pierre nous offre l'exemple ; *l'état liquide,* manifesté par l'eau de nos lacs et de nos rivières ; *l'état gazeux,* dont l'air atmosphérique caractérise la nature.

A l'*état solide*, les corps ont une forme et un volume déterminés ; ils offrent une résistance plus ou moins grande à la rupture ; on ne peut modifier la position respective des molécules qu'en exerçant sur le corps des efforts énergiques.

A l'*état liquide*, les corps ont encore un volume déterminé, mais ils n'ont plus de forme propre ; ils prennent celle des vases qui les contiennent : les molécules d'un liquide peuvent glisser les unes sur les autres avec la plus grande facilité.

A l'*état gazeux*, les corps n'ont plus ni forme ni volume propre. Les molécules d'un gaz peuvent se déplacer sans le moindre effort ; elles remplissent la totalité de l'espace qui leur est offert, en s'y répartissant d'une manière uniforme. Les gaz tendent toujours à augmenter de volume et celui qu'ils occupent ne peut être limité que par une résistance extérieure, telle que celle d'une paroi ; les gaz exercent sur les parois de leur récipient une pression que l'on appelle la *force élastique* des gaz.

Les solides et les liquides sont très peu *compressibles* ; les gaz, au contraire, sont éminemment compressibles. Les gaz sont essentiellement *élastiques* ; les liquides et les solides le sont beaucoup moins ; aussi on appelle souvent les gaz des *fluides élastiques*, en donnant aux liquides le nom de fluides incompressibles.

PESANTEUR

368. *Nature de la pesanteur.* — La terre exerce une attraction sur tous les corps extérieurs ; on a donné à cette attraction le nom de *pesanteur*. C'est sous l'action de la pesanteur qu'un corps, abandonné à lui-même dans l'espace, tombe, en se dirigeant vers le centre de la terre.

La pesanteur sera déterminée quand on connaîtra sa direction, son point d'application et son intensité.

369. *Direction de la pesanteur.* — Pour déterminer la direction de la pesanteur, prenons une balle de plomb et suspendons-la à l'extrémité d'un fil tenu à la main, nous aurons construit l'instrument appelé fil à plomb ; quand le fil sera en repos, la direction du fil sera évidemment celle de la pesanteur ; cette direction est appelée la verticale du lieu ; elle est perpendiculaire à la surface libre des liquides en équilibre.

370. *Centre de gravité.* — Chaque molécule d'un corps homogène est pesante ; toutes les molécules d'un même corps sont soumises à leur poids, qui est le même pour chacune d'elles, et qui est dirigé verticalement de haut en bas ; la résultante de toutes ces forces est une force verticale dirigée de haut en bas, que l'on nomme le poids du corps ; cette résultante pourra être considérée comme appliquée en un certain point appelé le centre de gravité du corps, indépendant de la position du corps dans l'espace et de son orientation.

Le centre de gravité d'une sphère est en son centre ; celui d'un cylindre de révolution est au milieu de son axe ; celui d'un cône est au quart de la hauteur à partir de la base. Le centre de gravité d'une barre homogène est en son milieu ; celui de la surface d'un triangle est au point de concours des médianes.

Lorsqu'un corps pesant repose sur un plan horizontal, il est en équilibre, si la verticale de son centre de gravité tombe dans l'intérieur du polygone de sustentation.

Lorsqu'un corps pesant peut tourner autour d'un axe horizontal, il est en équilibre lorsque la verticale qui passe par son centre de gravité rencontre l'axe d'oscillation.

371. *Poids d'un corps.* — On appelle *poids* d'un corps la résultante des actions que la terre exerce sur chacune de ses molécules ; le poids d'un corps s'exprime en fonction de l'unité de poids adopté dans le système métrique, c'est-à-dire en *grammes* (§ 131). On construit à cet effet des lingots en laiton ou en fonte dont les poids valent un *gramme, deux grammes,* etc., ou un certain nombre de multiples ou de sous-multiples du gramme, et, à l'aide d'une balance, on détermine le poids du corps par une opération, appelée une *pesée.*

372. Balance. — Une balance est un levier à bras égaux ; elle se compose d'une barre rigide ou *fléau,* AB, traversée en son milieu C par un prisme triangulaire en acier trempé, appelé couteau, dont l'arête inférieure repose sur deux petits plans d'acier placés en avant et en arrière du fléau et situés

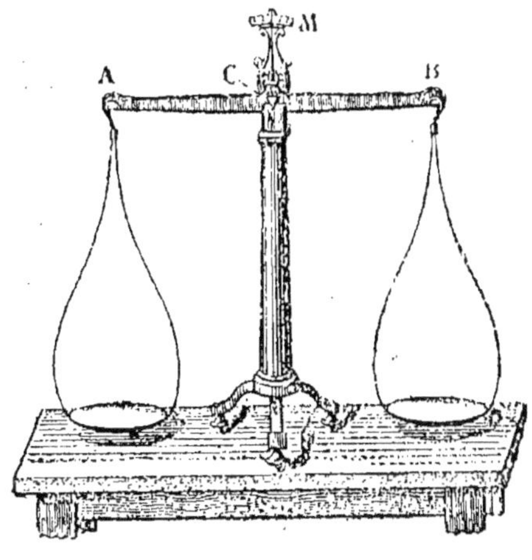

Fig. 1.

dans un même plan horizontal (*fig. 1*). L'arête du *couteau* est l'axe d'oscillation du fléau. Aux deux extrémités du fléau sont deux couteaux A, B, tournant leurs arêtes vers le haut, de manière à ce que les trois arêtes A, C, B, soient dans un même plan. Sur les couteaux A et B s'appuient les crochets qui supportent les *plateaux* de la balance. Le fléau porte en outre en son milieu une aiguille perpendiculaire au fléau et dont l'extrémité peut se déplacer devant un petit arc de cercle gradué M ; quand le fléau est horizontal, l'aiguille coïncide avec le zéro de la graduation. Les plans d'acier sont supportés par une colonne verticale, dont la position est réglée à l'aide de vis calantes.

Le fléau est construit de telle sorte que son centre de gravité est situé au-dessous de l'arête du couteau dans le plan vertical passant par cette arête, quand le fléau est horizontal.

Il suit de là que : 1° Quand le fléau est horizontal, son poids est neutralisé par la résistance de l'axe d'oscillation, et le fléau, dépourvu des plateaux, est en équilibre stable.

2° Si les deux plateaux de la balance sont bien identiques, et si l'on met des poids égaux dans les deux plateaux, le fléau doit encore être en équilibre stable dans la position horizontale.

Ce sont les conséquences de l'égalité des deux bras du fléau.

Pour peser un corps, il suffit de le placer dans un des plateaux de la balance et de déposer des poids marqués dans l'autre plateau, de manière à ce que l'aiguille revienne au zéro après quelques oscillations. En faisant la somme des poids marqués, on a le poids relatif du corps.

En opérant ainsi, nous supposons que la balance est juste et sensible.

Une balance est juste, si le fléau se maintient horizontal, quand les plateaux sont chargés de poids égaux.

Une balance est sensible, lorsque le fléau s'incline notablement pour une faible différence de poids dans les deux plateaux.

373. *Conditions de justesse.* — Pour qu'une balance soit juste, il faut que :

1° *Le centre de gravité du fléau se trouve dans le plan vertical passant par l'arête du couteau, quand le fléau est horizontal;*

2° *Les deux bras du fléau soient rigoureusement égaux.*

Ces conditions ne sont jamais remplies ; il n'y a pas de balance rigoureusement juste ; on ne doit demander à une balance que d'être sensible.

374. *Conditions de sensibilité.* — Dans la pratique, on construit des balances sensibles dont la sensibilité est indépendante de la charge. Pour réaliser ces conditions, il faut que :

1° *Les trois points de suspension du fléau et des plateaux soient en ligne droite;*

2° *Le fléau soit long et léger ;*

3° *Le centre de gravité du fléau soit placé au-dessous de l'arête du couteau et le plus près possible de cette arête.*

375. *Méthode de la double pesée.* — Pour déterminer exactement le poids d'un corps avec une balance dépourvue de justesse, on place le corps à peser dans un des plateaux, on lui fait équilibre en mettant dans l'autre plateau de la grenaille de plomb ou du sable, formant *tare*, de telle façon que l'aiguille s'arrête au zéro de la graduation. On enlève le corps et l'on met à sa place dans le même plateau des poids marqués, jusqu'à ce que l'aiguille revienne au zéro : la somme de ces poids représente exactement le poids du corps.

376. *Masse spécifique. Poids spécifique. Densité.* — On appelle *masse spécifique* d'un corps la masse d'un centimètre cube de ce corps. On appelle *poids spécifique* d'un corps le poids d'un centimètre cube de ce corps. On appelle *densité* d'un corps le nombre de fois que ce corps pèse plus que l'eau à 4°, sous le même volume.

Le poids d'un corps est donné par la formule : $P = VD$, V étant le volume du corps, et D son poids spécifique.

377. *Chute des corps dans le vide.* — Dans le vide, tous les corps tombent également vite. Dans l'air, il n'en est pas ainsi : une feuille de papier tombe moins vite qu'une balle de plomb ; cette différence est due à la résistance de l'air.

378. *Lois de la chute des corps dans le vide.*

1° Les espaces parcourus par un corps tombant librement dans le vide, en partant du repos, sont proportionnels aux carrés des temps employés à les parcourir.

L'expérience montre qu'un corps, partant du repos et tombant librement dans le vide, parcourt 4^m,9047 pendant la première seconde de sa chute. Donc, d'après la loi précédente :

Après 1 seconde, un corps a parcouru 4^m,9047.

Après 2 secondes, un corps a parcouru 4^m,9047 $\times 2^2 = 19^m$,6188, etc.

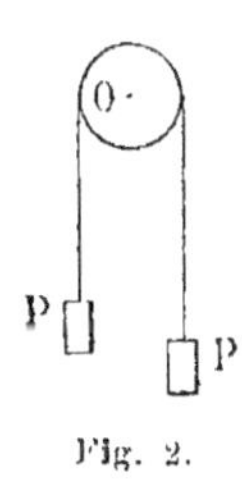

On le vérifie à l'aide de la *machine d'Atwood*. Elle se compose d'une poulie O (*fig. 2*), tournant autour de son centre et sur la gorge de laquelle est placé un fil très léger supportant deux poids égaux P et P, en équilibre dans toutes les positions.

Fig. 2.

Plaçons sur l'un d'eux un poids additionnel p ; le système se mettra en mouvement sous l'action du poids p ; mais comme cette force devra entraîner la masse totale des poids $(2P + p)$, le mouvement sera d'autant plus lent que p sera plus petit par rapport à P ; la nature du mouvement sera la même que si le poids additionnel tombait librement. On pourra alors mesurer facilement les espaces parcourus par le système après 1, 2, 3 secondes de chute et on constatera que la loi est vérifiée ; en outre, comme le système tombe très lentement, la résistance de l'air est négligeable.

2° *Les vitesses, dans les mêmes conditions, sont proportionnelles aux durées de chute.*

Cette loi est une conséquence de la première.

En résumé, dans le vide, tous les corps prennent un mouvement uniformément accéléré, dont l'accélération est la même pour tous ; désignons par g cette accélération.

Si le corps part du repos, les formules du mouvement seront :

$$h = \frac{1}{2} g t^2 \quad \text{et} \quad v = g t.$$

379. Pendule. — Le pendule est un instrument destiné à mesurer l'accélération g de la pesanteur ; il est constitué par un corps pesant quelconque, mobile autour d'un axe horizontal fixe, appelé *axe de suspension*, ne passant pas par son centre de gravité : chacun des points du pendule décrit un arc de cercle dont le centre est sur l'axe de suspension. Le pendule est en équilibre lorsque son centre de gravité est au-dessous de l'axe de suspension, dans le plan vertical passant par cet axe ; si on dérange le pendule de sa position d'équilibre, il y revient en accomplissant une série d'oscillations.

Pour étudier le mouvement pendulaire, on imagine un pendule idéal, irréalisable dans la pratique, formé d'un point matériel pesant, suspendu à l'extrémité d'un fil inextensible et sans poids, pouvant osciller dans le vide, sans adhérence ni frottement au point de suspension : un pareil pendule porte le nom de pendule simple, tandis que le pendule pratique s'appelle *pendule composé*.

Soit A le point matériel pesant (*fig. 3*) suspendu à un fil

attaché au point O ; écartons-le de sa position d'équilibre OA
et amenons-le en B_0 et désignons par
α_0 l'écart initial du pendule; le pendule simple abandonné à lui-même
descend le long de l'arc B_0A, passe
de nouveau en OA, puis, en vertu de
l'inertie, remonte le long de l'arc AB_0'
jusqu'au point B_0' situé à la même
hauteur que le point B_0 ; puis il re-
descend le long de l'arc $B_0'A$, dépasse
la position A, remonte en B_0 et ainsi
de suite ; considérons le pendule dans

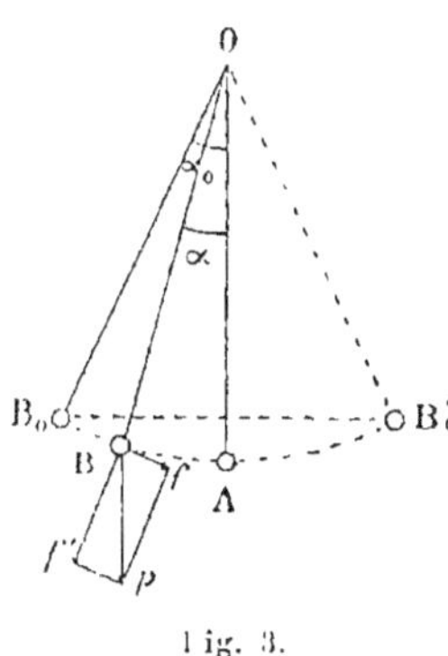
Fig. 3.

une position quelconque B et désignons par α son angle d'é-
cart ; le pendule est soumis à son poids p que l'on peut décomposer en deux forces, l'une f', dans le prolongement du
fil et ayant pour effet de tendre le fil, l'autre f, tangente à
l'arc de cercle et déterminant le mouvement du pendule. La
composante f est maximum en BO et nulle en A ; le long de
l'arc AB_0' elle est dirigée en sens inverse du mouvement et
s'oppose à la montée du pendule qui cessera de monter quand
il sera arrivé en B_0'

Le mouvement du pendule est un mouvement oscillatoire.
On appelle *oscillation* le déplacement du pendule de B_0 en B_0'
et de B_0' en B_0 ; l'angle α_0 s'appelle l'*amplitude* de l'oscillation.

Pour un pendule simple donné, la durée de l'oscillation
varie avec l'amplitude de l'oscillation ; mais le calcul montre
que, si l'amplitude ne dépasse pas 3°, la durée de l'oscillation est indépendante de l'amplitude : on dit alors que les
petites oscillations du pendule simple sont isochrones. Le calcul
montre aussi que leur durée est alors représentée par la
formule :

$$T = \pi \sqrt{\frac{l}{g}}$$

dans laquelle T représente la durée de l'oscillation exprimée en secondes, l représente la longueur OA du pendule et g l'accélération de la pesanteur au lieu d'observation ; l et g doivent être exprimées avec la même unité de longueur ; π est le rapport de la circonférence au diamètre.

380. *Lois du pendule simple*. — Elles se déduisent de la formule :

$$T = \pi \sqrt{\frac{l}{g}}.$$

1° Loi des longueurs. — *La durée des petites oscillations est proportionnelle à la racine carrée de la longueur du pendule.*

2° Loi des substances. — *La durée des petites oscillations est indépendante de la masse du point matériel.*

3° Loi de l'intensité de la pesanteur. — *Pour un même pendule oscillant en des lieux différents, la durée des petites oscillations est inversement proportionnelle à la racine carrée de g.*

381. *Pendule composé*. — La théorie du pendule composé est la même que celle du pendule simple ; seulement, comme le pendule composé oscille dans l'air, eu égard à la résistance de l'air et au frottement au point de suspension, l'énergie totale diminue d'une oscillation à l'autre ; l'amplitude des oscillations diminue peu à peu, et le pendule s'arrête au bout de quelque temps.

On constate alors que, lorsque l'amplitude des oscillations du pendule composé est inférieure à 3°, sa durée reste constante, bien que l'amplitude diminue progressivement. Galilée a vérifié le premier expérimentalement l'*isochronisme des petites oscillations du pendule*.

382. *Applications du pendule*. — 1° Le pendule a servi d'abord à mesurer g ; on a trouvé que g est, à Paris, égal à 980,96 ; de plus, comme la terre n'est pas rigoureusement sphérique, à l'équateur, $g = 978,1$ et, vers le pôle, $g = 983$.

Le pendule simple qui bat la *seconde*, à Paris, a pour longueur : $l = 993^{mm},867$; du pôle à l'équateur cette longueur varie de 5 millimètres.

2° Le pendule est employé pour régler les horloges ; à chaque oscillation du pendule, la roue d'échappement tourne d'un arc de 6 degrés, si le pendule bat la seconde.

II. — HYDROSTATIQUE

383. Principe de Pascal. — Nous considérons les liquides comme des fluides incompressibles dont toutes les molécules peuvent rouler facilement les unes sur les autres ; il résulte de cette définition que toute pression supportée ou exercée par un liquide est *normale* à la surface pressée ; il en résulte encore un principe remarquable, appelé *principe de Pascal*.

Principe. — *Les liquides transmettent intégralement dans tous les sens les pressions qu'on leur fait subir.*

Par conséquent, si on exerce une pression p sur un centimètre carré de la surface d'un liquide, la pression P supportée par une surface S aura pour expression : $P = pS$: *la pression supportée par une surface plane quelconque est proportionnelle à l'aire de cette surface.* De même, autour d'un point pris au sein d'un liquide en équilibre, la pression est la même dans tous les sens.

Ce principe se vérifie dans toutes ses conséquences ; on le considère alors comme exact.

384. Presse hydraulique. — Cet appareil peut être considéré en même temps comme une application du principe de Pascal et comme en permettant la vérification.

Il se compose (*fig. 4*) de deux corps de pompe de sections inégales, communiquant entre eux et munis chacun d'un piston A et B dont les sections sont S et s. Si on exerce sur le piston B un effort p, la pression se transmet au piston A et sollicite celui-ci à monter avec une force :

$$P = \frac{S}{s}\, p.$$

On peut ainsi, au moyen de forces relativement faibles, soulever des poids considérables placés sur la plate-forme D

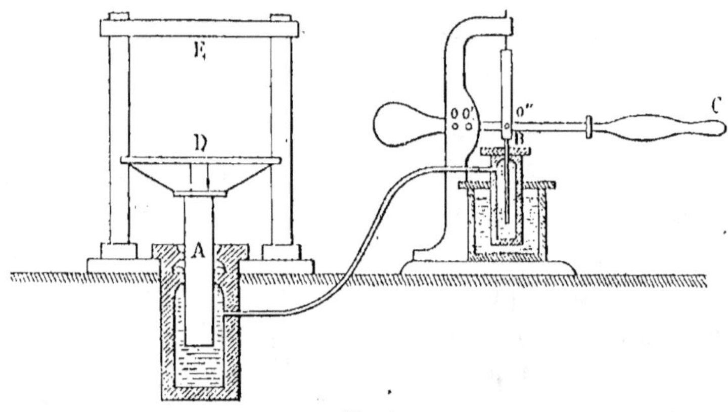

Fig. 4.

ou presser avec une grande énergie des objets placés entre cette plate-forme et un obstacle fixe placé au-dessus en E.

385. Surface libre d'un liquide en équilibre. — *La surface libre d'un liquide en équilibre est horizontale.* — Nous considérerons ce fait comme un résultat de l'expérience : on constate ce fait à l'aide du fil à plomb, qui est perpendiculaire à la surface libre d'un liquide en équilibre en chacun de ses points.

386. — Pression sur le fond des vases. — *Dans un liquide pesant en équilibre, la pression est la même en tous les points d'un même plan horizontal.* — Il faut d'abord remarquer que, dans un liquide pesant en équilibre, un élément plan quelconque supporte sur ses deux faces des pressions égales, puisqu'il est en équilibre.

Ceci posé, enfonçons dans un liquide un manchon de verre (*fig. 5*) fermé inférieurement par un disque de verre bien

dressé ; et cherchons combien il faut placer de grammes sur 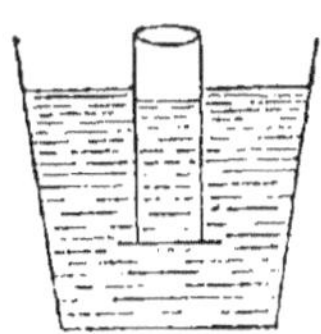
ce dernier, pour qu'il se détache ; il faut
100 grammes par exemple ; déplaçons le
manchon de manière que le disque de verre
reste toujours dans le même plan horizontal : il faudra toujours 100 grammes pour
le faire tomber ; donc, tout le long du plan
horizontal, le disque supporte de bas en

Fig. 5.

haut la même pression ; il en est de même de haut en bas.

Enfonçons maintenant le manchon un peu plus bas ; il faudra 150 grammes, par exemple, pour le faire tomber ; enfon-
çons-le encore plus, il faudra 200 grammes pour le faire
tomber ; donc la *pression croît avec la profondeur*. Recommençons l'expérience en versant dans l'intérieur du manchon un
liquide identique à celui dans lequel il est plongé ; l'expérience
montre que le disque de verre tombe au moment précis où le
niveau du liquide est le même dans le manchon et dans le
vase extérieur ; donc, *la pression supportée par un élément plan
horizontal quelconque est égale au poids d'une colonne liquide ayant
pour base la surface pressée et pour hauteur sa distance* h *à la
surface libre :* P $=$ 'Shd, en appelant d le poids spécifique du
liquide.

Il résulte des propositions précédentes que la *pression supportée par le fond horizontal d'un vase contenant un liquide est
indépendant de la forme du vase et est égale à* Shd.

387. Vases communiquants. — *Les surfaces libres d'un même
liquide contenu dans des vases communiquants sont sur un même
plan horizontal.* — En effet, deux vases communiquants peuvent être considérés comme un seul vase d'une forme particulière ; toutes les propositions précédentes sont indépendantes de la forme du vase ; par suite, les surfaces libres
doivent être sur un même plan horizontal.

Applications. — Les jets d'eau, les sources jaillissantes, les
puits, les puits artésiens sont des applications du principe

des vases communiquants. Le *niveau d'eau* est fondé sur le même principe ; il se compose d'un fil de laiton (*fig. 6*) coudé dans lequel sont mastiquées deux fioles de verre *a* et *a'*. On verse de l'eau colorée dans l'appareil ; la ligne passant par les surfaces libres de l'eau dans les deux fioles est une ligne horizontale. Si l'arpenteur place l'œil de manière à ce que le rayon visuel passe par les

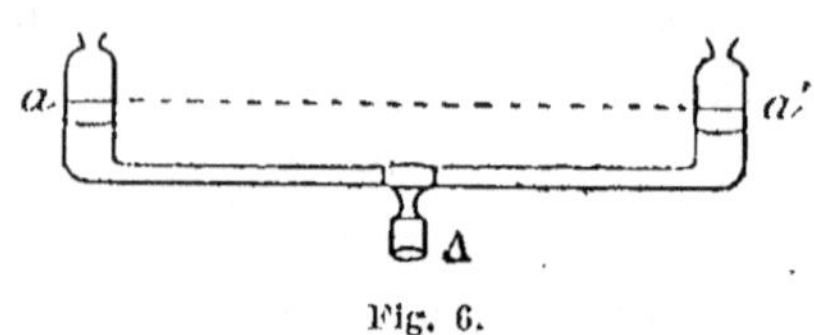

Fig. 6.

surface *a* et *a'*, ce rayon visuel sera horizontal. Le niveau d'eau est complété par une mire ou règle de bois formée de deux tiges à coulisse, munie d'une plaque mobile de fer-blanc qu'on appelle le *voyant*, et qui porte à son centre un point de repère.

Le *niveau à bulle d'air* est une application du même principe.

388. Principe d'Archimède. — *Tout corps plongé dans un liquide en équilibre subit une poussée verticale, dirigée de bas en haut, égale au poids du liquide qu'il déplace et appliquée au centre de gravité du liquide déplacé, appelé centre de poussée.*

Pour le vérifier, on place sur le plateau A d'une balance (*fig. 7*) un vase vide et au-dessous de ce plateau un corps absolument quelconque, puis on fait équilibre au moyen d'une tare placée en B. On plonge alors le corps D dans un vase E préalablement rempli d'un liquide quelconque jusqu'au tube trop-plein *e*. Le corps déplace un volume de liquide égal au volume de sa partie plongée, on recueille ce li-

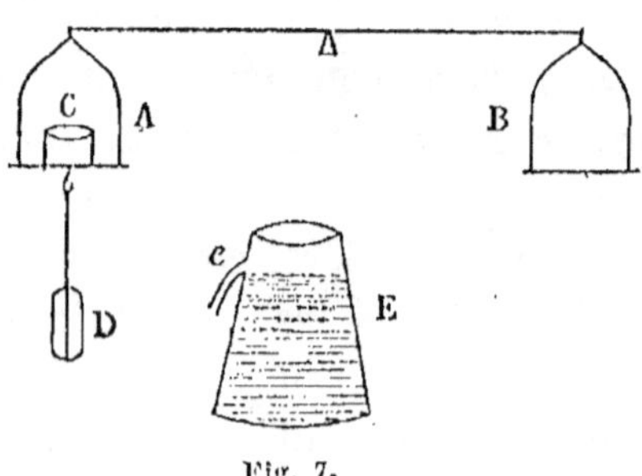

Fig. 7.

quide dans le vase C. L'équilibre est détruit, ce qui montre l'existence de la poussée ; et il est rétabli, le corps plongeant toujours de la même quantité, lorsqu'on replace en A le vase C avec le liquide qu'il contient.

389. Corps flottants. — Lorsque le poids spécifique d'un corps plongé dans un liquide est supérieur à celui du liquide, le corps gagne le fonds du vase ; s'il lui est égal, le corps reste en équilibre au sein du liquide ; s'il lui est inférieur, le corps remonte à la surface et flotte.

Pour qu'un corps flottant soit en équilibre, il faut que : 1° *le poids du liquide déplacé soit égal au poids total du corps ;* 2° *le centre de gravité et le centre de poussée soient sur une même verticale.*

390. Liquides superposés. — 1° Lorsque plusieurs liquides non miscibles sont placés dans un même vase, ils se superposent par ordre de poids spécifique croissant à partir de la surface libre du liquide supérieur, et la surface de séparation de deux liquides consécutifs est horizontale. C'est une conséquence du principe d'Archimède et du principe du § 377.

2° Quand deux liquides sont en équilibre dans deux vases communiquants, les hauteurs auxquelles ils s'élèvent au-dessus de leur plan de séparation sont en raison inverse de leur poids spécifique.

En effet, dans chaque vase, sur le plan de séparation, la pression doit être la même ; par conséquent, on aura :

$$hd = h'd' \qquad \text{ou} \qquad \frac{h}{h'} = \frac{d'}{d}.$$

391. Densité d'un solide ou d'un liquide. — On appelle *densité* d'un solide ou d'un liquide le rapport du poids de ce corps au poids d'un égal volume d'eau à 4° ; comme, en France, on a pris pour unité le poids d'*un* centimètre cube d'eau à 4°, la densité d'un corps est représentée par le même nombre que son poids spécifique ; de là l'emploi indifférent de l'un ou de l'autre mot.

392. Aréomètres du commerce. — Les aréomètres du commerce, ou *aréomètres à poids constant,* sont des flotteurs en verre destinés à déterminer le degré de concentration des acides, des dissolutions salines et des liqueurs alcooliques.

Lorsqu'un aréomètre à poids constant flotte en équilibre à a surface d'un liquide, le poids du liquide déplacé est égal au poids de l'aréomètre ; le poids du liquide déplacé est donc constant ; si le liquide a la densité requise pour un usage industriel donné, à ce poids constant correspondra un volume fixe et par suite un point d'affleurement déterminé.

Aréomètres de Baumé. — 1° *Pèse-acides où pèse-sels.* — Pour les liquides plus denses que l'eau, Baumé prit un flotteur en verre (*fig. 8*), portant une tige supérieure parfaitement cylindrique préalablement ouverte à la partie supérieure. Il lesta l'instrument avec du mercure de manière à ce que, plongé dans l'eau, à 10° (Réaumur), le point d'affleurement se trouve presque au haut de la tige, puis il ferma à la lampe l'extrémité de la tige cylindrique : Baumé marqua 0 au point d'affleurement de l'aréomètre dans l'eau.

Puis, il fit une dissolution de 15 parties en poids de sel marin dans 85 parties d'eau à 10° (Réaumur) ; il plongea l'instrument dans l'eau salée et marqua 15 au point d'affleurement. Il divisa l'intervalle 0-15 en 15 parties égales et prolongea la graduation jusqu'au bas de la tige ; celle-ci doit être assez longue pour recevoir 70 degrés environ.

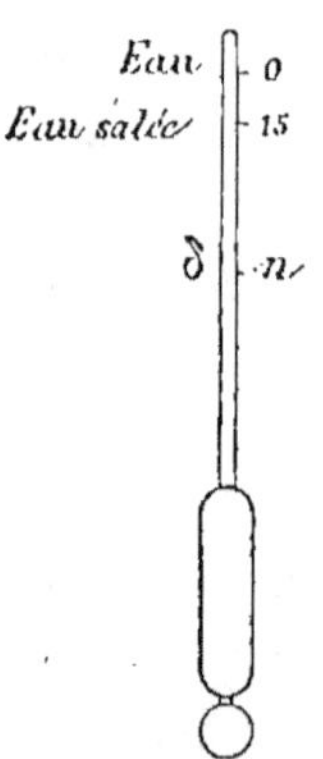

Fig. 8.

Un pareil instrument doit marquer : 66 degrés dans l'acide sulfurique pur ; 36 degrés dans l'acide azotique du commerce ; 22 degrés dans l'acide chlorhydrique usuel.

2° *Pèse-esprits.* — Pour les liquides moins denses que l'eau, tels que les alcools du commerce, l'instrument est lesté de telle sorte qu'il affleure à la naissance de la tige, quand on le plonge dans une dissolution de 10 parties de sel marin dans 90 parties d'eau à 10° (Réaumur) ; on marque 0 au point d'affleurement. Puis on le plonge dans de l'eau pure à 10° (Réaumur) et on marque 10 au point d'affleurement qui est situé au-dessus de 0. On partage l'intervalle 0-10 en 10 parties égales et on prolonge la graduation jusqu'au haut de la tige, qui doit porter 70 divisions environ. L'éther rectifié marque 65 degrés ; l'ammoniaque du commerce marque 22 degrés.

3° *Densimètres*. — Les instruments précédents peuvent être transformés en *densimètres* ; à cet effet, on gradue leur tige de façon à ce que l'immersion de l'instrument dans un liquide fasse connaître la densité de ce liquide à un dixième près.

393. Alcoomètre centésimal. — Il est destiné à faire connaître quel est, à 15 degrés centigrades, le volume d'alcool pur que peut abandonner par distillation un hectolitre d'un mélange d'eau et d'alcool.

Pour le graduer, on le plonge dans l'eau ; le point d'affleurement est au bas de la tige ; on marque 0 en ce point. On prend ensuite 5 cent. cubes d'alcool pur et on y ajoute de l'eau jusqu'à ce que le volume du mélange soit égal à 100 cent. cubes. On plonge l'instrument dans ce liquide et on marque 5 au point d'affleurement.

On prend ensuite 10 cent. cubes d'alcool pur et on y ajoute de l'eau jusqu'à ce que le volume du mélange soit égal à 100 cent. cubes. On plonge l'instrument dans ce mélange et on marque 10 au point d'affleurement. On détermine de la même manière tous les points d'affleurement de 5 en 5. Enfin, dans l'alcool absolu, on marque 100 au point d'affleurement, qui est alors situé au haut de la tige. Enfin, on divise en 5 parties égales chacun des intervalles.

Il importe d'observer que, l'alcoomètre de Gay-Lussac ayant été gradué à 15°, ce n'est qu'à cette température que ses indications sont exactes. A des températures plus hautes ou plus basses, les liquides alcooliques se dilatent ou se contractent et deviennent, par conséquent, plus légers ou plus denses : de sorte que l'instrument s'y enfonce plus ou moins, bien que leur richesse en alcool n'ait pas varié. Entre 0° et 30° C., l'erreur ainsi commise peut aller jusqu'à 30 p. 100 de la richesse alcoolique : Gay-Lussac a dressé une table de correction qui permet de rendre les observations comparables entre elles. On remarque, en regardant l'instrument, que les divisions sont d'autant plus écartées que la richesse alcoolique est plus grande.

STATIQUE DES GAZ

394. Pesanteur de l'air. — Les gaz sont des *fluides élastiques, expansibles* et *compressibles* et tous les principes fondés sur la fluidité des corps sont applicables aux gaz ; les gaz transmettent intégralement dans tous les sens les pressions qu'on leur fait subir ; seulement, ici, le gaz subit d'abord une diminution de volume telle que la force élastique du gaz soit égale à la pression qu'on exerce sur lui. Dans un gaz en équilibre, la pression autour d'un point est la même dans tous les sens.

On vérifie que les gaz sont *pesants* en faisant la tare d'un ballon dans lequel on a fait le vide ; puis, en y laissant rentrer l'air ou tout autre gaz, on constate que le ballon a augmenté de poids.

En particulier, l'air est pesant ; dans les conditions ordinaires de l'atmosphère, *un* litre d'air pèse environ 1^{gr},3.

Dans un gaz pesant en équilibre, la pression est la même en tous les points d'un même plan horizontal.

Quand un gaz est enfermé dans un récipient, la force élastique du gaz est la même en tous les points de la paroi.

395. Pression atmosphérique. — De même que l'Océan exerce une pression sur le fond des mers et sur les corps qui y sont plongés, l'atmosphère exerce aussi une certaine pression sur la terre et sur les corps plongés dans l'atmosphère : cette pression a reçu le nom de *pression atmosphérique*.

On peut mesurer la pression atmosphérique en répétant l'expérience de Torricelli :

On prend un tube de verre long de 80 centimètres au moins, d'un diamètre intérieur de 6 à 7 millimètres, et fermé à l'une de ses extrémités. On le remplit entièrement de mercure; puis, fermant l'ouverture avec le pouce, on retourne le tube et l'on en plonge l'extrémité ouverte dans une cuvette à mercure (*fig. 9*). On retire alors le doigt et l'on voit la colonne de mercure se maintenir soulevée dans le tube de manière à ce que la différence de niveau du mercure dans le tube et dans la cuvette soit égale à 76 centimètres environ. Or, sur le plan horizontal qui passe par la surface libre du mercure dans la cuvette, la pression doit être la même en tous les points; donc, la pression atmosphérique sur un centimètre carré pris intérieurement est égale au poids de la colonne de mercure qui pèse sur un centimètre carré pris à l'intérieur du tube. Si on représente par H la différence de niveau du mercure dans le tube et dans la cuve, la pression atmosphérique P aura pour expression : $P = 1 \times H \times 13,6$ grammes, par centimètre carré; H s'appelle la *hauteur barométrique* et le tube de Torricelli s'appelle un *baromètre*.

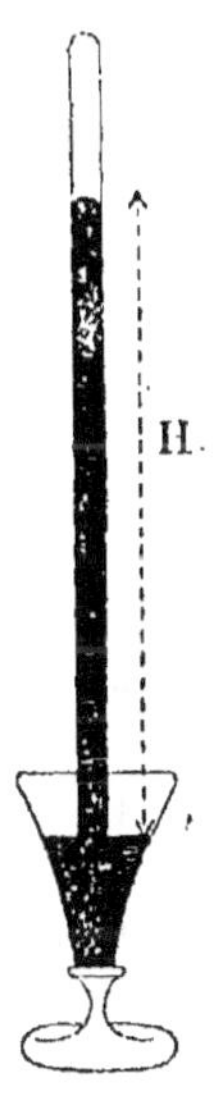
Fig. 9.

Si l'on construit un baromètre avec un liquide autre que le mercure, on devra avoir :

$$H\,d = H'\,d', \qquad \text{ou} \qquad \frac{H}{H'} = \frac{d'}{d};$$

Pascal le vérifia à Rouen avec du mercure et de l'eau, le mercure s'élevait à 28 pouces et l'eau à 32 pieds.

La pression atmosphérique, à Paris, est en moyenne de

1033 gr. par centimètre carré ; elle varie à chaque instant dans des limites peu étendues ; la hauteur barométrique moyenne est de 76 centimètres.

396. Baromètres. — Les baromètres sont des instruments destinés à déterminer la *hauteur barométrique* à l'aide de laquelle on calcule la *pression atmosphérique* sur une surface donnée. Les principaux sont le baromètre normal, le baromètre à cuvette ordinaire, le baromètre de Fortin, le baromètre à siphon de Gay-Lussac et le baromètre métallique.

1.° Le tube de Torricelli est un baromètre ordinaire ; en le disposant le long d'une planchette et en fixant une règle graduée en millimètres tout le long du tube, on pourra, à chaque instant, déterminer la hauteur barométrique.

2° Fortin a construit un baromètre à fond mobile dont voici la description : la cuvette se compose d'un cylindre de verre C (*fig. 10*) mastiqué dans une garniture en buis ou en fer ; une autre garniture *b* peut se visser sur *a* ; la garniture *b* porte une peau de chamois *e, e*, qui formera le fond de la cuvette. Une enveloppe en laiton *f, f,* recouvre toute la cuvette jusqu'à la base du cylindre de verre. A l'aide de la vis *g* appuyant sur la pièce *h,* on peut à volonté élever ou abaisser le fond de la cuvette.

A sa partie supérieure le cylindre de verre *c* est maintenu par la garniture de buis, *m, m,* portant une *pointe d'ivoire n,* qui servira de point de repère et devra

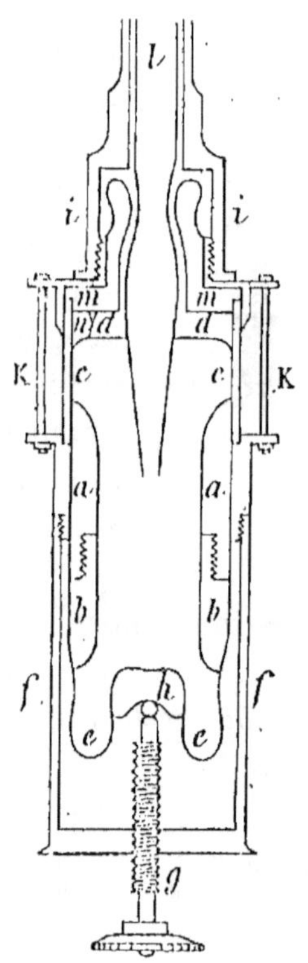

Fig. 10.

toujours affleurer à la surface libre du mercure *d, d,* dans la cuvette. Un couvercle en laiton recouvre la garniture *mm ;*

ce couvercle est relié par des boulons K, K, à l'enveloppe *f*. Le tube barométrique *l* porte un étranglement sur lequel est liée une peau de chamois fixée à l'aide d'un fil ciré sur la partie saillante de la garniture *m*. La perméabilité de la peau de chamois laisse la pression atmosphérique s'exercer librement sur le mercure de la cuvette.

Enfin, le tube est enveloppé d'un étui métallique percé à sa partie supérieure de deux fenêtres laissant voir le niveau du mercure. Le long du bord de l'une des fenêtres est tracée une graduation en demi-millimètres à 0° dont le zéro coïncide avec l'extrémité de la pointe d'ivoire *n*. Enfin un curseur annulaire peut glisser à la main le long de l'étui métallique. L'instrument est suspendu bien verticalement.

Pour faire une lecture, on amène d'abord le niveau du mercure de la cuvette à affleurer l'extrémité de la pointe *n* ; puis, on fait glisser le curseur annulaire de manière à ce que son bord inférieur soit tangent au sommet du ménisque formé par la surface libre du mercure dans le tube barométrique.

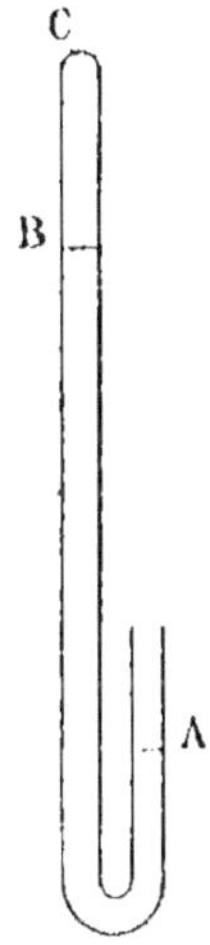

La division correspondante au bord inférieur du curseur fait connaître la hauteur barométrique, exprimée en millimètres.

3° Gay-Lussac a construit un baromètre, dit *baromètre à siphon*, qui se compose d'un tube de verre bien calibré intérieurement, recourbé à sa partie inférieure de manière à présenter deux branches parallèles, l'une A fermée et l'autre B ouverte (*fig. 11*).

On remplit d'abord de mercure la grande branche, en inclinant à diverses reprises le tube ; on chasse par l'ébullition l'humidité et les bulles

Fig. 11.

d'air restées adhérentes au tube ; puis on redresse l'instrument, et on l'amène dans une position verticale.

Le mercure s'abaisse dans la grande branche jusqu'en B et

s'élève dans la petite jusqu'en A. La distance verticale de ces deux points mesure la hauteur barométrique.

4° Depuis quelques années on construit des baromètres métalliques fondés sur l'élasticité des métaux; ce sont des instruments empiriques que l'on gradue par comparaison avec un baromètre à mercure.

397. Loi de Mariotte. — *A une même température les volumes occupés par une même masse gazeuse sont inversement proportionnels aux pressions qu'elle supporte.*

Les gaz sont compressibles; le volume d'une masse gazeuse varie avec la pression qu'elle supporte; on peut toujours représenter une pression par la hauteur H de la colonne de mercure équivalente; considérons alors une masse gazeuse de température constante; elle occupe un volume V sous la pression H; dans une autre circonstance, elle occupe un volume V′ sous la pression H′; d'après la loi de Mariotte, on aura :

$$\frac{V}{V'} = \frac{H'}{H} \qquad \text{ou} \qquad VH = V'H'.$$

Un grand nombre de savants ont cherché à vérifier l'exactitude de la loi de Mariotte; on a trouvé que pour l'air et les gaz usuels, on pouvait la considérer comme exacte, quand la pression ne dépasse pas une certaine limite; mais, quand le gaz se rapproche de son point de liquéfaction, la loi de Mariotte n'est plus exacte; le gaz se comprime plus que ne l'indique la loi et il se comprime d'autant plus que le gaz est plus rapproché de son point de liquéfaction. L'hydrogène fait exception : il se comprime moins que ne l'indique la loi de Mariotte, quand on le soumet à des pressions de plus en plus considérables.

398. Manomètres. — Les manomètres sont des appareils destinés à mesurer la force élastique des gaz et des vapeurs; ils sont généralement gradués de façon à indiquer les pressions en kilogr. par centimètre carré.

1° Les manomètres industriels sont des manomètres métalliques fondés sur l'élasticité des métaux ; on les gradue en les mettant en communication avec une presse hydraulique à l'aide de laquelle on exerce des pressions de 1, 2, 3 kilogr. et on marque sur le cadran du manomètre les chiffres 1, 2, 3, etc., aux divers points d'arrêt de l'aiguille indicatrice.

2° *Manomètre à air libre.* — Un long tube vertical ouvert à la partie supérieure plonge par la partie inférieure dans du mercure contenu dans un récipient étanche et que l'on peut mettre en communication avec l'enceinte dans laquelle on veut estimer la pression. La hauteur du mercure dans ce tube, augmentée de la hauteur barométrique, donne la pression cherchée.

3° *Manomètre à air comprimé.* — La figure 12 présente un modèle de cet appareil. Le tube A communique avec un réservoir étanche B contenant du mercure et pouvant être relié à l'enceinte dans laquelle se trouve le gaz dont on veut estimer la pression. Ce tube, fermé à la partie supérieure, contient de l'air en quantité telle que les niveaux dans son intérieur et dans le réservoir sont sur un même plan horizontal; quand la pression du gaz du récipient est égale à 76 centimètres de mercure, on a une atmosphère.

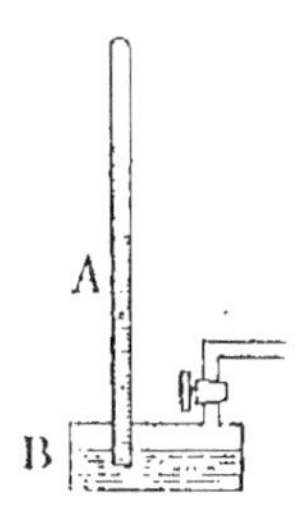
Fig. 12.

Le mercure s'élève dans le tube A à des hauteurs variables avec la pression qui s'exerce dans le réservoir. Sur le tube sont inscrites en atmosphères les pressions correspondantes aux niveaux divers qu'on peut observer. Ces appareils sont en général gradués par comparaison avec un manomètre étalon ou avec un manomètre à air libre.

399. Machine pneumatique. — On appelle machine pneumatique une machine destinée à raréfier un gaz contenu dans un récipient clos.

Elle se compose d'un corps de pompe A (*fig. 13*) commu-

niquant par un canal G avec le récipient H contenant le gaz
à raréfier ; ce récipient est généralement une cloche dont les
bords, rodés et enduits de suif,
reposent sur une plaque de verre
bien plane appelée *platine* de la
machine. Au centre de la platine
aboutit le canal G. Dans le corps
de pompe peut se mouvoir un piston B percé suivant son axe d'un
canal fermé à sa partie inférieure
par une soupape C ouvrant de bas
en haut. Le piston est traversé à
frottement dur par une tige ter-

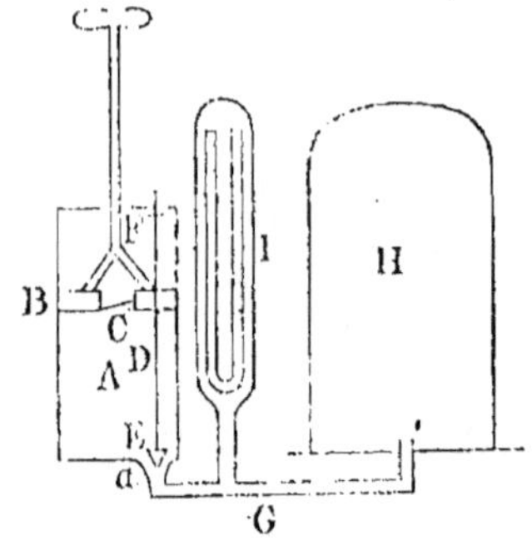

Fig. 13.

minée par une soupape conique E destinée à boucher l'orifice du canal G dans le corps de pompe ; dès que le piston
monte, il entraîne la tige ; la soupape S est soulevée ; mais
presque aussitôt un bourrelet F placé au haut de la tige,
vient heurter la base supérieure du corps de pompe ; la tige
s'arrête et le piston monte seul ; grâce à cette disposition,
la soupape E ne sera soulevée que très peu et elle fermera
l'orifice, dès que le piston commencera à descendre.

Supposons que la capacité du récipient soit égale à R litres
et que celle du corps de pompe soit égale à C litres. Quand
le piston est en bas de sa course, le gaz du récipient occupe
un volume de R litres sous la pression de H centimètres par
exemple. Soulevons le piston : la soupape C reste fermée
sous l'action de la pression atmosphérique extérieure ; la
soupape E se soulève légèrement ; alors, en vertu de sa force
élastique, le gaz du récipient se répand en partie dans le
corps de pompe. Quand le piston est en haut de sa course,
le gaz du récipient s'est répandu uniformément dans le récipient et dans le corps de pompe ; il occupe maintenant le
volume R + C sous la pression H, et, d'après la loi de Mariotte, on aura :

$$H_1 = H \times \frac{R}{R + C}.$$

Abaissons le piston ; la soupape E se ferme immédiatement ; le gaz contenu dans le corps de pompe est comprimé et acquiert bientôt une force élastique suffisante pour ouvrir la soupape C.

La masse de gaz contenue dans le corps de pompe s'échappera dans l'atmosphère et le piston arrivera au bas de sa course. Actuellement, le récipient contient une certaine masse de gaz occupant le volume de R litres sous la pression H_1. Si on soulève le piston de nouveau, cette même masse de gaz occupera un volume de $(R + C)$ litres, et sa pression deviendra égale à $H_1 \times \frac{R}{R + C}$ ou $H \times \left(\frac{R}{R + C} \right)^2$ et ainsi de suite après chaque coup de piston. On voit donc qu'à chaque coup de piston la masse de gaz contenue dans le récipient diminue et que le rapport entre les masses de gaz contenues dans le récipient après deux coups de pistons successifs est égal à $\left(\frac{R}{R + C} \right)$; il en est de même du rapport de leurs pressions. Les pressions dans le récipient décroîtront donc comme les puissances successives de $\left(\frac{R}{R + C} \right)$. La *limite de raréfaction* sera atteinte lorsque la soupape du piston refusera de s'ouvrir quand celui-ci arrive au bas de sa course, bien qu'il reste encore du gaz dans le récipient.

La formule de raréfaction est

$$H_n = H \times \left(\frac{R}{R + C} \right)^n.$$

Pratiquement, la limite de raréfaction est déterminée par les rentrées d'air que l'on ne peut éviter entre le corps de pompe et le piston ; en outre, la base inférieure du piston ne s'applique jamais exactement contre le fond du corps de pompe ; de là l'existence d'un *espace nuisible* qui réduira la limite de raréfaction à $H \times \frac{u}{C}$, en appelant u la capacité de l'espace nuisible.

Depuis quelques années, on construit des machines pneumatiques à mercure permettant de pousser la raréfaction jusqu'à une très petite fraction de millimètre de mercure.

400. Pompes. — *1° Pompe aspirante.* — Elle se compose d'un corps de pompe cylindrique A (*fig. 14*) dans lequel peut se mouvoir un piston C percé d'un trou fermé par la soupape D, qui ne s'ouvre que de bas en haut. A la base du corps de pompe est un *tuyau d'aspiration* E plongeant dans le réservoir d'où l'on veut extraire l'eau ; à la jonction du tuyau d'aspiration et du corps de pompe est une soupape B qui ne peut s'ouvrir que de bas en haut. A sa partie supérieure, le corps de pompe présente un *déversoir*.

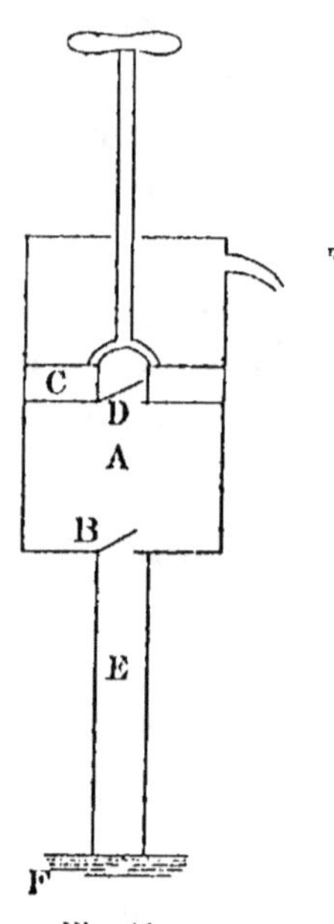

Fig. 14.

Supposons le piston en bas de sa course : le tuyau d'aspiration est rempli d'air à la pression atmosphérique extérieure. Soulevons le piston, la soupape D reste fermée sous l'action de la pression atmosphérique ; la soupape B s'ouvre et livre passage à l'air du tuyau d'aspiration, qui se répand dans le corps de pompe ; la force élastique de cet air diminue, et l'eau, sollicitée par l'excès de la pression atmosphérique qui s'exerce sur l'eau du puits, sur la force élastique de l'air intérieur, monte à une certaine hauteur dans le tuyau d'aspiration. Quand le piston descend, la soupape B se ferme, la soupape D s'ouvre et l'air du corps de pompe s'échappe dans l'atmosphère. Soulevons le piston de nouveau, l'eau va s'élever un peu plus haut dans le tuyau d'aspiration, et les mêmes phénomènes se reproduiront quand le piston descendra. A chaque coup de piston, l'eau s'élèvera dans le tuyau d'aspiration à une hauteur de plus en plus grande ; il arrivera donc un moment où l'eau arrivera dans le corps de pompe : la pompe est alors *amorcée*.

Supposons la pompe amorcée et abaissons le piston : la soupape B restera fermée ; la soupape D s'ouvrira et, quand le piston sera arrivé au bas de sa course, l'eau contenue dans le corps de pompe sera passée au-dessus du piston. Soulevons le piston : la soupape B s'ouvre et l'eau se précipite dans le corps de pompe pour le remplir entièrement ; la soupape D reste fermée, et le piston élève mécaniquement l'eau située au-dessus de lui jusqu'au déversoir par lequel elle s'écoule. Il en sera de même à chaque coup de piston. Il s'écoule donc par le déversoir, à chaque coup de piston, un volume d'eau égal à la capacité du corps de pompe.

Pour que la pompe puisse s'amorcer, il faut que la hauteur du tuyau E soit inférieure à 10^m,33 ; pratiquement, à cause des imperfections de l'appareil, la hauteur de E ne doit pas dépasser 7 à 8 mètres.

2° *Pompe foulante.* — Le corps de pompe plonge directement dans le réservoir (*fig. 15*) ; le piston est plein ; sur le côté du corps de pompe A est adapté un tuyau d'ascension E portant à sa base une soupape D ouvrant dans son intérieur ; à la base du corps de pompe est une soupape C ouvrant de bas en haut.

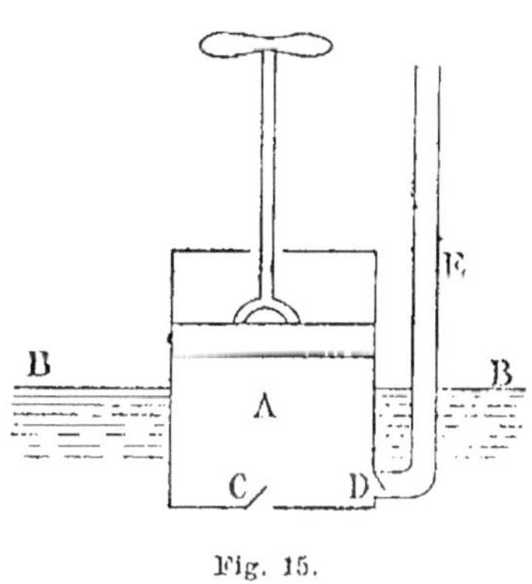

Fig. 15.

Lorsque le piston monte, la soupape C s'ouvre, soulevée par la poussée du liquide, et le corps de pompe se remplit ;

puis, lorsque le piston descend, la soupape C étant fermée

par son propre poids et par la pression qu'elle supporte,
l'eau, refoulée par le piston, fait ouvrir la soupape D et s'é-
lève dans le tuyau E, à une hauteur qui n'a d'autres limites
que la pression exercée sur le piston et la solidité de l'appareil. La pompe à incendie est une pompe foulante.

3° *Pompe aspirante et foulante.* — Si l'on ajoute un tuyau
d'aspiration à la pompe foulante, elle fonctionnera comme
pompe aspirante et foulante.

401. Siphon. — Un siphon est un appareil destiné au
transvasement des liquides : il se compose d'un tube de
verre ou de métal recourbé de manière à présenter deux
branches inégales (*fig. 16*) ; on remplit le siphon de liquide,
on bouche les deux branches et on plonge la petite branche
dans le liquide du récipient A ; le siphon est alors *amorcé* ;
si l'on débouche les deux branches, le liquide s'écoule immédiatement de la petite branche vers la grande. En effet,
supposons le siphon amorcé et fermé en B par une membrane élastique, comme un petit fragment de vessie par
exemple, empêchant l'écoulement mais pouvant transmettre
les pressions. Cette membrane supportera de bas en haut la
pression atmosphérique P ; de haut
en bas, elle supportera la pression
atmosphérique P qui s'exerce sur D,
augmentée du poids d'une colonne de
liquide ayant pour hauteur la différence des niveaux en A et en D. La
membrane supporte donc de haut en
bas un excès de pression égal au poids
d'une colonne de liquide ayant pour
hauteur la différence h entre la hauteur de la grande branche et la hauteur de la fraction de la petite branche
émergeant du liquide.

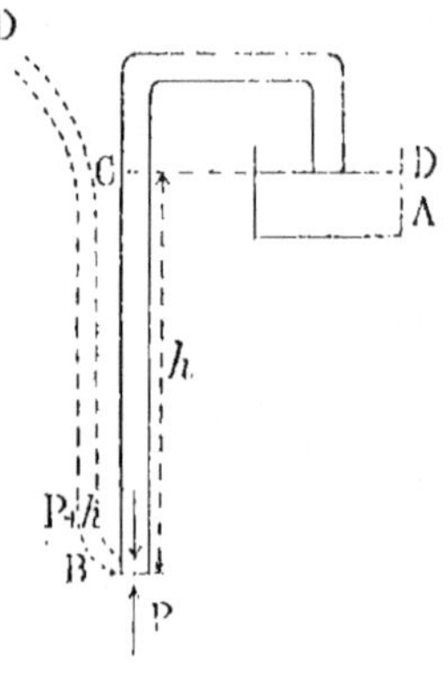

Fig. 16.

Enlevons la membrane : d'abord la colonne liquide ne peut

pas se diviser ; en effet, la pression atmosphérique comblera immédiatement tout vide tendant à se produire, en y poussant le liquide du réservoir. Enfin, le liquide s'écoulera par l'orifice B, tant qu'il y aura une différence de niveau entre B et D, car chacune des tranches liquides est poussée de la petite branche du siphon vers la grande par une force égale au poids d'une colonne liquide ayant pour base la section du tube et pour hauteur h. Au fur et à mesure que le vase A se vide, h diminue et la vitesse d'écoulement décroît progressivement.

Remarque. — Pour qu'un siphon destiné à transvaser de l'eau puisse fonctionner, il faut que la petite branche soit inférieure à $10^m,33$; pour transvaser du mercure, la petite branche du siphon doit être inférieure à 76 centimètres.

III. — CHALEUR

DILATATIONS

Dilatation des corps par la chaleur.

402. Température. — On donne le nom de *chaleur* à la cause de nos sensations de chaud et de froid. Les corps qui sont soumis à l'action de la chaleur sont le siège de phénomènes particuliers, appelés *phénomènes calorifiques*. Tout le monde sait qu'une barre métallique s'allonge sous l'action de la chaleur ; qu'une sphère de cuivre augmente de volume quand on la chauffe ; on dit alors que les corps se *dilatent* sous l'action de la chaleur.

Une masse de plomb suffisamment chauffée devient liquide ; l'eau, sous l'action de la chaleur, se transforme en vapeur : il y a alors changement d'état physique du corps sous l'action de la chaleur. Inversement, les corps se contractent quand ils perdent de la chaleur ; les gaz, par le refroidissement, passent à l'état liquide ; les liquides, suffisamment refroidis, prennent l'état solide.

Prenons un morceau de métal A assez chaud pour qu'on puisse à peine le tenir à la main ; prenons un autre morceau de métal B que le contact avec la main nous fait reconnaître être moins chaud que le précédent, et plaçons ces deux corps en contact ou maintenons-les à une petite distance l'un de l'autre, l'expérience montre que le corps A se refroidit en même temps qu'il diminue de volume, tandis que B s'échauffe en même temps qu'il se dilate ; on dira alors que les corps A et B étaient à des *températures différentes,* et que la température de A était plus élevée que celle de B. Mais il arrivera un moment où chacun de ces deux corps prendra un volume définitif, invariable : l'état calorifique des deux corps demeure alors aussi invariable ; on dit que les deux corps sont à la même température ; et cette température commune est évidemment intermédiaire entre les températures initiales de A et de B. De même, lorsque le volume d'un corps reste constant, on dit que sa température est constante ; lorsque son volume augmente, on dit que sa température s'élève ; lorsque son volume diminue, on dit que sa température s'abaisse. Ceci posé, prenons un morceau de fer, par exemple, et mesurons son volume a, quand il est placé dans une enceinte ; portons ce morceau de fer dans une autre enceinte, attendons qu'il se soit mis à la température de la seconde enceinte et mesurons de nouveau son volume b ; si a et b sont égaux, on dira que la seconde enceinte est à la même température que la première. Si b est différent de a, la seconde enceinte sera à une température différente de celle de la première et les volumes a et b caractériseront les états calorifiques des deux enceintes. Le morceau de fer est appelé un *thermomètre.* Un thermomètre est donc un corps qui, mis en contact avec différentes enceintes ou avec différents corps, indiquera, par ses variations de volume, l'égalité ou l'inégalité de leurs températures.

Thermomètre. — La meilleure substance thermométrique serait l'air atmosphérique ; dans la pratique, on emploie les thermomètres à mercure ou à alcool.

Thermomètre à mercure. — Pour construire un thermomètre à mercure, on prend un tube de verre *capillaire* A, présentant dans toute sa longueur un diamètre constant, ou, comme l'on dit, bien *calibré*. A l'une des extrémités du tube on souffle, dans la masse même du verre, un réservoir de forme cylindrique et on soude à l'autre extrémité une ampoule *a* terminée en pointe effilée (*fig. 17*) et fermée à la lampe.

Pour introduire le mercure, on brise la pointe de l'ampoule et on chauffe légèrement le réservoir et l'ampoule pour chasser la majeure partie de l'air renfermé dans l'appareil. On plonge la pointe de l'ampoule renversée dans une capsule renfermant du mercure pur et sec et on abandonne l'appareil au refroidissement : l'air intérieur se contracte, diminue de pression et une certaine quantité de mercure s'introduit dans l'ampoule ; on laisse ainsi pénétrer dans l'instrument une quantité de mercure suffisante pour remplir le réservoir, le tube capillaire et une partie de l'ampoule. On redresse alors l'instrument verticalement et une partie du mercure tombe dans le réservoir. On chauffe de nouveau le réservoir de manière à faire bouillir le mercure ; la majeure partie de l'air restant est chassée ; on laisse refroidir l'appareil, la vapeur de mercure se condense, une nouvelle quantité de mercure pénètre dans le réservoir ; en répétant ces diverses opérations plusieurs fois de suite, on arrive à remplir complètement de mercure le réservoir et la tige du thermomètre. On détache alors

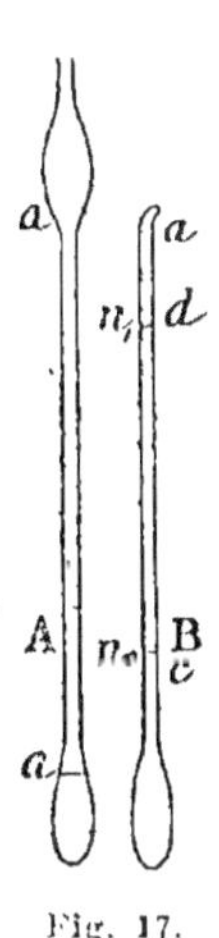

Fig. 17.

l'ampoule d'un trait de lime et on porte l'instrument à une température légèrement supérieure à la température la plus haute qu'il devra indiquer ; l'excès de mercure s'échappe du tube et on ferme à la lampe l'extrémité de la tige.

Graduation du thermomètre. — Après avoir construit le thermomètre, il faut le graduer.

En France, on a adopté, comme termes de comparaison, la température de la *glace fondante* et la température de la vapeur d'eau bouillante sous la pression de 1 atmosphère. Ces deux températures peuvent être obtenues facilement ; en outre, elles sont fixes.

On placera l'instrument dans la glace fondante et on marquera 0 au point d'arrêt du mercure ; on plongera l'instrument dans une étuve à vapeur d'eau bouillante sous la pression de 1 atmosphère, on marquera 100 au point d'arrêt du mercure. On divise l'intervalle en 100 parties égales et on prolonge les divisions au delà de 100 et en deçà de 0 : chaque partie de la tige s'appelle un *degré centigrade.*

On peut employer pour échelle tel mode de graduation que l'on voudra ; les deux autres échelles usitées sont l'échelle *Réaumur* R (*fig 18*), l'échelle *Fahrenheit* F (*fig. 18*) ; la figure montre quel est le mode de graduation de chacune d'elles ; les figures A et A' correspondent à des graduations arbitraires quelconques ; une échelle centigrade C montre quelle est la concordance des diverses échelles avec l'échelle centigrade.

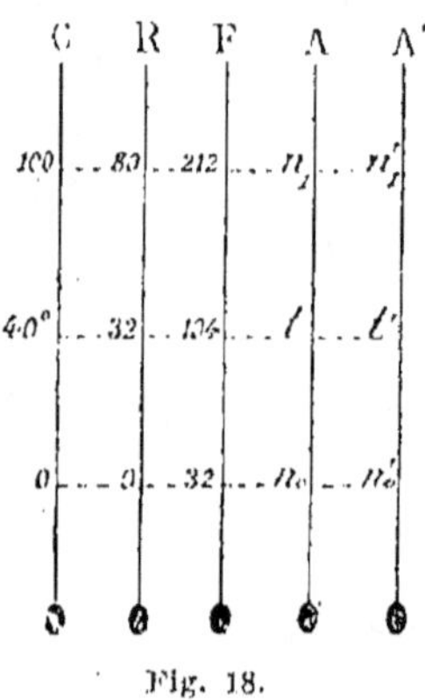

Fig. 18.

Thermomètre à alcool. — Le thermomètre à alcool se construit comme le précédent ; pour le graduer, on le plonge d'abord dans la glace fondante : on marque zéro au point d'arrêt de l'alcool ; puis on détermine par comparaison un autre degré de l'échelle, en plongeant le thermomètre dans l'eau tiède, dont la température est indiquée par un thermomètre *étalon* à mercure.

403. Coefficients de dilatation. — 1° *Corps solides*. — L'accroissement de volume d'un corps sous l'action de la chaleur est proportionnel à sa variation de température et à son volume à 0°. *On appelle coefficient de dilatation cubique* d'un solide l'accroissement qu'éprouve l'unité de volume de ce corps pour une élévation de température de 1° centigrade ; on le désigne par K.

Connaissant le volume V_0 d'un corps à 0°, on obtient son volume à $t°$ par la formule $V = V_0 (1 + Kt)$; la quantité $(1 + Kt)$ s'appelle le *binôme de dilatation*.

De cette formule on tire les suivantes :

$$V_0 = \frac{V}{1 + Kt} \quad \text{et} \quad V' = V \frac{1 + Kt'}{1 + Kt}.$$

Connaissant la densité D_0 d'un corps à 0°, sa densité D à $t°$ est donnée par la formule $D = \dfrac{D_0}{1 + Kt}$.

Mais les solides affectent souvent la forme de barres allongées ; il y a donc lieu de considérer leur dilatation linéaire ; il existe pour chaque barre un coefficient de dilatation linéaire c et l'on a la formule :

$$l = l_0 (1 + ct) \quad \text{et} \quad l' = l \frac{1 + ct'}{1 + ct}.$$

De plus, on a sensiblement : $K = 3c$.

Applications diverses de la dilatation des solides. — La dilatation des solides par la chaleur est fréquemment utilisée dans l'industrie. C'est ainsi que, si l'on veut cercler une roue de voiture, on fait le cercle un peu trop petit, puis on le chauffe presque au rouge : il est alors assez dilaté pour pouvoir être mis facilement en place ; on le refroidit aussitôt, il se contracte alors et serre fortement la roue.

Les rails des chemins de fer, qui se placent bout à bout, ne sont jamais en contact ; on laisse entre eux l'espace nécessaire pour qu'ils puissent se dilater pendant l'été sans exercer de pression les uns sur les autres.

2° *Corps liquides.* — Les liquides sont soumis aux mêmes lois de dilatation que les solides ; les formules sont exactement les mêmes :

$$V = V_0 (1 + Kt) \qquad \text{et} \qquad D = \frac{D_0}{1 + Kt}.$$

Généralement, quand on échauffe un liquide, son volume augmente progressivement ; l'eau fait exception à cette règle : si l'on chauffe de l'eau liquide prise à 0°, tout d'abord ce liquide se contracte entre 0° et 4° ; au-dessus de 4°, l'eau se dilate comme les autres liquides. Donc, à 4° le volume d'une masse donnée d'eau est plus petit qu'à toute autre température ; sa densité est donc alors la plus grande possible ; on exprime ce fait en disant qu'à 4° l'eau présente son maximum de densité.

404. Action de la chaleur sur les gaz. — Tous les gaz, *sous pression constante*, se dilatent par la chaleur et le coefficient de dilatation α est le même pour tous et égal à 0,00367 ; il en résulte la formule suivante :

$$\frac{V}{1 + \alpha t} = \frac{V'}{1 + \alpha t'}.$$

De là *la première loi de Gay-Lussac : Les volumes occupés à différentes températures par une même masse gazeuse de force élastique constante sont proportionnels aux binômes de dilatation.*

De même, *à volume constant*, la force élastique d'un gaz augmente avec sa température ; elle obéit à *la deuxième loi de Gay-Lussac : Les pressions exercées à différentes températures par une même masse gazeuse de volume constant sont proportionnelles aux binômes d'élasticité.*

$$\frac{H}{1 + \alpha t} = \frac{H'}{1 + \alpha t'}.$$

α est encore ici égal à 0,00367.

Enfin, si le volume et la pression varient tous deux, la formule fondamentale des gaz est

$$\frac{VH}{1 + \alpha t} = \frac{V'H'}{1 + \alpha t'}.$$

405. Masse spécifique normale de l'air. — On appelle *masse spécifique normale* d'un gaz la masse de 1 centimètre cube de ce gaz à 0° et sous la pression d'une colonne de mercure de 760 millimètres de hauteur.

Les expériences de M. Regnault ont montré qu'à Paris, au niveau de la mer, 1 centimètre cube d'air, à 0° et sous la pression de 760 millimètres de mercure, a pour masse 0,001293 *gramme-masse*.

Une masse d'air de volume V, à $t°$ et sous la pression 760 millimètres, a pour expression :

$$M = \frac{V}{1 + \alpha t} \times \frac{H}{760} \times 0,001293.$$

406. Densité d'un gaz par rapport à l'air. — *On appelle densité d'un gaz par rapport à l'air, ou simplement densité d'un gaz, le rapport entre les masses de volumes égaux de ce gaz et d'air pris à 0° et sous la pression 760.*

La masse d'un gaz quelconque, de densité d par rapport à l'air, a pour expression :

$$M = \frac{V}{1 + \alpha t} \times \frac{H}{760} \times 0,001293 \times d.$$

407. Aérostats. — Le principe d'Archimède est applicable aux gaz aussi bien qu'aux liquides ; donc, si un corps éprouve de la part de l'atmosphère une poussée supérieure à son poids, il devra s'élever dans l'air ; les aérostats sont fondés sur ce principe. Un aérostat se compose d'une enveloppe sphérique, en taffetas verni au caoutchouc, remplie de gaz d'éclairage, dont la densité est 0,552.

Si nous désignons par V le volume de l'aérostat en mètres cubes, il subit de la part de l'air extérieur une poussée égale à $\dfrac{V}{1+\alpha t} \times \dfrac{H}{760} \times 1,293$ kilogr. ; son poids se compose du poids du taffetas, du filet, de la nacelle, du lest et de l'aéronaute, que nous représenterons par p kilogr., augmenté du poids du gaz d'éclairage qui est $\dfrac{V}{1+\alpha t} \times \dfrac{H}{760} \times 1,293 \times$ 0,552 kilogr. ; l'aérostat s'élèvera donc sous l'action d'une force verticale, dirigée de bas en haut, appelée *force ascensionnelle* et égale à

$$\left[\frac{VH}{1+\alpha t} \times \frac{1,293}{760}(1 - 0,552) - p \right] \text{kilogr.}$$

L'aérostat est librement ouvert à sa partie inférieure et il est toujours incomplètement gonflé au départ ; au fur et à mesure que l'aérostat monte, le ballon se gonfle de plus en plus, et sa force ascensionnelle demeurera constante, tant qu'il ne sera pas complètement gonflé.

Lorsque l'aérostat sera complètement gonflé, V restera invariable et H diminuera si l'aérostat s'élève ; à partir de ce moment, le gaz d'éclairage s'échappe peu à peu par le bas du ballon ; la force ascensionnelle diminue progressivement et devient bientôt nulle. Le ballon flotte alors dans l'atmosphère à une altitude constante. Si l'aéronaute veut s'élever davantage, il faut diminuer le poids p des accessoires ; à cet effet, on a emporté avec soi du sable formant *lest* ; si l'on veut monter, on jette une partie du lest. Si l'aéronaute veut descendre, il ouvre la soupape supérieure ; une partie du gaz d'éclairage s'échappe et est remplacée par l'air extérieur plus dense que lui ; l'aérostat augmente de poids et la descente s'effectue.

CALORIMÉTRIE

408. Chaleur spécifique. — Un kilogramme d'eau, pour élever sa température de *un* degré, exige toujours la même quantité de chaleur que nous prendrons pour unité et que nous appellerons une *calorie*; si nous cherchons maintenant la quantité de chaleur nécessaire pour élever de un degré la température d'un kilogramme de fer, nous trouverons $0^{cal},1137$; pour un kilogramme de cuivre, $0^{cal},09$; pour un kilogramme de mercure, $0^{cal},03$, etc.; donc *la quantité de chaleur absorbée par l'unité de poids d'un corps, pour élever sa température de un degré, varie avec la nature de ce corps:* on donne à cette quantité de chaleur le nom de *chaleur spécifique* du corps.

Désignons par c la chaleur spécifique d'un corps; dès lors la quantité Q de chaleur absorbée ou perdue par P kilogr. de ce corps pour une variation de température de t^o à t'^o a pour expression :

$$Q = P c (t' - t) \text{ calories.}$$

Si t' est $> t$, Q est de la chaleur gagnée; si t' est $< t$, Q est de la chaleur perdue.

Principe de la méthode des mélanges. — La détermination de la chaleur spécifique d'un corps par la méthode des mélanges consiste à plonger un poids P de la substance, à la température T, dans un poids p d'eau à la température t et à écrire, lorsque l'équilibre de température est obtenu, que la chaleur abandonnée par le corps qui s'est refroidi est égale à la quantité de chaleur absorbée par celui qui s'est échauffé.

Si l'on désigne par x la chaleur spécifique cherchée et par θ la température finale commune au mélange, on a l'équation :

$$P x (T - \theta) = p (\theta - t);$$

on en tire :

$$x = \frac{p (\theta - t)}{P (T - \theta)}.$$

FUSION ET SOLIDIFICATION

409. Fusion. — *La fusion est le passage brusque d'un corps de l'état solide à l'état liquide sous l'action de la chaleur.*

Lois de la fusion. — 1re loi. — *Chaque espèce chimique fond à une température déterminée, invariable pour chacune d'elles et que l'on appelle son point de fusion.*

2e loi. — *Dès que la fusion est commencée, la température de la masse en fusion reste invariable, jusqu'à ce que la fusion soit complète.* En effet, quand on plonge un thermomètre dans la glace fondante, le niveau du mercure dans la tige reste stationnaire.

Généralement, la fusion d'un corps est accompagnée d'une augmentation brusque de volume ; il y a exception pour la glace et pour la fonte, qui diminuent de volume en fondant.

Chaleur de fusion. — Il résulte de la seconde loi de la fusion que la chaleur cédée par la source à la masse en fusion n'est plus sensible au thermomètre ; elle est entièrement dépensée pour accomplir le travail moléculaire correspondant au changement d'état : cette quantité de chaleur transformée en travail porte le nom de *chaleur de fusion* ; elle varie, sous le même poids, d'une espèce chimique à une autre.

On appelle *chaleur de fusion* d'un corps le nombre de *calories* nécessaire pour faire fondre *un kilogramme* de ce corps, sans variation de température.

La chaleur de fusion de la glace est 80 calories ; celle du phosphore est 5 calories, etc.

410. Solidification. — *La solidification est le passage d'un liquide à l'état solide par refroidissement.* Elle est soumise à deux lois qui sont les réciproques de celles de la fusion :

1re loi. — *Pour chaque espèce chimique, la solidification se produit à une température déterminée, qui est celle de la fusion.*

2e loi. — *Pendant toute la durée de la solidification, la tempé-*

rature de la masse qui se solidifie reste invariable. — En effet, le travail moléculaire correspondant à la solidification se transforme en chaleur ; le liquide restitue la chaleur de fusion qui maintient constante la température de la masse malgré le refroidissement.

Changement de volume pendant la solidification. — Généralement, quand un liquide se solidifie, il y a *contraction de volume* ; le solide formé est plus dense que le liquide. La fonte de fer, l'eau, le bismuth, etc., font exception ; ces corps augmentent de volume en se solidifiant. On utilise cette propriété de la fonte de fer pour le moulage des objets en fonte.

L'eau, en se congelant, augmente de volume ; la densité de la glace est égale à 0,930. L'accroissement de volume pris par l'eau en se congelant produit des effets mécaniques très puissants, comme la rupture des vases et la rupture des vaisseaux des végétaux par congélation de la sève ; cependant, l'étroitesse des vaisseaux permet à l'eau d'être *surfondue* et de pouvoir résister à des froids allant jusqu'à — 20°, sans se congeler ; on protégera les végétaux contre la gelée en les entourant de paille.

411. *Dissolution.* — L'expérience journalière nous montre que le sucre mis en présence de l'eau passe à l'état liquide, qu'il en est de même pour le sel marin, le salpêtre, etc. ; on donne à ce mode particulier de fusion le nom de *dissolution*.

L'eau n'est pas le seul dissolvant employé ; l'iode se dissout dans l'alcool ; le phosphore et le soufre se dissolvent dans le sulfure de carbone, etc. La dissolution n'est qu'un cas particulier de la fusion ; le corps solide absorbe de la chaleur qu'il emprunte au dissolvant ; en outre, le liquide provenant de la fusion du corps solide se diffuse dans le dissolvant et cette diffusion exige encore de la chaleur.

Il n'y a pas de température fixe de dissolution. — Une même espèce chimique se dissout dans son dissolvant à toute température et la quantité de matière dissoute augmente générale ment avec la température. Prenons pour exemple le *salpêtre* ; à 20°, l'expérience montre que 100 grammes d'eau ne peuvent dissoudre plus de $32^{gr},5$ de salpêtre ; si l'on ajoute une nouvelle quantité de salpêtre, elle reste à l'état solide ; on dit alors que la liqueur est saturée ; à 50°, les 100 grammes d'eau sont saturés par 85 grammes de salpêtre, etc. Le sel marin est à peu près aussi soluble dans l'eau à froid qu'à chaud.

Inversement, prenons une dissolution saturée de salpêtre à 50° ; elle contient 85 p. 100 de salpêtre ; abandonnons cette dissolution à elle-même ; elle va se refroidir jusqu'à la température ambiante, 20° par exemple ; alors elle ne peut plus contenir que 32,5 p. 100 de salpêtre ; par conséquent, il devra se déposer à l'état solide, sous forme de cristaux, un poids de sel représenté par 52,5 p. 100.

412. Mélanges réfrigérants. — On a utilisé l'absorption de chaleur qui accompagne la fusion et la dissolution pour produire des froids très intenses à l'aide de certains mélanges, nommés *mélanges réfrigérants*. Mettons, par exemple, en contact de la glace pilée et du sel marin ; pour que le sel puisse se dissoudre, il faut d'abord que la glace passe à l'état liquide ; pour cela elle aura besoin d'une certaine quantité de chaleur qu'elle empruntera au mélange, si aucune source extérieure ne la lui fournit. En outre, le sel marin, en se dissolvant dans l'eau formée, absorbera aussi de la chaleur ; ces deux phénomènes détermineront un abaissement de température du mélange et des corps qui en seront voisins. L'abaissement de température sera limité par la congélation du liquide résultant de la dissolution du sel marin dans l'eau.

Les mélanges réfrigérants les plus employés sont les suivants :

Glace et sel marin, limite inférieure . . . . 21°
Neige et chlorure de calcium, limite inférieure. . . . 50° environ
Glace et sulfocyanure de potassium, limite inférieure . 35°,2

On emploie fréquemment un mélange de 3 parties de sulfate de soude et de 2 parties d'acide chlorhydrique du commerce ; dans ce cas, on utilise exclusivement le froid qui accompagne la dissolution du sel dans l'acide.

PROPRIÉTÉS DES VAPEURS

413. — On appelle *vaporisation* le passage d'un corps de l'état liquide à l'état gazeux : on donne le nom de *vapeur* au gaz ainsi formé. La vaporisation d'un liquide exige de la chaleur ; cette chaleur peut être fournie par un foyer, comme pour l'ébullition de l'eau, ou elle peut être fournie par l'air ambiant, comme dans le cas de l'évaporation de l'eau ou de l'éther dans un vase exposé à l'air.

L'expérience montre que dans le vide un liquide se vaporise instantanément ; il suffit de faire passer quelques gouttes d'éther dans la chambre d'un baromètre, pour que l'éther se transforme en une vapeur invisible, manifestant sa présence par l'abaissement du mercure ; la quantité dont le mercure s'abaisse mesure la *force élastique* de la vapeur formée. À chaque nouvelle quantité d'éther introduite, la colonne de mercure se déprime de nouveau ; cependant, la vaporisation n'est pas indéfinie ; il arrive un moment où l'éther introduit ne se vaporise plus ; il forme au-dessus du mercure une petite couche de liquide et la hauteur de la colonne de mercure soulevée devient *invariable*. Il est évident qu'alors la chambre barométrique renferme la quantité maxima de vapeur qu'elle puisse contenir dans les conditions de l'expérience : on dit que la chambre barométrique est saturée de vapeur et que la vapeur qu'elle renferme est *saturante*. De plus, dans ces conditions, la colonne de mercure a subi la dépression la plus grande qu'elle puisse supporter à la température de l'expérience ; donc, quand la vapeur est saturante, elle possède la force élastique limite ou la tension maxima que puisse posséder la vapeur d'éther à la température de l'expérience.

Ces expériences montrent que l'on doit considérer deux catégories de vapeurs : 1° les vapeurs dont la force élastique est inférieure à la force élastique maxima correspondant aux conditions de l'expérience et dites *vapeurs non saturantes* ; 2° les vapeurs dont la force élastique est égale à la force élastique maxima correspondant aux conditions de l'expérience et appelées *vapeurs saturantes*. Les vapeurs non saturantes peuvent être considérées comme des gaz et on peut leur appliquer les lois de Mariotte et de Gay-Lussac.

Les vapeurs saturantes au contraire possèdent des propriétés spéciales qui sont les suivantes :

1° *A une même température, la tension maxima d'une vapeur en contact avec un excès du liquide générateur est indépendante du volume occupé par la vapeur.*

Si le volume diminue, une certaine quantité de vapeur se liquéfie ; si le volume augmente, une nouvelle quantité de liquide se vaporise ; quand tout le liquide est totalement vaporisé, la vapeur devient non saturante et la force élastique diminue quand son volume augmente.

2° *A la même température, la force élastique maxima d'une vapeur varie avec la nature du liquide générateur.* Un liquide est d'autant plus *volatil* que, pour la température ordinaire, la force élastique de sa vapeur saturante est plus grande ; l'éther, l'alcool, sont des liquides volatils ; certains liquides, comme l'acide sulfurique, n'émettent pas de vapeurs à la température ordinaire.

3° *La tension maxima d'une vapeur saturante en contact avec un excès du liquide générateur croît à mesure que la température s'élève.*

4° *Quand un liquide bout, la tension maxima de la vapeur formée est égale à la pression que supporte la surface libre du liquide.*

5° *Principe de Watt.* — *Lorsqu'un liquide émet de la vapeur dans une enceinte dont les différentes parties n'ont pas la même température, le liquide distille peu à peu, de la région plus chaude où il est placé, vers la région plus froide dans laquelle il finit par arriver en totalité ; et si la disposition de l'enceinte permet au liquide distillé de ne pas retomber dans le compartiment échauffé, la force élastique finale de la vapeur représente la tension maxima correspondante au point le plus froid de l'enceinte.*

414. Tables. — On a déterminé, pour les liquides usuels, des tables faisant connaître la tension maxima de leur vapeur à différentes températures ; pour l'eau, on a dressé une table donnant la force élastique maxima de la vapeur d'eau de degré en degré ; à 0°, elle est de 4 millimètres ; à 100°, la tension est d'une atmosphère ; à 121°, de 2 atmosphères environ ; à 134°, de 3 ; à 144°, de 4 ; et à 230°, elle est de plus de 27 atmosphères.

415. *Mélange des gaz et des vapeurs.* — Quand une vapeur se forme en présence d'un gaz, la vaporisation n'est plus instantanée ; elle demande un temps assez long ; mais, lorsqu'elle est aussi complète que possible, la vapeur formée possède la même force élastique que celle qu'elle possède dans le vide à la même température et dans les mêmes conditions de formation.

1.er CAS. — *La vaporisation du liquide est complète.* — Dans ce cas, la *vapeur non saturante* formée se comporte comme un gaz ; les lois du mélange des gaz sont applicables au mélange du gaz et de la vapeur.

2.e CAS. — *La vapeur est saturante.* — Le phénomène est alors soumis aux lois de Dalton.

1.re loi. — *Toute vapeur saturante en contact avec un gaz possède la même force élastique maxima que celle qu'elle posséderait dans le vide à la même température.*

2.e loi. — *Quand plusieurs vapeurs saturantes sont mélangees, chacune d'elles se comporte comme si elle était seule.*

416. *Évaporation.* — On appelle *évaporation* la formation de vapeurs à la surface libre d'un liquide. L'évaporation peut avoir lieu en vase clos ou à l'air libre.

1° *Évaporation en vase clos*. — La production de la vapeur s'arrête lorsque l'espace qui surmonte le liquide est saturé.

2° *Évaporation à l'air libre*. — L'évaporation continue jusqu'à ce que tout le liquide ait disparu. La rapidité de l'évaporation dépend d'un certain nombre de causes dont l'influence est liée aux propriétés des vapeurs.

L'évaporation est d'autant plus rapide que la température est plus élevée, et que la surface libre du liquide est plus considérable.

L'agitation de l'air favorise l'évaporation ; on en fait une application dans les *séchoirs* industriels.

La vitesse de l'évaporation dépend de la quantité de vapeur qui existe déjà dans l'atmosphère placée au-dessus du liquide. Si l'atmosphère est près d'être saturée, l'évaporation est très lente et presque nulle ; elle devient au contraire très rapide quand l'atmosphère est sèche.

L'évaporation est d'autant plus rapide que la pression atmosphérique est plus faible ; dans le vide, la rapidité est excessive. Les liquides volatils s'évaporent plus rapidement que les liquides non volatils.

417. *Ébullition*. — *L'ébullition est la production de bulles de vapeur au sein d'un liquide*. — Plaçons de l'eau ordinaire dans un vase de verre et chauffons ce récipient par sa partie inférieure ; au bout de quelques instants, nous verrons des bulles de gaz très petites apparaître sur tous les points chauffés de la paroi. Ces bulles grossissent peu à peu et bientôt chacune d'elles est le siège de la production de bulles de vapeur qui s'élèvent vers la surface de l'eau ; au commencement, ces bulles se condensent dans les parties supérieures du liquide et on entend un bruissement particulier que l'on exprime en disant que l'eau chante. Bientôt, les bulles deviennent plus grosses et s'élèvent vers la surface du liquide où elles crèvent : l'ébullition est alors commencée et un bouillonnement continu se manifeste dans la masse entière du liquide. Un thermomètre plongé dans la vapeur reste *stationnaire* pendant toute la durée de l'ébullition et indique la température à laquelle se produit le phénomène.

Les lois de l'ébullition sont les suivantes :

1re loi. — *Sous une pression déterminée, un liquide bout à une température telle que la force élastique maxima de la vapeur soit égale à la pression supportée par le liquide.* — Cette condition nécessaire n'est pas suffisante ; il faut en outre que le liquide présente dans sa masse des corps gazeux interposés.

2e loi. — *Pendant toute la durée de l'ébullition, la température de la vapeur reste constante.*

On appelle *point d'ébullition normal* d'un liquide la température à laquelle ce liquide bout sous la pression d'une atmosphère.

L'eau a pour point normal d'ébullition 100° ; l'alcool, 78°,5 ; l'éther, 35°,5 ; la benzine, 80° ; le mercure, 360° ; l'huile, 316°, etc...

La température d'ébullition d'un liquide s'élève avec la pression ; on peut même, comme dans la marmite de Papin, chauffer dans un vase clos une certaine quantité d'eau sans qu'elle entre en ébullition ; le même phénomène se produit dans les chaudières des machines à vapeur.

418. *Distillation.* — Quand on refroidit suffisamment une vapeur, elle se liquéfie.

Pour liquéfier une vapeur, il faut la refroidir au-dessous du point où sa force élastique maxima est égale à la pression extérieure, ou bien la comprimer de façon que la pression devienne supérieure à sa force élastique maxima.

Une application importante des lois de la liquéfaction des vapeurs est la *distillation,* qui permet d'obtenir les différents liquides à l'état de pureté parfaite. Prenons pour exemple la distillation de l'eau.

Quand on porte à l'ébullition de l'eau contenant un sel en dissolution, la vapeur est toujours exempte de matières étrangères ; si donc on condense cette vapeur, on obtiendra de l'eau parfaitement pure. Cette ébullition, suivie de la condensation de la vapeur, s'effectue dans des appareils spéciaux appelés *alambics* ; la vapeur se condense dans un *serpentin* entouré d'un *réfrigérant* dans lequel circule un courant continu d'eau froide.

Dans l'industrie, on a fréquemment à séparer un mélange de liquides inégalement volatils ; on emploie alors la méthode des distillations fractionnées. En chauffant progressivement le mélange, le liquide le plus volatil commence à bouillir le premier ; pendant ce temps, la température reste à peu près constante, et les vapeurs de ce liquide distillent sensiblement seules ; on a donc séparé ainsi le liquide le plus volatil de la plus grande partie de ceux qui l'accompagnaient. En recommençant l'opération une deuxième et une troisième fois sur le produit de la première distillation, on arrive à obtenir un liquide parfaitement pur. On opère de même pour tous les autres. Cette opération est effectuée en grand pour rectifier l'alcool, c'est-à-dire lui enlever l'eau avec laquelle il est mélangé.

419. *Chaleur de vaporisation.* — Nous avons vu que la vaporisation d'un liquide exige une certaine quantité de chaleur, puisque, pendant toute la durée de l'ébullition du liquide, la température de la vapeur formée reste constante ; la chaleur fournie par le foyer est uniquement employée au changement d'état. Cette chaleur, transformée en travail, a reçu le nom de *chaleur de vaporisation*.

La chaleur de vaporisation d'un liquide est le nombre de calories nécessaires pour faire passer un kilogramme de ce liquide à l'état de vapeur saturante, sans changement de température. — La chaleur de vaporisation de l'eau, à 100°, est égale à 537 calories.

MACHINES A VAPEUR

420. *Principe de la machine à vapeur.* — La *machine à vapeur*, inventée en 1690 par le savant français Denis Papin, utilise la force élastique de la vapeur d'eau pour produire du travail mécanique.

Dans toute machine à vapeur, on trouve toujours une chaudière ou *générateur* de vapeur, dans laquelle on chauffe une masse considérable d'eau à une température telle que la force élastique de la vapeur soit égale à plusieurs atmosphères. On fait ensuite agir cette vapeur sur l'une des faces d'un piston, dont l'autre face supporte la pression atmosphérique ; le piston se meut sous l'action d'une force égale à la différence entre la force élastique de la vapeur et la pression atmosphérique. Il suffira de distribuer la vapeur alternativement sur l'une ou sur l'autre face du piston, pour que celui-ci soit animé d'un mouvement alternatif, que l'on transformera en mouvement circulaire par un mécanisme convenable. Quand la vapeur a agi sur l'une des faces du piston, elle s'échappe généralement dans l'atmosphère.

Le piston est contenu dans un cylindre ou *corps de pompe* en bronze ou en acier ; sur les flancs du cylindre est le distributeur de vapeur, généralement composé d'un système spécial, appelé *tiroir*, réglé automatiquement par la marche même de la machine, à l'aide d'un mécanisme spécial, appelé *excentrique.*

Détente. — Si la vapeur agit sur l'une des faces du piston pendant toute la durée de sa course, sa force élastique reste sensiblement la même et l'on dit que la machine fonctionne sans détente ; mais, dans la plupart des machines, le tiroir est disposé de telle sorte que l'entrée de la vapeur dans le cylindre ne se fasse que pendant une partie de la course du piston ; alors, la vapeur introduite augmente de volume, se détend, en diminuant de pression. Le travail produit est évidemment moindre que si la vapeur avait continué à pénétrer dans le corps de pompe; mais il se trouve obtenu sans dépense; d'où une réelle économie.

A dépense égale de vapeur et, par suite, de combustible, la machine à détente produit plus de travail qu'une machine sans détente.

Pour qu'une machine fonctionne avec détente, on règle la marche ou les dimensions du tiroir, de manière que l'arrivée de la vapeur dans le cylindre soit interceptée quand le piston n'a parcouru qu'une fraction de sa course totale.

Condenseur. — Dans les machines à haute pression et dans la plupart des machines mobiles, la vapeur, après avoir agi sur le piston, s'échappe dans l'atmosphère.

Il résulte de cette disposition que la paroi du piston opposée à celle où agit la vapeur supporte la pression atmosphérique; en sorte que, si dans la chaudière la pression est de 8 atmosphères par exemple, la force qui fera mouvoir le piston sera 7 atmosphères: d'où une perte de force de 12,5 p. 100; si la machine fonctionnait à 2 atmosphères, la perte serait de 50 p. 100.

Watt a alors imaginé de faire rendre la vapeur, qui a agi sur le piston, dans un récipient clos, appelé *condenseur*, et contenant de l'eau froide constamment renouvelée. Si l'eau des condenseurs est à 30° par exemple, la vapeur se condense jusqu'à ce que sa force élastique corresponde à la température de 30°, c'est-à-dire soit égale à 31 millimètres ou 0,05 d'atmosphère. La force effective qui fera mouvoir le piston dans le deuxième cas cité plus haut sera alors (2 — 0,05) ou $1^{atm},95$, c'est-à-dire une force presque double de celle qui agirait dans la machine sans condenseur.

Il est évident qu'il faut enlever au fur et à mesure l'eau injectée qui absorbe toute la chaleur abandonnée par la vapeur en se condensant; cette eau ainsi échauffée est aspirée par une pompe et utilisée pour alimenter la chaudière.

Puissance. — La puissance des machines à vapeur s'évalue en *chevaux-vapeur*. On dit qu'une machine a une puissance d'un *cheval-vapeur* lorsqu'elle est capable d'effectuer un travail de 75 kilogrammètres par seconde.

On appelle *coefficient économique réel* ou *rendement* d'une machine, le rapport entre le travail utile de la machine et le travail total correspondant à la chaleur dégagée par la combustion du combustible employé. Dans les meilleures machines, le rendement ne dépasse pas 0,125.

421. *Notions sur l'équivalent mécanique de la calorie.* — Le soleil et les foyers ne sont pas les seules sources de chaleur; chacun sait que le frottement dégage de la chaleur, qu'une balle de plomb, lancée par un fusil, s'échauffe en frappant une cible; de même, la compression d'un gaz dégage de la chaleur et sa détente produit du froid.

Dans nos foyers, la chaleur est produite par une action chimique, qui est la combinaison de l'oxygène de l'air avec le combustible; dans le frottement, le choc et la compression des gaz, la chaleur provient de la perte d'une certaine quantité d'énergie, qui se transforme en chaleur.

Il doit donc exister une *équivalence* entre le travail dépensé et la quantité de chaleur dégagée; de même, quand on échauffe un gaz, sa force élastique augmente et le gaz peut chasser un piston, en effectuant du travail; il y aura encore équivalence entre la chaleur consommée et le travail produit.

L'expérience montre que la dépense d'*une* calorie produit 425 kilogrammètres de travail et qu'inversement la dépense d'un kilogrammètre de travail dégage 1/425 de calorie.

Le nombre 425 s'appelle l'équivalent mécanique de la calorie.

Dans le système C. G. S., l'unité de quantité de chaleur est la *calorie-gramme,* ou petite calorie, ou calorie C. G. S.; l'unité de travail est l'*erg*; l'équivalent mécanique de la petite calorie est égal à $4,17 \times 10^7$ ergs; on dit encore qu'une petite calorie dépensée fournit un travail égal à 4,17 *joules*.

422. *Idée de la conservation de l'énergie.* — La chaleur, la lumière, l'électricité, le travail chimique, etc., ne sont que des formes différentes de l'énergie. Les machines à vapeur transforment la chaleur en énergie mécanique par l'intermédiaire de la vapeur d'eau; les machines à gaz transforment en énergie mécanique la chaleur de combustion du gaz d'éclairage. Nous verrons plus tard que les machines électriques modernes transforment du travail mécanique en électricité et que le courant produit peut de nouveau donner naissance à de l'énergie mécanique, à de la lumière, etc. Dans tous ces phénomènes, il y a conservation intégrale de l'énergie qui ne peut que se manifester sous diverses formes.

HYGROMÉTRIE

423. *Pluie et neige.* — La présence de la vapeur d'eau contenue dans l'air en quantité plus ou moins considérable est la cause des divers météores aqueux qui s'y produisent.

Les *brouillards* sont dus à la condensation de la vapeur d'eau que renferment les couches inférieures de l'atmosphère.

Les *nuages* ne sont autre chose que des brouillards se formant à des altitudes plus ou moins considérables.

La *pluie* est due au refroidissement des nuages, dont les globules s'accroissent par la condensation de la vapeur environnante et tombent sur la terre.

La *neige* et le *grésil* sont formés par des aiguilles de glace résultant de la condensation de la vapeur d'eau à une température inférieure à 0°. La *grêle* est formée d'un morceau de glace autour duquel de nouvelle glace s'est déposée par couches concentriques. Le *verglas* est dû à la solidification instantanée de la pluie tombant à l'état de surfusion.

424. *État hygrométrique de l'air.* — Lorsque l'air est presque saturé de vapeur d'eau, il suffit d'un petit abaissement de température pour qu'une partie de la vapeur se condense;

on dit alors que l'air est très *humide*. Si au contraire l'air est loin d'être saturé, il faudra un notable abaissement de température pour provoquer la condensation de la vapeur ; on dit alors que l'air est *sec*. L'air est donc plus ou moins humide suivant que la vapeur d'eau qu'il renferme est plus ou moins éloignée de son point de saturation. On appelle *état hygrométrique* de l'air le rapport entre la tension actuelle f de la vapeur d'eau dans l'air et la tension maxima F de la vapeur d'eau à la même température. On le désigne par e et l'on pose :

$$e = \frac{f}{F}.$$

Les instruments à l'aide desquels on détermine l'état hygrométrique de l'air ont reçu le nom d'*Hygromètres*.

425. Hygromètres usuels. — On s'est servi pendant longtemps de l'hygromètre à cheveu fondé sur l'allongement des matières organisées quand l'air devient plus humide. Aujourd'hui, on emploie presque exclusivement le *psychromètre fronde*. On entoure de coton cardé le réservoir d'un thermomètre ; on imbibe ce coton d'eau et, après avoir attaché le thermomètre à une ficelle, on fait tourner l'instrument comme une fronde. L'eau s'évapore d'autant plus rapidement que l'air est moins humide ; l'évaporation de l'eau exige de la chaleur fournie par le réservoir du thermomètre ; le thermomètre marquera donc une température inférieure à celle marquée par le thermomètre ordinaire de laboratoire. Une formule spéciale permet de déduire des indications des deux instruments l'état hygrométrique de l'air.

426. *Rosée.* — On donne le nom de *rosée* à la condensation de la vapeur d'eau atmosphérique qui est déposée pendant la nuit sous la forme de gouttelettes liquides à la surface des corps placés sur le sol.

C'est un physicien anglais, Wells, qui a donné l'explication aujourd'hui admise de ce phénomène. Dès que le soleil a disparu de l'horizon, le refroidissement du sol et de l'atmosphère se produit ; mais le sol, dont le pouvoir émissif est plus considérable que celui de l'air, se refroidit plus rapidement que ce dernier ; il est facile, en effet, de constater que, par une nuit sereine, un thermomètre posé sur le gazon accuse une température inférieure de 5 à 6 degrés à celle de l'air situé à un mètre plus haut. La couche d'air qui est en contact immédiat avec la terre sera donc à une température plus basse que les couches supérieures et, si la vapeur qu'elle contient n'est pas trop éloignée de son point de saturation, il arrivera un moment où elle se condensera partiellement et formera la rosée.

IV. — MAGNÉTISME

427. *Aimants.* — On appelle *aimants* les corps capables d'attirer le fer ; les uns sont naturels, comme l'oxyde magnétique de fer Fe^3O^4 ; les autres sont artificiels et formés par des barreaux ou par des aiguilles d'acier obtenus par frottement avec l'aimant naturel ou par l'action d'un courant électrique.

428. *Pôles.* — Si l'on plonge un barreau aimanté dans de la limaille de fer, celle-ci s'attache surtout aux deux extrémités de l'aimant, comme si le barreau présentait deux centres d'attraction auxquels on a donné le nom de *pôles* de l'aimant.

L'existence des pôles se manifeste mieux encore dans l'expérience du *spectre magnétique :* au-dessous d'une lame de carton on place un barreau aimanté (*fig. 19*) ; puis, à l'aide d'un tamis, on saupoudre le carton de limaille de fer ; en donnant à la lame de petites secousses, on voit les grains de limaille s'assembler bout à bout, de manière à tracer des courbes régulières partant de l'un des pôles de l'aimant pour aboutir à l'autre.

Cette expérience nous montre que la limaille se porte en plus grande proportion vers les pôles du barreau, ce qui

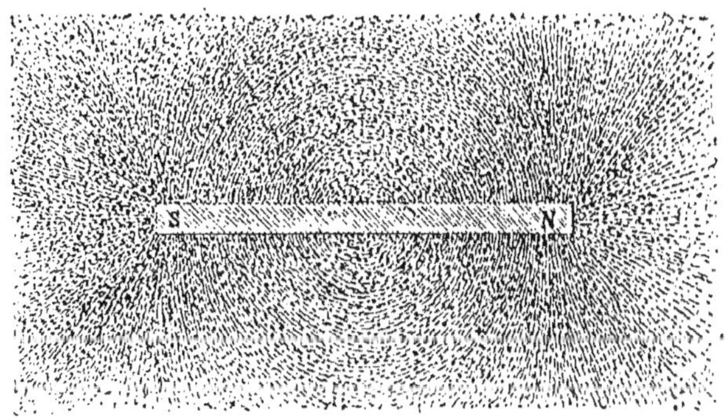

Fig. 19.

prouve que l'action attractive va en croissant depuis le milieu du barreau, où elle est nulle, jusqu'aux pôles où elle atteint son maximum.

En résumé, dans tout barreau aimanté, l'attraction magnétique semble concentrée en deux points S et N, tandis que l'action est nulle au milieu de la ligne NS, qui s'appelle la *ligne neutre* de l'aimant.

Un barreau aimanté, suspendu librement à un fil sans torsion, prend dans l'espace une position fixe ; l'un des pôles du barreau se tournera sensiblement vers le nord, nous l'appellerons le pôle nord N du barreau, l'autre pôle s'appellera le pôle sud S du barreau aimanté : cette orientation a lieu sous l'action de la terre. Ceci posé, marquons N et S les pôles de plusieurs aimants ; suspendons l'un d'eux à un fil et présentons-lui successivement les pôles d'un autre aimant, nous constaterons que :

1.º *Les pôles de même nom de deux aimants se repoussent ;*

2° *Les pôles de nom contraire de deux aimants s'attirent.*

Si nous admettons que la terre agit comme un aimant fictif, ayant ses pôles magnétiques au nord et au sud, l'un de ces pôles sera le *pôle boréal terrestre* et l'autre sera le *pôle austral terrestre* ; or, le pôle nord d'un aimant est nécessairement contraire au pôle boréal terrestre ; c'est donc un pôle de même nature que le pôle austral terrestre : on donne alors le nom de *pôle austral* au pôle nord d'un aimant ; de même, le pôle sud d'un aimant porte le nom de *pôle boréal* de l'aimant.

429. *Aimantation.* — Aujourd'hui, on obtient des aimants très puissants, en développant les propriétés magnétiques d'un barreau d'acier à l'aide d'un courant électrique, comme nous le verrons plus loin.

430. *Déclinaison et inclinaison magnétiques.* — Suspendons un barreau aimanté de manière à ce qu'il soit assujetti à ne pouvoir osciller que dans un plan horizontal ; après quelques oscillations, le barreau prendra une position d'équilibre AB (*fig. 20*), le pôle austral tourné sensiblement vers le nord ; la ligne AB s'appelle la *méridienne magnétique* du lieu d'observation ; cette méridienne magnétique fait généralement un certain angle avec la méridienne géographique N.-S. du même lieu ; l'angle NOA s'appelle la *déclinaison magnétique* du lieu ; à Paris, elle est actuellement égale à 15°17',3 ;

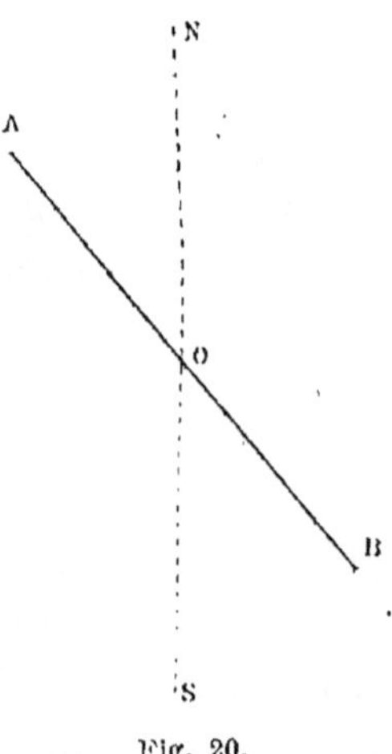

Fig. 20.

elle est *occidentale*, parce que la méridienne magnétique est à l'ouest de la méridienne géographique. On appelle *méridien magnétique* d'un lieu le plan vertical qui passe par la méridienne magnétique de ce lieu.

La déclinaison magnétique varie d'un lieu à l'autre du

globe; on la détermine en chaque lieu à l'aide de la *boussole ordinaire* ou boussole de déclinaison.

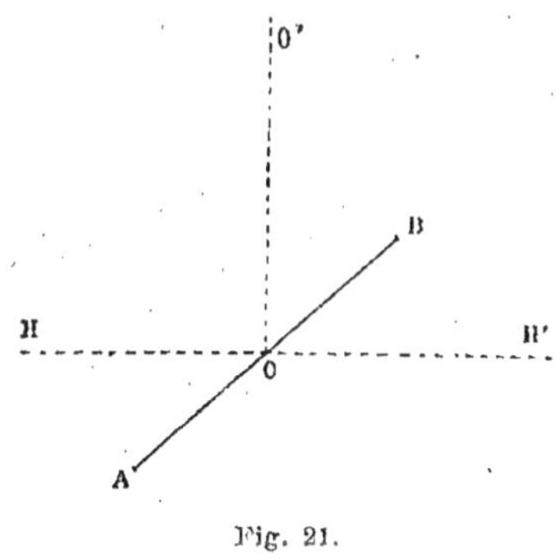

Fig. 21.

Un barreau aimanté, librement suspendu par son centre de gravité à un fil sans torsion OO′, s'oriente toujours dans le méridien magnétique du lieu; il est toujours incliné et son pôle austral, à Paris, est situé au-dessous de l'horizon, vers le nord; le barreau prend la position d'équilibre AOB (*fig. 21*); on appelle *inclinaison magnétique* d'un lieu l'angle aigu HOA que fait la moitié australe du barreau avec l'horizontale HH′ passant par son centre. Elle est à Paris égale à 65°14′,7. Elle varie avec chaque lieu du globe; elle est nulle tout le long de l'équateur magnétique et égale à 90° aux pôles magnétiques terrestres.

431. *Boussole ordinaire.* — Une boussole ordinaire, ou boussole de déclinaison, se compose essentiellement d'une aiguille aimantée AB, ayant la forme d'un losange allongé, dont la moitié australe est bleuie au feu; elle est lestée de manière à osciller dans un plan horizontal autour d'un pivot vertical projeté en O (*fig. 22*). Dans le même plan est placé un cercle gradué en degrés, dont la ligne 0-180

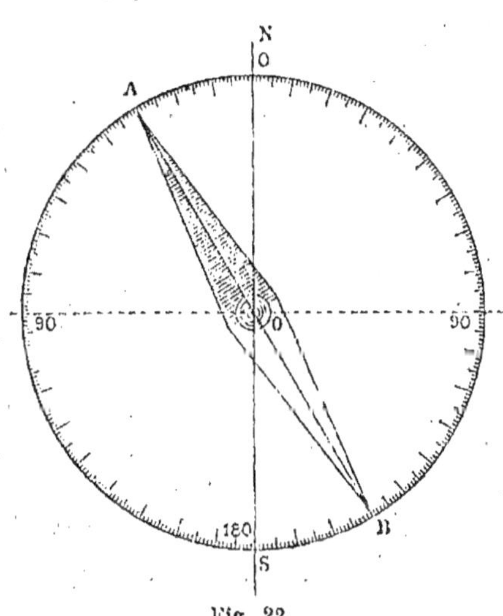

Fig. 22.

coïncide avec la méridienne géographique du lieu; il suffit

alors de lire l'angle que fait avec cette ligne la ligne des pôles AB de l'aiguille ; l'angle NOA est la déclinaison du lieu ; elle est orientale ou occidentale, suivant que AB est à l'est ou à l'ouest de NS.

V. — ÉLECTRICITÉ[1]

ÉLECTRICITÉ STATIQUE

Lois générales.

432. *Électrisation par frottement.* — Tous les corps acquièrent, par le frottement, une énergie particulière qui les rend capables d'attirer les corps légers, comme la sciure de bois, des barbes de plume, des fragments de papier : on dit alors que ces corps sont *électrisés* et l'on donne le nom d'*électricité* à la cause inconnue de l'énergie qu'ils ont acquise. Certains corps, comme la résine, le verre, l'ambre, l'ébonite, etc., manifestent cette propriété quand on les tient directement à la main ; d'autres corps, comme les métaux, le bois, etc., ne semblent pas être électrisés quand on les tient à la main ; ils ne manifestent l'énergie électrique que s'ils sont tenus par l'intermédiaire d'un manche de verre, de résine ou d'ébonite. Pour les corps de la première catégorie, l'énergie électrique est localisée aux points frottés ; pour les corps de la seconde catégorie, l'énergie électrique se communique à toute l'étendue du corps frotté : on dit alors que les corps de la seconde catégorie sont *bons conducteurs de l'électricité* et que les corps de la première catégorie sont *mauvais conducteurs de l'électricité*.

---

[1]. Nous avons exposé toute l'électricité d'après les théories modernes sur le potentiel et l'énergie électrique.

Les corps tels que le verre, la soie, la résine, l'ambre, l'air sec, sont mauvais conducteurs ; ils servent à isoler les corps conducteurs.

Il existe deux modes d'électrisation : l'électrisation du verre et l'électrisation de la résine ; on dit alors que le verre est électrisé *positivement* et la résine *négativement* ; tout corps électrisé s'électrise soit comme le verre, soit comme la résine.

Principe. — *Deux corps électrisés de la même façon se repoussent ; deux corps électrisés de façons différentes s'attirent.*

433. *Lois de Coulomb.* — On peut augmenter, en le frottant plus énergiquement, l'énergie d'un bâton de verre ; on peut diminuer l'énergie d'un conducteur frotté en le mettant en communication avec un autre conducteur : par conséquent, l'électrisation d'un conducteur est une *grandeur*. Alors, sans rien présager sur la nature de l'électricité, on a coutume de procéder comme pour la chaleur, et de dire qu'un corps possède plus ou moins d'électricité, suivant que l'énergie attractive qu'il possède est plus ou moins grande. On a alors choisi pour terme de comparaison un état électrique déterminé et on a appelé *unité de quantité ou de masse électrique,* la quantité d'électricité correspondant à cet état.

La charge électrique d'un conducteur sera alors une grandeur que l'on exprimera en fonction de son unité.

Les *lois de Coulomb* sont les suivantes :

1.re loi. — *Les attractions et les répulsions électriques sont proportionnelles aux masses électriques des corps électrisés mis en présence.*

2.e loi. — *Les attractions et les répulsions électriques sont inversement proportionnelles au carré de la distance des corps électrisés.*

Ces deux lois vont nous permettre de définir *l'unité de masse électrique :* on prend pour *unité de masse électrique* la masse que doit posséder une petite sphère conductrice pour que, agissant sur une petite sphère de même dimension, chargée de la même quantité d'électricité et placée à l'unité de distance, elle la repousse avec une force égale à l'unité de force.

434. *Électrisation par contact.* — Tout corps qui n'est pas électrisé est dit être *à l'état neutre*. Un corps à l'état neutre peut s'électriser par son contact avec un autre corps électrisé par le frottement. L'expérience montre que, si on touche une sphère électrisée avec une seconde sphère isolée identique et à l'état neutre, chacune des sphères prend une charge électrique égale à la moitié de la charge de la première.

Si les deux sphères sont semblables et possèdent des charges électriques quelconques, chacune d'elles prend une charge égale à leur demi-somme algébrique, en affectant du signe + la charge des corps électrisés comme le verre, et du signe — la charge des corps électrisés comme la résine. En particulier, si les deux charges sont égales et de signes contraires, les deux sphères reviennent à l'état neutre ; on dit que les deux charges égales et contraires se sont neutralisées. Tout conducteur électrisé mis en communication avec le sol revient à l'état neutre.

435. *Distribution de l'électricité.* — L'expérience montre que, sur les corps conducteurs, l'électrisation est *superficielle* ; on dit alors que l'électricité réside alors à la surface des conducteurs.

Sur une sphère la distribution est uniforme : la *densité* électrique est la même en chaque point. Il n'en est pas de même sur la surface d'un cône et la densité électrique croît de la base au sommet. Sur un corps terminé en pointe, la densité électrique à la pointe est tellement grande, que l'électricité n'est plus retenue sur le conducteur par la mauvaise conductibilité de l'air extérieur ; l'électricité s'écoule par la pointe ; dans l'obscurité, la pointe est entourée d'une auréole violacée, manifestant l'écoulement de l'électricité.

Les pointes laissent échapper l'électricité des conducteurs qu'elles terminent.

435. Notions expérimentales sur le potentiel de la capacité électrique.

1° *Potentiel électrique.* — L'état calorifique d'un corps est caractérisé par ce que l'on appelle la température du corps ; de même l'état électrique d'un conducteur est caractérisé par ce que l'on a appelé son *potentiel.*

a) Deux corps sont à la même température lorsque, par leur contact, leur état calorifique n'est pas modifié ; de même, deux conducteurs sont au *même potentiel* lorsque leur mise en communication n'amène aucun changement dans leurs charges électriques respectives ;

b) En raisonnant comme pour la chaleur, on dit que, si la mise en communication de deux conducteurs amène une variation dans leurs charges électriques, il existait entre eux une *différence de potentiel.* Le conducteur dont la charge électrique a diminué était à un potentiel plus élevé que celui dont la charge a augmenté ; après le contact, les deux conducteurs sont à un même potentiel, intermédiaire entre leurs potentiels respectifs ;

c) De même que l'on a adopté une certaine échelle thermométrique, on a aussi adopté une échelle de potentiel ; on a pris pour terme de comparaison le potentiel du sol et on dit que le sol est au potentiel *zéro* ; tout corps dont le potentiel est plus élevé que celui du sol est dit à un potentiel positif ; c'est le cas des conducteurs isolés, ne subissant aucune influence et électrisés *positivement.* Les conducteurs non soumis à l'influence et électrisés négativement seront dits à un potentiel négatif ;

d) De même qu'il existe des thermomètres, il existe aussi des appareils, appelés *électromètres,* qui permettent de mesurer le potentiel des conducteurs avec une échelle arbitraire adoptée une fois pour toutes.

2°. *Courant électrique.* — *a)* Quand deux conducteurs au même potentiel sont mis en communication par un fil de cuivre, aucun phénomène ne se produit et les conducteurs gardent leurs charges et leurs potentiels respectifs ;

b) Si l'on opère de même avec deux conducteurs à des potentiels différents, aussitôt un courant d'électricité positive traverse le fil, allant du conducteur au potentiel le plus élevé vers le conducteur au potentiel le moins élevé, jusqu'à ce que les deux conducteurs soient à un même potentiel, intermédiaire entre leurs potentiels primitifs ;

c) Si l'on approche très près l'un de l'autre deux conducteurs à des potentiels différents, le courant électrique chemine à travers l'air, l'échauffe et produit ce que l'on appelle une *étincelle électrique* ; en particulier, si l'on approche le doigt d'un conducteur électrisé, une étincelle jaillit et le conducteur prend le potentiel du sol, c'est-à-dire qu'il est déchargé.

3° *Capacité électrique.* — Une même quantité de chaleur cédée à des poids égaux de corps différents leur donne une élévation de température variant avec la nature du corps ; on dit alors que les corps ont des chaleurs spécifiques différentes. De même, la même quantité d'électricité, chargeant des conducteurs de forme et de dimensions différentes, leur donne des potentiels différents ; on dit alors que ces conducteurs ont des *capacités électriques* différentes.

De même que, pour la chaleur, la quantité Q de chaleur absorbée par un kilogramme d'un corps pour passer de $0°$ à $t°$ est représentée par ct, de même la charge électrique d'un conducteur a pour expression $M = CV$, en appelant C la capacité électrique du conducteur et V son potentiel.

437. Unités électrostatiques C. G. S. — Les unités électrostatiques sont les unités de *quantité*, de *potentiel* et de *capacité*.

1° *Unité de quantité C. G. S.* — On prend pour unité de quantité la charge d'une petite sphère qui, agissant sur une sphère identiquement électrisée, la repousse avec une force égale à une dyne.

2° *Unité de potentiel.* — Quand on décharge un conducteur, la décharge produit un certain travail ; supposons que le conducteur possède une charge électrique égale à l'unité ; supposons maintenant que la décharge du conducteur par communication avec le sol produise un travail égal à un erg, on dira que le potentiel du conducteur était égal à une unité électrostatique C. G. S. de potentiel.

3° *Unité de capacité.* — Un conducteur a une capacité égale à 1, quand, chargé d'une quantité d'électricité égale à 1, il possède un potentiel égal à 1. Il résulte du choix des unités que la capacité d'une sphère est représentée par le même nombre que son rayon exprimé en centimètres.

4° *Unités pratiques.* — L'unité pratique de quantité est le *coulomb*, qui vaut 3×10^9 unités absolues de quantité.

L'unité pratique de potentiel est le *volt*, qui vaut $\dfrac{1}{3 \times 10^2}$ unités C. G. S.

L'unité pratique de capacité est le *farad*, qui vaut $3^2 \times 10^{11}$ unités C. G. S. On prend aussi pour unité pratique le *microfarad*, qui vaut $3^2 \times 10^5$ unités C. G. S.

438. *Électrisation par influence.* — Tout conducteur placé dans le voisinage d'un corps électrisé devient lui-même électrisé ; on dit alors qu'il y a *électrisation par influence*.

Le conducteur influencé présente deux plages : la plage la plus voisine de l'inducteur est chargée d'électricité contraire à celle de l'inducteur ; la plage opposée est électrisée comme l'inducteur ; les deux plages sont séparées par la *ligne neutre*.

Si l'on met le conducteur influencé en communication avec le sol, l'électricité de même nom que celle de l'inducteur s'écoule dans le sol et le conducteur reste chargé d'électricité contraire à celle du corps influençant.

Si le conducteur influencé entoure sans le toucher le conducteur influençant, et si le conducteur influencé communique avec le sol, la charge du conducteur influencé est égale et de signe contraire à celle du conducteur influençant et elle est distribuée sur la face du conducteur influencé la plus voisine du conducteur influençant.

439. *Électroscope à feuille d'or.* — Cet appareil sert à reconnaître : 1° si un corps est électrisé ; 2° quelle est la nature de l'électricité dont le corps est chargé. — L'appareil se compose (*fig. 23*) d'une tige de cuivre terminée à sa partie supérieure par un bouton sphérique B et à sa partie inférieure par deux feuilles d'or très légères *a, a'*. Cette tige est fixée dans la tubulure d'une cloche de verre recouverte à moitié d'un vernis isolant ; on isole la tige de la cloche en la plaçant dans l'axe d'un tube de verre assujetti dans un bouchon ; on coule de la gomme laque ou de la résine entre la tige et le tube de verre. La cloche repose sur un plateau métallique ; l'air intérieur de la cloche est desséché avec soin.

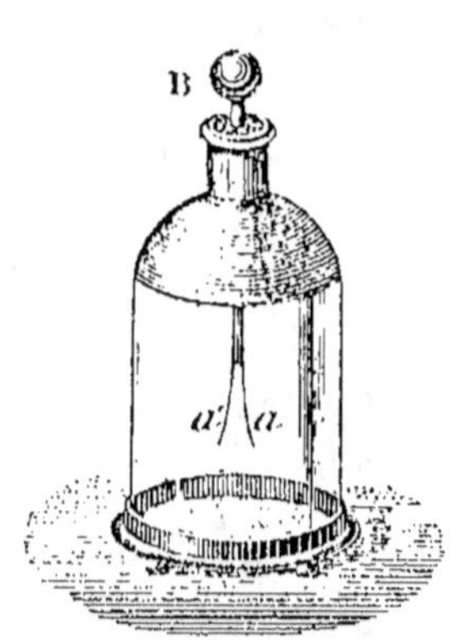

Fig. 23.

1° *Reconnaître si un corps est électrisé.* — On approche le corps M du bouton de l'électroscope, sans le toucher : si le corps est électrisé, les feuilles divergent ; en effet, la tige s'électrise par influence ; l'électricité de même nom que celle du corps s'accumule dans les feuilles d'or qui divergent. Si l'on enlève le corps, la divergence cesse.

2° *Reconnaître la nature de l'électricité dont un corps est chargé.* — On approche le corps M du bouton de l'électroscope ; les feuilles d'or divergent ; on touche avec le doigt le bouton B : les feuilles d'or retombent ; le bouton B reste alors chargé d'électricité contraire à celle du corps M ; on retire le doigt, puis on enlève le corps M ; les feuilles d'or divergent de nouveau et l'électroscope est chargé d'électricité contraire à celle du corps M distribuée librement sur la surface du bouton, de la tige et des feuilles d'or. L'électroscope étant ainsi chargé, on approche de très loin et très lentement un corps chargé d'une électricité connue, un bâton de résine frotté par exemple, et on examine si la divergence des feuilles d'or augmente ou diminue. Si elle augmente, l'électroscope est électrisé négativement et par suite le corps M était *positif*; si la divergence des feuilles d'or diminue, l'électroscope était électrisé positivement et le corps M était *négatif*.

440. *Électrophore.* — Un électrophore se compose d'un gâteau de résine électrisé négativement par frottement. On place sur ce gâteau un plateau conducteur isolé à l'aide d'un manche de verre. On touche ce conducteur avec la main, puis on le détache du gâteau de résine; le plateau conducteur est électrisé positivement.

441. *Machine électrique.* — Elle se compose (*fig. 24*) d'un plateau de verre mobile autour d'un axe horizontal et frottant entre deux paires de coussins AA′ placés suivant un diamètre vertical; les coussins sont en cuir rembourré enduit d'or massif (SnS^2). Les coussins sont reliés entre eux par une bande métallique dont une extrémité se termine par une chaîne communiquant avec le sol. En avant du plateau sont placés deux conducteurs en cuivre KK′ portés par des pieds de verre; les extrémités antérieures de ces conducteurs sont réunies par une traverse en cuivre; les extrémités des conducteurs les plus rapprochées du plateau se terminent par des mâchoires PP garnies de pointes intérieures et embrassant le plateau suivant un diamètre horizontal.

On fait tourner le plateau; celui-ci s'électrise positivement; les coussins restent à l'état neutre, puisqu'ils communiquent avec le sol et perdent leur électricité négative au fur et à mesure de sa production; l'électricité du plateau agit par influence sur les conducteurs; il se développe alors de l'élec-

tricité positive dans la région des conducteurs la plus éloignée du plateau; en même temps, il s'échappe par les pointes

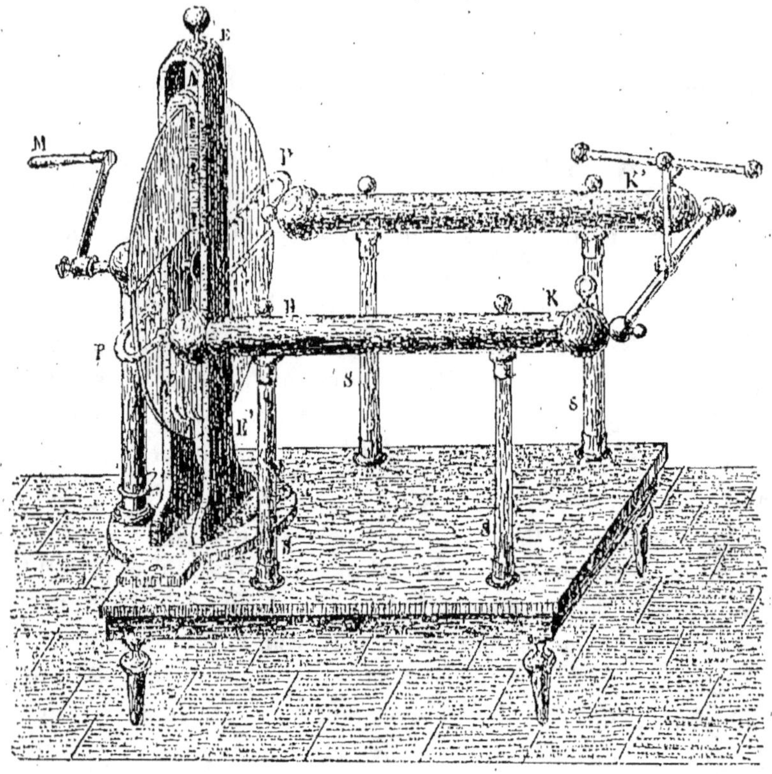

Fig. 24.

des mâchoires une quantité égale d'électricité négative qui
neutralise la tranche du plateau passant entre les mâchoires;
la portion du plateau ainsi déchargée s'électrisera de nouveau
en passant entre les plateaux.

Théoriquement, la charge des conducteurs n'a pas de limite; seulement, il y a toujours déperdition par les supports
et par l'air; de sorte que bientôt un état d'équilibre se produit et la rotation du plateau ne sert plus qu'à réparer les
pertes de la machine.

442. *Décharge d'un conducteur.* — Quand un conducteur est mis en communication avec le sol, il se décharge et l'écoulement de sa charge électrique produit un certain travail; on appelle *énergie* d'un conducteur le travail qu'il peut produire en se déchargeant.

Cette énergie se transforme en lumière, en chaleur ou en travail mécanique; ce qui explique l'étincelle électrique, l'inflammation des corps combustibles, l'échauffement des métaux, les effets mécaniques produits par la décharge.

443. *Condensation électrique.* — Une machine électrique, à l'état d'équilibre, possède un potentiel constant V; donc, si on met en communication avec elle un conducteur isolé A, ce conducteur prendra le potentiel V de la machine et une charge $M = CV$, dépendant de sa capacité; et on aura beau prolonger la communication, le conducteur A ne prendra jamais une décharge supérieure à M.

Enlevons la communication de A avec la machine et mettons maintenant dans le voisinage du conducteur un second conducteur B (*fig. 25*) communiquant avec le sol; aussitôt B s'électrise par influence et se charge d'électricité négative. Si alors on mesure avec un électromètre le potentiel de A, on constate qu'il a *baissé*; par conséquent, si on met de nouveau A en communication avec la machine, une nouvelle quantité d'électricité positive passera de la machine sur le conducteur A, jusqu'à ce que celui-ci, dans les nouvelles conditions où il se trouve, ait pris de nouveau le potentiel V de la machine; la charge de A sera devenue M′ supérieure à M; on dit alors que l'on a condensé de l'électricité sur le conducteur A. En même temps, la charge

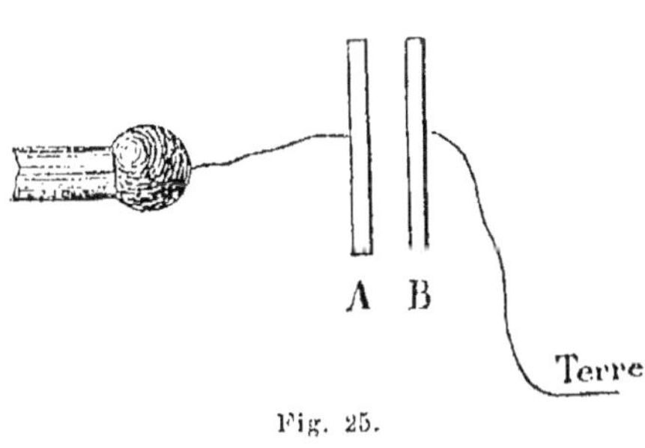

Fig. 25.

négative de B aura aussi augmenté. Si B entourait A, la charge de B serait égale à (— M').

Tout se passe donc comme si l'approche de B avait augmenté la capacité électrique de A; si l'on désigne par C' la nouvelle capacité de A, on aura : $M' = C' V$; l'ensemble des deux conducteurs A et B constitue un *condensateur* dont A et B sont les deux *armatures*. Pour empêcher les électricités accumulées sur A et sur B de donner naissance à une décharge à travers l'air, on interpose entre eux une lame de verre isolante et la capacité nouvelle de A est d'autant plus grande que A et B sont plus rapprochés, c'est-à-dire que la lame de verre est plus mince.

444. *Bouteille de Leyde.* — La forme la plus généralement donnée à un condensateur est celle connue sous le nom de *bouteille de Leyde*.

Elle se compose (*fig. 26*) d'une bouteille en verre mince à goulot étroit dans l'intérieur de laquelle on place des feuilles d'or ou de clinquant, au sein desquelles plonge une tige métallique terminée en pointe à sa partie inférieure et par un bouton sphérique à sa partie supérieure; l'ensemble des feuilles d'or et de la tige forme l'armature intérieure de la bouteille; sur le fond et sur la face externe de la bouteille on a collé une feuille d'étain s'élevant à peu près aux trois quarts de sa hauteur, de manière à entourer complètement les feuilles de clinquant; la feuille d'étain constitue

Fig. 26.

l'armature extérieure de la bouteille; enfin, une couche de vernis à la gomme laque est répandu sur la partie supérieure du verre et sur le bouchon qui fixe la tige dans le goulot. La bouteille de Leyde peut être considérée comme un condensateur fermé.

Pour la charger, on tient à la main l'armature extérieure

et on met le bouton de l'armature intérieure en contact avec l'un des conducteurs d'une machine électrique, jusqu'à ce que le potentiel de cette armature soit égal à celui de la machine.

Dans ces conditions, l'armature intérieure possède un potentiel V, égal à celui de la machine et une charge M telle que l'on ait : $M = VC$, en désignant par C la capacité électrique de la bouteille ; l'armature extérieure possède une charge $— M$ sur la face de la feuille d'étain qui est en contact avec le verre ; sur la face externe de l'armature extérieure, la charge est nulle ; le potentiel de l'armature extérieure est égal à zéro.

La capacité de la bouteille est proportionnelle à sa surface et en raison inverse de l'épaisseur du verre.

Décharge d'une bouteille de Leyde. — Pour décharger une bouteille de Leyde, on met les deux armatures en communication par un arc métallique ; au moment où la communication a lieu, une vive étincelle jaillit entre l'excitateur et le bouton.

445. *Batterie.* — On appelle *batterie* la réunion de plusieurs bouteilles de Leyde de grandes dimensions ou *jarres*, ayant une grande capacité électrique. On réunit ensemble les armatures extérieures et on réunit ensemble les armatures intérieures ; on obtient ainsi une bouteille de Leyde unique de capacité nC, en désignant par n le nombre des jarres.

446. *Énergie d'une batterie.* — L'énergie est proportionnelle au nombre des jarres et à la capacité d'une jarre ; elle est proportionnelle au carré du potentiel auquel l'armature interne de la batterie a été portée.

L'énergie d'une batterie a pour expression :

$$W = \frac{1}{2} n C V^2.$$

La capacité C est exprimée en *farads* ; le potentiel V est exprimé en *volts* ; l'énergie W est alors exprimée en *joules*.

447. *Effets de la décharge d'une batterie.* — On décharge une batterie en faisant communiquer l'armature intérieure et l'armature extérieure de la batterie à l'aide d'un excitateur métallique.

La décharge d'une batterie produit de fortes étincelles; elle peut fondre des fils métalliques, briser une lame de verre et, en traversant le corps humain, produire de violentes commotions, qui peuvent être très dangereuses.

ÉLECTRICITÉ DYNAMIQUE

448. *Principe de Volta.* — *Loi des contacts successifs.* — Si l'on met en communication deux conducteurs à des potentiels différents, un courant électrique s'établit du conducteur au potentiel le plus élevé vers l'autre conducteur; malheureusement, ce courant a une très courte durée et il cesse dès que les deux conducteurs sont en équilibre électrique.

Les piles électriques sont des appareils destinés à entretenir une différence de potentiel constante entre deux points réunis par un fil; en outre, la pile répare continuellement ses pertes et le courant électrique produit peut avoir une certaine durée. Les piles reposent sur un certain nombre de faits découverts par Galvani et Volta et qui ont servi de points de départ à toute l'électricité moderne.

1° Prenons un disque de cuivre C soudé à un disque de zinc Z (*fig.* 27); au-dessus du disque de zinc plaçons une rondelle de drap D humectée d'eau acidulée et au-dessus de la rondelle plaçons un nouveau disque de cuivre C'; à l'aide d'un

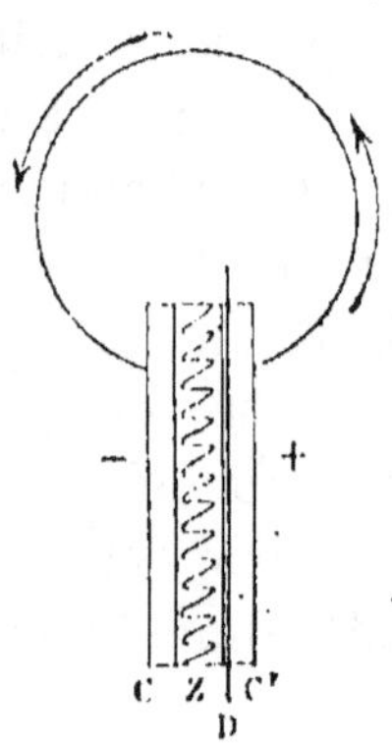

Fig. 27.

électromètre nous constaterons d'abord que les deux cuivres C et C' sont à des potentiels différents; en outre, cette différence de potentiel sera indépendante de la surface des disques et ne dépendra que de la nature des métaux cuivre et zinc ; par conséquent, si nous réunissons les deux cuivres par un fil métallique, il se produira un *courant électrique* qui ira du cuivre C' au cuivre C ; en même temps, l'eau acidulée attaquera le zinc et cette action chimique entretiendra, d'une manière continue, la même différence de potentiel entre C' et C ; par conséquent, le courant électrique sera continu. L'ensemble précédent s'appelle un *couple voltaïque* ; le cuivre C' est au potentiel le plus élevé : c'est le *pôle positif* du couple ; le cuivre C est au potentiel le moins élevé : c'est le pôle *négatif* du couple. On dit alors que le courant, dans le circuit extérieur, *va du pôle positif au pôle négatif.*

Si l'on superpose les uns au-dessus des autres n couples semblables, on aura constitué une *pile,* dite de Volta ; la différence de potentiel entre les deux cuivres extrêmes de la pile sera proportionnelle à n ; le cuivre directement en contact avec l'eau acidulée sera le pôle positif de la pile ; le cuivre opposé soudé au zinc sera le pôle négatif.

449. Piles diverses. — D'une manière générale, toutes les fois que l'on disposera en contact les corps suivants : *cuivre, zinc, eau acidulée et cuivre,* cet ensemble constituera un élément de pile ; le premier cuivre sera le pôle négatif et le dernier cuivre le pôle positif ; on réunira les deux pôles par un fil bon conducteur, qui sera parcouru par un courant continu, tant que durera l'action chimique de l'eau acidulée sur le zinc.

Ce courant produira des effets divers, et l'énergie de ce courant sera équivalente à l'énergie de l'action chimique qui s'exerce dans l'élément.

1° Pile de Wollaston. — La pile de Volta est très défectueuse ; on la remplaça d'abord par la pile de Wollaston : une pile de Wollaston se compose d'une lame de zinc (*fig. 28*) à laquelle est soudée une tige de cuivre qui formera le pôle négatif de la pile ; une lame de cuivre enveloppe les deux

faces de la lame de zinc dont elle est isolée à l'aide de petites cales en bois ; à cette lame de cuivre est soudée une tige
de cuivre qui formera le pôle posi-
tif de la pile. Un manche isolant
sert à tenir la pile à la main. On
plonge le tout dans de l'eau aiguisée
d'acide sulfurique contenue dans un
vase de verre. En réunissant les
deux pôles par un fil de cuivre, on
obtiendra un courant électrique allant
du pôle positif au pôle négatif à travers le circuit interpolaire.

Emploi du zinc amalgamé. — Le
zinc impur du commerce est attaqué
par l'eau acidulée et est dépensé en

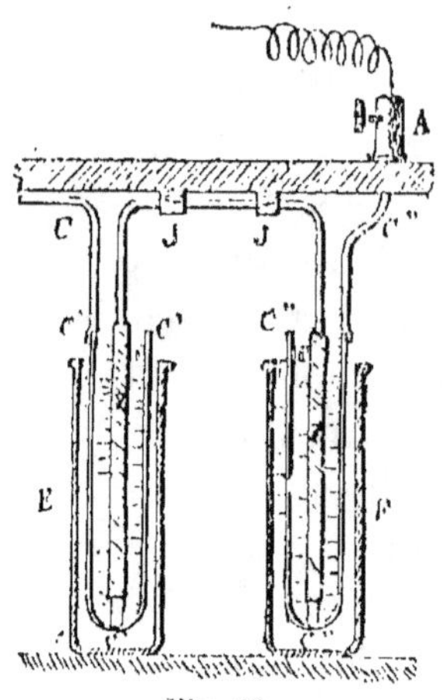

Fig. 28.

pure perte, quand le circuit n'est pas fermé ; au contraire, le
zinc amalgamé, c'est-à-dire recouvert d'une couche de mercure
s'alliant au zinc, n'est pas attaqué par l'eau acidulée, tant que
le circuit n'est pas fermé ; si l'on ferme le circuit, l'action chimique commence et elle est corrélative du courant produit.
Aussi, aujourd'hui, dans toutes les piles n'emploie-t-on que
le zinc amalgamé ; de cette façon, la pile ne dépense que
quand le circuit est fermé, et par suite quand elle travaille.

Polarisation de la pile. — Lorsque le courant électrique
traverse de l'eau tenant en dissolution un acide ou un sel,
l'expérience montre que l'acide ou le sel est décomposé par
le courant. Considérons, par exemple, une masse d'eau acidulée par l'acide sulfurique SO^4H^2, l'expérience montre que
le métal hydrogène apparaît sur l'électrode par laquelle le
courant sort du liquide et que le radical SO^4 de l'acide apparaît sur l'électrode par laquelle le courant pénètre dans le
liquide, tandis que dans l'intervalle compris entre les deux
électrodes on n'aperçoit aucune trace de décomposition. De
même, une dissolution de sulfate de cuivre, SO^4Cu, est dé-

composée par le courant électrique : le cuivre se dépose sur l'électrode par laquelle le courant sort du liquide et le radical SO^4 apparaît sur l'électrode opposée.

Examinons maintenant quelles sont les actions chimiques qui se produisent dans l'intérieur d'une pile de Wollaston. Dans cette pile, le courant va du zinc au cuivre ; par conséquent, sur la lame de cuivre formant l'électrode positive, se dépose une couche de gaz hydrogène, tandis que la lame de zinc sera continuellement attaquée par une production continue de SO^4 provenant de la décomposition, par le courant, de l'eau acidulée dans laquelle plongent les lames métalliques. Cette dernière action produira du sulfate de zinc, $SO^4 Zn$, et représentera l'énergie chimique qui entretient le courant, tant que le circuit est fermé ; si l'on ouvre le circuit, l'attaque du zinc amalgamé cesse et la pile reste en équilibre électrique.

Le dépôt d'hydrogène sur la lame de cuivre en modifie la surface, change la valeur des forces électromotrices de contact et diminue, jusqu'à l'annuler souvent, la force électromotrice de la pile entière : on dit alors que la pile est *polarisée :* telle est la véritable cause de l'affaiblissement de la pile de Volta et des piles précédemment étudiées.

Il faudra donc éviter la polarisation de la pile, c'est-à-dire empêcher la formation de la couche d'hydrogène à la surface de l'électrode positive, si l'on veut obtenir un courant d'une certaine durée ou un courant d'intensité constante.

2° PILE LECLANCHÉ. — Dans l'élément Leclanché, un cylindre de zinc amalgamé plonge dans une dissolution de *sel ammoniac* ; dans la même dissolution plonge une lame de charbon comprimé entre deux agglomérés de bioxyde de manganèse et de charbon (*fig. 29*). Le cylindre de zinc s'appelle *l'électrode négative* et le fil de cuivre qui y est soudé est le pôle négatif de la pile, donc la lame de charbon constitue *l'électrode positive*. Si on ferme le circuit, l'hydrogène se porte sur le bioxyde de manganèse qui l'absorbe en vertu de son pouvoir oxydant ; la pile est dépolarisée.

La pile Leclanché donne un courant constant et elle peut fonctionner pendant très longtemps pourvu que l'on remplace de temps en temps la solution de sel ammoniac. L'énergie de la pile est représentée par l'action chimique du chlore du sel ammoniac sur le zinc.

Cette pile est employée pour les sonneries électriques, le téléphone et les applications électriques de l'électricité.

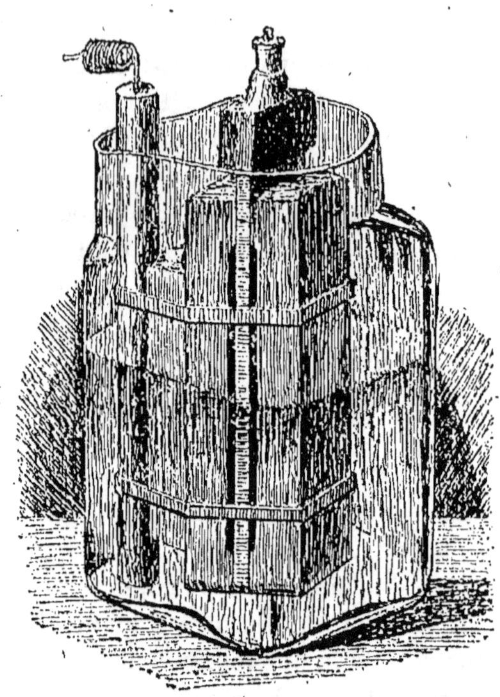

Fig. 29.

3° PILE DE DANIELL. — Elle se compose d'un vase de verre contenant de l'eau acidulée par l'acide sulfurique, et d'une lame de zinc amalgamé Z, qu'on recourbe sur elle-même pour pouvoir lui donner une plus grande surface ; le fil de cuivre attaché à cette lame de zinc est le pôle négatif de l'élément de la pile. Dans le vase intérieur qui est en terre poreuse, se trouve une solution de sulfate de cuivre dans laquelle plonge une lame de cuivre également recourbée et formant le pôle positif de l'élément (*fig. 30*). Cette disposition supprime tout dégagement d'hydrogène : les deux liquides imprègnent la paroi poreuse sans se mélanger et sont ainsi en contact l'un avec l'autre. Quand le circuit est fermé, le courant, traversant la pile, décompose l'eau acidulée et la solution de sulfate de cuivre. D'un côté de la paroi poreuse

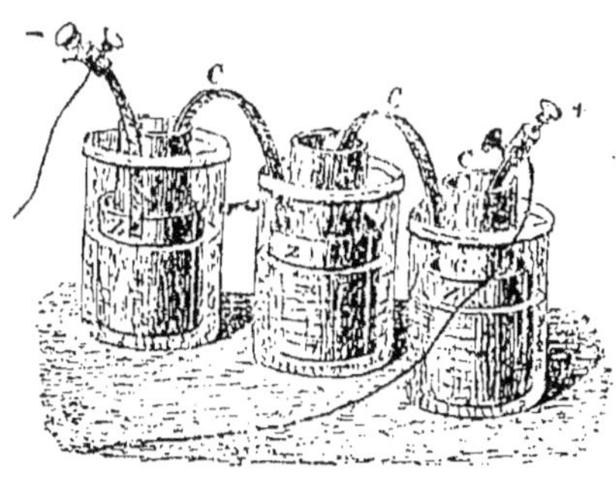

Fig. 30.

apparaît l'hydrogène provenant de la décomposition de l'eau acidulée ; de l'autre côté apparaît SO^4 provenant de la décomposition du sulfate de cuivre ; H^2 et SO^4 se combinent pour régénérer $SO^4 H^2$ qui reste dans le liquide extérieur au vase poreux et remplace celui qu'a décomposé le courant. D'autre part, la lame de zinc est continuellement attaquée par SO^4 pour former $SO^4 Zn$ qui se dissout dans l'eau, tandis que, contre l'électrode positive en cuivre du vase poreux, il se dépose du cuivre provenant de la décomposition du sulfate de cuivre par le courant. Il n'y a donc pas de raison pour que la pile s'affaiblisse tant qu'il restera du sulfate de cuivre à décomposer : aussi, pour éviter l'affaiblissement graduel de la solution de sulfate de cuivre, faut-il avoir soin de faire plonger dans cette dissolution un petit sac de toile renfermant des cristaux de ce sel. Il résulte de ces phénomènes que les surfaces des métaux sont toujours dans le même état et que la force électromotrice de la pile reste constante.

La pile de Daniell est remarquable par la constance du courant qu'elle produit : on l'emploie fréquemment dans l'administration des télégraphes.

4° PILE DE BUNSEN. — On remplace, dans la pile précédente, la dissolution de sulfate de cuivre par l'acide azotique $Az^2 O^5$, $4 H^2 O$ et le cuivre positif par un cylindre de charbon de cornue. L'acide azotique oxyde l'hydrogène et agit comme *dépolarisant* ; cette pile donne un courant très intense, mais de très courte durée.

Force électromotrice. — On appelle *force électromotrice* d'une pile la différence de potentiel qui existe entre les deux pôles de la pile en circuit ouvert.

450. *Intensité d'un courant.* — L'intensité d'un courant est caractérisée par la quantité d'électricité qui traverse par seconde une section quelconque du circuit. Cette quantité d'électricité dépend : 1° de la force électromotrice de la pile ; 2° de la constitution de la pile elle-même et de la constitution du conducteur interpolaire.

Or, les diverses parties de la pile et le fil interpolaire opposent au passage du courant une certaine résistance dont nous devons tenir compte et qui dépendra de la nature des éléments de la pile et de celle du fil interpolaire.

451. *Résistance.* — La résistance d'un fil ou d'un conducteur liquide est proportionnelle à sa longueur, inversement proportionnelle à sa section et proportionnelle à un coefficient particulier qu'on appelle la résistance spécifique du conducteur.

L'argent est très peu résistant ; il en est de même du cuivre ; on dit qu'ils sont bons conducteurs du courant ; le fer et le mercure sont moins bons conducteurs ; les liquides sont mauvais conducteurs et leur résistance est considérable.

Un élément de pile présente donc une certaine résistance, d'autant plus faible que ses différentes parties sont plus rapprochées et que leurs surfaces sont plus grandes. Le fil extérieur résiste d'autant plus qu'il est plus long, plus fin et moins bon conducteur ; on prend toujours des fils de cuivre, qui sont très bons conducteurs ; les fils télégraphiques sont en fer ; on compense leur longueur et leur faible conductibilité en leur donnant plusieurs millimètres carrés de section.

452. *Lois d'Ohm.* — 1° L'intensité d'un courant électrique est inversement proportionnelle à la somme des résistances du circuit traversé par ce courant.

2° L'intensité d'un courant électrique est proportionnelle

à la différence de potentiel qui existe entre les deux extrémités du circuit traversé par le courant.

L'intensité d'un courant est exprimée par la formule $I = \dfrac{E}{R + r}$, en désignant par E la force électromotrice de la pile en volts, par R sa résistance en ohms, et par r la résistance extérieure en ohms.

453. *Force électromotrice totale d'une pile.* — On appelle force électromotrice totale d'une pile la différence de potentiel entre les deux pôles de cette pile en circuit ouvert.

454. *Unités pratiques électro-dynamiques.* — L'unité pratique de force électromotrice est la force électromotrice d'un élément *Daniell* et on lui donne le nom de VOLT. Un élément Bunsen vaut $1^{volt},75$; un élément Leclanché $1^{volt},6$ et un élément Grenet au bichromate de potasse vaut $1^{volt},9$.

L'unité de résistance est l'*ohm*, ou résistance à 0° d'une colonne de mercure de 106 centimètres de longueur et de 1 millimètre carré de section.

L'unité d'intensité est l'*ampère*, ou courant d'une pile de Daniell circulant dans un circuit dont la résistance entière est égale à 1 ohm.

455. *Puissance d'une pile.* — La puissance d'une pile est le travail que le courant de cette pile produit en une seconde ; la puissance d'une pile a pour expression : $P = I^2 (R + r)$ ou $P = \dfrac{E^2}{(R + r)}$.

456. *Unités pratiques de travail et de puissance.* — L'unité pratique de travail est le *joule* défini plus haut ; l'unité pratique de puissance est le *joule-seconde* ou **watt**. La puissance d'un appareil électrique se calcule toujours en watts.

457. *Effets calorifiques du courant.* — Si l'on fait passer un courant électrique à travers un fil médiocrement conducteur, comme un fil de platine ou un filament de charbon, l'énergie électrique se transforme en chaleur ; le fil métallique rougit et peut même fondre ; le filament de charbon devient incandescent. On utilise cette propriété dans les *lampes à incandescence* ; un filament de charbon, traversé par le courant d'une machine de Gramme, devient incandescent ; le filament est placé dans le vide pour éviter la combustion.

EFFETS CHIMIQUES DU COURANT ÉLECTRIQUE

458. *Électrolyse.* — Quand un courant électrique traverse une dissolution d'un acide ou d'un sel dans l'eau, il la décompose ; le phénomène s'appelle l'électrolyse ; le métal de l'acide ou du sel apparaît sur l'électrode positive et le radical de l'acide ou du sel apparaît sur l'électrode négative.

459. *Voltamètre.* — Proposons-nous, par exemple, d'électrolyser de l'eau acidulée par l'acide sulfurique SO^4H^2 ; l'électrolyse s'effectue dans un *voltamètre*. Il se compose d'un vase de verre (*fig. 31*) traversé par deux fils de platine, ou électrodes, isolés par une couche de gomme laque ; chacun des fils communique avec les deux pôles d'une pile de 6 éléments Bunsen ou de 10 éléments Daniell en série. Le vase de verre est rempli d'acide sulfurique étendu d'eau et chaque fil est recouvert d'une éprouvette pleine d'eau acidulée. Le courant passe ; l'hydrogène se dégage sur l'électrode positive et SO^4 apparaît sur l'électrode négative ; SO^4 se décompose en oxygène qui se dégage et en SO^3 qui s'unit à l'eau du voltamètre pour régénérer SO^4H^2.

Mesure de l'intensité d'un courant. — Le poids d'hydrogène dégagé dans un voltamètre, en *une seconde*, est proportionnel à l'intensité du courant ; un courant de *1 ampère* dégage $0^{gr},00001035$ d'hydrogène par seconde. Pour mesurer l'intensité d'un courant, on le fera passer dans un voltamètre ; on déterminera le poids p d'hydrogène dégagé en t secondes ;

l'intensité du courant sera $I = \dfrac{p}{t \times 0,00001035}$ *ampères*.

460. *Électrolyses diverses.* — On pourrait aussi *électrolyser* une dissolution de sulfate de cuivre SO^4Cu; le cuivre se

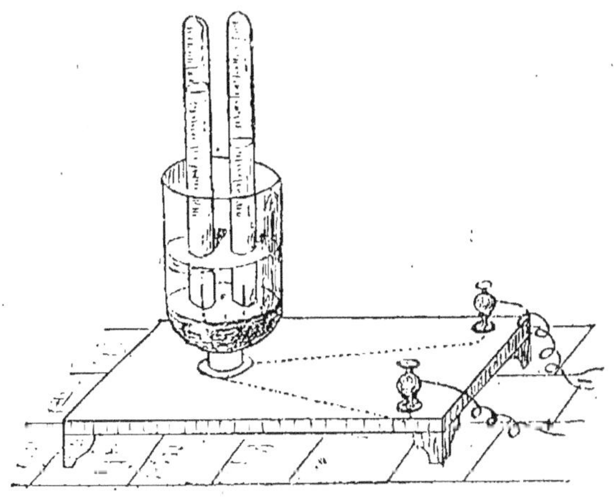

Fig. 31.

déposerait sur l'électrode négative ; SO^4 apparaîtrait sur l'électrode positive et l'attaquerait si elle était en cuivre, pour reconstituer SO^4Cu. Il en serait de même pour un sel d'argent ou d'or.

Les métaux sont dits *électro-positifs* et les métalloïdes *électro-négatifs*.

461. *Applications.* — La *dorure* et l'*argenture* galvaniques sont fondées sur le principe précédent : on place la pièce à dorer ou à argenter dans une dissolution d'un sel d'or ou d'argent convenablement choisi et on plonge dans le même liquide une lame d'or ou d'argent; on fait communiquer la pièce avec le pôle négatif d'une pile, la lame d'or ou d'argent avec le pôle positif de la même pile ; le sel est décomposé ; l'or ou l'argent se dépose sur la pièce ; le radical du sel se porte sur l'électrode positive, l'attaque pour reconstituer le sel et entretenir la richesse du bain.

Pour le *nickelage,* on prend un bain de sulfate de nickel et on prend une lame de nickel pour électrode positive ; la pièce à nickeler sert d'électrode négative.

La *galvanoplastie* est l'art de modeler le cuivre par électrolyse d'une dissolution saturée de sulfate de cuivre SO^4Cu. On prend une empreinte en creux de l'objet à reproduire, en le moulant sur de la gutta-percha ; on enduit de plombagine le moule obtenu, on l'attache par un fil de cuivre au pôle négatif d'une pile et on le plonge dans la dissolution ; l'électrode négative est formée par une lame de cuivre. Le sel est décomposé ; le cuivre se dépose sur le moule ; SO^4 attaque la lame de cuivre positive et reforme SO^4Cu qui entretient la saturation du bain.

462. *Accumulateurs.* — Nous ne pouvons ici qu'en indiquer le principe :

Plongeons deux lames de platine dans de l'eau acidulée et faisons passer un courant à travers le liquide ; nous savons que la lame de platine négative sera entourée d'une gaine d'hydrogène et la lame positive d'une gaine d'oxygène. Enlevons les communications des lames de platine avec la pile et réunissons les deux lames par un fil de cuivre ; nous pourrons constater, à l'aide d'un voltamètre, que le fil est parcouru par un courant électrique de sens contraire au courant qui traversait précédemment l'eau acidulée. On dit alors que les électrodes de platine ont été *polarisées* ; les phénomènes de polarisation ont été utilisés pour la construction des *accumulateurs*.

GALVANOMÈTRE

463. *Expérience d'Œrsted.* — Si l'on place un fil de cuivre parallèlement à une aiguille de déclinaison en équilibre, et si on lance un courant dans le fil, l'aiguille est déviée et tend à se mettre en croix avec le courant, de manière que son pôle austral se place à la *gauche* du courant (*fig. 32*). La droite et

la gauche d'un courant sont définies par la règle d'Ampère :
on suppose un observateur couché dans le courant de ma-

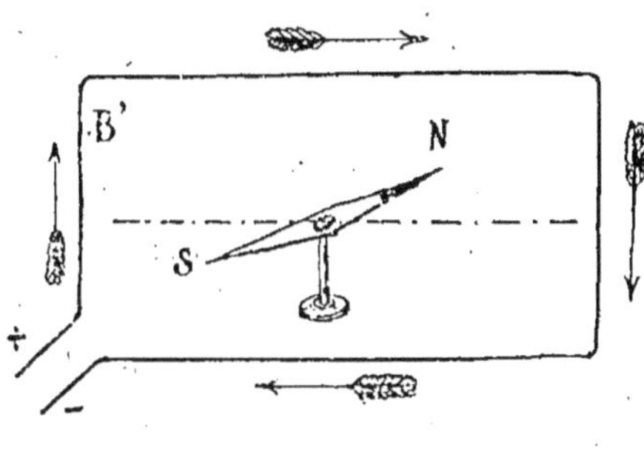

Fig. 32.

nière que le courant lui
entre par les pieds et
lui sorte par la tête ; de
plus, l'observateur doit
regarder l'aiguille ; la
gauche du courant sera
la gauche de l'observa-
teur.

*L'action du courant est
proportionnelle à son in-
tensité.* — On peut augmenter la déviation de l'aiguille en la
plaçant au centre d'un cadre rectangulaire sur lequel le fil
s'enroule un grand nombre de fois dans le même sens ; le fil
est entouré de soie pour isoler les tours de spire. La figure
32 montre que les quatre côtés du rectangle concourent à
dévier l'aiguille dans le même sens.

464. *Galvanomètre à une seule aiguille.* — L'appareil précédent, appelé *multiplicateur*, peut servir à mesurer l'intensité
du courant qui traverse le fil ; il porte alors le nom de galvanomètre à une seule aiguille ; la déviation de l'aiguille est
d'autant plus grande que le courant est plus intense et on
pourra dresser une table de concordance entre les déviations
et les intensités. De plus, d'après le sens de la déviation, on
connaîtra le sens du courant. Malheureusement, un semblable
instrument est peu sensible, par suite de l'action de la terre
qui tend à ramener l'aiguille suivant la méridienne magnétique. On préfère employer le galvanomètre à deux aiguilles
de Nobili.

465. *Galvanomètre de Nobili.* — Prenons deux aiguilles ai-
mantées, parallèles, réunies par une tige de cuivre qui les
rend solidaires l'une de l'autre, de manière que leurs pôles
contraires soient en regard (*fig. 33*), et supposons que l'ai-

guille inférieure S'N' soit un peu plus aimantée que l'autre ;

suspendons ce sys-
tème sur un pivot
vertical ; l'action de
la terre sur ce sys-
tème sera très faible.

Plaçons l'aiguille
N'S' à l'intérieur du
cadre d'un multipli-
cateur et l'aiguille
SN un peu au-dessus
du cadre du même
multiplicateur ; une

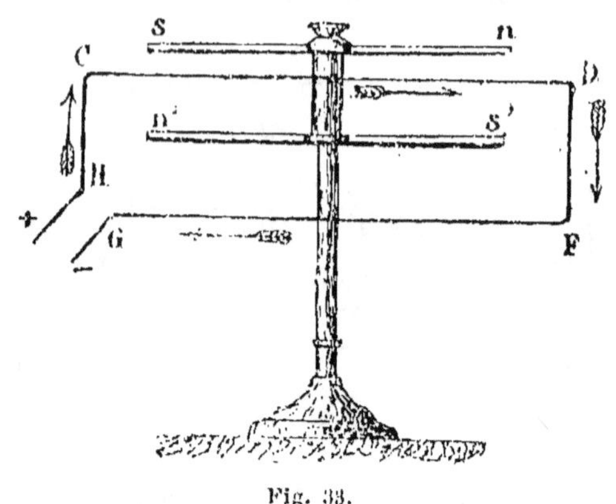

Fig. 33.

ouverture convenable percée dans le cadre laisse passer la
tige de cuivre qui réunit les deux aiguilles. Lançons dans le
multiplicateur un courant circulant dans le sens des flèches ;
son action tendra à faire tourner le système dans le même
sens ; l'action de la terre sera très faible et le galvanomètre
sera très sensible.

Entre l'aiguille supérieure et le multiplicateur est placé un
cadran horizontal gradué en degrés, dont la ligne (0 — 180)
est parallèle au fil enroulé sur le cadre.

Pour se servir de l'instrument, on laisse les aiguilles s'o-
rienter dans le méridien magnétique, puis on fait tourner le
cadre jusqu'à ce que la ligne 0 — 180 du limbe soit parallèle
à l'aiguille aimantée supérieure. On lance le courant dans le
fil et on lit la division à laquelle s'arrête l'aiguille supérieure,
quand elle a pris la position d'équilibre ; une table spéciale
permet de déduire de cette déviation l'intensité du courant
lancé dans le fil.

AIMANTATION PAR LES COURANTS

466. *Solénoïde.* — On appelle *solénoïde* une série de courants circulaires indépendants, très rapprochés, de même

surface, de même sens et de même intensité, perpendiculaires à une même droite passant par leurs centres et appelée *axe du solénoïde*.

L'expérience montre qu'un solénoïde possède toutes les propriétés des aimants. Il possède deux pôles situés aux deux extrémités de son axe ; le pôle austral est à la gauche du courant.

Sous l'action de la terre, un solénoïde s'oriente de manière que son pôle austral se tourne vers le nord magnétique.

Les pôles de même nom de deux solénoïdes se repoussent. — Les pôles de noms contraires de deux solénoïdes s'attirent.

Les pôles semblables d'un solénoïde et d'un aimant se repoussent. Les pôles de noms contraires d'un aimant et d'un solénoïde s'attirent.

Ampère a démontré qu'un aimant est toujours assimilable à un solénoïde de même axe et de mêmes pôles.

467. *Aimantation par les courants.* — Ampère a appliqué sa théorie à l'aimantation par les courants. Sur un tube de verre ou de bois enroulons, toujours dans le même sens, un fil de cuivre recouvert de soie ; nous aurons une hélice magnétisante (*fig. 34*). Suivant l'axe de cette hélice plaçons un

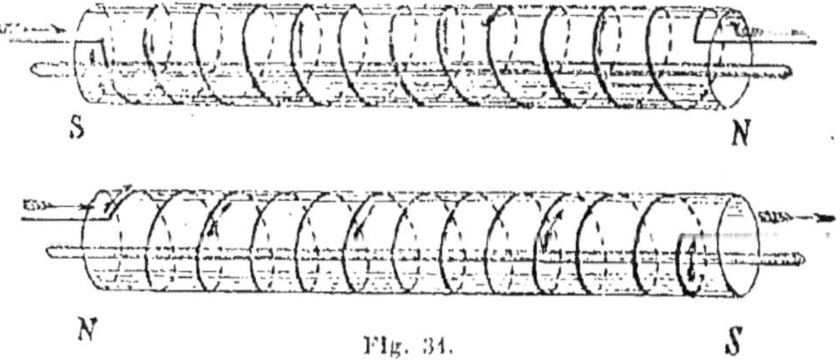

Fig. 34.

barreau d'acier et lançons un courant dans le fil. Aussitôt le barreau s'aimantera pour donner naissance à un aimant dont le solénoïde équivalent aurait ses courants parallèles aux spires de l'hélice et dirigés dans le même sens que le courant

qui la parcourt. Donc le pôle austral N de l'aimant sera à la
gauche du courant, quel que soit le sens de l'enroulement du
fil et celui du courant. L'aimantation est instantanée ; elle
est très puissante et augmente avec l'intensité du courant.

Si le barreau était en *fer doux*, l'aimantation serait passa-
gère et cesserait instantanément au moment de la rupture du
courant.

468. *Électro-aimant.* — Un *électro-aimant* est formé d'un
barreau de fer doux ou *noyau* entouré d'une bobine de bois
ou de verre portant un fil de cuivre, recouvert de soie, enroulé en hélices de même sens superposées et isolées les unes
des autres. Si on lance un courant
dans les hélices, le fer doux prend
instantanément son maximum d'aimantation et revient à l'état neutre,
dès que le courant est interrompu.

Si l'électro-aimant est destiné à
attirer une pièce de fer doux, appelée
contact ou *armature,* on augmente sa
puissance en courbant le noyau en fer
à cheval (*fig. 35*).

Le fil métallique, recouvert de soie,
est enroulé d'abord sur une des bran-

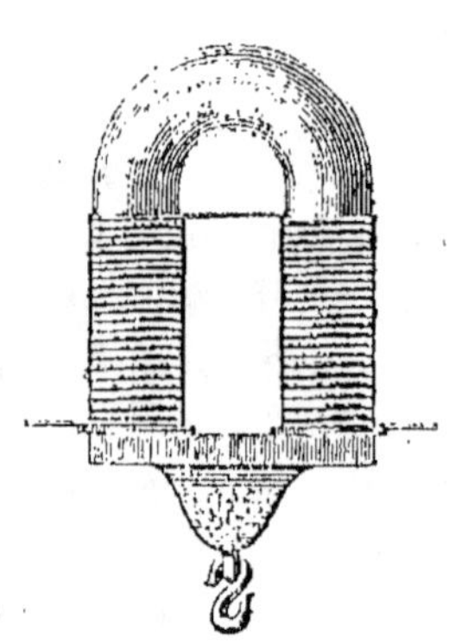

Fig. 35.

ches ; puis, quand il a fait le nombre de tours convenable, il
passe sur l'autre sans envelopper la partie intermédiaire. Il
continue à s'enrouler sur la seconde branche dans un sens
tel que la nouvelle hélice formée soit comme la continuation
de la première, et que le courant circulant dans le fil agisse
dans toutes ses parties pour faire naître un pôle austral à l'un
des bouts du barreau qu'on suppose alors redressé, et un
pôle boréal à l'autre extrémité.

469. PRINCIPE DES TÉLÉGRAPHES. — Prenons un électro-aimant E (*fig. 36*), dont l'armature A est maintenue par
un ressort antagoniste R à une petite distance des pôles de

l'électro-aimant. Relions l'une des extrémités du fil de l'électro-aimant au pôle positif d'une pile P et faisons communi-

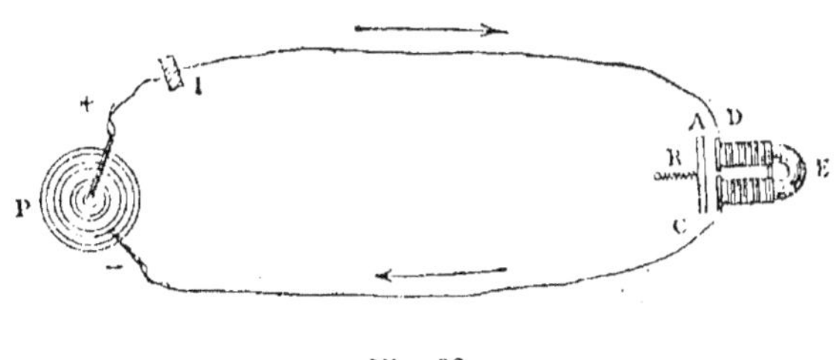

Fig. 36.

quer l'autre fil avec le pôle négatif de la même pile : plaçons
un interrupteur I entre la pile et l'électro-aimant.

Lorsque le courant passe, l'armature est attirée et s'avance
malgré le ressort antagoniste, qui est choisi trop faible pour
s'opposer à ce mouvement. Si on vient à rompre le courant
en tournant l'interrupteur, l'aimantation cesse et le fer doux,
sollicité par le ressort antagoniste, s'écarte de l'électro-aimant. Un nouveau passage et une nouvelle interruption du
courant reproduiront les deux mêmes mouvements, à la volonté de l'opérateur. Il est donc facile d'imprimer un va-et-
vient continu à une armature de fer doux placée à distance ;
et ces mouvements alternatifs, convenablement combinés en
durée et en nombre, donneront naissance à une série de si-
gnaux conventionnels à l'aide desquels on pourra transmettre
la pensée.

La pile P et l'interrupteur seront placés à Paris et l'électro-aimant sera situé à Marseille par exemple : le fil PD est
le *fil de ligne* ; le fil PC est le *fil de retour*.

L'expérience montre que l'on peut supprimer le fil de retour en mettant en communication avec le sol, d'une part
l'extrémité C du fil de l'électro-aimant et d'autre part le pôle
négatif de la pile : la terre sert alors de fil de retour ; il en
résulte une économie et une diminution de résistance.

INDUCTION ÉLECTRIQUE

470. *Phénomènes généraux.* — Toutes les fois qu'un *circuit conducteur fermé* est placé dans le voisinage d'un courant ou d'un aimant, si l'on vient à modifier l'intensité du courant ou de l'aimant, le circuit fermé est parcouru par un *courant temporaire,* dont la durée est égale à celle de la variation d'intensité du courant ou de l'aimant. Ces phénomènes ont reçu le nom de phénomènes d'induction : le courant ou l'aimant est dit *inducteur*; le circuit fermé s'appelle *circuit induit* et le courant temporaire s'appelle *courant induit* ou *courant d'induction.*

De même, si l'inducteur se déplace par rapport à l'induit, celui-ci est parcouru par un courant induit dont la durée est égale à celle du déplacement relatif de l'inducteur et de l'induit.

471. *Induction par variation d'intensité d'un courant électrique.*

1. *Tout courant qui commence ou qui augmente d'intensité développe dans un* circuit conducteur fermé voisin *un courant induit* inverse, *c'est-à-dire de sens contraire au courant inducteur.*

2. *Tout courant qui finit ou qui diminue d'intensité développe dans un* circuit conducteur fermé voisin *un courant induit* direct, *c'est-à-dire de même sens que le courant inducteur.*

472. *Bobine de Ruhmkorff.* — Cette bobine produit des courants d'induction sous l'influence d'un courant inducteur qui commence et qui finit dans un circuit voisin du circuit induit. Elle se compose d'une bobine creuse en verre ou en bois sur laquelle est enroulé un premier fil inducteur en cuivre recouvert de soie, de 2 millimètres de diamètre et de 50 mètres de longueur environ ; on recouvre ce fil d'une enveloppe isolée formée de coton imprégné de gomme laque; les deux extrémités du fil inducteur sont mises en communication avec les deux pôles d'une pile.

Au-dessus de l'enveloppe isolante est enroulé un second fil de plusieurs kilomètres de longueur et de très grande finesse ; ce fil est recouvert de soie et s'enroule sur la bobine en formant 2,500 ou 3,000 spires isolées les unes des autres par des couches de gomme laque : ce fil, destiné à servir de *fil induit,* aboutit à deux bornes isolées.

Si on lance un courant dans le fil inducteur, il se développe dans le fil induit un courant induit inverse ; puis, si l'on vient à interrompre le courant inducteur, il se développera dans le fil induit un courant induit direct. Ces courants induits seront d'autant plus intenses que la bobine induite présentera un plus grand nombre de spires ; aussi emploie-t-on un fil induit très fin pour pouvoir augmenter le nombre des spires sans trop les éloigner du circuit inducteur ; le fil inducteur doit être gros et court pour ne pas affaiblir l'intensité du courant inducteur.

Un interrupteur est placé sur le circuit inducteur et automatiquement il établit ou il rompt successivement le courant inducteur à des intervalles de temps très rapprochés.

Chaque fois que le courant inducteur s'établit, le fil induit est traversé par un courant induit inverse ; chaque fois que le courant inducteur est interrompu, le fil induit est parcouru par un courant induit direct. Le courant induit inverse est très faible ; le courant induit direct est très intense.

Dès lors, si on attache un fil à chacune des bornes isolées auxquelles aboutit le fil induit, et si on maintient ces deux fils à deux centimètres l'un de l'autre, le courant induit inverse n'est pas assez intense pour franchir l'intervalle compris entre les deux fils ; le courant induit direct, au contraire, possède une tension suffisante pour franchir cet intervalle en produisant une *étincelle.* La longueur de l'étincelle dépend des dimensions de la bobine et de l'intensité du courant inducteur.

L'étincelle de la bobine de Ruhmkorff possède toutes les propriétés de l'étincelle d'une bouteille de Leyde : elle peut traverser le verre, enflammer l'alcool, la poudre ; produire la combinaison des gaz, etc.

Si l'on prend avec les mains les deux fils, on reçoit de très violentes commotions, qui sont très dangereuses, si la bobine est puissante.

La bobine de Ruhmkorff est employée pour enflammer à distance une cartouche de poudre ou de fulmi-coton. La décharge, en traversant un tube de Geissler, l'illumine dans toute son étendue, etc.

473. *Téléphones.* — Un téléphone se compose d'un étui de bois M (*fig. 37*) terminé par une embouchure R devant laquelle est fixée une plaque mince de fer doux V, placée à une petite distance d'une bobine B sur laquelle est enroulé un fil de cuivre recouvert de soie ; la bobine est traversée par une tige d'acier aimantée NS faisant légèrement saillie devant la plaque V sans la toucher. Les deux extrémités du fil de la bobine aboutissent à deux bornes I et I' auxquelles on assujettit des fils conducteurs reliant le téléphone à un appareil identique qui servira de *récepteur*, tandis que le téléphone décrit servira de *parleur*. Si l'on parle devant l'embouchure, la plaque V vibre

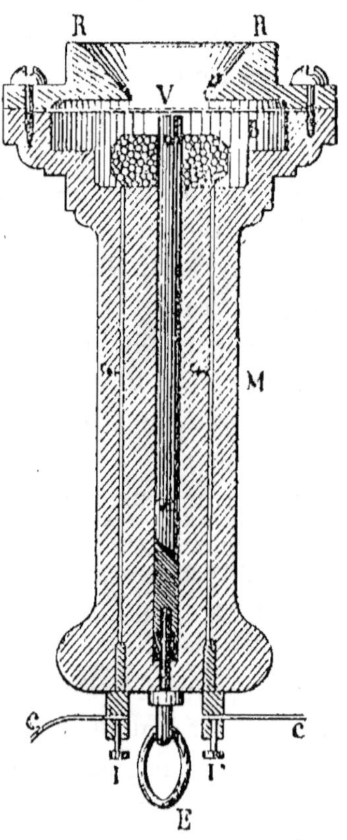

Fig. 37.

à l'unisson de la voix et exécute des vibrations qui déterminent une succession de rapprochements et d'éloignements alternatifs de la plaque à l'aimant ; il en résulte une augmentation ou une diminution du magnétisme développé par influence dans la plaque et, par réaction, du magnétisme propre de l'aimant NS lui-même. Les variations d'intensité de l'aimant NS produiront dans la bobine des courants d'induction qui passeront dans la bobine du récepteur en y reproduisant les mêmes variations d'intensité dans l'aimant du récepteur. Il en résultera des rapprochements et des éloignements de la plaque de fer doux du récepteur, qui vibrera à l'unisson de la plaque du parleur. En appliquant l'oreille contre l'embouchure du récepteur, on percevra le son rendu par la plaque du récepteur.

474. *Induction par les aimants.*

1. *Tout aimant qui commence ou qui augmente d'intensité développe dans un* circuit conducteur fermé voisin *un courant induit* inverse, *c'est-à-dire de sens contraire à celui du* solénoïde *auquel l'aimant est assimilable.*

2. *Tout aimant qui finit ou qui diminue d'intensité donne naissance à un courant* induit *direct.*

3. *Tout aimant qui s'approche agit comme un aimant qui commence.*

4. *Tout aimant qui s'éloigne agit comme un aimant qui finit.*

475. *Loi de Lenz.* — La production des courants induits n'est qu'une conséquence d'une loi générale qu'on appelle la loi de Lenz.

Toutes les fois qu'un circuit conducteur fermé se déplace dans un champ électrique ou magnétique, ce circuit est parcouru par un courant induit dont le sens est tel que le courant produit s'opposerait au déplacement du circuit.

476. *Propriétés des courants induits.* — Les courants induits possèdent toutes les propriétés des courants ordinaires ; ils produisent des effets lumineux, calorifiques, chimiques, magnétiques, comme les courants produits par les piles.

477. *Applications de l'induction électrique.* — La *bobine de Ruhmkorff* est destinée à faire passer de fortes étincelles entre les extrémités d'un même fil induit placées à une petite distance l'une de l'autre.

Les *machines d'induction* transforment du travail mécanique en énergie électrique, en déplaçant un circuit fermé dans le champ d'un aimant ou d'un électro-aimant.

La plus ancienne est la machine de Clarke ; aujourd'hui, la machine *Gramme* est la seule employée. Elle produit un courant très intense, utilisé pour l'éclairage électrique.

478. Machine de Gramme. — La machine Gramme est un appareil destiné à produire un courant électrique continu, en développant, dans un circuit induit, des courants d'induction par déplacement de l'induit par rapport au champ d'un aimant inducteur.

Cette machine se compose essentiellement d'un fort aimant dont les pôles sont N et S (fig. 38) et d'un anneau de fer doux placé entre les branches de l'aimant. Ce fer doux s'aimantera par influence et présentera deux pôles ; le pôle D' est un *pôle sud* ; le pôle D'_1 est un *pôle nord*. En D et en D_1 seront deux lignes neutres. Supposons maintenant qu'une spire de cuivre glisse sur l'anneau en tournant dans le sens de la flèche.

Si la spire se déplace de D_1 vers D'_1, elle sera parcourue par un courant de même sens que celui du solénoïde équivalent au demi-aimant $D' D_1 D'_1$. La spire se déplacera ensuite de D'_1 vers D, elle sera parcourue par un courant contraire à celui du solénoïde équivalent au demi-aimant $D'_1 DD'$ et par suite de même sens que le courant induit précédent.

Si la spirale se déplace de D vers D', le courant induit sera de même sens que le courant du solénoïde équivalent au demi-aimant $D'_1 DD'$ et par conséquent inverse du courant précédent.

Si la spirale se déplace de D' vers D_1, le courant induit sera de sens contraire au courant du solénoïde équivalent au demi-aimant $D'D_1D_1'$ et par suite de même sens que le courant précédent.

Donc, pendant la demi-révolution de D_1 en D, la spire est parcourue par un courant de sens *constant* et pendant la demi-révolution de D en D_1, le courant induit est encore *constant*, mais *inverse* du premier.

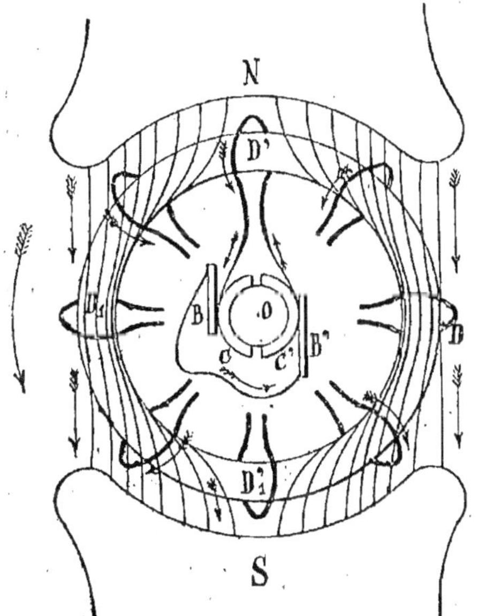

Fig. 38.

Supposons maintenant que nous ayons une série de spirales équidistantes, réunies bout à bout et glissant toutes ensemble le long de l'anneau de fer doux ; toutes les spirales au-dessus de $D_1 D$ seront parcourues par un courant de même sens ; toutes les spirales au-dessous de $D_1 D$ seront parcourues par un courant de même sens, mais de sens contraire à celui des spirales supérieures ; le changement de sens se produit aux points D et D_1 en face des deux lignes neutres.

Si l'on place en B et en B' deux pièces de cuivre isolées avec lesquelles viendront successivement en contact les fils de jonction des spires, on voit que le courant supérieur s'éloigne de la pièce B' et se rapproche de la pièce B ; il en est de même pour le courant inférieur. Si l'on réunit alors les deux pièces B et B' par un fil conducteur, celui-ci sera traversé par un courant continu allant de B vers B'.

On peut assimiler chaque moitié de l'anneau à une pile dont le pôle positif serait en B et le pôle négatif en B' :

l'anneau entier fonctionne alors comme un ensemble de deux
piles égales accouplées par leurs pôles de même nom.

Rien ne sera changé aux effets précédents, si on fixe les
bobines sur l'anneau et si l'on fait tourner celui-ci dans le
sens des flèches de la figure, puisque les pôles de l'anneau de
fer doux seront toujours placés en D' et en D'₁.

Une semblable machine, tournant avec une vitesse de
1,500 tours par minute, est équivalente à 8 éléments Bunsen.
Le courant obtenu peut fondre un fil de fer de 10 centimètres
de longueur et de 1 millimètre carré de section.

La machine précédente est remplacée, pour l'éclairage
électrique, par des machines plus puissantes appelées machines *dynamo-électriques*. Dans une dynamo, l'inducteur est
un électro-aimant dont les noyaux sont en fer doux. L'électro-
aimant est en fer à cheval et l'anneau de Gramme tourne
entre les branches des noyaux formant les pièces polaires.
Le circuit extérieur comprend les deux bobines de l'électro-
aimant, de sorte que le courant produit par la rotation de
l'anneau passe d'abord dans les bobines de l'électro-aimant,
puis dans le circuit extérieur. L'axe de l'anneau se termine
par une poulie qui, au moyen d'une courroie de transmission,
est mise en mouvement par une machine à vapeur.

On peut aussi établir sur le circuit extérieur une dériva-
tion contenant les bobines de l'électro-aimant : celui-ci n'est
alors actionné que par une fraction du courant extérieur.

Quand le circuit est fermé et qu'on commence à faire
tourner l'anneau, le magnétisme rémanent dans le fer doux
et celui qu'y développe l'action de la terre, suffisent pour
induire un premier courant dans les bobines de l'anneau ;
ce courant, passant dans l'électro-aimant, renforce l'aimantation du fer doux, qui augmente les courants induits dans
l'anneau, et ainsi de suite. On arrive ainsi à une intensité
très grande et qui dépend de la vitesse de rotation de l'anneau.

479. *Machines à courants alternatifs*. — On construit aussi des machines Gramme à courants alternatifs dont le dispositif est trop compliqué pour être exposé dans cet ouvrage. Ces machines sont uniquement destinées à alimenter des bougies Jabloskoff; mais l'usage de ces bougies tend à disparaître, de telle sorte que la plupart des machines Gramme actuelles sont à courants continus.

480. *Énergie d'une machine électrique*. — Une machine électrique possède une énergie qui dépend de la puissance du moteur employé et des dimensions de la machine; on construit aujourd'hui des machines très puissantes pour l'éclairage électrique ou pour les fours électriques, donnant des courants d'une intensité de 300 ampères, avec une force électromotrice de 200 volts.

481. *Réversibilité des machines Gramme et transport de l'énergie à distance*. — Les machines électriques sont *réversibles*, c'est-à-dire que, si on lance dans l'induit le courant d'une pile suffisamment énergique, l'induit se met en mouvement: c'est une conséquence des actions électro-magnétiques qui s'exercent entre l'inducteur et l'induit. On peut ainsi transformer de l'énergie électrique en *travail*. Le mouvement de l'induit est inverse de celui qu'on lui imprime pour transformer le travail mécanique en électricité.

Si l'on réunit deux dynamos par un circuit métallique, il suffira d'actionner l'une d'elles à l'aide d'un moteur naturel, comme une chute d'eau, pour mettre la seconde machine en mouvement; on aura ainsi transporté à distance l'énergie du moteur naturel.

482. *Éclairage électrique*. — Si l'on force un courant électrique à traverser la couche d'air qui sépare les deux électrodes d'une pile ou d'une machine d'induction maintenues à une petite distance l'une de l'autre, une étincelle électrique jaillit entre les deux électrodes et l'énergie de l'appareil électrique est transformée en lumière. Pour l'éclairage, on fait jaillir l'étincelle entre deux cônes de charbon communiquant avec les pôles d'une pile puissante ou d'une machine de Gramme ; on obtient ainsi l'*arc électrique* ; en même temps, les charbons rougissent sur une partie de leur longueur, ce qui augmente l'éclat de la lumière.

Mais l'expérience montre que le charbon positif se creuse de plus en plus ; alors, on est obligé, à l'aide de *régulateurs*, de maintenir constante la distance des deux charbons, pour empêcher l'extinction de la lampe.

Pour l'éclairage des magasins, des appartements, des théâtres, on emploie la *lampe à incandescence* ; on fait passer le courant à travers un filament de charbon placé dans une ampoule de verre vide de tout gaz ; le fil rougit et produit alors une lumière très vive que l'on utilise pour l'éclairage.

VI. — ACOUSTIQUE

483. *Production et propagation du son.* — On appelle *son* la sensation résultant de l'impression produite sur l'oreille par un mouvement vibratoire excité dans un corps élastique et transmis à l'oreille par une suite non interrompue de milieux pondérables élastiques.

On appelle *mouvement vibratoire* d'un corps un mouvement dans lequel le corps, écarté de sa position d'équilibre, y revient, après avoir accompli de part et d'autre de cette position d'équilibre une série d'oscillations. Le mouvement vibratoire est analogue au mouvement pendulaire.

Le corps vibrant s'appelle un *corps sonore* ; une *vibration* est formée de deux oscillations ; les vibrations d'un corps sonore donné sont *isochrones,* bien que leur amplitude diminue progressivement.

On peut vérifier expérimentalement l'isochronisme des vibrations d'un corps sonore, en constatant que la note musicale rendue par le corps sonore ne change pas, au fur et à mesure que l'amplitude du mouvement vibratoire diminue.

Principe. — *Le son ne se propage pas dans le vide.* — Pour que l'oreille perçoive le son rendu par le corps sonore, il faut qu'il existe entre lui et l'oreille une suite non interrompue de milieux élastiques pondérables, pouvant vibrer comme le corps sonore : ces milieux sont l'air, les gaz, les vapeurs, les corps solides. Les corps dépourvus d'élasticité, comme le coton, la ouate, le duvet, transmettent très mal le son ; les tapisseries, les portières en tissu épais étouffent tous les bruits. Ces faits vulgaires montrent que le son peut être transmis par tout milieu pondérable élastique ; mais il ne se propage pas dans le vide.

484. *Vitesse du son.* — Le son se propage dans les différents milieux élastiques avec une vitesse qui varie avec la nature du milieu.

La vitesse de propagation du son dans l'air est égale à 340 mètres par seconde, à 15°. La vitesse du son dans l'eau est de 1435 mètres. Dans les solides, le son se propage environ 10 fois plus vite que dans l'air.

Le son se propage en ligne droite, suivant les mêmes lois que la chaleur et la lumière. Quand le son arrive sur un obstacle, comme un mur ou un rocher, il se réfléchit et produit alors les échos et les résonances.

485. *Qualités du son.* — On distingue trois qualités du son : la *hauteur*, l'*intensité* et le *timbre*.

1° La hauteur du son est caractérisée par le nombre des vibrations exécutées par le corps sonore en une seconde ; un son est dit *bas* ou *haut,* suivant qu'il correspond à un petit nombre ou à un grand nombre de vibrations.

Le véritable caractère du son est l'*isochronisme* des vibrations ; lorsqu'au contraire l'oreille est frappée par une succession d'ébranlements irréguliers, on dit qu'il y a *bruit :* le fracas de la tempête, le roulement d'une voiture sur le pavé, sont des bruits.

Un mouvement vibratoire périodique transmis à notre oreille n'entraîne pas nécessairement la perception d'un son. Lorsque le nombre des vibrations exécutées par le corps sonore en une seconde est inférieur à 16, l'oreille ne perçoit qu'un bruit. Lorsque le nombre des vibrations est supérieur à 38 000 par seconde, l'oreille perçoit un cri déchirant, qui l'impressionne désagréablement.

On appelle *intervalle* de deux sons le rapport de leurs hauteurs ; lorsque l'intervalle est 1, les corps vibrent à l'unisson ; on appelle *harmoniques* d'un son donné tous les sons dont les intervalles au son donné, ou *son fondamental,* sont caractérisés par la suite naturelle des nombres entiers 1, 2, 3, 4, 5, 6..., etc.

2° Un son est d'autant plus *intense* que l'ébranlement produit sur l'oreille est plus fort. L'intensité d'un son dépend surtout de l'amplitude des vibrations ; à mesure que l'amplitude des vibrations diminue, l'intensité du son décroît, bien que sa hauteur reste constante.

3° Faisons rendre à un violon et à une flûte la même note musicale, nous distinguerons parfaitement le son rendu par la flûte du son rendu par le violon ; on dit alors que le timbre de la flûte n'est pas le même que celui du violon. Or un corps sonore quelconque rend toujours plusieurs sons à la fois qui sont les harmoniques du plus bas d'entre eux ; l'oreille est accoutumée à fondre les harmoniques avec le son fondamental et il en résulte un son composé dont le timbre dépend des harmoniques qui accompagnent le son fondamental et de l'intensité propre de chacun d'eux.

VII. — OPTIQUE

PHÉNOMÈNES GÉNÉRAUX

486. *Propagation de la lumière.* — L'œil des animaux possède un nerf, appelé *nerf optique*, dont les impressions transmettent au cerveau une sensation particulière, appelée *sensation lumineuse*. On a donné le nom de *lumière* à l'agent physique spécial qui est la cause habituelle des impressions du nerf optique. Le soleil, les étoiles, les corps incandescents, les corps en combustion vive, sont des *sources lumineuses*.

Par analogie avec le son, on admet, avec Fresnel, qu'un corps lumineux est aussi le siège d'un mouvement vibratoire qui se transmet jusqu'à l'œil par l'intermédiaire d'un milieu élastique impondérable appelé *éther*, répandu aussi bien dans le vide que dans l'air et dans tous les corps pondérables. La production et la propagation de la lumière sont alors identiques à la production et à la propagation du son.

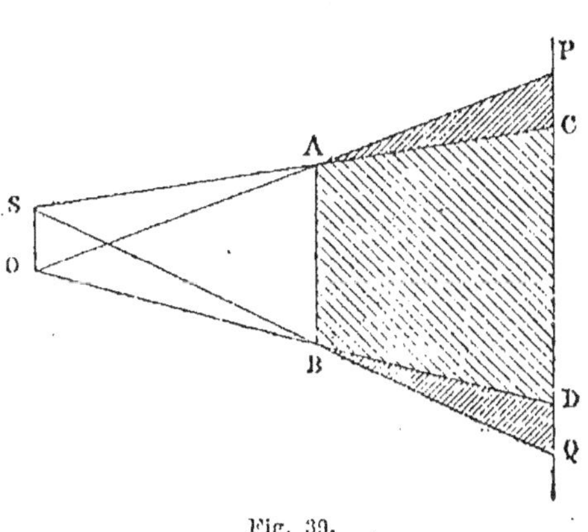

Fig. 39.

La lumière se propage en *ligne droite* dans les différents milieux transparents ; on appelle *rayon lumineux* toute droite suivant laquelle la lumière se propage.

Une première conséquence de la propagation rectiligne de la lumière est la formation de l'*ombre* et de la *pénombre* derrière un écran opaque. La région ABCD (*fig. 39*) est dans l'ombre et les régions PAC, QBD sont dans la pénombre portées derrière l'écran Aunceiimu cS'Opo 1 rer.   sauBs a

On appelle faisceau lumineux un ensemble de rayons lumineux ayant la même origine. Le faisceau peut être *parallèle*, comme le faisceau de lumière que nous recevons d'un astre. La lumière émanée au contraire des sources lumineuses très voisines de nous se propage en formant un *faisceau divergent*; les rayons lumineux qui sortent d'une lentille forment un *faisceau convergent*.

487. *Réflexion de la lumière.* — Quand un rayon lumineux SI *(fig. 40)* tombe sur une surface polie AB, il change de direction suivant IR ; on dit alors qu'il y a réflexion de la lumière. Le rayon SI s'appelle le *rayon incident* ; IR est le rayon *réfléchi* ; le point I est le point d'incidence ; la droite IN menée par le point I perpendiculairement à AB s'appelle la *normale* à la surface réfléchissante ; le plan SIN

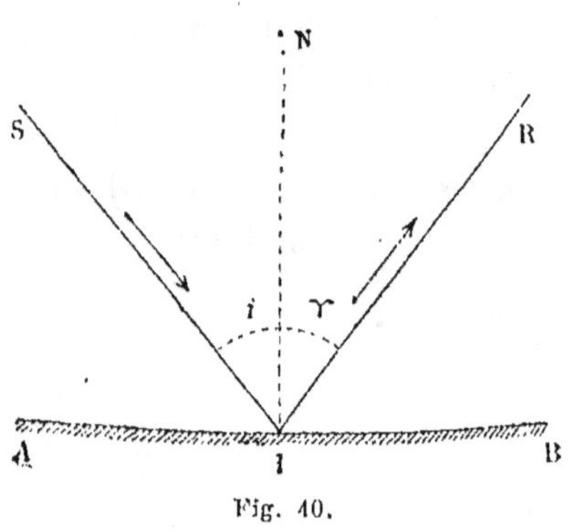

Fig. 40.

s'appelle le plan d'incidence ; l'angle NIS est l'angle d'incidence ; l'angle NIR est l'angle de réflexion.

Lois de la réflexion. — *1° Le rayon réfléchi est dans le plan d'incidence ;*

2° L'angle de réflexion est égal à l'angle d'incidence.

Tout rayon lumineux *normal* à la surface réfléchissante se réfléchit sur lui-même, tout rayon lumineux *rasant* la surface continue son chemin en ligne droite.

488. *Miroir plan.* — On appelle *miroir plan* une surface plane polie, comme celle d'une lame d'argent ou d'acier.

Principe fondamental. — *La réflexion sur un miroir plan ne change pas la nature du faisceau de lumière: le faisceau ré-*

fléchi est *parallèle, divergent* ou *convergent,* suivant que le *faisceau incident* est lui-même *parallèle, divergent* ou *convergent.*

Image d'un point lumineux. — Soit S un point lumineux ;
tous les rayons lumineux issus du point S forment un faisceau de lumière divergente. Parmi tous ces rayons, il en est

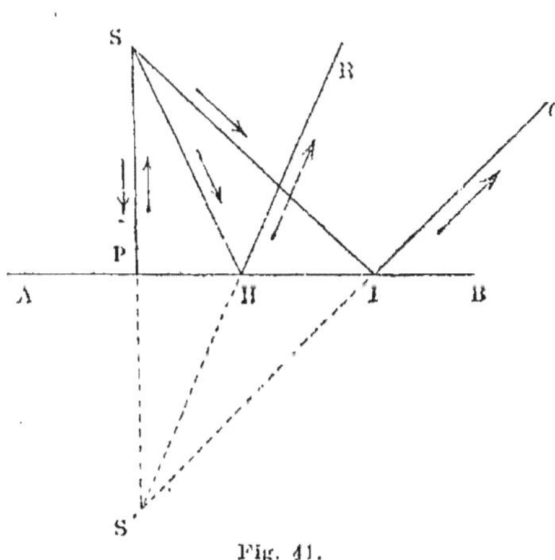

un, SP, qui est normal
au miroir (*fig. 41*), il se
réfléchit sur lui-même
suivant PS. Soit SH un
rayon incident quel-
conque ; faisons un an-
gle de réflexion égal à
l'angle d'incidence :
HR sera le rayon ré-
fléchi correspondant.
L'angle PHR étant ob-
tus, les deux rayons
réfléchis PS et HR ne

Fig. 41.

se rencontrent pas ; mais leurs prolongements se coupent en
un point S' symétrique du point S par rapport au miroir
plan. En effet, les angles PHS et BHR sont égaux comme
compléments d'angles égaux ; de même, PHS' = BHR comme
opposés par le sommet ; donc PHS = PHS' ; donc le triangle
SIS' est isocèle et le point P est le milieu de SS'.

Si l'œil d'un observateur reçoit les rayons réfléchis, il sera
impressionné comme si le point S' existait réellement derrière le miroir : c'est une illusion ; aussi S' est-il appelé
l'image virtuelle du point S.

Image d'un objet. — L'image d'un objet est *virtuelle* et symétrique de l'objet par rapport au miroir.

Image réelle. — Si le miroir recevait un faisceau de lumière
incidente convergeant en S', le faisceau réfléchi irait converger en S et S serait l'image *réelle* de S', pouvant être reçue
sur un écran.

489. *Miroir sphérique concave.* — On appelle *miroir sphéri-que* une calotte sphérique, généralement en argent ou en acier, dont on a poli avec soin la surface interne ou la surface externe. Si le miroir sphérique est poli intérieurement, on lui donne le nom de *miroir concave*; si le miroir sphérique est poli extérieurement, on lui donne le nom de *miroir convexe*.

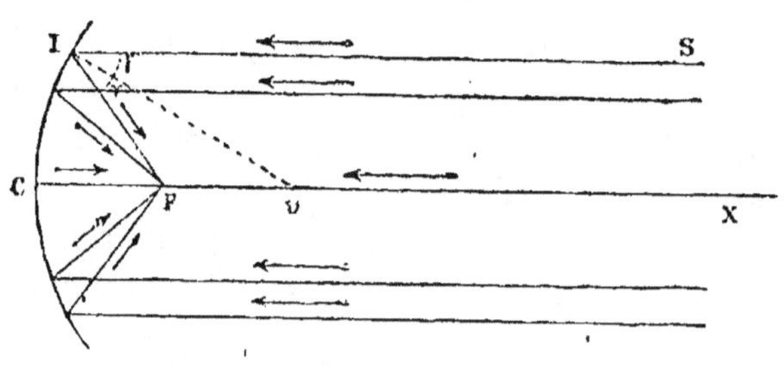

Fig. 42.

Considérons un miroir concave (*fig. 42*); le point C s'appelle le sommet du miroir, le centre O de la sphère à laquelle le miroir appartient s'appelle le *centre de courbure* du miroir, la ligne COX s'appelle l'*axe principal* du miroir et CO est le *rayon de courbure* du miroir.

Foyer principal. — Lorsqu'un miroir concave reçoit un faisceau de rayons lumineux parallèles à son axe principal, l'expérience montre que les rayons réfléchis vont sensiblement converger en un point F situé sur l'axe principal au milieu de CO; le point F est le foyer principal du miroir; CF est la distance focale du miroir; on la désigne par f et l'on a :

$$f = \frac{R}{2}.$$

Image d'un objet. — Considérons un objet AB placé devant un miroir concave (*fig. 43*); le rayon lumineux AOC', normal au miroir, se réfléchira sur lui-même; c'est l'axe secondaire du point A; le rayon AI parallèle à l'axe se réfléchira suivant IF et coupe l'axe secondaire précédent en A'. Tous les rayons lumineux issus de A iront converger en A' et l'image de AB sera A'B' *réelle*, renversée, semblable à l'objet, et plus grande ou plus petite que lui, suivant la position de l'objet en avant du foyer.

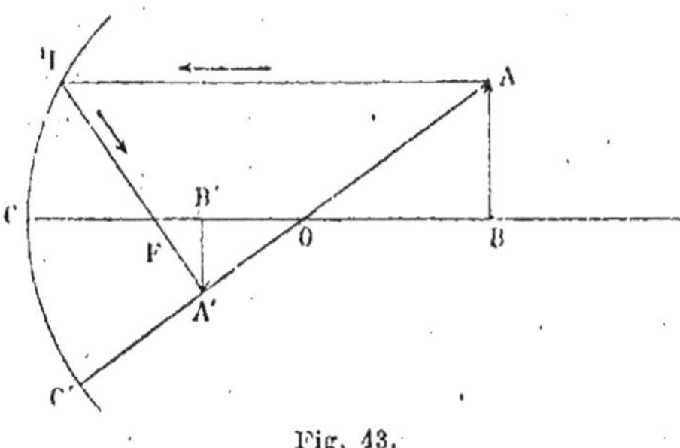

Fig. 43.

Quand l'objet est au delà de O, l'image est plus petite que l'objet ; elle est égale à l'objet quand l'objet est en O ; enfin, elle est plus grande que l'objet quand celui-ci est entre F et O.

Si l'objet lumineux est placé entre le miroir et son foyer,

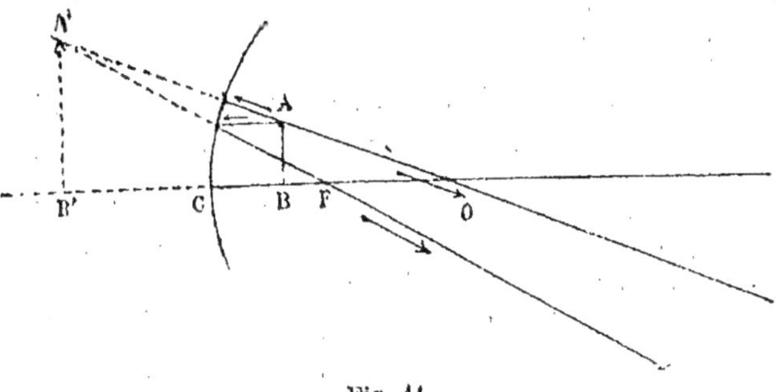

Fig. 44.

l'image est *virtuelle*, droite, plus grande que l'objet et elle semble se reformer derrière le miroir (*fig. 44*).

490. *Miroir sphérique convexe.* — On appelle *miroir convexe* une calotte sphérique polie extérieurement. Les définitions relatives au sommet, au centre de courbure et à l'axe principal sont les mêmes que pour un miroir concave.

Foyer principal. — Un miroir convexe possède un *foyer* principal correspondant aux rayons lumineux parallèles à l'axe principal ; seulement, dans ce cas, le faisceau réfléchi est divergent et le foyer F est *virtuel* (*fig. 45*) ; il est situé derrière le miroir, au milieu du rayon de courbure.

491. *Image d'un objet.* — En effectuant les mêmes constructions que pour un miroir concave, on voit que l'image d'un

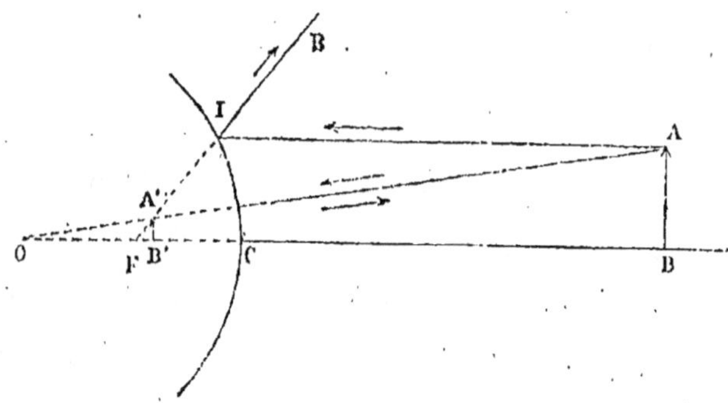

Fig. 45.

objet AB (*fig. 45*) est *virtuelle, droite*, plus petite que l'objet et située en A'B' derrière le miroir entre F et C.

REMARQUE GÉNÉRALE. — La théorie précédente n'est exacte que si l'ouverture des miroirs sphériques est très petite et si les miroirs ne reçoivent que des rayons parallèles à l'axe principal ou faisant avec cet axe des angles très petits.

RÉFRACTION DE LA LUMIÈRE

492. *Définition.* — Quand un rayon lumineux SI (*fig. 46*) tombe sur un corps transparent, comme la surface de l'eau ou du verre, il pénètre généralement dans ce nouveau milieu en changeant de direction, suivant IR ; on dit alors qu'il a été *réfracté* et on donne le nom de *réfraction* à ce phénomène.

Si le rayon lumineux est normal à la surface de séparation de l'air et du verre ou de l'eau, il continue son chemin en ligne droite ; si le rayon lumineux incident est oblique à la surface, il subit toujours une déviation, d'autant plus grande que l'angle d'incidence est plus considérable.

1ᵉʳ CAS. — *La lumière passe de l'air dans le verre ou dans l'eau.*

Dans ce cas, la déviation rapproche le rayon lumineux de
la normale à la sur-
face réfringente ; on
dit que le second
milieu est plus *ré-
fringent* que le pre-
mier.

2ᵉ cas. — *La lu-
mière passe de l'eau
ou du verre dans l'air.*

Dans ce cas, le
rayon lumineux, en
émergeant dans
l'air, s'écarte de la
normale ; l'air est
dit être moins *ré-
fringent* que le verre
ou l'eau. Si nous

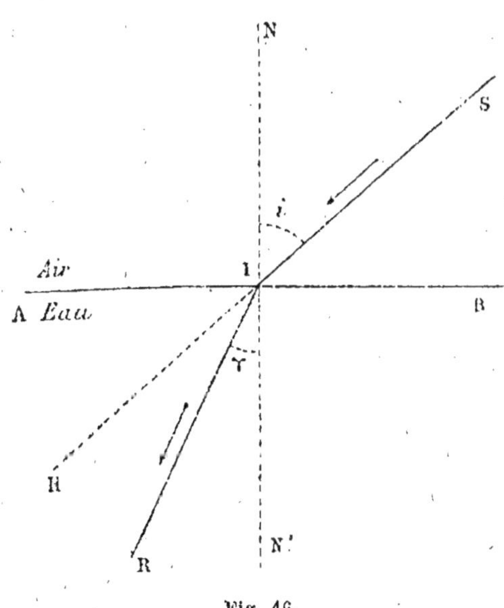

Fig. 46.

supposons que la lumière chemine dans l'eau suivant RI,
elle sortira dans l'air suivant IS (*fig. 46*). C'est pour cette
raison qu'un objet plongé dans l'eau nous paraît plus rapproché de la surface de l'eau qu'il ne l'est réellement, qu'une
rivière nous paraît moins profonde qu'elle ne l'est en réalité, etc.

493. Prisme. — On appelle *prisme* un milieu transparent
limité par deux faces planes non parallèles, dont l'intersection constitue l'*arête réfringente* du prisme ; nous ne considérerons que des rayons lumineux dont le plan d'incidence est
une section droite du prisme.

Soit BAC (*fig. 47*) la section droite d'un prisme ; le point
A est le sommet du prisme de verre ; l'angle plan BAC en
est l'angle réfringent ; et le côté BC est appelé la base du
prisme.

Soit SI un rayon lumineux homogène, tombant sur la

face AB ; il pénètre dans le prisme en se rapprochant de la
normale NIN' à la face AB ; il suit le chemin II' ; arrivé en

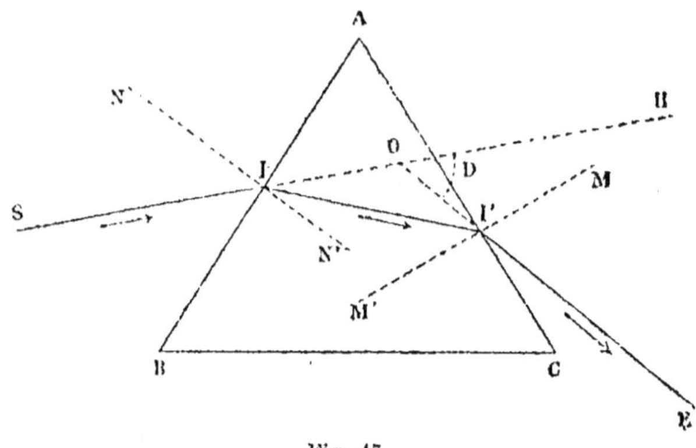

Fig. 47.

I', le rayon lumineux passe du verre dans l'air ; il s'écarte
de la normale MI'M' à la face d'émergence AC et il sort suivant I'E. Le rayon lumineux a subi deux déviations successives dans le même sens, ayant pour effet de le rejeter vers
la base du prisme.

On appelle *déviation* l'angle HOE formé par la direction
du rayon émergent avec celle du rayon incident.

Il résulte de là que les objets lumineux vus à travers un
prisme semblent relevés vers son arête réfringente.

494. Lentilles. — On appelle *lentilles* des milieux transparents en verre limités par des surfaces sphériques.

Les lentilles se divisent en deux classes : *lentilles conver-*

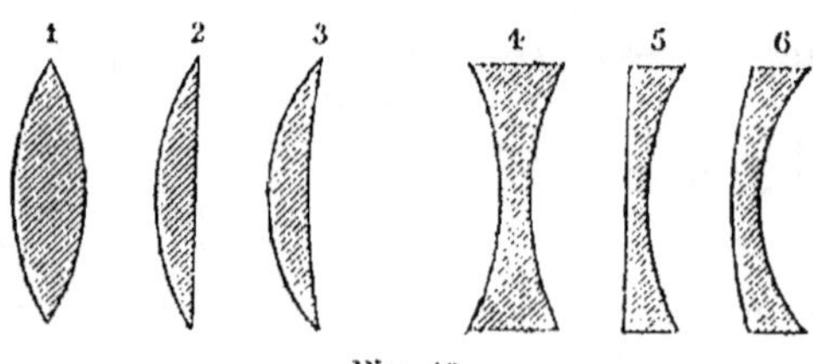

Fig. 48.

gentes, à centre épais et à bords minces ; *lentilles divergentes*,
à centre mince et à bords épais (*fig. 48*).

Les lentilles convergentes affectent l'une des trois formes suivantes :

1° Lentille biconvexe ; 2° lentille plan-convexe ; 3° ménisque convergent.

Les lentilles divergentes sont :

4° Lentille biconcave ; 5° lentille plan-concave ; 6° ménisque divergent.

495. Lentille convergente. — *Foyers.* — On appelle axe *principal* d'une lentille la ligne qui joint les centres de courbure des deux faces ; considérons un rayon lumineux parallèle à l'axe principal, il subira, comme dans le prisme, deux déviations consécutives dans le même sens, qui le rejetteront vers l'axe principal. L'expérience montre en outre que tout faisceau de rayons parallèles à l'axe principal sort

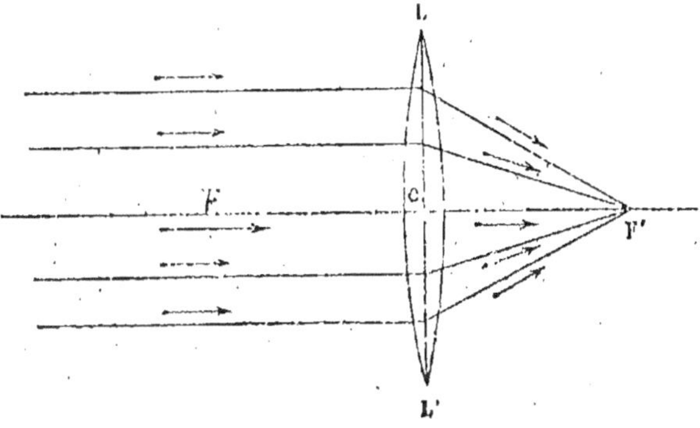

Fig. 49.

de la lentille en convergeant en un même point F′ situé derrière la lentille sur l'axe principal (*fig. 49*), le point F′ s'appelle le *premier foyer* de la lentille ; on le vérifie aisément en recevant sur une lentille convergente la lumière du soleil.

L'expérience montre que, si l'on prend sur l'axe principal un point F tel que l'on ait OF = OF′, et si l'on suppose que le point F soit un point lumineux, tous les rayons issus du point F, après avoir traversé la lentille, émergeront parallèlement à l'axe principal. Le point F est le second foyer de la lentille. La distance OF′ ou OF s'appelle la distance focale de la lentille.

Une lentille convergente est définie par sa distance focale ; on dit communément qu'une lentille a 10 centimètres ou 30 centimètres de foyer, par exemple.

Centre optique. — Lorsqu'un rayon lumineux passe par le point O (*fig. 50*), il continue son chemin en ligne droite ; le

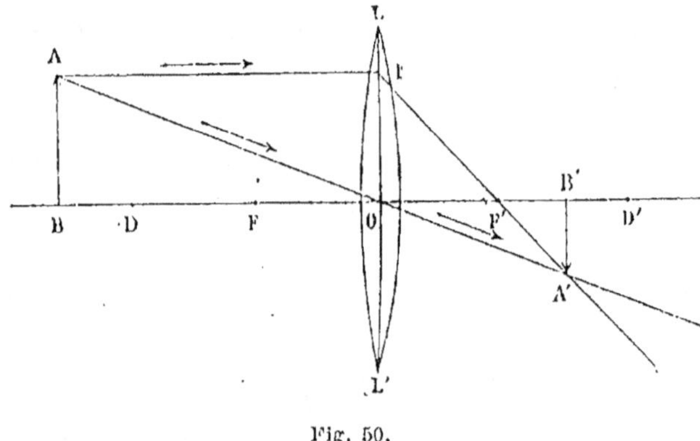

Fig. 50.

point O s'appelle le *centre optique* de la lentille et la droite AOA′ s'appelle un *axe secondaire*.

Image d'un objet. — 1ᵉʳ CAS. — *L'objet est placé au delà du double de la seconde distance focale ;* son image est *réelle, renversée et plus petite* que l'objet, elle se forme entre le premier foyer et le point D′, tel que l'on ait OD′ = 2 OF′ (*fig. 50*).

Si nous supposons que AB soit, par exemple, une bougie, en plaçant en A′B′ un petit écran vertical, on recevra sur l'écran une image réelle et renversée de la bougie visible par diffusion dans toutes les directions.

Au fur et à mesure que l'objet AB se rapproche de D, son image grandit et se rapproche aussi du point D′.

La figure 50 indique la construction à faire pour obtenir l'image.

2ᵉ CAS. — *L'objet est placé au double de la distance focale :* son image est *réelle, renversée, égale* à l'objet, et symétrique de l'objet par rapport au centre optique. On le verrait facilement en faisant la construction précédente.

3ᵉ CAS. — *L'objet est placé entre les points* D *et* F. Son image est *réelle, renversée, plus grande* que l'objet et elle se forme

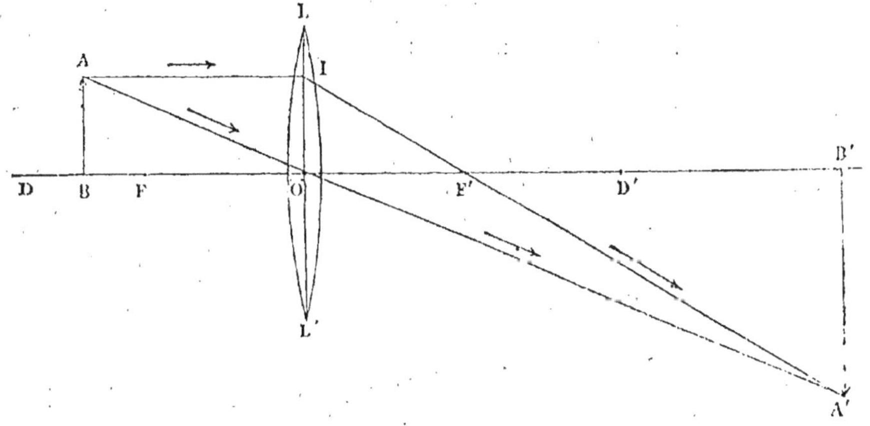

Fig. 51.

au delà du point D' (*fig. 51*). Au fur et à mesure que l'objet se rapproche du second plan focal, son image s'éloigne de plus en plus indéfiniment.

On le vérifie en plaçant une bougie entre D et F ; en plaçant un écran en A'B', on reçoit sur l'écran l'image *réelle, renversée* et *agrandie* de la bougie.

4ᵉ CAS. — *L'objet est placé entre la lentille et son second foyer.* Son image est *virtuelle, droite, plus grande* que l'objet et elle semble se former en avant de la lentille, du même côté que l'objet (*fig. 52*).

Formule des lentilles convergentes. — A l'aide des triangles semblables (*fig. 50*), on vérifierait aisément que, si on pose OB = p, OB' = p', OF' = OF = f, on a la formule :

$$\frac{1}{p} + \frac{1}{p'} = \frac{1}{f}.$$

Cette équation doit être résolue par rapport à p' ; lorsque cette résolution donnera pour p' une valeur positive, cela

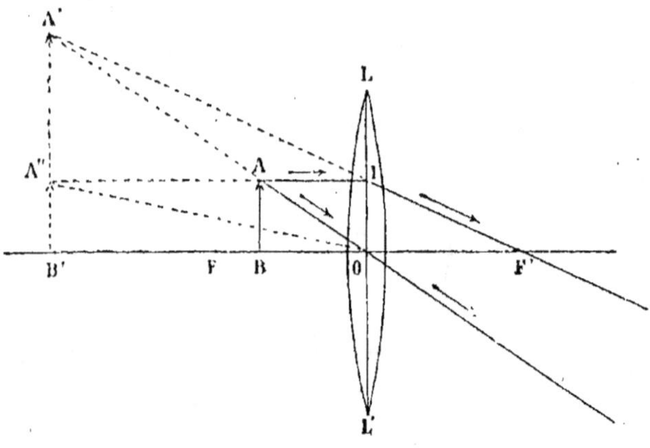

Fig. 52.

indiquera que l'image est réelle ; si la valeur de p' est négative, l'image est virtuelle et semble se former en avant de la lentille.

Les triangles semblables AOB, A'O'B', donnent :

$$\frac{A'B'}{AB} = \frac{OB'}{OB} = \frac{p'}{p}.$$

En surface, on aurait $\dfrac{s'}{s} = \dfrac{p'^2}{p^2}$, en appelant s et s' les surfaces de l'objet et de l'image.

496. *Lentilles divergentes.* — Leur théorie est la même que celle des lentilles convergentes.

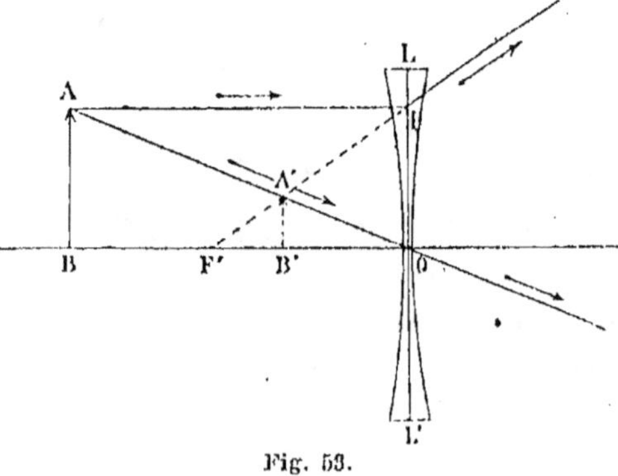

Fig. 53.

Une lentille divergente (*fig.* 53) possède deux foyers *virtuels*, situés de part et d'autre de la lentille.

L'image d'un objet est toujours *virtuelle, droite,* plus petite que l'objet et elle semble se former entre la lentille et son premier foyer F'. Ainsi, l'image de AB est A'B' (*fig. 53*).

La formule des lentilles divergentes est

$$\frac{1}{p} + \frac{1}{p'} = -\frac{1}{f};$$

on a aussi

$$\frac{A'B'}{AB} = \frac{p'}{p}$$

et

$$\frac{s'}{s} = \frac{p'^2}{p^2}.$$

INSTRUMENTS D'OPTIQUE

497. *Loupe.* — La *loupe* est une lentille convergente destinée à faire voir les petits objets sous un diamètre apparent plus grand que celui sous lequel on les verrait à l'œil nu.

Soit LOL' (*fig. 52*) la lentille convergente ; soit AB le petit objet à examiner, placé entre la lentille et son second foyer ; l'image de cet objet sera droite, virtuelle, agrandie et elle semblera se former en A'B'. Pour observer, on place habituellement la loupe contre l'œil, et on déplace l'objet jusqu'à ce que l'on aperçoive le plus de détails possible ; alors la distance OB' sera égale à la distance minima de la vision distincte pour l'œil de l'observateur.

Grossissement. — On appelle *grossissement,* le rapport de l'angle sous lequel on aperçoit l'objet à travers la loupe à l'angle sous lequel on le verrait à l'œil nu. Or, pour observer l'objet à l'œil nu, on le placerait à la distance minima de la vision distincte en A"B' : on le verrait sous l'angle A"OB' ; à travers la loupe on le voit sous l'angle A'OB' ; et, comme on a : A'B' > A"B', on a aussi : A'OB' > A"OB' ; la loupe fait donc bien voir les objets sous un diamètre apparent plus grand que celui sous lequel on les verrait à l'œil nu.

Le grossissement de la loupe a pour expression :

$$G = \frac{A'B'}{AB}.$$

Loupe des horlogers. — Les horlogers et les graveurs font usage de loupes montées à l'extrémité d'un tube dont la longueur est égale à la distance focale de la loupe. Ils placent l'œil à l'extrémité libre du tube et ils peuvent fabriquer les pièces de précision sans craindre de modifier les rapports de leurs différentes parties par l'observation à la loupe.

498. *Microscope composé.* — Le grossissement de la loupe est toujours faible ; il serait insuffisant pour l'observation des

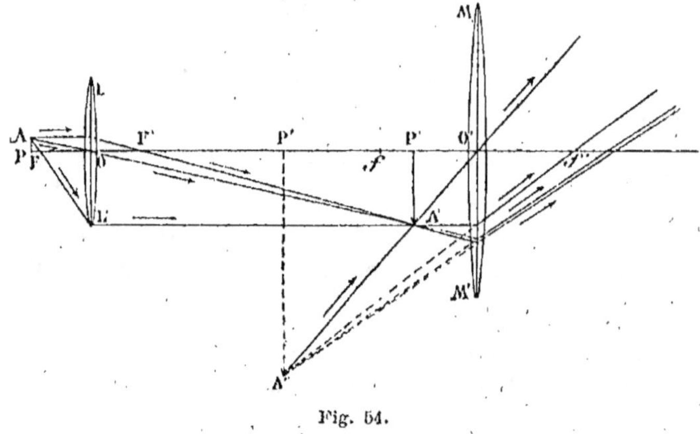

Fig. 54.

préparations anatomiques ; on se sert, dans ce cas, d'un autre instrument d'optique, appelé *microscope composé.*

Le microscope composé est formé de deux lentilles convergentes (*fig. 54*) ayant même axe principal, et appelées, l'une l'*objectif*, l'autre l'*oculaire* de l'instrument. L'objectif LOL′ est à très court foyer ; on place devant lui l'objet AP à examiner, de manière que l'on obtienne une image A′P′ réelle, renversée et plus grande que l'objet ; l'oculaire MO′M′ est placé de manière à remplir l'office de loupe par rapport à A′P′, c'est-à-dire que A′P′ doit se former entre l'ocu-

laire et son second foyer ; on obtient alors une image finale
A″P″, virtuelle, plus grande que A′P′ et renversée par rapport à l'objet AP ; l'œil, supposé placé contre l'oculaire, reçoit les rayons lumineux qui en sortent et croit apercevoir
A″P″ ; l'instrument doit être disposé de telle sorte que A″P″
semble se former à la distance minima de la vision distincte.

On met l'instrument au point en rapprochant plus ou moins
l'objet AP de l'objectif.

Grossissement. — Comme pour la loupe, le *grossissement
linéaire* du microscope est égal au rapport des diamètres ap-
parents de A″P″ et de AP supposés placés tous deux à la distance minima de la vision distincte. On aura donc :

$$G = \frac{A''P''}{AP}.$$

Mais on peut écrire identiquement :

$$\frac{A''P''}{AP} = \frac{A''P''}{A'P'} \times \frac{A'P'}{AP}.$$

Or $\dfrac{A''P''}{A'P'}$ représente le grossissement g de l'oculaire, et
$\dfrac{A'P'}{AP}$ le grossissement g' de l'objectif. On a donc :

$$G = gg'$$

499. *Lunette astronomique*. — La *lunette astronomique* est
destinée : 1.° à faire voir le soleil et les planètes sous un diamètre apparent plus grand que celui sous lequel on les verrait à l'œil nu ; 2° à augmenter la clarté des étoiles.

Elle se compose d'un *objectif convergent* à large surface et
à long foyer et d'un *oculaire convergent* à court foyer, ayant
même axe principal, et montés aux deux extrémités d'un tube
de métal disposé de manière que l'on puisse, à volonté, faire
varier la distance des deux lentilles.

Marche de la lumière. — Soit LOL′ l'objectif (*fig. 55*) ; supposons que son axe principal passe par l'un des bords du so-

leil, l'image du soleil se formera réelle et renversée dans le premier plan focal de l'objectif, en A'P', et l'angle A'OP'

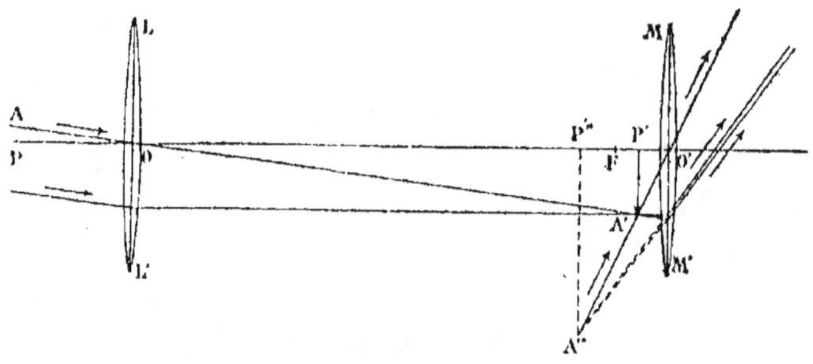

Fig. 55.

sera égal au diamètre apparent du soleil vu à l'œil nu. L'oculaire MO'M' sera placé de manière à jouer le rôle de loupe par rapport à A'P' qui devra, dans ce but, se former entre l'oculaire et son second foyer F.

L'œil de l'observateur est placé au premier foyer de l'oculaire pour embrasser tout le champ de l'instrument ; il croit apercevoir une image virtuelle A"P" du soleil, droite par rapport à A'P' et renversée par rapport à l'astre ; pour ne pas se fatiguer, l'observateur examine A"P" sans accommoder son œil à la distance ; donc A"P" doit se former à l'infini et alors les deux lentilles ont un foyer commun ; leur distance est égale à F + f, en désignant par F la distance focale de l'objectif et par f celle de l'oculaire.

Grossissement. — On a, par définition, $G = \dfrac{A'O'P'}{AOP}$; le calcul montre que l'on a : $G = \dfrac{F}{f}$, quelle que soit la vue de l'observateur.

On transforme une lunette astronomique en *lunette terrestre* par l'adjonction de deux lentilles destinées à *redresser* l'image réelle donnée par l'objectif.

500. *Lunette de Galilée.* — La lunette astronomique a l'inconvénient de donner des images renversées. Galilée a eu l'idée de remplacer l'oculaire convergent de la lunette astronomique par une lentille divergente; de plus, la distance de l'objectif à l'oculaire est telle que l'image donnée par l'objectif ne peut pas se former; l'oculaire reçoit de la lumière convergente et alors l'image finale est *droite*. Le grossissement est le même que celui de la lunette astronomique. Les lorgnettes de théâtre sont des lunettes de Galilée accouplées pour permettre la vision binoculaire.

501. *Télescope de Newton.* — Il se compose d'un miroir concave M (*fig. 56*) fixé au fond d'un tube cylindrique; le

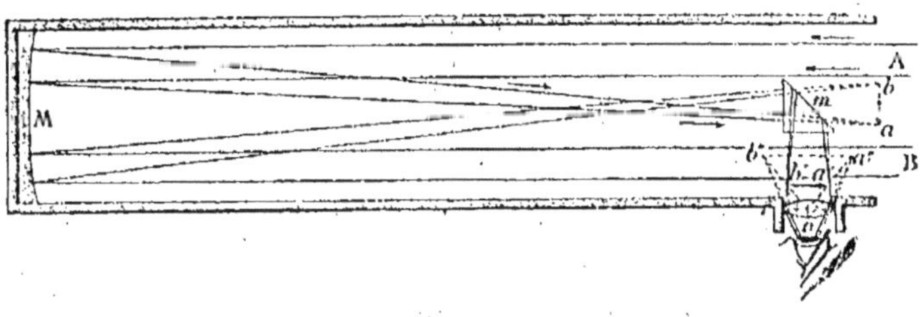

Fig. 56.

miroir concave donne du soleil une image réelle et renversée *ab* qui se formerait dans le plan focal du miroir. On ne laisse pas cette image se former et l'on interpose entre le miroir concave et son foyer F un petit prisme à réflexion totale *m*; les rayons lumineux réfléchis par le miroir concave forment une image réelle *a'b'* symétrique de *ab* par rapport à *m*.

On observe l'image *a'b'* avec une lentille convergente faisant office de loupe; on obtient ainsi une image finale *a"b"*, virtuelle, qu'examine l'œil de l'observateur placé au premier foyer de l'oculaire. La mise au point se fait comme pour la lunette astronomique.

Le grossissement est encore égal à $\dfrac{F}{f}$.

DISPERSION DE LA LUMIÈRE

502. *Décomposition de la lumière solaire par le prisme.* — Si l'on fait tomber sur un prisme un faisceau parallèle de lumière solaire et si on reçoit sur un écran le faisceau lumineux à sa sortie du prisme, on obtiendra sur l'écran une image dilatée parallèlement à l'arête du prisme et colorée des teintes de *l'arc-en-ciel* dans l'ordre suivant : *rouge, orangé, jaune, vert, bleu, indigo, violet,* à partir du sommet du prisme. On dit alors que la lumière blanche du soleil a été décomposée en traversant le prisme ; chacune des radiations colorées est elle-même *simple,* c'est-à-dire indécomposable par son passage à travers un autre prisme. Newton est le premier qui ait ainsi décomposé la lumière solaire ; il résulte de ses expériences que la *lumière blanche* est formée d'une infinité de radiations simples inégalement réfrangibles, dont la réfrangibilité croît du rouge au violet.

503. *Recomposition de la lumière blanche.* — Si on reçoit le faisceau coloré précédent sur un second prisme identique au premier, mais disposé en sens opposé, on constate que les rayons lumineux qui ont traversé les deux prismes sont de nouveau *blancs* dans la partie moyenne du faisceau ; les rayons colorés, à la sortie du prisme, ont recomposé de la lumière blanche.

504. *Spectre solaire.* — On appelle *spectre solaire* l'image formée sur un écran par des rayons de lumière solaire parallèles ayant traversé un prisme. Quand on examine un spectre solaire, on voit que les couleurs n'occupent pas toutes la même étendue dans le spectre : le violet est le plus étalé et l'orangé l'est le moins. En outre, l'intensité lumineuse est maximum dans le jaune moyen ; elle décroît peu à peu du jaune au rouge extrême d'un côté et du jaune au violet extrême de l'autre.

On voit, en outre, que le spectre est sillonné, parallèlement à l'arête du prisme, de raies obscures, indiquant que la radiation correspondante manque dans le spectre solaire. Ces raies ont été étudiées pour la première fois par *Frauenhofer*.

505. *Couleur des corps.* — Les différents corps qui nous entourent reçoivent directement la lumière du soleil pendant le jour ; les uns absorbent totalement la lumière reçue : ils nous paraissent *noirs* ; les autres diffusent la lumière reçue et nous paraissent colorés.

Si le corps considéré diffuse également les radiations simples de la lumière solaire, ce corps nous paraît être *blanc*.

Si le corps considéré diffuse inégalement les radiations simples de la lumière solaire, il en résulte pour notre œil une coloration spéciale qui est le résultat de la superposition des radiations reçues par l'œil.

Il est évident que la couleur d'un corps dépend de la nature de la source lumineuse qui l'éclaire, parce que chaque source lumineuse émet généralement des radiations lumineuses simples dont la couleur et l'intensité varient d'une source à l'autre.

506. *Étude des couleurs.* — Quand on examine le spectre solaire, on remarque que les différentes régions du spectre n'ont pas le même éclat : la région jaune paraît la plus intense et l'intensité diminue du jaune au rouge d'une part et du jaune au violet d'autre part. Certaines couleurs sont *complémentaires*, c'est-à-dire que leur superposition donne du blanc : tels sont le bleu et le jaune. — D'autres couleurs, en se superposant, donnent une teinte spéciale que l'on appelle la teinte résultante des radiations superposées ; le rouge et le bleu superposés donnent une teinte de couleur lilas.

507. *Spectres des différentes sources lumineuses.* — Le spectre d'un corps solide ou liquide incandescent est toujours continu ; il s'étend d'autant plus vers le violet que la température du corps est plus élevée ; au rouge-blanc, le spectre est complet.

Les corps gazeux incandescents donnent un spectre discontinu formé de lignes brillantes séparées par de larges intervalles obscurs ; ces lignes ont une couleur et une position caractéristiques pour chaque gaz en particulier.

Il en est de même pour les vapeurs métalliques incandescentes obtenues en chauffant dans un bec de Bunsen un chlorure métallique ; chaque métal est caractérisé par un spectre spécial, formé de bandes brillantes séparées par des intervalles obscurs et occupant une position fixe indéterminée.

508. *Spectres non lumineux.* — Le spectre solaire n'est pas limité à la partie visible ; il existe, en deçà du rouge, des radiations moins réfrangibles que le rouge extrême, n'exerçant aucune action sur la rétine, mais douées de propriétés calorifiques très intenses. En effet, prenons un thermomètre très sensible et déplaçons-le dans un spectre solaire obtenu à l'aide d'un prisme en sel gemme, en partant du violet ; la température indiquée par le thermomètre s'élève de plus en plus à mesure que l'on se rapproche du rouge ; si l'on fait arriver le thermomètre dans la partie obscure du spectre située en deçà du rouge, la température croît encore jusqu'à une petite distance du rouge, pour décroître ensuite jusqu'à une distance du rouge extrême à peu près égale à la longueur du spectre visible ; il existe donc des rayons moins réfrangibles que les rayons rouges, et appelés *rayons infra-rouges*, dénués des propriétés lumineuses, mais doués exclusivement des propriétés calorifiques.

Recevons le spectre solaire sur une feuille de papier photographique, imprégné de chlorure d'argent ; l'expérience montre que, à partir du vert, le sel d'argent est décomposé : il reste dans la pâte du papier un dépôt d'argent métallique ; l'action se continue au delà du violet ; on obtient ainsi un spectre *ultra-violet*, plus long que le spectre lumineux visible, formé de radiations plus réfrangibles que le violet, auxquelles l'œil et le thermomètre sont insensibles, mais douées d'une activité chimique puissante.

En résumé, le spectre complet se prolonge en deçà du rouge et au delà du violet ; la partie moyenne du spectre total est la seule que nos yeux puissent distinguer ; dans cette partie moyenne, toutes les radiations possèdent les propriétés lumineuses et calorifiques à différents degrés ; la partie comprise entre le vert et le violet possède en outre une activité chimique assez grande, tandis que les rayons ultra-violets possèdent une activité chimique considérable.

509. *Principes de la photographie.* — La photographie est fondée sur la décomposition du bromure et du chlorure d'argent par la lumière. A cet effet, à l'aide d'une chambre noire et d'une lentille convergente ou *objectif*, on reçoit l'image des objets extérieurs sur une plaque de verre recouverte d'une couche de bromure d'argent incorporé dans de la gélatine. Quand la plaque a subi l'impression de la lumière pendant quelques secondes, on la porte dans un laboratoire éclairé par de la lumière rouge sans action chimique sur le bromure d'argent, et on continue l'action de la lumière à l'aide de réactifs spéciaux chimiquement réducteurs, comme l'acide pyrogallique, l'hydroquinone, etc. L'image se développe : aux parties très éclairées de l'objet correspondent dans l'image des taches noires provenant de la réduction du bromure d'argent ; les ombres de l'objet sont représentées par des blancs, parce qu'en ces points il n'y a pas décomposition du sel d'argent.

L'image négative ainsi obtenue ne pourrait être exposée à la lumière, car tout le bromure d'argent non décomposé noircirait peu à peu d'une façon uniforme. Pour éviter cet inconvénient et conserver l'image, on plonge la plaque dans une dissolution à 12 ou 15 p. 100 d'hyposulfite de soude qui dissout le reste du bromure d'argent qui n'a pas été réduit par la lumière. Le cliché est ensuite lavé et séché.

Une fois qu'on a obtenu un *cliché,* il faut en tirer une épreuve positive sur papier ; pour cela, on place derrière le cliché une feuille de papier imprégnée de chlorure d'argent et on expose le tout à la lumière ; celle-ci, passant par les parties transparentes du cliché, attaquera le chlorure d'argent et noircira le papier dans la partie correspondante, tandis que, arrêtée par les parties opaques, elle respectera le chlorure d'argent qui y correspond ; et, au bout de quelques instants, on aura une épreuve inverse du cliché, c'est-à-dire une épreuve positive reproduisant les clairs et les ombres de l'objet.

L'épreuve positive obtenue est lavée sous un filet d'eau jusqu'à ce que l'eau coule limpide, puis on la plonge dans un bain de virage au chlorure d'or qui lui donne une belle teinte violacée ; enfin, on fixe l'épreuve en la plongeant dans une solution d'hyposulfite de soude à 15 p. 100, qui dissout le chlorure d'argent libre dans les blancs de l'épreuve. On lave ensuite dans l'eau courante et on sèche.

510. *Chaleur rayonnante.* — La chaleur est due, comme la lumière, à un mouvement vibratoire des corps ; ce mouvement vibratoire se transmet, comme la lumière, à travers l'éther du milieu ambiant ; *la propagation se fait en ligne droite dans toutes les directions.* Il existe des *rayons* et des *faisceaux calorifiques* comme il existe des rayons et des faisceaux lumineux.

Il y a identité complète entre la chaleur rayonnante et la lumière. Les lois de la réflexion et de la réfraction sont les mêmes ; les propriétés des lentilles sont les mêmes, ainsi que les phénomènes de dispersion. Les corps chauffés à une température peu élevée n'émettent que des rayons calorifiques obscurs ; les corps incandescents émettent des radiations calorifiques obscures et des radiations à la fois calorifiques et lumineuses ; de plus, dans la partie visible du spectre, il est impossible de séparer la lumière de la chaleur qui l'accompagne.

511. *Conclusion.* — Il existe dans le spectre une série de radiations dont la réfrangibilité croît d'une manière continue : les moins réfrangibles se manifestent surtout comme radiations calorifiques, les plus réfrangibles provoquent la décomposition des sels d'argent ; enfin, notre œil est constitué de manière à n'être sensible qu'aux radiations intermédiaires formant la partie visible du spectre.

La chaleur et la lumière sont dues à un rayonnement unique dont les effets varient avec l'organe qui subit l'impression. En admettant l'hypothèse de Fresnel, on peut dire que les phénomènes calorifiques et lumineux semblent dus à des mouvements vibratoires très rapides et d'amplitude très petite, dont sont animées les particules qui composent tous les corps. Les plus rapides de ces mouvements agissent sur les sels d'argent, les plus lents donnent la sensation calorifique à nos organes du toucher ; l'œil, au contraire, perçoit comme lumière les vibrations de vitesse intermédiaire ; mais tous ces effets différents sont produits par une cause unique et ne sont que les manifestations d'un seul et même phénomène.

512. Conductibilité des corps pour la chaleur. — Plaçons dans un foyer l'extrémité d'une barre de fer ; nous constaterons que la chaleur se propagera de proche en proche d'une tranche de la barre à la suivante ; on dit alors que la chaleur s'est propagée *par conductibilité*. Chacun sait qu'on peut tenir à la main, sans se brûler, un morceau de charbon de bois incandescent à l'une de ses extrémités, tandis que l'on se brûle en touchant l'extrémité d'une barre de cuivre dont l'autre extrémité est portée au rouge. On dit alors que le charbon de bois est *mauvais conducteur de la chaleur*, tandis que le cuivre est dit être *bon conducteur de la chaleur*.

Les métaux sont plus ou moins bons conducteurs de la chaleur ; l'expérience montre que l'argent est le meilleur conducteur ; la pierre, le verre et le bois sont mauvais conducteurs de la chaleur. Les liquides sont très mauvais conducteurs et les gaz, à l'exception de l'hydrogène, sont éminemment mauvais conducteurs.

On applique ces propriétés pour se préserver contre le froid : les couvertures de laine, les édredons, les vêtements nous préservent du froid par la couche d'air maintenue immobile contre le corps et l'empêchant de se refroidir.

CHIMIE

513. *Phénomènes chimiques.* — Parmi les phénomènes dont les corps de la nature sont le siège, il en est qui modifient leur constitution intime; on leur a donné le nom de *phénomènes chimiques*; ces phénomènes sont permanents et donnent naissance à des substances différentes de celles qui ont servi à leur manifestation.

Quand un phénomène chimique se produit, on dit qu'il s'accomplit une *réaction chimique*; deux cas sont à considérer :

1° *Le produit de la réaction est plus complexe que chacun des corps qui l'ont formé :* on dit alors qu'il s'est produit une *combinaison chimique*.

Exemple : la production de la rouille; le fer s'est *combiné* avec l'oxygène et la vapeur d'eau de l'air.

2° *Le produit de la réaction est plus simple que le corps qui en a été le siège :* il y a alors *décomposition chimique*.

514. *Corps composés et corps simples.* — Prenons un morceau de craie et chauffons-le au rouge : nous en extrairons un gaz irrespirable et n'entretenant pas la combustion, nommé *anhydride carbonique*; nous trouverons comme résidu une matière terreuse, blanche, fixe, qui est la chaux vive; nous en conclurons que la craie était un corps composé. L'anhydride carbonique, à son tour, peut se décomposer en deux autres corps, nommés *carbone* et *oxygène;* de même, la chaux est formée de *calcium* et d'*oxygène.* Mais si on veut pousser plus loin la décomposition, on ne peut retirer du carbone, de l'oxygène et du calcium que ces corps eux-mêmes. On dit alors que ce sont des *corps simples* ou des *éléments.* La chimie a pour but de déterminer la constitution d'un corps composé; on a atteint ce but par l'*analyse* et par la *synthèse :* par l'analyse, on décompose le corps en ses éléments; par la synthèse on combine les éléments entre eux pour constituer le corps composé. Les agents chimiques employés sont la chaleur, l'électricité et la lumière.

515. *Divers états de la matière.* — *Dissolution.* — Nous avons vu en physique que la matière se présente à nous sous trois états physiques : l'état solide, l'état liquide et l'état gazeux; de plus, sous l'action de la chaleur, le même corps peut changer d'état physique.

Nous avons vu aussi que certains corps sont solubles dans l'eau; d'autres sont solubles dans l'alcool, l'éther, etc.

516. *Cristallisation.* — Les corps liquides, par refroidissement deviennent solides; les corps dissous, par évaporation du dissolvant, deviennent solides; si la transformation physique s'effectue lentement, le corps, en se solidifiant, affecte une forme géométrique régulière : on dit qu'il *cristallise* ou devient un *cristal.* Le diamant, le cristal de roche, la galène, sont des substances cristallisées naturelles. Artificiellement, on fait cristalliser les corps par fusion ou par dissolution.

Un cristal présente toujours un certain nombre d'axes de symétrie; ces axes font entre eux des angles déterminés et leurs longueurs sont dans un rapport constant pour une même forme cristalline. On appelle *système cristallin* un ensemble de formes dont les axes présentent les mêmes inclinaisons respectives et les mêmes rapports de longueur. On considère *six* systèmes cristallins, caractérisés chacun par une forme type.

1er système. — *Système cubique.*

2e système. — *Système du prisme droit à base carrée.*

3e système. — *Système du prisme droit à base rectangle.*

4e système. — *Système du prisme droit à base hexagonale.*

5e système. — *Système du prisme oblique à base rhombe.*

6e système. — *Système du prisme oblique à base parallélo-gramme.*

517. *Dimorphisme et isomorphisme.* — Un corps est dit *dimorphe,* quand il peut cristalliser sous deux formes incompatibles, c'est-à-dire appartenant à des systèmes cristallins différents. Le soufre est dimorphe : par voie de fusion, il cristallise dans le 5e système et par voie de dissolution dans le sulfure de carbone, il cristallise en octaèdres du 3° système. Un corps *polymorphe* est celui qui affecterait plus de 2 formes incompatibles.

Deux cristaux sont *isomorphes,* lorsqu'ils appartiennent à la même forme du même système, et que leurs angles solides sont très peu différents.

De plus, l'isomorphisme entraîne la faculté de se remplacer en toutes proportions dans les cristaux et la similitude de constitution chimique.

Ainsi tous les aluns sont isomorphes. Mélangeons une dissolution d'alun ordinaire avec une dissolution d'alun de chrome ; puis, faisons cristalliser : nous obtiendrons des *octaèdres réguliers,* dans lesquels les deux aluns seront mélangés en proportions quelconques.

518. *Allotropie.* — Quand une même espèce chimique se présente sous des formes physiques différentes, on dit que ces formes sont *allotropiques.* Le diamant, le graphite, le noir de fumée sont des formes allotropiques du carbone. Le phosphore ordinaire et le phosphore rouge sont des formes allotropiques du phosphore.

519. *Isomérie.* — Deux corps sont *isomères* lorsqu'ils ont la même composition chimique, mais lorsqu'ils diffèrent à la fois par leurs propriétés physiques et par leurs propriétés chimiques. Ainsi, les essences végétales sont des isomères de l'essence de térébenthine; l'urée et le cyanate d'ammonium sont des isomères.

520. *Combinaison chimique.* — On appelle *combinaison* l'acte par lequel plusieurs corps simples s'unissent pour donner naissance à un corps composé ; ce dernier porte aussi souvent le nom de combinaison ; ce mot sert ainsi à désigner à la fois l'acte et le résultat. La combinaison chimique donne toujours lieu à un corps nouveau, homogène, dont les propriétés sont différentes de celles des corps simples générateurs et dont on ne peut plus retirer généralement ces derniers par l'emploi des procédés mécaniques ou physiques. En outre, il existe un rapport invariable entre les poids des corps simples constituant le corps composé; enfin, la combinaison est toujours accompagnée de phénomènes thermiques caractéristiques.

521. *Loi des masses.* — *La masse d'un corps composé est égal à la somme des masses des corps composants.*

522. *Loi des proportions définies* (Proust). — *Les rapports en poids suivant lesquels les corps simples se combinent entre eux pour former un composé déterminé sont invariables.*

Ainsi, les poids d'hydrogène et d'oxygène qui constituent l'eau sont entre eux dans le rapport de 1 à 8.

523. *Loi des proportions multiples* (Dalton). — Considérons deux corps simples A et B, qui donnent naissance à plusieurs composés définis C, C', C''... ; analysons-les : nous trouverons que pour un même poids a du corps A, les poids du corps B constituant les composés C, C', C'' seront b, b', b''...; comparons entre eux les poids b, b', b''... : nous trouverons que les rapports $\dfrac{b'}{b}, \dfrac{b''}{b}$... sont toujours représentés par des nombres entiers très simples, 2, 3, 4, 5, ou par des fractions simples $\dfrac{1}{2}, \dfrac{3}{2}, \dfrac{4}{3}$. Il en résulte que les poids b', b''... sont toujours des multiples très simples de b. Nous en trouverons des exemples dans les composés oxygénés de l'azote, du chlore, du fer, du manganèse, etc.

524. *Loi des volumes gazeux.* — Ces lois, formulées par Gay-Lussac, ont reçu le nom de *lois de Gay-Lussac*.

1re loi. — *Lorsque deux gaz se combinent, les volumes des composants sont toujours en rapport simple.*

2e loi. — *Le volume du composé produit, à l'état gazeux, est dans un rapport simple avec les volumes des gaz composants.*

Lorsque les gaz se combinent volume à volume, le volume du gaz composé est égal à la somme des volumes des gaz composants : ainsi, 2 volumes de chlore et 2 volumes d'hydrogène forment 4 volumes de gaz acide chlorhydrique.

Lorsque les gaz se combinent en volumes dans le rapport de 2 à 1, il y a contraction d'un tiers : ainsi 2 volumes d'hydrogène et 1 volume d'oxygène ne forment que 2 volumes de vapeur d'eau.

Lorsque les gaz se combinent en volumes dans le rapport de 3 à 1, il y a contraction de moitié : ainsi, 6 volumes d'hydrogène et 2 volumes d'azote forment 4 volumes de gaz ammoniac.

525. *Loi des nombres proportionnels.* — Considérons un corps simple A, l'hydrogène par exemple, pouvant se combiner avec un grand nombre d'autres corps simples, B, C, D..., tels que le chlore, l'oxygène, le soufre, etc., et cherchons quels sont les poids des corps B, C, D..., qui se combinent avec un même poids du corps A ; et, pour plus de simplicité, prenons 1 gramme de A ; l'analyse nous montre que :

1° 1 d'hydrogène se combine avec 35,5 de chlore pour former le gaz chlorhydrique ;

2° 1 d'hydrogène se combine avec 8 d'oxygène pour former l'eau ;

3° 1 d'hydrogène se combine avec 16 d'oxygène pour former l'eau oxygénée ;

4° 1 d'hydrogène se combine avec 16 de soufre pour former l'hydrogène sulfuré ;

5° 1 d'hydrogène se combine avec 32 de soufre pour former le bisulfure d'hydrogène, etc.

On voit alors que les poids des corps simples B, C, D..., qui se combinent à un même poids d'hydrogène ($1.^{gr}$) sont les multiples de 35,5 pour le chlore, de 8 pour l'oxygène, de 16 pour le soufre, etc.

Ces nombres 35,5, 8, 16, ont été appelés les *nombres proportionnels* du chlore, de l'oxygène, du soufre, etc., par rapport à 1 d'hydrogène.

Considérons maintenant les combinaisons que les corps B, C, D... peuvent former entre eux ; l'analyse montre que 35,5 de chlore s'unissent à 8, 24, 32, 40, 56 d'oxygène pour former cinq composés définis ; donc les poids d'oxygène qui s'unissent à un même poids 35,5 de chlore sont encore des multiples de 8.

De même, 16 de soufre se combinent à 16 d'oxygène pour former l'anhydride sulfureux et à 24 d'oxygène pour former l'anhydride sulfurique, etc. Donc les poids 1, 35,5, 8, 16, représentent les poids proportionnellement auxquels les différents corps simples se combinent entre eux ; de là le nom de *nombres proportionnels* donné à ces différents nombres.

Le système de nombres proportionnels usité en chimie exclusivement aujourd'hui dans tous les pays est le *système des poids atomiques.*

526. *Molécules et atomes.* — On admet que la matière n'est pas divisible à l'infini ; chaque corps simple ou composé est supposé formé par l'agrégation de particules indivisibles, auxquelles on a donné le nom de *molécules.*

La molécule représente donc la plus petite quantité d'un corps simple ou composé qui puisse exister à l'état isolé ; elle possède la même composition chimique qu'un volume quelconque du corps considéré.

D'autre part, Dalton, se fondant sur la loi des proportions multiples, a émis l'hypothèse des *atomes*; d'après lui, il existe pour chaque corps simple une quantité limite, qui est la plus petite quantité de ce corps simple qui puisse entrer en combinaison : on lui a donné le nom d'*atome*. Il est facile de voir que, dans ces conditions, la molécule d'un corps est formée par la juxtaposition d'un nombre entier d'atomes des corps simples qui la constituent : les atomes sont de même nature dans la molécule d'un corps simple et ils sont de nature différente dans la molécule d'un corps composé.

Chaque corps simple possède donc un *poids atomique* déterminé par rapport au poids atomique de l'un d'eux pris pour unité. Nous prendrons pour unité le poids atomique de l'hydrogène; les poids atomiques des autres corps simples sont déterminés par des méthodes spéciales.

Examinons maintenant quelle est la constitution des corps simples et des corps composés. On démontre, en physique, que, *sous le même volume, à la même température et à la même pression, tous les gaz renferment le même nombre de molécules.*

Cette loi, due à *Avogadro*, résulte de la théorie des gaz fondée sur la théorie dynamique de la chaleur. Or, une molécule de gaz acide chlorhydrique est formée d'un atome de chlore et d'un atome d'hydrogène, et la chaleur spécifique de cette molécule est égale à la chaleur spécifique d'une molécule de gaz simple, comme on le démontre en physique, c'est-à-dire à la chaleur spécifique d'une molécule d'hydrogène ou d'une molécule de chlore; donc, il est logique d'admettre que la molécule d'hydrogène est formée par la juxtaposition d'un atome d'hydrogène à un autre atome d'hydrogène, et que la molécule de chlore est formée d'un atome de chlore juxtaposé à un autre atome de chlore; cette hypothèse est aujourd'hui admise par la plupart des chimistes.

On voit, d'après cela, que les corps simples ont à la fois

un *poids atomique* et un *poids moléculaire*; les corps composés n'ont qu'un poids moléculaire.

527. *Poids moléculaire et poids atomique.* — *Le poids moléculaire d'un gaz est proportionnel à sa densité*; ce principe est une conséquence de la loi d'Avogadro. Or, si nous prenons pour unité le poids atomique de l'hydrogène, comme sa molécule est formée de l'union de *deux atomes*, son poids moléculaire sera 2. Prenons maintenant un gaz A de densité d; son poids moléculaire p sera, d'après le principe précédent, donné par la relation :

$$\frac{p}{d} = \frac{2}{0,0692}$$

en remarquant que la densité de l'hydrogène est 0,0692. On aura donc :

$$p = \frac{d \times 2}{0,0692} = d \times 28,88.$$

Cette formule permettra de déterminer le poids moléculaire de tous les gaz ou vapeurs.

On appelle *poids atomique* d'un corps simple le poids de l'atome de ce corps simple.

528. *Loi des chaleurs spécifiques* (Dulong). — *Le produit du poids atomique d'un corps simple par sa chaleur spécifique à l'état solide est un nombre constant.*

La valeur de ce produit constant est 6,4.

529. *Volumes moléculaires.* — D'après la loi d'Avogadro, tous les gaz, sous le même volume, renferment le même nombre de molécules; il suit de là que les formules des différents gaz, représentant leur poids moléculaire, correspondent toutes *au même volume*, qui est celui de H^2 d'hydrogène. Si nous prenons pour unité de volume le volume d'hydrogène qui pèse 1, on voit que H^2 correspond à 2 volumes; il en sera de même de la formule de tous les corps volatils; ils correspondront à 2 volumes de gaz ou de vapeur.

Ce volume correspond, en prenant le gramme pour unité de poids, à 22,22 litres, à 0° sous la pression 760.

530. *Atomicité.* — On appelle *atomicité* d'un corps simple le nombre des atomes qui constituent la molécule de ce corps simple. Les gaz et les vapeurs simples ont seuls une atomicité bien déterminée.

L'atomicité d'un gaz simple ou d'une vapeur simple s'obtient en divisant le poids moléculaire du gaz ou de la vapeur simple par le poids atomique du corps simple :

$$A = \frac{28,88 \times d}{a}.$$

Molécules diatomiques. Les molécules diatomiques sont celles de l'*hydrogène*, de l'*oxygène*, de l'*azote*, du *fluor*, du *chlore*, du *brome*, de l'*iode*, du *soufre*, du *potassium*, etc.

Molécules tétratomiques. Les molécules du *phosphore* et de l'*arsenic* sont *tétratomiques*.

NOMENCLATURE ET NOTATION CHIMIQUES

531. *Nomenclature et notation des corps simples.* — On leur a donné des noms consacrés par l'usage ; leur symbole, représenté par leur initiale suivie d'une minuscule dans certains cas, correspond à leur poids atomique.

Les corps simples se divisaient autrefois en *métalloïdes* et en *métaux*. Nous conserverons cette classification, bien qu'aujourd'hui elle n'ait plus guère sa raison d'être.

Métalloïdes.

NOMS.	SYMBOLES.	POIDS atomique.	NOMS.	SYMBOLES.	POIDS atomique.
		1re Famille.			*2e Famille.*
Fluor	F	19	Oxygène	O	16
Chlore	Cl	35,5	Soufre	S	32
Brome	Br	80	Sélénium	Se	79,5
Iode	I	127	Tellure	Te	129

NOMS.	SYMBOLES.	POIDS atomique.	NOMS.	SYMBOLES.	POIDS atomique.
3ᵉ Famille.			*4ᵉ Famille.*		
Azote	Az	14	Carbone	C	12
Phosphore	P	31	Silicium	Si	28
Arsenic	As	75			
Bore	B	11			

Métaux.

NOMS.	SYMBOLES.	POIDS atomique.	NOMS.	SYMBOLES.	POIDS atomique.
Hydrogène	H	1	Étain	Sn	118
Potassium	K	39	Antimoine	Sb	122
Sodium	Na	23	Cuivre	Cu	63,5
Baryum	Ba	137,2	Plomb	Pb	207
Calcium	Ca	40	Bismuth	Bi	106
Manganèse	Mn	55,2	Aluminium	Al	27
Magnésium	Mg	24	Mercure	Hg	200
Fer	Fe	56	Argent	Ag	108
Nickel	Ni	59	Or	Au	196,4
Cobalt	Co	58,6	Platine	Pt	197,2
Zinc	Zn	66	Palladium	Pd	106
Chrome	Cr	52,4	Iridium	Ir	19,8

On a pu dresser les poids atomiques et les poids moléculaires des corps simples volatils.

CORPS SIMPLES.	POIDS atomique.	POIDS moléculaire.			
Hydrogène	1	2 =	1	×	2
Oxygène	16	32 =	16	×	2
Azote	14	28 =	14	×	2
Chlore	35,5	71 =	35,5	×	2
Brome	80	160 =	80	×	2
Iode	127	254 =	127	×	2
Soufre	32	64 =	32	×	2
Phosphore	31	124 =	31	×	4
Arsenic	75	300 =	75	×	4
Mercure	200	200 =	200	×	1

Il résulte de là que, l'écriture symbolique de ces corps simples devant représenter une molécule, la formule de l'hydrogène sera H^2, en désignant par H un atome d'hydrogène ; l'oxygène sera représenté par O^2, le phosphore par P^4, l'arsenic par As^4 et le mercure par Hg.

532. *Valence des éléments*. — Examinons quelle est la constitution des molécules les plus importantes. Nous trouverons que :

Dans une molécule d'acide chlorhydrique, 1 atome de chlore est combiné à un atome d'hydrogène.

Dans une molécule d'eau, 1 atome d'oxygène est combiné à 2 atomes d'hydrogène.

Dans une molécule d'ammoniaque, 1 atome d'azote est combiné à 3 atomes d'hydrogène.

Dans une molécule de formène, 1 atome de carbone est combiné à 4 atomes d'hydrogène, etc.

Les atomes de chlore, d'oxygène, d'azote et de carbone se distinguent les uns des autres par la propriété de se combiner à un nombre d'atomes d'hydrogène représenté par 1, 2, 3, 4. On dit alors que la *valence* de l'atome de chlore est 1, que celle de l'atome d'oxygène est 2, celle de l'atome d'azote est 3, celle de l'atome de carbone est 4.

Un corps simple est alors *monovalent, divalent, trivalent, tétravalent*, lorsqu'un atome de ce corps simple peut se combiner à un, deux, trois, quatre atomes d'hydrogène.

Ainsi, le chlore, le fluor, l'iode, le brome sont *monovalents* ; l'oxygène, le soufre sont *divalents* ; l'azote est *trivalent* ; le carbone est *tétravalent*.

Pour les corps simples qui ne se combinent pas avec l'hydrogène, la valence est déterminée par la façon dont ils se combinent avec des corps monovalents, comme le chlore, le brome ou l'iode ; on agit de même pour les métaux.

533. *Valence des métalloïdes :*

Métalloïdes monovalents.	Fluor. Chlore. Brome. Iode.	*Métalloïdes divalents.*	Oxygène. Soufre. Sélénium. Tellure.

Métalloïdes trivalents.	{ Azote. Phosphore. Arsenic. Bore.	*Métalloïdes tétravalents.*	{ Carbone. Silicium.

534. *Valence des métaux* :

Métaux monovalents.	{ Hydrogène. Potassium. Sodium.		
Métaux divalents.	{ Calcium. Baryum. Strontium. Plomb.	Magnésium. Zinc. Cuivre. Mercure.	Nickel. Cobalt. Étain. Manganèse.

Le *fer* est divalent dans les composés ferreux ; il fonctionne par Fe^2 hexavalent dans les composés ferriques. Le chrome et l'aluminium fonctionnent par Cr^2 et Al^2 hexavalents.

Métaux trivalents . .	{ Or. Antimoine. Bismuth.
Métaux tétravalents .	{ Platine. Étain dans les composés stanniques.

535. *Variation de la valence.* — La valence d'un atome n'est pas absolue ; ainsi le phosphore est trivalent dans PCl^3 et il est pentavalent dans PCl^5 ; l'azote est pentavalent ou trivalent suivant les cas ; l'étain est divalent ou tétravalent ; le fer est divalent dans les composés ferreux et tétravalent dans les composés ferriques. Dans ce dernier cas, deux atomes se soudent entre eux et le groupement Fe^2 est *hexavalent*.

Ces cas sont très restreints ; la valence ne change pas de parité ; mais pour le plus grand nombre des corps simples la valence n'a qu'une seule valeur.

NOMENCLATURE DES CORPS COMPOSÉS

536. *Nomenclature des corps composés.* — Au moment où fut établie la nomenclature, l'oxygène paraissait être un corps plus important que les autres : aussi créa-t-on pour ses composés un langage spécial.

537. *Acides.* — Les métalloïdes, en se combinant avec l'oxygène et l'*eau*, donnent naissance à des composés, nommés *acides,* ayant pour caractère spécial de rougir la teinture bleue de tournesol.

1.° Si le métalloïde ne forme avec l'oxygène qu'un seul acide, on le nomme en faisant suivre le nom du métalloïde de la terminaison *ique* :

Exemples :   Acide carbonique.   Acide silicique.

2° Si le métalloïde forme avec l'oxygène plusieurs acides, on les distingue soit par le changement de la terminaison *ique* en *eux*, soit par les préfixes *hypo, hyper* ou *per*, suivant le degré d'oxydation ; et tout acide terminé en *eux* est moins oxygéné qu'un acide terminé en *ique*.

Exemples :

Acide arsénieux.	Acide chlorique.
Acide arsénique.	Acide perchlorique.
Acide hypochloreux.	Acide sulfureux.
Acide chloreux.	Acide sulfurique.

3° On peut encore obtenir un acide en combinant un métalloïde avec l'hydrogène : on le nomme en faisant suivre le nom du métalloïde de la terminaison *hydrique :*

Exemples :
Acide chlorhydrique.   Acide sulfhydrique.   Acide iodhydrique.

Cette catégorie d'acides porte souvent le nom d'*hydracides,* ou acides hydrogénés.

538. *Oxydes métalliques.* — On appelle *oxyde métallique* tout corps composé formé par la combinaison d'un métal avec l'oxygène. En fixant de l'eau, certains d'entre eux donnent naissance à des *hydrates,* appelés *bases,* et ramenant au bleu la teinture de tournesol rougie par un acide.

On nomme les oxydes en faisant suivre le mot oxyde du

nom du métal, et en employant les préfixes, *sous, proto, bi, sesqui, tri,* suivant la proportion d'oxygène.

Exemples :

Protoxyde de fer.	Protoxyde de cuivre.
Sesquioxyde de fer.	Bioxyde de manganèse.
Sous-oxyde de fer.	Trioxyde de bismuth.

Il y a exception pour la *chaux*, la *baryte*, la *magnésie* et l'*alumine*.

L'*eau* est du protoxyde d'oxygène.

539. *Composés binaires en général.* — On donne à l'un des éléments la terminaison *ure*, en y ajoutant le nom du second élément.

Exemples :

Protochlorure de fer.	Bisulfure d'étain.
Sesquichlorure de fer.	Trichlorure de phosphore.
Protosulfure d'étain.	Pentachlorure de phosphore.

Il y a exception pour l'azoture d'hydrogène, nommé *ammoniaque*.

540. *Bases*. — Les bases sont des hydrates d'oxyde métallique ayant la propriété de se combiner avec les acides pour former des sels, avec élimination d'eau. Les plus importantes sont : la *potasse*, la *soude*, la *chaux éteinte*, l'*alumine hydratée*, etc. La *potasse* et la *soude* s'appellent des *alcalis* fixes.

541. *Composés ternaires ou sels.* — Versons dans une dissolution de potasse la quantité d'acide sulfurique étendu suffisante pour que la solution résultante soit neutre au tournesol : il y a eu formation d'eau et d'un composé ternaire, appelé *sel*, renfermant du soufre, de l'oxygène et du potassium ; ce composé diffère de l'acide sulfurique (soufre, oxygène, hydrogène) par la substitution du potassium à l'hydrogène.

Un sel est considéré comme le résultat de la substitution d'un métal à l'hydrogène d'un acide.

Chaque acide donnera naissance à tout un genre de sels, dont le métal indiquera l'espèce : le nom générique d'un sel se forme en changeant la terminaison *ique* de l'acide en *ate* et la terminaison *eux* de l'acide en *ite*.

Exemples : l'acide carbonique forme le genre carbonate.
  — sulfurique   — sulfate.
  — sulfureux   — sulfite.
  — azotique   — azotate.
  — azoteux   — azotite.
  — chlorique   — chlorate.
  — hypochloreux — hypochlorite.
  — arsénieux   — arsénite.
  — arsénique   — arséniate.

Pour indiquer l'espèce du sel, on fait suivre le nom générique de celui-ci du nom du métal.

Exemples :
Carbonate de potassium. Azotate de sodium. Sulfate de cuivre.

Les sels de potassium et de sodium sont appelés des *sels alcalins*.

542. *Anhydrides.* — On appelle *anhydrides* des composés binaires qui, en fixant de l'eau, forment des acides.

Exemples :
Anhydride azotique.   Anhydride carbonique.
Anhydride sulfurique.   Anhydride hypoazotique.

543. *Notation chimique des corps composés.* — Le symbole d'un corps simple représente son poids atomique ; or, un corps simple entre en combinaison suivant un multiple entier de son poids atomique ; par convention, on indiquera quel est ce multiple en affectant le symbole d'un *exposant* convenable, déterminé par l'analyse du corps composé considéré.

1° *Oxydes métalliques.* — On écrit le métal le premier, puis l'oxygène, avec un exposant convenable.

  Protoxyde de fer . . . . $Fe\,O$
  Sesquioxyde de fer . . . . $Fe^2\,O^3$
  Bioxyde de manganèse . . . . . $Mn\,O^2$
  Sous-oxyde de cuivre . . . . . . $Cu^2\,O$

$$\text{Chaux} \ldots \ldots \ldots \quad \text{Ca O}$$
$$\text{Alumine} \ldots \ldots \ldots \quad \text{Al}^2 \text{O}^3$$
$$\text{Eau} \ldots \ldots \ldots \ldots \quad \text{H}^2 \text{O}$$

2° *Anhydrides*. — On écrit le métalloïde le premier, puis l'oxygène avec un exposant convenable.

$$\text{Anhydride carbonique} \ldots \ldots \quad \text{CO}^2$$
$$\text{—} \quad \text{azotique} \ldots \ldots \ldots \quad \text{Az}^2 \text{O}^5$$
$$\text{—} \quad \text{sulfurique} \ldots \ldots \quad \text{SO}^3$$
$$\text{—} \quad \text{phosphorique} \ldots \ldots \quad \text{P}^2 \text{O}^5$$

3° *Hydracides*. — On écrit l'hydrogène d'abord, puis le métalloïde.

$$\text{Acide chlorhydrique} \ldots \ldots \quad \text{H Cl}$$
$$\text{Acide sulfhydrique} \ldots \ldots \quad \text{H}^2 \text{S}$$

4° *Acides ordinaires*. — On leur donne la formule qui correspond à leur constitution chimique.

$$\text{Exemples : Acide sulfurique} \ldots \ldots \quad \text{SO}^4 \text{H}^2$$
$$\text{—} \quad \text{azotique} \ldots \ldots \quad \text{Az O}^3 \text{H}$$
$$\text{—} \quad \text{chlorique} \ldots \ldots \quad \text{Cl O}^3 \text{H}$$
$$\text{—} \quad \text{carbonique} \ldots \ldots \quad \text{CO}^3 \text{H}^2$$
$$\text{—} \quad \text{orthophosphorique} \ldots \quad \text{PO}^4 \text{H}^3$$

5° *Bases*. — On ajoute au symbole du métal le radical OH.

Potasse KOH Soude NaOH Chaux éteinte Ca(OH)^2.

6° *Composés binaires*. — On écrit les symboles à côté les uns des autres, en écrivant le dernier celui qui a pris la terminaison *ure*.

$$\text{Exemples : Protosulfure d'étain} \ldots \ldots \quad \text{Sn S}$$
$$\text{Bisulfure} \quad \text{—} \ldots \ldots \quad \text{Sn S}^2$$
$$\text{Protochlorure de fer} \ldots \ldots \quad \text{Fe Cl}^2$$
$$\text{Sesquichlorure —} \ldots \ldots \quad \text{Fe}^2 \text{Cl}^6$$
$$\text{Trichlorure de phosphore} \ldots \quad \text{P Cl}^3$$
$$\text{Pentachlorure —} \ldots \quad \text{P Cl}^5$$

7° *Sels*. — On écrit un sel, en prenant l'acide générateur

et en remplaçant l'hydrogène par le métal du sel, conformément à la valence du métal.

Dans un acide, il peut exister un ou plusieurs atomes d'hydrogène remplaçables par un métal. L'acide sera dit *monobasique, bibasique, tribasique,* suivant qu'il renfermera 1, 2 ou 3 atomes d'hydrogène remplaçables par un métal.

1° *Acides monobasiques :* l'acide azotique . . . AzO^3H
—   —   chlorique . . . ClO^3H
—   —   acétique . . . $C^2H^3O^2H$

Dans ce cas, l'acide ne peut, avec un métal donné, former qu'un seul sel, qui sera dit alors *neutre.*

Exemples : Azotate neutre de potassium . . . AzO^3K
—   de cuivre. . . . . $(AzO^3)^2Cu$
—   d'argent . . . . . AzO^3Ag
Acétate neutre de sodium . . . . $C^2H^3O^2Na$
2° *Acides bibasiques :* l'acide sulfurique . . . . SO^4H^2
—   —   carbonique. . . . CO^3H^2

Alors, chaque acide formera, avec un métal monovalent, deux sels : l'un, neutre, sera obtenu en substituant deux atomes de métal aux deux atomes d'hydrogène.

Exemple : Sulfate neutre de potassium. . . . . . SO^4K^2

L'autre, appelé *sel acide,* sera obtenu en substituant un seul atome de métal à un seul atome d'hydrogène.

Exemple : Le sulfate acide de potassium. SO^4KH, appelé aussi *bisulfate de potassium.*

Avec les autres métaux, il ne se forme généralement qu'un seul sel.

Sulfate de cuivre. . . . . SO^4Cu
Sulfate d'aluminium. . . . . . . $(SO^4)^3Al^2$

3° *Acides tribasiques.* — Le type des acides tribasiques est l'acide *orthophosphorique,* PO^4H^3 ; il formera trois orthophosphates de sodium, qui sont :

$$\text{Orthophosphate monosodique . . } PO^4H^2Na$$
$$\text{—} \quad \text{bisodique . . . } PO^4HNa^2$$
$$\text{—} \quad \text{trisodique . . . } PO^4Na^3$$

544. *Équations chimiques.* — La notation chimique permet de représenter par une *formule* ou *équation chimique* toutes les réactions que les corps exercent les uns sur les autres. On écrit dans le premier membre de l'équation les corps réagissants et dans le second membre les corps composés formés. Cette formule établit une relation numérique entre les poids des corps réagissants et les poids des corps composés formés ; chaque corps simple devra entrer dans chacun des deux membres de l'équation avec le même nombre d'atomes.

Exemples :
$$2\,ClO^3K = 3\,O^2 + 2K\,Cl.$$
$$Zn + 2HCl = H^2 + Zn\,Cl^2.$$

545. Remarque importante. — Dans la notation atomique, tous les gaz simples ou composés sont rapportés à leurs poids moléculaires et par suite au *même volume gazeux,* qui est celui de H^2, c'est-à-dire $22^{lit},22$.

Les formules des différents corps volatils simples ou composés correspondent au même volume ; dès lors, les formules chimiques sont applicables aussi bien en volumes qu'en poids.

Exemple :
$$2H^2 + O^2 = 2H^2O.$$

Donc, 4 volumes d'hydrogène se combinent avec 2 volumes d'oxygène pour former 4 volumes de vapeur d'eau.

NOTIONS TRÈS SOMMAIRES DE THERMOCHIMIE

546. *Principes généraux de thermochimie.* — Toute combinaison est toujours accompagnée d'un dégagement de chaleur ou d'une absorption de chaleur. Dans le premier cas, la combinaison est dite *exothermique* ; dans le second cas, la combinaison est dite *endothermique.* — Les principes fondamentaux de la thermochimie sont au nombre de trois ; nous allons les énoncer successivement.

1.° *Principe des travaux moléculaires.* — Dans toute réaction chimique, la quantité totale de chaleur produite est équivalente à la somme algébrique des travaux physiques et chimiques accomplis dans la réaction.

2° *Principe de l'état initial et de l'état final.* — Lorsqu'une réaction chimique s'accomplit, la quantité de chaleur dégagée ne dépend que de l'état initial et de l'état final, quels que soient les états intermédiaires.

3° *Principe du travail maximum.* — Lorsque de la mise en présence de certains corps peuvent résulter plusieurs réactions différentes sans l'intervention continue d'une énergie étrangère, la réaction qui se produit est celle qui correspond au plus grand dégagement de chaleur.

NOTIONS TRÈS SOMMAIRES SUR LA DISSOCIATION

547. *Dissociation en général.* — On appelle *dissociation* la décomposition d'un corps par la chaleur en vase clos en présence des produits de la décomposition, avec cette condition que le phénomène est limité par la réaction inverse.

Si l'on chauffe, par exemple, de la craie en vase clos, on constate que la craie est décomposée en chaux vive et en gaz carbonique ; mais la réaction s'arrête quand la force élastique du gaz carbonique mis en liberté a atteint une certaine valeur, qu'on appelle la tension de dissociation pour la température à laquelle on opère. La dissociation de la craie commence vers 450° ; la tension de dissociation croît avec la température.

Les phénomènes de dissociation sont identiques à celui de la vaporisation d'un liquide en vase clos ; la tension de dissociation correspond à la tension maxima d'une vapeur.

MÉTALLOÏDES ET MÉTAUX

548. — Les corps simples se divisent en deux grandes
catégories : les métalloïdes et les métaux.

En examinant les corps simples, on constate que les uns
sont durs, peu fusibles, malléables, ductiles, faciles à polir,
et que, lorsqu'ils sont en masse suffisante, ils offrent un éclat
particulier qu'on appelle *éclat métallique* ; en outre, ce sont
des corps bons conducteurs de la chaleur et de l'électricité ;
on les appelle des *métaux*. Les autres sont peu durs, fragiles,
faciles à réduire en poudre ; ils ne sont ni malléables, ni
ductiles, on ne peut pas les polir, et leur apparence terne ne
ressemble en rien à l'éclat métallique ; ils sont mauvais conducteurs de la chaleur et de l'électricité ; quelques-uns sont
solides à la température ordinaire, mais il en est de liquides
et de gazeux ; cette deuxième catégorie de corps simples porte
le nom de *métalloïdes*.

Il est facile de voir immédiatement que cette division est
essentiellement artificielle ; les métaux ne présentent pas tous
au même degré les propriétés que nous leur avons assignées,
les métalloïdes n'en sont pas tous totalement dépourvus ; il y
a gradation dans ces propriétés quand on va d'un corps à
l'autre, passage insensible du métal au métalloïde, ou inversement, quelles que soient les propriétés que l'on considère ;
aucune ligne de démarcation nette n'existe entre les deux
groupes, et certains corps peuvent indifféremment être placés
dans l'un ou dans l'autre.

On arrive aux mêmes conclusions, quand on étudie les
propriétés chimiques des métalloïdes, des métaux ; nous conserverons la distinction des corps simples en métalloïdes et
en métaux pour nous conformer à l'usage.

Les métalloïdes et les métaux se divisent à leur tour en
familles dans lesquelles on fait entrer les corps qui présentent
entre eux le plus d'analogies. Ces familles, elles aussi, sont

artificielles, et les limites de certaines d'entre elles sont mal
déterminées.

549. Classification actuelle des métalloïdes. — Les métalloïdes se classent d'après leur valence :

PREMIÈRE FAMILLE. — CORPS MONOVALENTS.

Fluor	F	19	Brome	Br	80
Chlore	Cl	35,5	Iode	I	127

DEUXIÈME FAMILLE. — CORPS DIVALENTS.

Oxygène	O	16	Sélénium	Se	79,5
Soufre	S	32	Tellure	Te	128

TROISIÈME FAMILLE. — CORPS TRIVALENTS.

Azote	Az	14	Arsenic	As	75
Phosphore	P	31	Bore	B	11

QUATRIÈME FAMILLE. — CORPS TÉTRAVALENTS.

Carbone	C	12
Silicium	Si	28

ÉTUDE DES PRINCIPAUX CORPS
SIMPLES ET COMPOSÉS

HYDROGÈNE

$$H = 1 \qquad H^2 = 2 = 2 \, vol.$$

550. *Préparation.* — On met dans un flacon à deux tubu-
lures (*fig. 1*) du *zinc* en grenaille et de l'acide sulfurique très
étendu d'eau ; la réaction s'effectue à froid ; il se forme du
sulfate de zinc et l'hydrogène se dégage : on le recueille sous
des éprouvettes reposant sur la cuve à eau.

$$Zn + SO^4H^2 = H^2 + SO^4Zn.$$

On pourrait aussi remplacer le zinc par des fragments de

fer et l'acide sulfurique par l'acide chlorhydrique du commerce.

$$Fe + 2\,HCl = FeCl^2 + H^2.$$

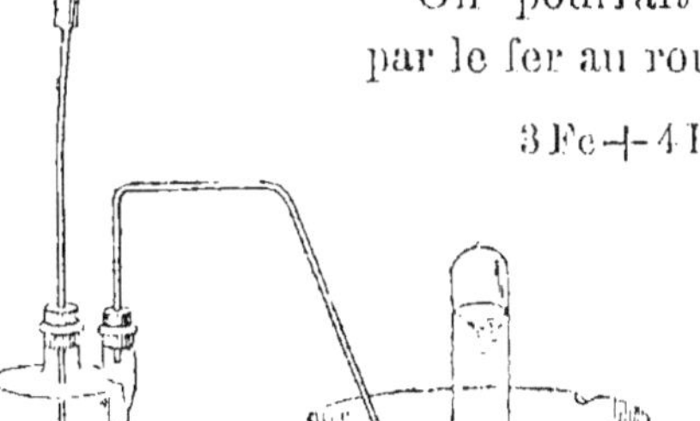

Fig. 1.

On pourrait aussi décomposer l'eau par le fer au rouge

$$3\,Fe + 4\,H^2O = Fe^3O^4 + 4\,H^2.$$

551. *Propriétés physiques.* — *L'hydrogène* est un gaz incolore, inodore, insipide, ayant pour densité 0,0692, ce qui donne 0ᵍʳ,089 par litre à 0°, et sous la pression de 760 millimètres : on voit que l'hydrogène est environ 14 fois 1/2 plus léger que l'air.

L'hydrogène traverse rapidement un enduit de plâtre, une plaque de porcelaine non vernissée, une feuille de papier, une membrane en caoutchouc ou en baudruche, un tube de platine ou de fer chauffé au rouge. C'est une conséquence de sa faible densité. Cette propriété a fait renoncer à l'hydrogène pour gonfler un aérostat. On peut liquéfier l'hydrogène sous une pression de 650 atmosphères, à la température de — 140°. L'eau en dissout 19 cent. cubes par litre à 0°.

L'hydrogène est très bon conducteur de la chaleur et de l'électricité : cette propriété lui est commune avec les métaux.

Il n'est pas délétère, mais il asphyxie par privation d'oxygène.

Propriétés chimiques. — L'hydrogène est *combustible*, mais il n'est *pas comburant*. — L'hydrogène, sous l'influence de la chaleur, se combine avec l'oxygène pour former de l'eau.

Introduisons dans un petit flacon en verre, de 150 cent.

cubes de capacité, 100 cent. cubes d'hydrogène et 50 cent. cubes d'oxygène ; puis, présentons à l'ouverture du flacon une bougie allumée : une détonation très forte se fera entendre et le flacon pourra être brisé. Le mélange d'hydrogène et d'oxygène, dans les proportions en volumes strictement nécessaires pour former l'eau, s'appelle en chimie un *mélange détonant*.

L'inflammation du mélange détonant peut encore être produite par l'étincelle électrique ou sous l'influence de la mousse de platine.

$$2H^2 + O^2 = 2H^2O.$$

La formule montre que la combinaison s'effectue entre 2 volumes d'hydrogène et 1 volume d'oxygène.

La combustion de l'hydrogène dégage beaucoup de chaleur : 1 gramme d'hydrogène dégage 34,500 calories ; on exprime ce fait en disant que l'hydrogène a beaucoup d'affinité pour l'oxygène.

L'hydrogène peut aussi se combiner directement avec le chlore et le carbone.

L'affinité de l'hydrogène pour l'oxygène et le chlore en fait un *réducteur* puissant des oxydes et des chlorures.

Fonction chimique. — L'hydrogène doit être considéré comme un *métal* gazeux à la température ordinaire.

Usages. — On l'emploie comme réducteur ou pour produire, par sa combustion, des températures très élevées.

PREMIÈRE FAMILLE
FLUOR

552. *Fluor.* F = 19. — On trouve dans la nature un minéral, parfaitement cristallisé dans le système cubique, et que l'on appelle le *spath fluor* ou *fluorure de calcium*, Ca F^2 ; attaqué par l'acide sulfurique, ce minéral fournit un gaz fumant, très soluble dans l'eau et constituant un acide très énergique, analogue à l'acide chlorhydrique, parce qu'on le considère comme formé par la combinaison de l'hydrogène avec un élément, que l'on appelle le *fluor*. Le fluor a été récemment isolé par M. Moissan ; il possède toutes les propriétés chimiques du chlore avec une énergie chimique beaucoup plus considérable. Le seul composé important du fluor est l'acide fluorhydrique.

553. *Acide fluorhydrique.* HF. — L'acide fluorhydrique se prépare en attaquant le spath fluor par l'acide sulfurique. C'est un liquide ayant pour densité 0,988 et bouillant à 19°. Il est très corrosif et cause des brûlures très dangereuses, pouvant entraîner la mort. Il attaque la silice et le verre. On utilise cette propriété pour graver sur verre.

554. *Gravure sur verre.* — Pour graver sur verre, on recouvre le verre d'une couche mince de vernis ou d'un mélange formé de trois parties de cire blanche et d'une partie d'essence de térébenthine : on laisse refroidir ; puis, avec une pointe d'acier on enlève la cire en tous les points que doit attaquer l'acide fluorhydrique. Quand la plaque de verre est prête, on place dans une cuve en plomb du spath fluor pulvérisé et de l'acide sulfurique bien mélangés : on dépose la plaque de verre au-dessus de la cuve, et on la laisse exposée pendant quelques minutes aux vapeurs d'acide fluorhydrique qui se dégagent ; on enlève ensuite le vernis en le dissolvant dans l'essence de térébenthine : on obtient un dessin très visible dont les traits sont opaques. Il est quelquefois nécessaire de chauffer très légèrement la cuve de plomb.

On aurait pu aussi appliquer avec un pinceau, sur la plaque de verre, l'acide fluorhydrique liquide étendu de huit fois son volume d'eau : les traits de la gravure sont alors transparents.

La formule de préparation de l'acide fluorhydrique est la suivante :

$$CaF^2 + SO^4H^2 = 2\,HF + SO^4Ca.$$

CHLORE ET SES COMPOSÉS

555. **Chlore.** $Cl = 35,5 — Cl^2 = 71 = 2$ vol. — Le *chlore* se prépare par deux procédés :

1° *Procédé de Scheele.* — On fait agir l'acide chlorhydrique du commerce sur le bioxyde de manganèse.

$$Mn O^2 + 4 HCl = Mn Cl^2 + 2 H^2 O + Cl^2.$$

L'opération s'effectue dans un grand ballon que l'on chauffe légèrement ; le gaz chlore est recueilli par déplacement dans des flacons dont le chlore chasse la majeure partie de l'air, eu égard à sa grande densité (2,44).

2° *Procédé de Berthollet.* — On chauffe dans un ballon un mélange de sel marin Na Cl, de bioxyde de manganèse et d'acide sulfurique.

$$Mn O^2 + 2 Na Cl + 2 SO^4 H^2 = Cl^2 + SO^4 Mn + SO^4 Na^2 + 2 H^2 O.$$

Dans l'industrie, on emploie toujours le procédé de Scheele, qui est le moins coûteux.

Propriétés physiques. — Le chlore est un gaz jaune verdâtre, ayant pour densité 2,4502, ce qui donne $3^{gr},17$ pour le poids d'un litre, à $0°$, sous la pression 760 qui est celle de 1 atmosphère. Il a une odeur vive spéciale ; il attaque vivement les voies respiratoires.

Il est assez soluble dans l'eau ; sa solution, ou *eau de chlore*, est souvent employée ; refroidie à $0°$, elle laisse déposer des cristaux d'hydrate de chlore $Cl^2 + 10 H^2 O$, très peu stables. Le chlore se liquéfie à $0°$ sous la pression de 6 atmosphères.

Propriétés chimiques. — Il se combine directement avec tous les métalloïdes, excepté avec l'oxygène, le carbone et l'azote. Le phosphore et l'arsenic s'enflamment dans le chlore. Il se combine avec tous les métaux pour former le chlorure correspondant, avec un dégagement de chaleur considérable.

L'hydrogène se combine au chlore volume à volume sans

contraction pour former l'acide chlorhydrique HCl, sous l'action de la lumière ou de la chaleur ; à la lumière solaire directe, il y a explosion ; à la lumière diffuse, la réaction se produit lentement ; aussi, toutes les fois qu'il se trouve en présence d'un composé d'hydrogène, il tend à le décomposer pour s'emparer de l'hydrogène.

Sous l'action de la lumière, le chlore décompose l'eau à froid :

$$2\,H^2O + 2\,Cl^2 = 4\,HCl + O^2.$$

L'oxygène naissant produit peut alors oxyder l'anhydride sulfureux, l'anhydride arsénieux et un grand nombre de matières colorantes.

Le chlore réagit sur l'ammoniaque en présence de l'eau :

$$2\,AzH^3 + 3\,Cl^2 = Az^2 + 6\,HCl.$$

Le chlore détruit l'hydrogène sulfuré :

$$H^2S + Cl^2 = 2\,HCl + S.$$

On l'emploie souvent comme *désinfectant*.

Il chasse l'iode des iodures et le brome des bromures pour former le chlorure correspondant.

Il détruit les matières colorantes végétales, telles que le tournesol, la matière colorante du vin, l'encre ordinaire, etc. Il décolore l'indigo ; il désorganise les tissus organisés des animaux et des végétaux.

Usages du chlore. — C'est un *décolorant* et un *désinfectant* énergique.

556. Anhydride hypochloreux. $Cl^2O = 2$ vol. — Le chlore ne se combine pas directement avec l'oxygène ; les composés oxygénés du chlore s'obtiennent toujours par voie indirecte ; les deux plus importants sont l'*anhydride hypochloreux* Cl^2O et l'*acide chlorique* ClO^3H.

L'*anhydride hypochloreux* s'obtient en faisant passer un courant de chlore sur de l'oxyde de mercure ; on obtient un gaz jaunâtre, se liquéfiant à $-20°$, de densité $2{,}997$, très soluble dans l'eau et très peu stable. Sous l'action de la lumière, il se décompose en ses éléments. En se combinant à l'eau, il forme *l'acide hypochloreux* Cl OH, dont les sels sont les *hypochlorites*, corps solubles dans l'eau, et cédant de l'anhydride hypochloreux sous l'action des acides et de l'anhydride carbonique de l'air. Les principaux hypochlorites sont les hypochlorites alcalins.

557. Applications du chlore. — *Blanchiment.* — La principale application du chlore est le blanchiment des tissus de fil, de chanvre et de coton. En effet, la matière colorante verte des tissus écrus devient incolore en s'oxydant ; pendant longtemps on blanchissait les toiles en les exposant à l'air sur le pré. Aujourd'hui, on expose ces tissus à l'action du gaz chlore, en présence de l'eau, sous l'action de la lumière : le chlore décompose l'eau, dégage de l'oxygène qui décolore le tissu ; le pouvoir décolorant du chlore est donc exclusivement un *pouvoir oxydant* en présence de l'eau : le chlore sec désorganiserait le tissu, mais ne le décolorerait pas. La décoloration de la solution d'indigo par le chlore est encore due à une oxydation de l'indigo qui se transforme en indigo blanc.

Dans l'industrie on préfère se servir des *chlorures décolorants*.

Si l'on fait passer un courant de chlore à travers une dissolution de potasse froide et étendue, on obtient la réaction suivante :

$$2 KOH + Cl^2 = Cl OK + KCl + H^2 O.$$

Le mélange d'hydrochlorite de potassium et de chlorure de potassium est un décolorant énergique ; on l'appelle *eau de Javel* $K^2 O Cl^2$. Sous l'action de l'anhydride carbonique de l'air, il dégage du chlore :

$$K^2 OCl^2 + CO^2 = CO^4 K^2 + Cl^2.$$

Le chlore dégagé sous l'action de l'eau et de la lumière produit de l'oxygène naissant qui décolore le tissu.

Avec la soude, on obtient l'*eau de Labarraque* $Na^2 O Cl^2$.

Si l'on fait passer un courant de chlore sur de la chaux éteinte, on obtient le *chlorure de chaux* $Ca O Cl^2$, poudre blanche, très soluble dans l'eau, employée comme décolorant.

Pour blanchir les tissus, on fait agir sur eux les chlorures décolorants en présence d'un acide faible : on plonge les toiles alternativement dans un lait très clair de chlorure de chaux et dans une lessive faible de carbonate de sodium, afin d'annuler autant que possible l'action du chlore libre, qui désagrégerait le tissu.

L'*eau de chlore* peut aussi servir à enlever les taches d'encre sur les livres ou les gravures. On lave la tache avec de l'eau de chlore, il reste une tache jaunâtre d'oxyde de fer (rouille), que l'on traite par de l'acide chlorhydrique très étendu ; enfin, on lave soigneusement pour enlever toute trace de chlore ou d'acide chlorhydrique, qui détruirait le papier.

Désinfection. — Les fumigations de chlore peuvent être employées comme *désinfectant* ; en effet, le chlore décompose l'hydrogène sulfuré en donnant de l'*acide chlorhydrique,* qui n'est pas vénéneux, et un dépôt de soufre. Le chlore décompose aussi l'ammoniaque et détruit les miasmes organiques qui infectent l'atmosphère, dans le voisinage des fosses d'aisances ou des matières animales en putréfaction.

Dans la pratique, on préfère employer le chlorure de chaux, qui peut, sous un très petit volume, dégager un volume considérable de chlore en présence de l'hydrogène sulfuré.

558. Acide chlorhydrique. $H Cl = 36,5 = 2$ vol. — *Préparation du gaz chlorhydrique.* — On chauffe dans un ballon un mélange de sel marin fondu $Na Cl$ et d'acide sulfurique $SO^4 H^2$; il se forme du sulfate de sodium qui reste dans le ballon et il se dégage du gaz chlorhydrique que l'on recueille sur la cuve à mercure :

$$2 Na Cl + SO^4 H^2 = 2 H Cl + SO^4 Na^2.$$

Acide chlorhydrique du commerce. — Dans l'industrie, l'acide chlorhydrique s'obtient comme produit secondaire de la fabrication du sulfate de sodium ; on opère dans des fours en briques réfractaires ; l'acide dégagé se rend dans des bonbonnes pleines d'eau qui dissout 600 fois son volume de gaz : la solution s'appelle l'*acide chlorhydrique du commerce.*

Propriétés physiques. — L'*acide chlorhydrique* est un gaz incolore, d'une odeur vive et suffocante : il irrite les muqueuses et provoque la toux. Il fume à l'air, en absorbant la vapeur d'eau. Il a pour densité 1,2474, ce qui donne 1^{gr},635 comme poids du litre à 0° et à 760 millimètres. Il se liquéfie à — 10°, sous la pression de 18 atmosphères, en produisant un liquide incolore, très mobile, de densité 1,27.

Il est très soluble dans l'eau qui en dissout 600 fois son volume à 0°. La solution distillée laisse passer, à la distillation à 110°, un hydrate défini, dont la composition est $H\,Cl + 8\,H^2\,O$, bouillant à 110° et ayant pour densité 1,1.

Propriétés chimiques. — Le *gaz chlorhydrique* est incombustible ; il éteint les corps en ignition. Il est sans action sur la plupart des métalloïdes.

Il attaque tous les métaux, excepté l'or et le platine ; on obtient le chlorure correspondant. Il attaque presque tous les oxydes métalliques en formant de l'eau et le chlorure correspondant. Il se combine volume à volume avec le gaz ammoniac en donnant des flocons blancs de *chlorure d'ammonium* $Az\,H^4\,Cl$.

C'est un *acide* très énergique ; ses sels sont les *chlorures.* Il donne avec une solution d'azotate d'argent un précipité blanc, caillebotté, noircissant à la lumière, soluble dans l'ammoniaque et dans l'hyposulfite de soude.

Analyse. — On chauffe dans une cloche courbe 100 volumes de gaz chlorhydrique avec un fragment de potassium qui absorbe le chlore ; il reste 50 volumes d'hydrogène ; l'équation des poids donne le volume du chlore qui est de 50 volumes :

$$100 \times 1,2474 = 50 \times 0,0692 + 50 \times 2,44.$$

Synthèse. — On prend un ballon et un flacon de *même capacité* ; on remplit l'un d'hydrogène et l'autre de chlore mesurés à la pression atmosphérique. On engage le col du ballon dans le goulot du flacon et on expose le tout à la lumière diffuse pendant quelques heures. On sépare le ballon du flacon sur la cuve à mercure et on constate que :

1° Le mercure n'est pas attaqué : donc, il n'y a pas de chlore libre ;

2° Le gaz est entièrement soluble dans l'eau : donc, pas d'hydrogène libre ;

3° La pression n'a pas changé.

On en conclut que l'hydrogène et le chlore se sont combinés volume à volume, sans contraction.

On le vérifie au moyen des densités :

$$
\begin{aligned}
&\text{1/2 litre de chlore pèse} \ldots \ldots \ldots \quad 1^{\mathrm{gr}},58 \\
&\text{1/2 litre d'hydrogène pèse} \ldots \ldots \quad 0\ ,055 \\
&\hspace{3.5cm}\overline{} \\
&\hspace{1.2cm}\text{La somme est égale à} \ldots \ldots \quad 1^{\mathrm{gr}},635
\end{aligned}
$$

qui est bien le poids d'un litre de gaz chlorhydrique.

Sa formule est alors H Cl et elle correspond à 2 volumes.

Usages. — C'est un des réactifs les plus employés pour l'attaque des métaux et des minéraux. Il sert à préparer le chlore, les chlorures décolorants, l'acide carbonique, l'hydrogène, à extraire la gélatine des os. Il se produit annuellement en masses considérables dans l'industrie de la soude.

559. Eau régale. — On appelle ainsi un mélange de une partie en poids d'acide azotique du commerce et de trois parties d'acide chlorhydrique du commerce ; le mélange dégage du *chlore* naissant qui attaque l'or et le platine.

$$2\,\mathrm{H\,Cl} + 2\,\mathrm{Az\,O^3\,H} = 2\,\mathrm{Az\,O^2} + \mathrm{Cl^2} + 2\,\mathrm{H^2\,O}.$$

560. *Sel marin*. — Le sel marin, ou *chlorure de sodium*, Na Cl, est un corps solide blanc, cristallisé en cubes, soluble dans trois fois son poids d'eau à toute température, fondant au rouge et se vaporisant à une température très élevée. Il décrépite quand on le projette sur des charbons ardents. Il absorbe la vapeur d'eau de l'atmosphère, quand il contient des sels de magnésium (sel gris de cuisine) ; quand il est pur, il n'est déliquescent que dans l'air saturé de vapeur d'eau.

Il sert à préparer le sulfate de sodium et, par suite, la soude artificielle, l'acide chlorhydrique, etc. ; il est employé comme condiment dans l'alimentation.

On trouve le chlorure de sodium dans le sol, à l'état de *sel gemme*, dans le terrain jurassique. Le sel gemme, quand il est pur et en masses considérables, s'extrait de la mine à ciel ouvert, comme la pierre à chaux, ou au moyen de galeries, comme la houille. Le sel est pilé et livré directement au commerce, comme cela se pratique à Vieliczka, en Pologne, ou à Cardona, en Espagne.

L'eau de mer contient en dissolution 30 kilogr. de sel marin par mètre cube ; on l'en retire par évaporation spontanée à l'air libre dans les *marais salants*.

BROME, IODE

561. Brome. $Br = 80 - Br^2 = 160 = 2$ vol. — C'est un liquide rouge foncé, presque noir, d'une odeur forte et désagréable, semblable à celle du chlore. Il a pour densité 2,966. Il se solidifie vers 7°,5. Il bout à $+ 63°$; il émet, à la température ordinaire, des vapeurs d'un rouge orangé très intense ; elles ont pour densité 5,54, ce qui donne $7^{gr},16$ pour poids du litre de *vapeur de brome*. Il est assez soluble dans l'eau : 1 kilogr. d'eau dissout 30 grammes de brome ; cette solution a reçu le nom d'*eau de brome*. Le brome est très soluble dans le sulfure de carbone qu'il colore en rouge.

L'acide bromhydrique ($H Br = 2$ vol.) est un gaz incolore, fumant à l'air, et dont les propriétés sont analogues à celles de l'acide chlorhydrique. On le prépare en faisant tomber du brome goutte à goutte dans un récipient contenant de l'eau et du phosphore amorphe.

Le *bromure d'argent*, Ag Br, est un corps solide jaunâtre, caillebotté, très sensible à l'action de la lumière qui laisse un dépôt brun d'argent métallique. Incorporé à la gélatine, il constitue la substance sensible des plaques photographiques ; il est très soluble dans l'hyposulfite de soude.

562. Iode. I $= 127 -$ I$^2 = 254 = 2$ vol. — L'*iode* est un corps solide, gris noirâtre, présentant l'espect de paillettes à reflets métalliques. Il a pour densité 4,94. Il fond à 113°,6 et bout à 178°. Il émet, même à la température ordinaire, des vapeursviolettes, que l'on peut produire facilement en chauffant légèrement quelques décigrammes d'iode dans un ballon. On obtient une vapeur très lourde, d'un violet foncé, qui cristallise par refroidissement dans le col du ballon. La vapeur d'iode a pour densité 8,71.

L'iode est presque insoluble dans l'eau. Il est très soluble dans l'alcool : sa solution dans ce liquide porte le nom de *teinture d'iode*. Il est soluble dans l'éther, dans le sulfure de carbone, auquel il donne une belle couleur violette.

Les propriétés chimiques de l'iode sont analogues à celles du chlore et du brome ; mais elles sont moins énergiques : ainsi, il ne se combine que difficilement avec l'hydrogène. Il forme avec les métaux des *iodures :* les uns sont solubles, comme l'iodure de potassium ; les autres sont insolubles dans l'eau, comme les iodures de plomb, d'argent et de mercure.

L'*iode* possède la propriété remarquable de bleuir l'empois d'amidon : il suffit d'une trace d'iode pour donner à l'empois d'amidon la coloration bleue ; cette coloration disparaît sous l'action de la chaleur, elle apparaît de nouveau par le refroidissement.

L'*acide iodhydrique*, HI, est un gaz analogue à l'acide bromhydrique ; on le prépare en faisant passer un courant d'acide sulfhydrique à travers de l'eau tenant de l'iode en suspension.

Extraction du brome et de l'iode. — Le brome s'extrait des eaux mères des marais salants; les soudes des varechs donnent du brome et de l'iode. On peut les préparer en traitant un bromure ou un iodure par un mélange de bioxyde de manganèse et d'acide sulfurique.

DEUXIÈME FAMILLE

OXYGÈNE

$$O = 16 \qquad O^2 = 32 = 2\,\text{vol}.$$

563. *Préparation.* — 1° *Décomposition du bioxyde de manganèse par la chaleur.* — Le bioxyde de manganèse, chauffé au rouge dans une cornue de grès, perd le tiers de son oxygène et se transforme en oxyde brun de manganèse :

$$3\,Mn\,O^2 = O^2 + Mn^3\,O^4.$$

2° *Décomposition du chlorate de potassium par la chaleur.* — On chauffe dans une cornue de verre 30 grammes environ de chlorate de potassium ; le gaz dégagé est purifié dans un flacon laveur A contenant une dissolution de potasse (*fig. 2*) et le gaz est recueilli sur la cuve à eau.

$$2\,Cl\,O^3\,K = 3\,O^2 + 2\,K\,Cl.$$

L'oxygène obtenu est très pur. Quand on veut préparer rapidement quelques litres d'oxygène, on mélange au chlorate de potassium une certaine quantité d'oxyde brun de manganèse, dont la présence facilite la décomposition du sel.

Propriétés physiques. — Gazeux à la température ordinaire, l'oxygène est liquéfiable à — 130° sous la pression de 273 atmosphères ou à — 140° sous la pression de 252 atmosphères. L'eau en dissout 0,05 de son volume. Très répandu dans la nature ; à l'état libre dans l'air, qui en contient 0,2 de son volume ; à l'état de combinaison avec l'hydrogène dans l'eau, avec des métaux divers dans les minerais contenant des oxydes métalliques. Densité, 1,1056.

Propriétés chimiques. — L'oxygène se combine lentement ou rapidement avec la plupart des corps connus. Ces combinaisons portent plus spécialement le nom de combustions, que l'on distingue en combustions lentes et en combustions vives. Ces dernières sont accompagnées généralement de la lumière dont nous nous servons pour nous éclairer et nous chauffer. La combustion de la houille, du bois dans nos foyers est une combinaison du charbon et de certains autres corps que renferment ces matières avec l'oxygène de l'air. Les corps qui peuvent se prêter aux combustions vives sont dits *combustibles* et l'oxygène est dit *comburant*.

La rouille qui couvre le fer abandonné dans l'air humide est le résultat d'une combustion lente. L'hydrogène, le charbon, le phosphore, le soufre et certains métaux, comme le potassium, le sodium, le zinc, le fer, sont combustibles à des degrés divers.

Les métalloïdes, en se combinant avec lui, donnent naissance à des anhydrides, comme l'anhydride sulfureux, SO^2, l'anhydride carbonique, CO^2; les métaux produisent des oxydes métalliques.

L'oxygène entretient la respiration des animaux et des végétaux.

Usages. — L'oxygène sert à entretenir la combustion et à produire de hautes températures quand on l'emploie pour activer la combustion des corps combustibles.

564. *Combustion.* — On appelle *combustion vive* d'un corps la combinaison de ce corps avec l'oxygène, lorsqu'elle est accompagnée d'un dégagement de chaleur et de production de lumière. *Exemples :* combustion du charbon, du soufre, du phosphore, de l'hydrogène dans l'oxygène. L'oxygène est appelé le corps *comburant* et l'autre corps, le corps *combustible :* en réalité, ce n'est qu'une manière de parler, car on pourrait aussi bien faire brûler de l'oxygène dans l'hydrogène que de l'hydrogène dans l'oxygène : scientifiquement parlant, il y a eu simplement combinaison des deux corps entre eux.

On peut étendre le mot *combustion* à toute combinaison de deux corps quelconques, lorsqu'elle est accompagnée d'un dégagement de chaleur plus ou moins vif. Par exemple, le phosphore devient incandescent si on le plonge dans le chlore ; le cuivre et le soufre se combinent avec un dégagement de chaleur telle que le cuivre est porté au rouge. Cet exemple nous montre *qu'un même corps peut être comburant ou combustible,* suivant les cas : le soufre est combustible par rapport à l'oxygène ; il est comburant par rapport aux métaux.

Les corps composés, en s'unissant à l'oxygène, peuvent aussi donner naissance à des combustions : le bois, le gaz d'éclairage, l'huile, une bougie, une fois allumés dans l'air, y brûlent aux dépens de l'oxygène.

Toute combinaison *directe* et *immédiate* de deux corps est toujours accompagnée d'un dégagement de chaleur ; mais ce dégagement de chaleur peut n'être pas assez vif pour porter à l'incandescence le produit de la combinaison ou en élever la température d'une manière sensible au thermomètre ; on dit alors que la combustion est *lente.* On peut citer comme exemples la transformation du fer en rouille au contact de l'air humide, la transformation des huiles siccatives en résines au contact de l'air, la combustion lente du carbone et de l'hydrogène du sang dans l'acte de la respiration.

565. *Oxydes métalliques.* — Les *oxydes métalliques* sont des corps composés, formés par la combinaison des métaux avec l'oxygène. Ce sont des corps solides insolubles dans l'eau, à l'exception des alcalis. Ils sont ternes, mauvais conducteurs de la chaleur et de l'électricité ; un grand nombre d'entre eux sont réductibles par l'hydrogène. Certains oxydes métal-

liques peuvent être réduits par le charbon ; il se forme de
l'anhydride carbonique ou de l'oxyde de carbone suivant la
température à laquelle s'effectue la réduction :

$$2\,CuO + C = CO^2 + 2\,Cu.$$
$$ZnO + C = CO + Zn.$$

Les oxydes métalliques se préparent soit en oxydant le
métal à une température plus ou moins élevée, soit en décomposant par la chaleur l'azotate et le carbonate correspondant.
Un grand nombre d'entre eux sont naturels et servent de
minerais métalliques.

566. Ozone. — L'ozone est une modification allotropique
de l'oxygène avec condensation. On l'obtient en soumettant
l'oxygène à l'action de l'effluve électrique. On obtient un gaz
d'une couleur bleue sous une grande épaisseur, dont la
densité est égale à 1 fois et demie celle de l'oxygène, ayant
une odeur désagréable et reconstituant l'oxygène sous l'action de la chaleur.

L'ozone possède des propriétés oxydantes beaucoup plus
énergiques que celles de l'oxygène ordinaire : il oxyde à froid
le fer, le zinc, le mercure, l'argent, sur lesquels l'oxygène
est sans action à la température ordinaire. Il attaque toutes
les matières organiques et blanchit les matières colorées. Il
décompose l'iodure de potassium, dont il met l'iode en liberté. Un mélange d'empois d'amidon et d'une solution d'iodure de potassium bleuit en présence de l'ozone, même en
très faibles quantités.

L'ozone existe dans l'atmosphère et lui donne sa couleur
bleue ; il détruit les germes de putréfaction et de maladies
infectieuses que peut contenir l'air atmosphérique.

EAU

$$H^2O = 18 = 2\,vol.$$

567. *Composition de l'eau.* — L'eau fut pendant longtemps
considérée comme un élément ; Cavendish, le premier, montra

que la combustion de l'hydrogène produit de l'eau. Carlisle et Nicholson décomposèrent l'eau acidulée à l'aide du courant électrique et constatèrent qu'elle est formée de *deux* volumes d'hydrogène combinés à *un* volume d'oxygène. Enfin, Gay-Lussac, à l'aide de l'eudiomètre, détermina exactement la composition de l'eau en volumes.

Synthèse de l'eau en volumes par l'eudiomètre. — Un *eudiomètre* se compose d'un tube de verre à parois épaisses gradué en parties d'égal volume intérieur, en centimètres cubes, et plongeant dans une cuve à mercure profonde ; à sa partie supérieure, ce tube est traversé par deux fils de platine, maintenus dans l'intérieur de l'eudiomètre à une petite distance l'un de l'autre. Ces fils peuvent être mis en communication avec une bobine d'induction. — Pour faire la synthèse de l'eau, on remplit l'eudiomètre de mercure et on le renverse sur la cuve à mercure ; on y fait passer 100 cent. cubes d'hydrogène mesurés dans le tube à la pression atmosphérique ; puis, on y ajoute 100 cent. cubes d'oxygène mesurés à la même pression : le volume du mélange est 200 cent. cubes. On s'en assurera en enfonçant l'eudiomètre dans la cuve jusqu'à ce que le niveau du mercure soit le même dans le tube et dans la cuve : le mercure dans l'eudiomètre devra s'arrêter à la division 200.

On fait passer l'étincelle ; l'eau formée se condense en gouttelettes sur les parois de l'eudiomètre ; on mesure le volume du résidu, qui est de l'oxygène pur ; ce volume est de 50 cent. cubes. Donc, 100 volumes d'hydrogène et 50 volumes d'oxygène ont disparu pour faire de l'eau.

Donc, 2 volumes d'hydrogène se combinent exactement avec 1 volume d'oxygène.

Pour déterminer le volume de la vapeur d'eau formée, recommençons l'expérience en entourant l'eudiomètre d'un manchon de verre, dans lequel nous ferons circuler un courant de vapeur d'alcool amylique à la température de 130°.

Après le passage de l'étincelle, la vapeur d'eau formée restera gazeuse, et on constatera que son volume est égal au volume de l'hydrogène introduit, car le volume du résidu sera égal à 150 volumes, qui se réduiront à 50 volumes d'oxygène pur par le refroidissement.

En résumé, *2 volumes d'hydrogène se combinent avec 1 volume d'oxygène pour former 2 volumes de vapeur d'eau.*

Synthèse de l'eau en poids. — *Dumas* a fait la synthèse de l'eau en poids en réduisant l'oxyde de cuivre par l'hydrogène :

$$Cu\,O + H^2 = H^2O + Cu.$$

La composition centésimale de l'eau en poids est la suivante :

$$
\begin{array}{lr}
\text{Oxygène} & 88.89 \\
\text{Hydrogène} & 11.11 \\
\hline
& 100.00
\end{array}
$$

Elle correspond à la formule $H^2O = 2$ volumes.

Propriétés physiques. — Les propriétés physiques de l'eau ont été étudiées en physique ; nous n'y reviendrons pas.

Propriétés chimiques. — L'eau est très difficilement décomposable par la chaleur ; l'eau pure n'est pas décomposée par le courant électrique ; l'eau, acidulée par l'acide sulfurique, est décomposée par le courant électrique en ses deux éléments.

Le chlore décompose l'eau sous l'action de la lumière :

$$2\,H^2O + 2\,Cl^2 = 4\,H\,Cl + O^2.$$

Le carbone chauffé au rouge décompose la vapeur d'eau :

$$C + 2\,H^2O = CO^2 + 2\,H^2.$$

Les métaux décomposent l'eau à une température plus ou moins élevée, à l'exception de l'argent, du mercure, de l'or, de l'aluminium et du platine :

$$K^2 + 2\,H^2O = 2\,KOH + H^2.$$
$$3\,Fe + 4\,H^2O = Fe^3O^4 + 4\,H^2.$$

L'eau se combine avec les anhydrides pour former des acides et avec certains oxydes pour former des hydrates basiques.

Eaux potables. — Une eau potable doit être fraîche, inodore, propre au savonnage et à la cuisson des aliments ; elle doit tenir de l'air en dissolution, ainsi que des sels, dont le poids ne doit pas dépasser un *demi-gramme* par litre ; elle doit être exempte de matières organiques.

Voici les principales espèces d'eaux potables servant à l'alimentation :

1.° *Eau calcaire.* — Une eau calcaire est celle qui tient en dissolution du *carbonate de calcium*, de la craie, dissous dans l'eau à la faveur de l'anhydride carbonique libre. L'eau calcaire se trouble par l'ébullition, qui précipite le carbonate insoluble. — L'eau calcaire se trouble quand on l'additionne d'une solution alcoolique de savon. — Une eau est dite *crue* ou *dure*, quand elle renferme une proportion trop considérable de sels de chaux. — On la reconnaît à ce que, au lieu de devenir simplement laiteuse par la dissolution alcoolique de savon, elle forme des grumeaux. L'eau trop calcaire est impropre au savonnage et à la cuisson des légumes qu'elle durcit. Elle ne peut pas servir à l'alimentation des chaudières à vapeur, parce qu'elle dépose sur leurs parois des matières calcaires qui s'y incrustent.

2° *Eau séléniteuse.* — Une eau est *séléniteuse* quand elle tient en dissolution du *sulfate de calcium*, ou gypse, ou pierre à plâtre. — Les eaux séléniteuses sont toujours dures et moins propres aux usages domestiques que les eaux calcaires. — On les reconnaît en y versant une dissolution de chlorure de baryum, qui donne un précipité blanc de sulfate de baryte, insoluble dans les acides.

3° *Eau salée.* — On la reconnaît à ce qu'elle donne avec une solution de nitrate d'argent un précipité blanc caillebotté de chlorure d'argent, soluble dans l'ammoniaque. — L'eau de mer, qui contient 2 p. 100 de chlorure de sodium et de chlorure de magnésium, précipite abondamment par le nitrate d'argent.

4° *Eau chargée de matières organiques.* — On y ajoute quelques gouttes d'une dissolution de chlorure d'or et on chauffe légèrement : la matière organique réduit le sel d'or et l'or se précipite sous forme d'un dépôt brun.

568. Eaux minérales. — On appelle ainsi des eaux fréquemment employées dans la médecine : elles sont tantôt *chaudes,* tantôt *froides.* Les eaux *thermales* proviennent des couches profondes du sol : leur température est supérieure à 20°. En France, la source la plus chaude est celle de Chaudes-Aigues, dans le Cantal, à la température de 80°; dans les sources d'eaux chaudes d'Islande appelées *geysers,* la température peut dépasser 100°.

Les eaux minérales froides se divisent en quatre classes :

1° **Eaux sulfureuses.** — Renfermant des sulfures alcalins et plus rarement de l'*hydrogène sulfuré,* elles ont l'odeur des œufs pourris et la saveur d'un morceau de foie. Telles sont les eaux d'Enghien, de Pierrefonds, d'Aix, de Bagnères-de-Luchon et de Barèges, employées contre les affections des voies respiratoires. Une eau sulfureuse précipite en noir par une solution d'azotate de plomb.

2° **Eaux carbonatées.** — Elles sont chargées d'acide carbonique et de bicarbonates, notamment de *bicarbonate de sodium.* Telles sont les eaux de Vichy, de Saint-Galmier, de Royat. On les prescrit dans le traitement des maladies des voies digestives.

3° **Eaux arsenicales.** — Elles renferment des arsénites et des arséniates alcalins, comme l'eau de la Bourboule, employée contre les affections rhumatismales.

4° **Eaux ferrugineuses.** — Elles renferment du *carbonate de fer* dissous à la faveur de l'anhydride carbonique. Elles ont une saveur d'encre ; elles forment des dépôts couleur jaune d'ocre. Telles sont les eaux de Spa, d'Orezza, de Bussang ; on les emploie pour combattre l'anémie et la chlorose.

5° **Eaux purgatives.** — Elles renferment surtout des sels de magnésium, notamment du *sulfate de magnésium*. — Telles sont l'eau de Pullna, l'eau de Sedlitz, l'eau d'Hunyadi-Janos.

SOUFRE ET SES COMPOSÉS

569. Soufre. $S = 32 - S^2 = 64 = 2$ vol. — *Extraction et purification.* — Le soufre se trouve à l'état natif dans le sol ou au pied des volcans ; dans le premier cas, il provient de la réduction du sulfate de calcium par les matières organiques ; dans le second cas, il a été rejeté à l'état de vapeur par le volcan et il s'est condensé sur le sol. Le soufre est toujours mélangé à des matières terreuses, dont il faut le séparer. On se fonde, pour cela, sur la fusion facile du soufre à 110° ou sur sa vaporisation à la température relativement peu élevée de 440°. De là, divers procédés, comme celui des kalkeroni de Sicile par voie de fusion, ou celui de Pouzzoles par vaporisation. Le soufre brut ainsi obtenu est ensuite *raffiné :* à cet effet, on porte le soufre brut à l'ébullition à 440° et on fait rendre sa vapeur dans des chambres en maçonnerie dans lesquelles elle se liquéfie ; le soufre liquide est ensuite coulé dans des moules coniques en bois appelés *canons* dans lesquels il se solidifie. La *fleur de soufre* est du soufre très divisé obtenu par sublimation de la vapeur de soufre dans des chambres dont la température ne s'élève pas au-dessus de 60°.

On peut aussi extraire le soufre de la *pyrite martiale*, $Fe S^2$, qui, calcinée en vase clos, abandonne une partie de son soufre et fournit un résidu dont la formule est intermédiaire entre $Fe S$ et $Fe^7 S^8$.

Propriétés physiques. — Le soufre est un corps solide, d'un jaune-citron, ayant pour densité 2 environ. Il fond vers 110°

et il bout à 440°. La vapeur de soufre a pour densité 2,2 à la température de 1000°. Il est mauvais conducteur de la chaleur et de l'électricité ; par le frottement, il s'électrise négativement, et il répand l'odeur de l'*ozone*. Il est insoluble dans l'eau, mais soluble dans le sulfure de carbone, la benzine, l'éther, le chloroforme. Son véritable dissolvant est le *sulfure de carbone* qui, à 55°, dissout 181 p. 100 de soufre.

Si l'on abandonne au refroidissement une solution de soufre dans le sulfure de carbone, on obtient des cristaux de *soufre octaédrique,* du 3ᵉ système cristallin, ayant pour densité 2,05. Le soufre natif est octaédrique.

Si l'on fait cristalliser le soufre par voie de fusion, on obtient des aiguilles transparentes de *soufre prismatique* du cinquième système, ayant pour densité 1,97 : le soufre est donc un corps *dimorphe*. La forme prismatique est la forme d'équilibre moléculaire du soufre vers 110° et la forme octaédrique est la forme stable à froid.

Ces deux formes moléculaires diffèrent par une certaine quantité de chaleur que l'on peut mettre en évidence en faisant brûler chacune d'elles : le soufre octaédrique dégage en brûlant 2,260 calories, tandis que le soufre prismatique en dégage 2,300.

Le soufre fond à 110°, en un liquide très fluide, jaune, transparent ; mais, si l'on continue à chauffer, il brunit de plus en plus en s'épaississant et, à 200°, il est assez épais pour avoir perdu toute fluidité. Au delà de 200°, il redevient fluide en restant brun et il bout à 440°. Refroidi, le soufre liquide passe par les mêmes phases, mais en ordre inverse ; si l'on plonge un thermomètre dans du soufre liquide en voie de refroidissement, on constate que le thermomètre reste stationnaire à divers points, et notamment à 220° ; il y a alors dégagement de chaleur latente ; il y a donc des variétés de soufre liquide différant les unes des autres par certaines quantités de chaleur, comme pour le soufre solide.

Le *soufre liquide,* chauffé au delà de 200°, coulé dans l'eau froide, devient mou, élastique, translucide, constituant ce que l'on appelle le *soufre mou* ; le soufre mou, abandonné à lui-même, reprend l'état de soufre ordinaire, en dégageant de la chaleur.

Propriétés chimiques. — Le soufre brûle dans l'oxygène ou dans l'air avec une flamme bleue à 250°, en se transformant en anhydride sulfureux, SO^2. Il se comporte comme un corps combustible vis-à-vis du chlore, du brome et de l'iode. Il se combine avec les autres métalloïdes ou avec les métaux, en jouant le rôle d'un corps comburant analogue à l'oxygène.

Il se combine directement au carbone, en formant le sulfure de carbone CS^2, analogue à l'anhydride carbonique CO^2 ; avec les métaux, il forme des *sulfures* analogues aux oxydes correspondants.

Usages du soufre. — Ses principaux usages sont : la fabrication de l'acide sulfurique, des allumettes, de la poudre de guerre, etc.

La vigne est quelquefois le siège d'une maladie causée par un parasite, l'*oïdium,* qui se développe sur les feuilles, les sarments et les grappes, en amenant leur destruction. On combat ce champignon au moyen de la *fleur de soufre,* dont on recouvre toutes les parties de la plante au moment où la floraison va commencer et quand la vigne a passé fleur : on emploie environ 30 kilogr. de soufre par hectare.

Composés oxygénés du soufre. — Ce sont : l'anhydride sulfureux SO^2, l'anhydride sulfurique SO^3, l'acide sulfurique SO^4H^2 et un certain nombre d'autres acides peu importants, constituant la série *thionique.*

570. Anhydride sulfureux. $SO^2 = 2$ vol. — *Préparation.* — Le soufre, brûlant à l'air, se transforme en anhydride sulfureux, reconnaissable à son odeur suffocante :

$$S + O^2 = SO^2.$$

Dans les laboratoires, on fait agir l'acide sulfurique sur le cuivre, le mercure ou le charbon à la température d'ébullition de l'acide sulfurique.

1.º *Préparation de l'anhydride sulfureux gazeux.* — On introduit dans un ballon de un demi-litre 25 grammes de mercure et 150 grammes d'acide sulfurique ; on munit le ballon d'un tube abducteur se rendant sur la cuve à mercure. On chauffe graduellement jusqu'à ce que l'acide sulfurique entre en ébullition : l'anhydride sulfureux se dégage régulièrement et se rend sous les éprouvettes reposant sur la cuve à mercure :

$$Hg + 2\,SO^4H^2 = SO^2 + SO^4Hg + 2\,H^2O.$$

On pourrait aussi remplacer le mercure par le cuivre ; la réaction est plus tumultueuse et demande à être conduite lentement.

2° *Préparation de l'anhydride sulfureux liquide.* — On fait passer le gaz préparé comme précédemment et bien desséché sur la ponce sulfurique à travers un tube en U entouré d'un mélange réfrigérant de glace et de sel marin ; le gaz se liquéfie à la pression atmosphérique et donne un liquide bouillant à — 8°, que l'on conserve dans un tube scellé.

3° Quand on n'a pas besoin de gaz pur, on fait réagir l'acide sulfurique sur le charbon :

$$C + 2\,SO^4H^2 = CO^2 + 2\,SO^2 + 2\,H^2O.$$

Propriétés physiques. — L'*anhydride sulfureux* est un gaz incolore, piquant, provoquant la toux et une suffocation violente. Il a pour densité 2,234, ce qui donne $2^{gr},9$ pour poids du litre à 0° et à la pression 760. Il est assez soluble dans l'eau, qui en dissout 50 fois son volume à la température ordinaire. Il se liquéfie à — 8° sous la pression de 1 atmosphère. Il se solidifie à — 75°.

L'*anhydride sulfureux liquide* est un liquide incolore, de densité 1,45, bouillant à — 8°, que l'on conserve dans des matras effilés et fermés à la lampe. En se vaporisant, il absorbe une grande quantité de chaleur. On tire parti de cette propriété pour obtenir de basses températures et pour solidifier le mercure et liquéfier les gaz. M. Pictet, de Genève, s'en sert pour faire de la glace artificielle.

Propriétés chimiques. — Le gaz anhydride sulfureux n'est ni comburant, ni combustible. Il se combine avec l'oxygène sec en présence de la mousse de platine légèrement chauffée : il se forme des vapeurs d'anhydride sulfurique SO^3 :

$$2SO^2 + O^2 = 2SO^3.$$

L'oxygène et l'anhydride sulfureux se combinent rapidement en présence de l'eau : aussi doit-on préparer la dissolution aqueuse d'anhydride sulfureux avec de l'eau bouillie privée d'air et la conserver dans des flacons maintenus toujours pleins et bien bouchés ; sinon l'anhydride sulfureux passe rapidement à l'état d'anhydride sulfurique :

$$2SO^2 + O^2 + 2H^2O = 2SO^4H^2.$$

L'anhydride sulfureux doit donc être considéré comme un corps réducteur ; on utilise ce pouvoir réducteur pour la décoloration de certaines matières colorantes et le blanchiment de la laine et de la soie. L'anhydride sulfureux ne détruit pas la matière colorante ; il forme avec elle des combinaisons peu stables : ainsi, des violettes plongées dans une éprouvette pleine de gaz sulfureux deviennent blanches ; mais si on les plonge dans l'ammoniaque ordinaire, elles redeviennent bleues.

L'acide azotique fumant transforme l'anhydride sulfureux en acide sulfurique :

$$SO^2 + 2AzO^3H = SO^4H^2 + 2AzO^2.$$

A l'anhydride sulfureux correspond *l'acide sulfureux* SO^3H^2, dont les sels sont les *sulfites* ; les plus connus sont le *sulfite de sodium* SO^3Na^2 et le *bisulfite de sodium* SO^3NaH.

Usages. — Il sert à blanchir les tissus de laine et de soie, à enlever les taches de fruits sur les étoffes, à éteindre les feux de cheminée, à détruire les germes de moisissures des vieux tonneaux ; on l'emploie aussi contre la gale et les maladies de la peau, comme *antiseptique*.

Désinfection par l'anhydride sulfureux. — Les vêtements, les objets de literie ayant appartenu à des malades atteints de maladies contagieuses sont désinfectés par des fumigations à l'anhydride sulfureux. Les chambres de ces mêmes malades sont également désinfectées en y faisant brûler du soufre.

571. Acide sulfurique de Nordhausen. — On obtient à Nordhausen, en Saxe, par la distillation du sulfate de fer desséché et calciné à l'air, un liquide brunâtre, fumant à l'air, qui est un mélange d'anhydride sulfurique dissous dans l'acide sulfurique ordinaire : ce mélange est connu sous le nom d'*acide sulfurique de Nordhausen* ou d'*acide sulfurique fumant*. On l'emploie dans l'industrie pour dissoudre l'indigo, parce qu'il en faut moins que d'acide sulfurique ordinaire et parce qu'il ne renferme pas, comme celui-ci, des produits nitrés qui décoloreraient l'indigo.

572. Acide sulfurique. SO^4H^2. — *Préparation*. — On le préparait autrefois en distillant du sulfate de fer, ou *vitriol vert*, avec du sable ; on lui donnait le nom d'*huile de vitriol*. On le prépare aujourd'hui dans des appareils dits chambres de plomb, en oxydant l'anhydride sulfureux par l'acide azotique. Voici la théorie et la préparation :

1° On grille à l'air du soufre ou de la pyrite martiale pour produire de l'*anhydride sulfureux*.

2° On transforme SO^2 en SO^4H^2 par l'acide azotique :

$$SO^2 + 2\,Az\,O^3H = SO^4H^2 + 2\,Az\,O^2.$$

3° L'anhydride hypoazotique, sous l'action de la vapeur d'eau et d'un courant d'air, régénère l'acide azotique :

$$4\,Az\,O^2 + O^2 + 2\,H^2O = 4\,Az\,O^3H.$$

En théorie, l'acide azotique est sans cesse régénéré ; dans la pratique, la perte est très légère.

Concentration et purification. — L'acide sulfurique des chambres de plomb marque à peine 55° Baumé : on le concentre dans des bassines en plomb, jusqu'à ce qu'il marque 60° ; puis on le fait passer dans des alambics en platine, où se termine la concentration : l'eau en excès s'échappe à l'état de vapeur et l'acide concentré reste dans l'alambic ; il marque alors 66° Baumé.

On le purifie en y faisant passer un courant d'hydrogène sulfuré qui précipite les composés arsenicaux et le sulfate de plomb ; puis on le distille à 350° en ne recueillant que le dernier tiers, qui est pur.

Propriétés physiques. — L'acide sulfurique normal est un liquide incolore, de consistance oléagineuse, ayant pour densité 1,84, et marquant 66° à l'aréomètre de Baumé. Il se solidifie à — 35° et il bout à 325° ; il n'émet pas de vapeurs à la température ordinaire.

Propriétés chimiques. — 1° *Action de la chaleur*. — Il sera décomposé au rouge vif en anhydride sulfureux et en oxygène, mélangés à de la vapeur d'eau :

$$2\,SO^4H^2 = 2\,SO^2 + O^2 + 2\,H^2O.$$

2° *Action de l'eau*. — L'acide sulfurique est très avide d'eau, avec laquelle il se combine, en dégageant une quantité de chaleur considérable : ainsi, si l'on verse 4 parties d'acide sulfurique dans une partie d'eau, la température du mélange peut s'élever jusqu'à 100°.

L'avidité de l'acide sulfurique pour l'eau explique l'action de ce corps sur les tissus animaux et végétaux, qu'il corrode et carbonise en leur enlevant leur eau. Les brûlures par l'acide sulfurique sont très dangereuses : il faut les laver avec de l'eau ou mieux avec de l'eau légèrement ammoniacale.

Un morceau de bois, un morceau de sucre noircissent, en se carbonisant, au contact de l'acide sulfurique.

3° *Action de l'acide sulfurique sur les corps.* — Il est décomposé par l'hydrogène, par le charbon, par le soufre. Il attaque presque tous les métaux, à une température plus ou moins élevée, à l'exception de l'or et du platine ; il se forme le sulfate correspondant et de l'hydrogène ou de l'anhydride sulfureux, suivant les cas.

Il se combine avec les oxydes métalliques pour former des sels appelés *sulfates.* Il déshydrate l'alcool C^2H^6O pour donner l'*éther ordinaire* ou éther sulfurique.

Fonction chimique. — C'est un *acide* très énergique ; il est *bibasique.* Les *sulfates* alcalins sont *neutres* ou *acides,* comme le sulfate neutre de potassium SO^4K^2 et le bisulfate de potassium SO^4KH.

Les autres métaux ne forment généralement qu'un seul sulfate :

$$SO^4Cu ; SO^4Ca ; (SO^4)^3Al^2.$$

Usages. — Il sert à dessécher les gaz, à préparer l'acide azotique, l'acide chlorhydrique, le sulfate de soude, les aluns, les principaux sulfates métalliques, le sucre de fécule, l'éther sulfurique, les bougies stéariques, etc., etc. On l'emploie pour la production de l'électricité dans les piles, pour le tannage des peaux, la dissolution de l'indigo, la fabrication du papier parchemin, etc.

573. Acide sulfhydrique. $H^2S = 34 = 2$ vol. — *Préparation.* — Ce gaz, appelé aussi *hydrogène sulfuré,* se prépare à froid, dans un flacon à hydrogène (*fig. 1*), en attaquant le sulfure de fer artificiel FeS par l'acide sulfurique ou l'acide chlorhydrique étendus ; le gaz est recueilli sur la cuve à mercure :

$$FeS + SO^4H^2 = SO^4Fe + H^2S.$$
$$FeS + 2HCl = FeCl^2 + H^2S.$$

Il est toujours souillé d'un peu d'hydrogène provenant du fer que contient FeS. Si on veut l'avoir pur, on chauffe dans un ballon du *sulfure d'antimoine* naturel Sb^2S^3 avec de l'acide chlorhydrique du commerce :

$$Sb^2S^3 + 6HCl = 2SbCl^3 + 3H^2S.$$

Propriétés physiques et chimiques. — C'est un gaz incolore, d'une odeur fétide, de densité 1,19, soluble dans trois fois son volume d'eau privée d'air ; il se liquéfie sous la pression de 16 atmosphères.

L'acide sulfhydrique est un gaz combustible, brûlant avec une flamme bleue, en donnant de l'eau et de l'anhydride sulfureux :

$$2H^2S + 3O^2 = 2H^2O + 2SO^2.$$

En présence de l'eau, l'oxygène déplace le soufre de l'acide sulfhydrique : aussi, la dissolution de ce gaz dans l'eau, au contact de l'air, se trouble-t-elle peu à peu par suite d'un dépôt de soufre très divisé :

$$2H^2S + O^2 = 2H^2O + S^2.$$

Le *chlore* le décompose en donnant de l'acide chlorhydrique et un dépôt de soufre :

$$H^2S + Cl^2 = 2HCl + S.$$

Un grand nombre de métaux sont attaqués par lui et transformés en sulfures métalliques : par exemple, le cuivre, l'argent, les métaux alcalins.

Il forme avec les dissolutions de certains sels métalliques des précipités de sulfures insolubles de couleur caractéristique. Ainsi, avec un sel de plomb, il donne un précipité noir de sulfure de plomb, PbS ; on se sert souvent de ce caractère pour reconnaître sa présence.

L'acide sulfhydrique est un acide faible : il rougit la teinture de tournesol en rouge vineux. On l'appelle quelquefois aussi *protosulfure d'hydrogène*.

Propriétés toxiques. — Il est très vénéneux. Les ouvriers vidangeurs sont exposés à l'intoxication par ce gaz, connue sous le nom de *plomb*. L'antidote est le chlore ; on fera respirer aux personnes asphyxiées de petites quantités de gaz chlore, obtenu en plaçant du chlorure de chaux dans un linge et en versant dessus quelques centimètres cubes de vinaigre.

État naturel. — Il se produit naturellement dans la réduction des sulfates naturels par les matières organiques, comme on le constate dans les égouts, dans les rues dont on soulève les pavés, dans les goulets étroits des ports de mer. Il se produit encore dans la putréfaction de certaines plantes crucifères, de certains tissus animaux, tels que la moelle, les nerfs, les œufs, etc.

TROISIÈME FAMILLE

AZOTE ET SES COMPOSÉS

$$Az = 14 \qquad Az^2 = 28 = 2 \text{ vol.}$$

574. *Préparation.* — On le prépare en absorbant l'oxygène de l'air par le phosphore à chaud ou en faisant passer un courant d'air pur et sec sur de la tournure de cuivre chauffée au rouge dans un tube de porcelaine.

Propriétés de l'azote. — L'azote, découvert en 1772 par Rutherford, est un gaz incolore, inodore, insipide, ayant pour densité 0,971, ce qui donne $1^{gr},253$ pour poids du litre d'azote. L'eau en dissout 20 centimètres cubes par litre. Il se liquéfie difficilement, en donnant un liquide incolore bouillant à — 192°.

L'azote n'entretient ni la combustion ni la respiration : il ne se combine directement avec aucun autre corps simple, si ce n'est avec l'oxygène sous l'action continue de nombreuses étincelles électriques.

Par voie indirecte, l'azote forme avec l'oxygène des composés très importants qui sont :

Protoxyde d'azote . . .	Az^2O	Peroxyde d'azote . . .	AzO^2
Bioxyde d'azote . . .	AzO	Anhydride azotique . .	Az^2O^5
Anhydride azoteux . .	Az^2O^3		

Ces composés, chauffés à une température plus ou moins élevée, se décomposent en leurs éléments.

Par voie indirecte, il forme avec l'hydrogène un composé appelé *ammoniaque*, dont la formule est AzH^3.

AIR ATMOSPHÉRIQUE

575. *Composition de l'air.* — Pendant longtemps, l'*air atmosphérique* dans lequel nous vivons fut considéré comme un élément. En 1775, Lavoisier montra que l'air pur et sec est un mélange de deux gaz; l'un entretient vivement la combustion : c'est l'*oxygène* ; l'autre est inerte, rebelle à la combinaison, n'entretenant ni la respiration ni la combustion : c'est un gaz nouveau pour nous, que nous appellerons l'*azote*.

L'air renferme, en outre, de la vapeur d'eau, de l'anhydride carbonique, de l'ozone, des corpuscules solides en suspension et des produits accidentels variant avec le lieu où l'on se trouve.

Nous n'étudierons ici que les méthodes employées pour faire l'analyse de l'air *pur et sec*.

1° *Analyse de l'air en volumes.* — Déterminer la composition de l'air en volumes, c'est chercher combien 100 volumes d'air, à la température et à la pression extérieures, contiennent de volumes d'oxygène et d'azote, mesurés séparément à la même température et à la même pression.

L'analyse se fait en faisant absorber l'oxygène de l'air par un corps capable de se combiner avec lui, comme le phosphore à chaud ou à froid, l'acide pyrogallique additionné d'une solution de potasse ; mais ces procédés sont peu exacts : il vaut mieux effectuer l'analyse de l'air par l'eudiomètre.

On introduit dans l'*eudiomètre à mercure* des volumes égaux

d'air pur et sec et d'hydrogène mesurés à la pression atmosphérique, soit :

100 vol. d'air.
100 vol. d'hydrogène.
Total 200 vol.

On fait passer l'étincelle électrique, on mesure le volume
du résidu à la pression atmosphérique : il est de 137 volumes.
Il a donc disparu, pour faire de l'eau, 63 volumes, formés de
42 volumes d'hydrogène et de 21 volumes d'oxygène : donc,
les 100 volumes d'air introduits dans l'eudiomètre renfer-
maient 21 volumes d'oxygène et, par différence, 79 volumes
d'azote.

Conclusions. — 100 volumes d'air, mesurés à une certaine
pression, renferment :

21 vol. d'oxygène,
79 vol. d'azote,

mesurés à la même pression. En réalité, 100 volumes d'air
renferment 100 volumes de chacun des deux gaz ; mais la
pression de l'oyxgène est les 0,21 de la pression atmosphérique et la pression de l'azote en est les 0,79.

Analyse de l'air en poids. — Les méthodes volumétriques
comprennent un grand nombre de causes d'erreurs ; aussi,
leur préfère-t-on les méthodes *pondérales*. Pour faire l'analyse de l'air en poids, on fait passer un courant d'air pur et
sec sur de la tournure de cuivre chauffée au rouge qui retient
l'oxygène pour former de l'oxyde de cuivre : l'azote est recueilli dans un grand ballon vide et taré. L'augmentation de
poids du cuivre donne le poids de l'oxygène ; on peut aussi
déterminer le poids de l'azote obtenu : le poids de l'air ana-
lysé est égal à la somme des poids d'oxygène et d'azote. Voici
les résultats de l'analyse :

Oxygène. . . . . 23 gr.
Azote 77
Air . . . . 100 gr.

On déduit de ces résultats la composition exacte de l'air en volumes :

Oxygène 20,81
Azote. 79,19

Propriétés de l'air atmosphérique. — L'air est un gaz 770 fois plus léger que l'eau : 1 litre d'air pur et sec pèse $1^{gr},293$ dans les conditions normales de température et de pression. Il est peu soluble dans l'eau et très difficilement liquéfiable. La pression qu'il exerce sur la terre est, en moyenne, de $1^{kg},033$ par centimètre carré, au niveau de la mer. Ses propriétés chimiques sont celles de l'oxygène, dont l'activité est tempérée par l'inertie de l'azote.

Il est l'agent de toutes les combustions et des respirations animale et végétale.

576. Argon. — On vient de découvrir que l'azote atmosphérique n'est pas identique à l'azote obtenu en décomposant par la chaleur les matières azotées. On en a conclu que l'azote de l'air devait être un mélange d'azote proprement dit et d'un autre gaz. On a été amené alors à faire des recherches qui ont abouti à la découverte d'un gaz nouveau, appelé *argon*, reconnu jusqu'ici comme incapable de se combiner à aucun autre corps.

L'air est alors formé de :

Oxygène. 20,81
Azote chimique 78,12
Argon. 1,07

AMMONIAQUE

$$Az H^3.$$

577. *Production naturelle.* — *Préparation industrielle de l'ammoniaque du commerce et des sels ammoniacaux.* — Un grand nombre de matières organiques azotées, abandonnées à l'air, subissent la *fermentation putride :* parmi les produits de la fermentation, on trouve un gaz particulier, appelé *gaz ammoniac* ou *ammoniaque*, AzH^3, qui, se combinant avec de l'eau et de l'anhydride carbonique, forme un sel appelé carbonate d'ammonium $CO^3(AzH^4)^2$. L'urine, en particulier, dégage, au bout de très peu de temps, une grande quantité de carbonate d'ammonium ; les *eaux de vidange* sont donc une source très abondante d'ammoniaque.

Certaines matières organiques azotées produisent de l'ammoniaque par la calcination en vase clos ; ainsi, on trouve de l'ammoniaque en grande quantité dans les eaux d'épuration du gaz d'éclairage.

Pour extraire l'ammoniaque des eaux de vidange, on leur ajoute de la chaux en poudre et on les distille en vase clos ; l'ammoniaque se dégage ; on dissout dans l'eau le gaz obtenu et on obtient l'ammoniaque du commerce, ou *alcali volatil*.

On fait aussi rendre le gaz ammoniac dans une solution étendue d'un sel quelconque et il se forme un sel spécial, appelé *sel ammoniacal*, que l'on peut considérer comme le sel d'un radical, jouant le rôle d'un corps simple semblable à un métal et que l'on appelle *ammonium*, AzH^4 ; les sels ammoniacaux sont des sels d'ammonium, isomorphes des sels de potassium et de sodium de même genre. Les principaux sont : le *chlorure d'ammonium*, AzH^4Cl ; l'*azotate d'ammonium*, $AzO^3(AzH^4)$; le *sulfate d'ammonium*, $SO^4(AzH^4)^2$; le *carbonate d'ammonium*, $CO^3(AzH^4)^2$, etc.

Dans les laboratoires, on prépare le gaz ammoniac en chauffant dans un ballon un mélange d'un sel d'ammonium quelconque avec de la chaux vive en poudre ; le gaz ammoniac est recueilli sur la cuve à mercure après avoir été desséché sur de la chaux vive :

$$2AzH^4Cl + CaO = 2AzH^3 + CaCl^2 + H^2O.$$

Propriétés physiques. — C'est un gaz incolore, d'une odeur piquante, d'une saveur brûlante, de densité 0,591, très soluble dans l'eau, qui en dissout 1,150 fois son volume. La dissolution concentrée d'ammoniaque, plus légère que l'eau, marque 22° Baumé ; exposée à l'air ou chauffée à 70°, elle abandonne tout son gaz. Dans la pratique, on emploie toujours la solution ammoniacale, car elle fournit une grande masse d'ammoniaque sous un faible volume.

Le gaz ammoniac se liquéfie à 0°, sous la pression de 5 atmosphères ; l'ammoniaque liquide cristallise à — 73° ; en se vaporisant, elle absorbe une grande quantité de chaleur ; on utilisait autrefois cette propriété pour fabriquer de la glace ; ce procédé est aujourd'hui abandonné.

Propriétés chimiques. — 1° La chaleur et une série d'étincelles électriques décomposent le gaz ammoniac, et le gaz double de volume :

$$2\,Az\,H^3 = Az^2 + 3\,H^2.$$

2° Le gaz ammoniac brûle dans l'oxygène en donnant de l'eau et de l'azote ; en présence des corps poreux, la réaction est la suivante :

$$2\,Az\,H^3 + 4\,O^2 = 2\,Az\,O^3\,H + 2\,H^2\,O.$$

Cette réaction s'accomplit dans les écuries, les étables, les caves, au contact des plâtres des murailles ; il se forme alors des azotates de calcium et de magnésium connus sous le nom d'efflorescences de salpêtre.

Fonction chimique. — Le gaz ammoniac est un corps neutre volatil ; sa solution dans l'eau est une base très énergique ; on admet alors qu'il se forme $Az\,H^4\,(OH)$, qui se comporte comme une base analogue aux alcalis, tels que KOH ou $NaOH$.

Analyse. — On fait passer dans l'eudiomètre à mercure 100 volumes de gaz ammoniac et on excite au sein du gaz une série d'étincelles électriques, jusqu'à ce que le volume du mélange d'azote et d'hydrogène reste invariable : on trouve alors que l'on a un mélange d'azote et d'hydrogène représentant 200 volumes. On y ajoute 100 volumes d'oxygène et on fait de nouveau passer l'étincelle électrique, le mélange détone ; il disparaît 225 volumes employés pour faire de l'eau, contenant 150 volumes d'hydrogène : donc 200 volumes du mélange gazeux primitif sont formés de 150 volumes d'hydrogène et de 50 volumes d'azote. En résumé, 150 volumes d'hydrogène et 50 volumes d'azote forment 100 volumes de gaz ammoniac, avec une contraction de volume égale à la moitié.

Usages. — L'ammoniaque du commerce est un caustique assez énergique ; on l'utilise pour cautériser les piqûres d'insectes et les morsures de vipère. On l'emploie comme réactif pour neutraliser les acides. Le sulfate d'ammonium est un engrais excellent.

Caractères. — On la reconnaît à son odeur piquante et aux fumées de chlorure d'ammonium qu'elle forme avec l'acide chlorhydrique.

578. Sel ammoniac. — Le sel ammoniacal le plus important est le *chlorure d'ammonium*, $Az H^4 Cl$, appelé vulgairement *sel ammoniac*. On le prépare en saturant par l'ammoniaque une solution étendue d'acide chlorhydrique ; on fait évaporer l'eau de la liqueur et le sel ammoniac cristallise. Le sel ammoniac est un sel blanc, soluble dans l'eau, qu'on emploie surtout pour décaper la surface des fragments de métaux que l'on veut souder.

COMPOSÉS OXYGÉNÉS DE L'AZOTE.

579. Protoxyde d'azote. $Az^2 O = 44 = 2$ vol. — On le prépare en décomposant de l'azotate d'ammonium, chauffé dans une cornue de verre :

$$Az O^3 (Az H^4) = Az^2 O + 2 H^2 O.$$

Propriétés. — C'est un gaz incolore, inodore, d'une saveur sucrée, de densité 1,527, assez soluble dans l'eau, se liquéliant à 0° sous la pression de 30 atmosphères; il se solidifie en une neige blanche, quand on évapore rapidement le protoxyde d'azote liquide.

Sous l'action de la chaleur, il se décompose en azote et en oxygène; aussi, du charbon incandescent, du soufre enflammé ou du phosphore enflammé brûlent dans ce gaz plus énergiquement que dans l'air :

$$2\,Az^2\,O = 2\,Az^2 + O^2.$$

Il se dissout dans le sang et amène l'insensibilité; de là son emploi comme *anesthésique* pour les opérations de petite chirurgie.

Analyse. — On chauffe dans une cloche courbe 100 volumes de ce gaz au contact d'un fragment de sulfure de baryum, qui absorbe peu à peu l'oxygène; il reste un résidu de 100 volumes d'azote. Pour trouver le volume de l'oxygène nous aurons recours à la loi des poids :

$$100 \times 1,527 = 100 \times 0,971 + 1,1056\,x.$$

De cette équation on tire : $x = 50$ volumes. Le protoxyde d'azote est formé de 2 volumes d'azote et de 1 volume d'oxygène combinés avec contraction *d'un tiers*, suivant les lois de Gay-Lussac.

580. Bioxyde d'azote. $Az\,O = 30 = 2$ vol. — On le prépare à froid en faisant agir l'acide azotique étendu d'eau sur la tournure de cuivre, dans un appareil identique à celui qui sert à préparer l'hydrogène.

$$3\,Cu + 8\,(Az\,O^3\,H) = 3\,(Az\,O^3)^2\,Cu + 2\,Az\,O + 4\,H^2\,O.$$

Propriétés. — C'est un gaz incolore, de densité 1,039, très peu soluble dans l'eau et très difficilement liquéfiable. Quand on y introduit des corps incandescents, ils s'y éteignent généralement, parce que, sous l'action de la chaleur, il tend à se produire $Az\,O^2$, qui n'est décomposable qu'à une haute température :

$$4\,Az\,O = 2\,Az\,O^2 + Az^2.$$

Le phosphore allumé y brûle, parce que la chaleur dégagée est suffisante pour décomposer AzO^2.

La propriété caractéristique de ce gaz est son oxydation à froid par l'oxygène pur ou par l'oxygène de l'air :

$$2\,Az\,O + O^2 = 2\,Az\,O^2.$$

Il absorbe la moitié de son volume d'oxygène et se transforme en vapeurs orangées ou *rutilantes* d'$Az\,O^2$, sans changement de volume.

Analyse. — Elle se fait comme celle du protoxyde d'azote : on trouve qu'il est formé de volumes égaux d'azote et d'oxygène combinés sans condensation, conformément aux lois de Gay-Lussac.

581. Peroxyde d'azote. $Az\,O^2 = 2$ vol. — On le prépare en décomposant par la chaleur, au rouge, l'azotate de plomb bien desséché :

$$2\,(Az\,O^3)^2\,Pb = 4\,Az\,O^2 + O^2 + 2\,Pb\,O.$$

L'oxyde de plomb reste dans la cornue; $Az\,O^2$ se condense dans un tube en U entouré de glace et l'oxygène se dégage.

Propriétés. — C'est un liquide rouge-orangé foncé, se solidifiant à — 9° et bouillant à + 22°, répandant des vapeurs orangées, dites *vapeurs rutilantes* ou *vapeurs nitreuses*.

En présence de l'eau, il se décompose en acide azotique et en bioxyde d'azote :

$$3\,Az\,O^2 + H^2O = 2\,(Az\,O^3H) + Az\,O.$$

En présence des bases, il se décompose en acide azoteux et en acide azotique. Ainsi, avec la potasse, la réaction est la suivante :

$$2\,(Az\,O^2) + 2\,KOH = Az\,O^3K + Az\,O^2K + H^2O.$$

Il se forme quand on fait passer une série d'étincelles électriques à travers de l'air sec.

582. Acide azotique fumant. AzO^3H. — L'acide azotique *fumant* est un liquide bouillant à 86°, que l'on prépare en chauffant du salpêtre, AzO^3K, avec de l'acide sulfurique.

$$AzO^3K + SO^4H^2 = AzO^3H + SO^4KH.$$

Dans une cornue de verre de 250 grammes, on introduit 50 grammes environ de salpêtre bien sec; puis, à l'aide d'un tube à entonnoir, 50 grammes d'acide sulfurique. On dispose la cornue sur un fourneau et on engage son col dans le goulot d'un ballon plongeant dans une terrine pleine d'eau et recouvert d'un linge continuellement arrosé par un courant d'eau.

On chauffe légèrement : il se produit d'abord des vapeurs rutilantes d'AzO^2, qui disparaissent bientôt; l'acide azotique distille à la température de 86°, et vient se condenser dans le ballon; il reste dans la cornue du *bisulfate de potassium* SO^4KH. L'apparition nouvelle des vapeurs rutilantes annonce la fin de l'opération. On trouve dans le ballon un liquide jaune, fumant à l'air, qui a pour formule AzO^3H.

Propriétés. — L'acide azotique est un liquide incolore, bouillant à 86°, et se congelant à — 50°; il a pour densité 1,52; il est toujours coloré en jaune par des traces d'AzO^2, dont on le débarrasse facilement par un courant de gaz carbonique.

583. Acide azotique du commerce. $Az^2O^5, 4H^2O$. — Si l'on chauffe l'acide azotique vers 90° pour le distiller, on constate qu'il se décompose en oxygène et AzO^2 qui se dégagent, et en eau, qui se combine avec l'acide azotique resté dans la cornue. Lorsque celui-ci s'est assez hydraté pour avoir pour formule $Az^2O^5, 4H^2O$, la formation des vapeurs rutilantes cesse, la température s'élève à 123°, et il distille une vapeur incolore, qui, refroidie et condensée, donne un liquide renfermant 40 p. 100 d'eau et ayant pour densité 1,42 : c'est l'*acide azotique quadrihydraté* : $Az^2O^5, 4H^2O$. Cet acide est le plus stable des hydrates d'acide azotique : il ne se décompose qu'à une température voisine du rouge. Il constitue l'acide azotique du commerce, ou *eau-forte,* dont on fait usage pour la gravure sur métaux.

1° *Action de la chaleur.* — Les vapeurs d'acide azotique, chauffées au rouge blanc dans un tube de porcelaine, sont décomposées : il se forme de l'eau, de l'oxygène et de l'azote.

$$4\,Az\,O^3\,H = 2\,Az^2 + 5\,O^2 + 2\,H^2\,O.$$

2° *Action des métalloïdes.* — L'acide azotique est un *oxydant* très énergique.

Le soufre, le phosphore, le charbon, sont transformés par lui en acides correspondants avec dégagement d'$Az\,O^2$.

3° *Action des métaux.* — Au rouge, l'*hydrogène* réduit complètement l'acide azotique.

$$2\,Az\,O^3\,H + 5\,H^2 = Az^2 + 6\,H^2\,O.$$

L'hydrogène naissant le transforme en ammoniaque.

$$Az\,O^3\,H + 4\,H^2 = Az\,H^3 + 3\,H^2\,O.$$

Tous les métaux, excepté l'or et le platine, sont attaqués par l'acide azotique à froid ou à une température peu élevée ; on obtient l'azotate correspondant avec dégagement d'$Az^2\,O$, $Az\,O$ et Az^2.

En général, l'acide azotique légèrement étendu agit plus énergiquement sur les métaux que l'acide fumant. Si l'on plonge du papier d'étain dans de l'acide fumant, il ne sera pas attaqué : il suffit d'ajouter un peu d'eau à la masse, pour que l'acide étendu attaque très vivement le métal.

Avec le fer, on observe un phénomène très singulier. L'acide azotique fumant n'attaque pas le fer ; l'acide ordinaire du commerce l'attaque vivement à froid, en dégageant $Az\,O$. Prenons un verre à pied, plaçons-y quelques clous bien exempts de rouille, puis versons sur ces clous de l'acide azotique fumant : les clous ne seront pas attaqués. Enlevons l'acide fumant et remplaçons-le par de l'acide ordinaire ; les clous seront inattaquables : le fer est devenu *passif*. Mais, si l'on touche les clous avec une tige de cuivre ou avec un autre clou non préalablement plongé dans l'acide fumant, l'attaque a lieu avec une énergie extrême.

4° *Action sur les corps composés.* — Il transforme l'*anhydride sulfureux* en acide sulfurique et, en général, il agit comme un oxydant énergique.

$$SO^2 + 2\,Az\,O^3H = SO^4H^2 + 2\,Az\,O^2.$$

5° *Action sur les matières organiques.* — Peu de matières organiques résistent au pouvoir oxydant de l'acide azotique. Il décolore l'*indigo*, il colore en jaune la peau, la soie, la laine, les plumes ; le crin prend feu dans la vapeur d'acide azotique : l'essence de térébenthine s'enflamme quand on verse sur elle de l'acide azotique fumant auquel on a ajouté un peu d'acide sulfurique. Il transforme le sucre, l'amidon en acide *oxalique*. Il transforme l'acide phénique en acide *picrique*, la benzine en *nitro-benzine*, la glycérine en *nitro-glycérine*, corps très explosif qui est la base de la dynamite. Il transforme le coton cardé en *fulmi-coton* ou coton-poudre.

6° *Production naturelle.* — Il existe dans l'atmosphère après un orage ; mais la source la plus abondante de l'acide azotique est l'oxydation de l'ammoniaque par l'oxygène de l'air en présence des corps poreux (§ 517), ou par l'action du ferment nitrique.

7° *Fonction chimique.* — C'est un acide monobasique ; les azotates usuels ont pour formule $Az\,O^3M$ ou $(Az\,O^3)^2M$.

8° *Préparation industrielle.* — Dans l'industrie on traite l'azotate de sodium, ou salpêtre du Chili, par l'acide sulfurique ; le coût est moindre et le rendement est plus considérable. Le mélange est chauffé dans des appareils distillatoires en fonte ; les vapeurs d'acide azotique se rendent dans des bonbonnes en grès renfermant un peu d'eau ; on obtient ainsi l'acide azotique du commerce, ou *eau-forte*, ou *acide nitrique*, $Az^2O^5, 4\,H^2O$.

Il renferme toujours de l'acide sulfurique et de l'acide chlorhydrique provenant du sel marin que contient toujours le salpêtre : on le purifie en y versant goutte à goutte une solution d'azotate de baryum, puis une dissolution d'azotate d'argent.

$$(AzO^3)^2 Ba + SO^4 H^2 = 2 Az O^3 H + SO^4 Ba.$$
$$Az O^3 Ag + H Cl = Az O^3 H + Ag Cl.$$

On décante pour séparer Ag Cl et SO⁴ Ba insolubles et on distille le liquide avec du bichromate de potassium, pour oxyder Az O², qui se forme toujours.

9° *Usage.* — Il sert à préparer l'acide sulfurique, à décaper les métaux, à graver sur cuivre et sur acier et à préparer un grand nombre de corps importants employés dans l'industrie.

584. Nitrification. — On trouve de grandes quantités d'azotates de potassium, de sodium et de calcium dans les lieux humides, comme les écuries, les étables, les caves, dont les murs présentent une surface poreuse, au contact de laquelle l'ammoniaque, dégagée par les matières organiques animales en putréfaction, s'oxyde aux dépens de l'oxygène de l'air pour former de l'acide azotique : de là les *efflorescences* brillantes, dites de *salpêtre*, qui recouvrent les murailles des lieux bas et humides.

La formation des azotates dans la nature paraît avoir une autre origine, d'après les expériences de MM. *Schlœsing* et *Müntz*, qui ont établi que la nitrification de l'ammoniaque dans le sol s'opère par l'intermédiaire de ferments organisés, appelés *ferments nitriques*. Les matières organiques, en se putréfiant, fournissent l'ammoniaque ; le ferment, pour vivre, a besoin de carbone qu'il emprunte aux matières organiques; l'oxygène de l'air oxyde l'ammoniaque par l'intermédiaire du ferment et il se forme de l'acide azotique qui, en réagissant sur les carbonates naturels, produit les azotates naturels de calcium et de magnésium. Les eaux d'égout, le terreau sont très riches en germes de ferment nitrique, et le sol arable est le milieu qui est le plus favorable au développement du ferment, auquel la dessiccation est très défavorable.

PHOSPHORE ET SES COMPOSÉS

585. Phosphore. $P = 31$. — $P' = 124 = 2$ vol. — Le phosphore s'extrait des os des animaux, comme nous l'indiquerons plus loin.

Propriétés physiques. — Le phosphore ordinaire est un corps solide, transparent, incolore, insipide, répandant une odeur d'ail, assez mou pour être rayé par l'ongle, très flexible, devenant cassant par l'addition d'un peu de soufre. Il a pour densité 1,83. Il fond à 44°,2 et il bout à 290°. Il a pour densité de vapeur 4,32. Le phosphore fraîchement préparé présente l'état vitreux, comme le sucre d'orge. Mais, si on l'expose à la lumière, il devient opaque à la surface : il se forme alors une infinité de petits cristaux microscopiques, et la cristallisation s'effectue de proche en proche, de la périphérie au centre : aussi doit-on conserver le phosphore sous l'eau, dans des flacons en verre noir. Le sucre d'orge, au bout d'un certain temps, subit une transformation moléculaire identique.

Le phosphore est insoluble dans l'eau, mais soluble dans le *sulfure de carbone*.

La solution laisse déposer des cristaux de phosphore, qui sont des dodécaèdres rhomboïdaux.

Propriétés chimiques. — 1° *Phosphorescence.* Le phosphore répand dans l'obscurité des lueurs violacées qui lui ont valu son nom. Elles sont dues à l'oxydation lente du phosphore aux dépens de l'oxygène de l'air; elles sont accompagnées de fumées blanches d'azotite d'ammonium. La *phosphorescence* cesse si l'air renferme de petites quantités de chlore, de vapeur d'éther, d'alcool ou de sulfure de carbone.

La phosphorescence n'a pas lieu dans de l'oxygène pur à la

pression atmosphérique, tandis qu'elle a lieu si la pression de l'oxygène est inférieure à la moitié de la pression atmosphérique.

2° Le phosphore s'enflamme spontanément dans l'air à 60°; il se combine avec l'oxygène pour donner naissance à une neige blanche, fine, qui est l'*anhydride phosphorique* $P^4 O^5$; la combustion dégage beaucoup de chaleur et donne une flamme très brillante. Il suffit du moindre frottement pour provoquer l'inflammation du phosphore.

3° Il prend feu dans le chlore; il se combine avec un grand nombre de métaux, pour former des *phosphures*. L'acide azotique l'attaque violemment; les alcalis, en présence de l'eau, dégagent de l'*hydrogène phosphoré* PH^3 en formant un hypophosphite alcalin.

4° Le phosphore est très vénéneux; sa vapeur attaque les os, notamment les os du nez.

586. Phosphore rouge. — Si l'on chauffe, en vase clos, pendant dix jours, à 240°, du phosphore ordinaire, il se transforme peu à peu en une variété allotropique, appelée *phosphore rouge*, amorphe, infusible, ayant pour densité 2,34, formée avec absorption de 619 calories par kilogramme.

Voici les propriétés comparatives des deux phosphores :

Phosphore ordinaire.	*Phosphore rouge.*
Soluble dans le sulfure de carbone.	Insoluble.
Cristallisé dans le premier système.	Amorphe, à 240°.
Densité, 1,83.	Densité, 2,34.
Odorant à l'air.	Sans odeur.
Phosphorescent.	Ne produit aucune lueur dans l'obscurité.
Fond à 44°,2.	Ne fond pas.
Bout à 290°.	Ne bout pas, car il commence à se retransformer en phosphore ordinaire à partir de 260°.

S'oxyde avec rapidité dans l'air humide.	S'y oxyde très lentement, soit directement, soit en passant d'abord à l'état de phosphore ordinaire.
Prend feu vers 60°.	Ne prend feu qu'à 260°, c'est-à-dire à la température de sa transformation.
Très vénéneux.	Sans aucune action toxique.
Amène la carie des os.	Sans action sur les os.

Au point de vue chimique, les deux variétés de phosphore exercent les mêmes actions, à la rapidité près : aussi, utilise-t-on souvent le phosphore rouge pour obtenir certaines réactions qu'il serait dangereux d'effectuer avec le phosphore ordinaire.

587. *Allumettes.* — Les allumettes ordinaires sont des petites bûches de sapin trempées dans du soufre fondu et imprégnées d'une pâte contenant du phosphore, que le moindre frottement enflamme.

Les allumettes au phosphore amorphe sont enduites d'un mélange de sulfure d'antimoine et de chlorate de potassium ; on les frotte sur un carton recouvert d'une pâte au phosphore rouge.

588. Anhydride phosphorique. P^2O^5. — Si l'on fait brûler du phosphore dans un courant d'air sec, on obtient des flocons neigeux d'anhydride phosphorique, très avides d'eau, avec laquelle ils se combinent pour former l'*acide orthophosphorique* PO^4H^3.

589. Acides phosphoriques. — On connaît trois acides phosphoriques :

L'acide orthophosphorique . . .	PO^4H^3
— pyrophosphorique . . .	$P^2O^7H^4$
— métaphosphorique . . .	PO^3H.

L'*acide orthophosphorique* se prépare en chauffant du phosphore avec de l'acide azotique étendu d'eau ; la liqueur concentrée et évaporée dans le vide dépose des cristaux ayant pour formule PO^4H^3, très solubles dans l'eau.

Cet acide est *tribasique*. Ses sels les plus importants sont les trois orthophosphates de sodium très solubles dans l'eau et les orthophosphates de calcium. L'*orthophosphate tricalcique* $(PO^4)^2 Ca^3$ se trouve dans les os des animaux ; il est insoluble dans l'eau et inattaquable par le charbon. L'*orthophosphate dicalcique* $(PO^4)^2 Ca^2 H^2$ et l'*orthophosphate monocalcique* $(PO^4)^2 Ca H^4$ sont solubles dans l'eau acidulée.

La solution d'*orthophosphate trisodique*, $PO^4 Na^3$, précipite en *jaune-paille* par l'azotate d'argent ; il se forme de l'orthophosphate d'argent $PO^4 Ag^3$.

L'*acide pyrophosphorique*, $P^2 O^7 H^4$, s'obtient en chauffant les cristaux d'acide orthophosphorique à 210° ; c'est un acide *tétrabasique* ; il forme le *pyrophosphate tétrasodique* $P^2 O^7 Na^4$ et le *pyrophosphate disodique* $P^2 O^7 Na^2 H^2$. L'un d'eux, dissous dans l'eau, précipite en blanc par l'azotate d'argent.

L'*acide métaphosphorique*, PO^3H, s'obtient en calcinant les deux autres acides ou le phosphate d'ammonium du commerce. On obtient une masse vitreuse, indécomposable par la chaleur. Cet acide est *monobasique :* on connaît le *métaphosphate de sodium* $PO^3 Na$ et le *métaphosphate de calcium* $(PO^3)^2 Ca$, attaquable par le charbon. Les métaphosphates solubles précipitent en blanc par l'azotate d'argent.

L'acide métaphosphorique coagule l'albumine et précipite par le chlorure de baryum, tandis que les deux autres acides phosphoriques sont sans action sur ces deux réactifs.

590. Préparation du phosphore. — Les os des animaux sont formés d'une trame organisée ou *osséine* incrustée de carbonate de calcium $CO^3 Ca$ et d'orthophosphate tricalcique $(PO^4)^2 Ca^3$. On calcine les os pour détruire l'osséine et on pulvérise les os calcinés. La poudre d'os obtenue est mise en digestion avec de l'acide sulfurique étendu, qui donne une liqueur ne renfermant plus que de l'orthophosphate monocalcique $(PO^4)^2 Ca H^4$, car le sulfate de calcium formé se précipite et l'anhydride carbonique se dégage.

On décante, on concentre à consistance sirupeuse et on ajoute à la liqueur le quart de son poids de charbon de bois pulvérisé ; il se forme une pâte que l'on calcine au rouge sombre pour lui faire perdre la majeure partie de son eau et pour transformer le phosphate monocalcique en métaphosphate de calcium $(PO^3)^2 Ca$.

La pâte calcinée est ensuite introduite dans des cornues en terre réfractaire rangées par paires dans un même fourneau. Le col de chaque cornue se rend dans un récipient en cuivre contenant de l'eau jusqu'au niveau de l'extrémité du col de la cornue. On porte lentement la cornue au rouge blanc ; le charbon réagit sur le métaphosphate de calcium, qui perd alors les deux tiers de son phosphore dont la vapeur se condense dans le récipient : il se forme aussi de l'oxyde de carbone CO et d'autres gaz qui se dégagent.

$$3(PO^3)^2 Ca + 10 C = (PO^4)^2 Ca^3 + P^4 + 10 CO.$$

Le phosphore obtenu est purifié en le distillant dans un courant d'hydrogène.

591. **Phosphures d'hydrogène.** — Ces combinaisons sont au nombre de trois : 1° le phosphure d'hydrogène gazeux PH^3 ; 2° le phosphure d'hydrogène liquide PH^2 ; 3° le phosphure d'hydrogène solide $P^4 H$. Ces trois composés s'obtiennent au moyen d'un phosphure de calcium préparé en faisant agir des vapeurs de phosphore sur la chaux vive.

1° *Phosphure d'hydrogène gazeux*. PH^3. — C'est un gaz incolore, son odeur est celle de l'ail, sa densité est 1,185, peu soluble dans l'eau, plus soluble dans l'alcool ou l'éther. Il est très combustible, mais ne s'enflamme spontanément que s'il contient, ce qui arrive presque toujours, des traces de vapeur d'hydrogène phosphoré liquide. Il brûle avec un vif éclat, en donnant de l'anhydride phosphorique sous forme de fumées blanches et de l'eau. Le chlore décompose brusquement avec détonation le phosphure d'hydrogène. On obtient ce gaz en traitant le phosphure de calcium par de l'acide chlorhydrique étendu d'eau.

2° *Phosphure d'hydrogène liquide.* PH^2. — Ce corps est un liquide, incolore, décomposable à 30°, l'un des plus inflammables des corps connus ; il se décompose à la lumière en phosphure gazeux et en phosphure solide :

$$5(PH^2)=P^2H+3(PH^3).$$

Il se prépare en décomposant par l'eau le phosphure de calcium et en faisant passer les produits gazeux dans un tube plongé dans un mélange réfrigérant.

3° *Phosphure d'hydrogène solide.* P^2H. — Ce corps est solide et jaune, d'une odeur de phosphore, se décompose facilement et s'obtient en abandonnant sur l'eau un mélange de phosphure gazeux et de vapeurs de phosphure liquide.

4° *Gaz de Gingembre.* — On appelle ainsi un mélange de PH^3, H^2 et vapeur de PH^2, obtenu en chauffant dans un petit ballon des boulettes de chaux humectée d'eau et contenant un petit fragment de phosphore. Il est spontanément inflammable.

ARSENIC ET SES COMPOSÉS

592. Arsenic. $As = 75 — As^4 = 300 = 2$ vol. — L'*arsenic* est un corps solide, gris, à reflets métalliques, ayant pour densité 5,63, se vaporisant à 300° sans fondre. Exposé à l'air, il se recouvre d'une couche noirâtre d'oxyde d'arsenic ; aussi doit on le conserver dans des flacons pleins d'eau préalablement bouillie. A 450°, il brûle dans l'air ou dans l'oxygène avec une flamme livide, en se transformant en anhydride arsénieux As^2O^3. Projeté sur des charbons ardents, il brûle en répandant une forte odeur d'ail. Traité par l'acide azotique, il se transforme en acide arsénique. Il s'enflamme dans le chlore, en produisant du chlorure d'arsenic $AsCl^3$.

On vend dans le commerce, sous le nom d'*arsenic*, de *mort aux rats*, une poudre blanche, cristalline, opaque, inodore, excitant la salivation, ayant pour densité 3,699 : c'est l'anhydride arsénieux As^2O^3, très peu soluble dans l'eau pure, beaucoup plus soluble dans l'eau acidulée par l'acide chlorhydrique.

L'anhydride arsénieux est un poison très violent, dès qu'il est introduit dans la circulation ; mais on peut combattre ses effets tant qu'il n'est entré que dans l'estomac. Pour cela, on provoque des vomissements qui expulsent la plus grande partie du poison. On emploie ensuite comme contre-poison la magnésie légèrement calcinée.

L'*anhydride arsénique* As^2O^5 se prépare en traitant l'anhydride arsénieux par l'eau régale. On obtient un corps blanc et se combinant avec l'eau pour former l'acide arsénique AsO^4H^3, donnant naissance à des *arséniates*, tels que les arséniates de potassium, de sodium et de cuivre. C'est un poison très violent.

L'*hydrogène arsénié*, AsH^3, analogue à l'ammoniaque et à PH^3, se produit dans la réduction des composés arsénieux par l'hydrogène naissant ; c'est un gaz incolore, brûlant avec une flamme livide ; sa combustion incomplète donne un dépôt d'arsenic métallique.

593. Appareil de Marsh. — Il se compose d'un appareil à hydrogène fournissant de l'hydrogène naissant ; on y introduit la liqueur soupçonnée renfermer un composé arsénical ; il se forme alors de l'hydrogène arsénié, que l'on enflamme à l'extrémité d'un tube effilé. On écrase la flamme livide obtenue sur une capsule de porcelaine froide : il se déposera des taches d'arsenic métallique.

Pour reconnaître la nature de ces taches, on les traitera par l'acide azotique pur et on évaporera à sec : il restera dans la capsule un résidu blanc d'anhydride arsénique. On traitera ce résidu par un peu d'eau et on le neutralisera par de l'ammoniaque. On chassera l'excès d'ammoniaque par la chaleur à 60°, et dans la liqueur bien neutre on versera quelques gouttes d'une solution d'azotate d'argent : il se produira un précipité rouge brique d'arséniate d'argent, caractéristique de l'arsenic.

ACIDE BORIQUE

594. *Acide borique.* BO^3H^3. — L'acide borique se trouve dans les vapeurs naturelles, appelées *suffioni,* qui se dégagent du sol en Toscane ; on les condense dans l'eau froide, on concentre la liqueur et on la laisse cristalliser : on obtient des lamelles incolores, peu solubles dans l'eau. L'acide borique forme des sels appelés *borates,* dont le plus connu est le *borax* du commerce, ou biborate de soude, employé comme fondant dans les verreries ; il a la propriété de dissoudre les oxydes métalliques, ce qui le fait employer pour décaper les surfaces métalliques à souder. L'acide borique sert aussi comme *astringent* en médecine ; on en imprègne les mèches des bougies, pour les empêcher de fumer.

QUATRIÈME FAMILLE

SILICE ET SILICATES

595. Silice. SiO^2. — La *silice* est très répandue dans la croûte terrestre : elle constitue le quartz ou cristal de roche, l'améthyste, le silex, le sable, le grès, l'agate, la pierre meulière, etc. Elle forme des silicates très importants, tels que le mica, le feldspath, qui, avec le quartz, constituent le granit.

La silice cristallisée, ou *quartz,* ou *cristal de roche,* a la forme de prismes droits hexagonaux surmontés de pyramides régulières.

Le sable est de la silice cristallisée en petits grains. Si l'on chauffe, au rouge blanc, dans un creuset en terre réfractaire, un mélange de 1 partie de sable fin et de 4 parties de carbonate de potasse, on obtient du silicate de potasse fondu, que l'on coule sur une pierre froide et que l'on dissout dans l'eau bouillante. Si l'on verse dans cette dissolution de l'acide chlorhydrique, on voit se former un précipité de silice gélatineuse, SiO^3H^2, soluble dans les liqueurs alcalines et dans l'acide chlorhydrique très étendu.

C'est sous cette forme que la silice, à la faveur de l'anhydride carbonique, se dissout dans la sève des végétaux et pénètre dans leurs tissus, dans la tige des graminées, par exemple.

Enfin, si l'on calcine au rouge la silice gélatineuse, ou si l'on calcine fortement la silice cristallisée naturelle, on obtient la *silice amorphe,* sous la forme de grains blancs, anhydres, âpres au toucher, happant à la langue, ayant pour densité 2,21.

La silice est une substance fixe constituant un véritable anhydride, qui se combine avec les oxydes métalliques pour former des silicates très importants, tels que le verre, le cristal, l'émail.

Elle est employée en bijouterie, à l'état de cristal de roche, d'améthyste, d'opale ou silice hydratée. Le grès sert à paver les rues, à faire des meules ; le sable sert à faire du mortier, du verre, du cristal, etc.

596. **Silicates.** — A la silice correspondent des sels très importants appelés *silicates*. Les silicates naturels sont généralement des silicates doubles, dans lesquels entrent l'aluminium ou le fer, avec le calcium et d'autres métaux analogues au calcium ; ce sont les feldspaths, les micas, les argiles, etc.

Le cristal et le verre sont des silicates à bases de plomb, de chaux, de soude ou de potasse, que l'on fabrique en chauffant dans des creusets un mélange de sable blanc et d'oxydes métalliques divers.

CARBONE ET SES COMPOSÉS

597. Carbone. C $= 12$. — *Charbons*. — On désigne vulgairement sous le nom de *charbons* un grand nombre de corps, de constitution très complexe, mais renfermant une proportion considérable de carbone libre. On les divise en *charbons naturels*, tels que le diamant, le graphite, les houilles, la tourbe ; et en *charbons artificiels*, tels que le coke, le charbon de bois, le noir animal, le noir de fumée, etc., qui proviennent de la calcination, à l'abri de l'air, de certaines matières organiques. Tous ces charbons, en brûlant dans l'air ou dans l'oxygène en excès, produisent un gaz qui n'entretient ni la respiration ni la combustion, et qui trouble l'eau de chaux : ce gaz a reçu le nom d'*anhydride carbonique* ; il est le résultat de la combinaison du carbone pur avec l'oxygène.

Diamant. — Le *diamant* est du carbone pur : il brûle dans l'oxygène, sans résidu, en se transformant totalement en acide carbonique. On le trouve dans les terrains d'alluvion récente. On soumet les sables diamantifères à des lavages méthodiques : le diamant se sépare en vertu de sa grande densité : 3,5.

Le diamant brut est un corps solide, transparent, généralement incolore, mais coloré souvent en jaune, en rose, en vert ; on en trouve quelquefois qui sont opaques et noirs : on les appelle diamants enfumés ou *carbones*. Il cristallise dans le système cubique, en octaèdres, en solides à 24 et à 48 faces, en dodécaèdres rhomboïdaux. Le diamant brut est opaque à la surface, garni de stries et peu régulier ; il faut alors le soumettre à la taille, qui a pour but de lui donner artificiellement un grand nombre de facettes et d'arêtes vives, au travers desquelles s'effectueront les jeux de lumière.

Le diamant est le plus dur de tous les corps connus : il les raye tous et n'est rayé par aucun d'eux ; aussi ne peut-on le tailler qu'avec sa propre poussière. Il s'écrase facilement sous le pilon. Il est très réfringent. Il est infusible. Il brûle dans l'oxygène plus difficilement que toute autre variété de carbone : il se transforme alors en anhydride carbonique, et 6 grammes de carbone pur se combinent avec 16 grammes d'oxygène.

Graphite. — Le *graphite* est un corps solide, grisâtre, doux au toucher, tachant les doigts et laissant sur le papier une trace d'un gris de plomb qui le fait appeler *mine de plomb*, ou *plombagine*. On le trouve en lamelles hexagonales, agglomérées en masses compactes dans les terrains primitifs, à Ceylan, en Sibérie. Il a pour densité 2,15 environ. Il renferme 98 p. 100 de carbone pur. Il est bon conducteur de la chaleur et de l'électricité. Il sert à fabriquer les crayons, à rendre conductrice la surface des moules de galvanoplastie, à préserver de la rouille les ustensiles en fonte et en tôle de fer, à faire des creusets résistant aux plus hautes températures de nos fourneaux, et à adoucir le frottement des engrenages.

Carbone amorphe. — On appelle *carbone amorphe*, le résidu charbonneux que l'on obtient toutes les fois que l'on calcine à l'abri de l'air une substance organique végétale ou animale.

Le noir de fumée, le charbon des cornues à gaz, le noir animal sont des variétés de carbone amorphe. Le *noir animal* obtenu par la calcination des os en vase clos sert à décolorer les jus sucrés, le vin, etc.; c'est aussi un désinfectant.

Les *houilles* sont des amas de végétaux fossiles de l'époque primaire ; la *tourbe* est un amas de végétaux aquatiques de l'époque actuelle ayant subi une transformation chimique par leur enfouissement dans le sol.

Le *coke* est le résidu de la distillation de la houille ; le *charbon de bois* est le résidu de la distillation du bois ou de sa calcination à l'abri de l'air.

Propriétés chimiques. — Le carbone est éminemment combustible : sa combustion dans l'oxygène dégage une grande quantité de chaleur ; aussi se produit-elle aisément.

Lorsque l'oxygène est en excès, il y a formation d'*anhydride carbonique*, gaz incolore, n'entretenant pas la combustion et troublant l'eau de chaux :

$$C + O^2 = CO^2 + 97 \text{ calories.}$$

Si, au contraire, le carbone est en excès, il se forme de l'*oxyde de carbone* ; la chaleur dégagée est moindre :

$$2C + O^2 = 2CO + 56 \text{ calories.}$$

Il se combine au soufre pour former le *sulfure de carbone* CS^2, analogue à CO^2 ; sous l'action de l'arc électrique, il se combine à l'hydrogène pour former l'*acétylène* C^2H^2.

Le charbon est un *réducteur* puissant ; il décompose l'eau, l'acide azotique et certains oxydes métalliques, en s'emparant de leur oxygène.

598. Anhydride carbonique. $CO^2 = 44 = 2$ vol. — *Préparation.* — On a recours aux carbonates, dont on chasse l'anhydride carbonique par un acide fixe. On choisit le carbonate de calcium, à l'état de marbre concassé ou de craie. On introduit ces fragments de marbre dans un appareil à hydrogène et l'on remplit d'eau ordinaire la moitié du flacon ; par le tube à entonnoir, on ajoute peu à peu de l'acide chlorhydrique. Une vive effervescence se produit ; l'anhydride carbonique est recueilli sur la cuve à eau :

$$CO^3Ca + 2HCl = CO^2 + CaCl^2 + H^2O.$$

Dans l'industrie des eaux gazeuses, on remplace le marbre par de la craie pulvérisée et l'acide chlorhydrique par l'acide sulfurique, en ayant soin d'agiter continuellement.

$$SO^4H^2 + CO^3Ca = SO^4Ca + CO^2 + H^2O.$$

Propriétés physiques. — L'*anhydride carbonique* est un gaz incolore, inodore, d'une saveur aigrelette, ayant pour densité 1,529. Il se liquéfie à 6° sous la pression de 36 atmosphères, à l'aide de la pompe de compression de M. Cailletet.

L'anhydride carbonique liquide est incolore, transparent, très mobile, de densité 0,93 ; on le conserve dans des tubes de verre fermés à la lampe, ou dans des cylindres en fer forgé semblables à celui de la figure. Le point critique de l'anhydride carbonique est + 32°.

L'évaporation rapide d'un gaz liquéfié peut en déterminer la solidification ; ainsi, si l'on ouvre le robinet du récipient renfermant l'anhydride carbonique liquéfié, un jet liquide s'échappe dans l'atmosphère et se vaporise instantanément en partie, en empruntant à lui-même la chaleur nécessaire à sa vaporisation ; la partie qui se vaporise refroidit suffisamment l'autre partie pour en opérer la solidification. On obtient alors une neige blanche, dont la température est de — 60° environ et qui ne se transforme que très lentement en gaz carbonique.

Faraday avait déjà employé le mélange de neige carbonique solide et d'éther pour obtenir une température très basse ; MM. Cailletet et Colardeau ont montré que l'éther dissout la neige carbonique et que le froid maximum est atteint lorsque l'éther est saturé. En entretenant la saturation de l'éther par de petites quantités de neige carbonique ajoutées peu à peu, on obtient une température constante de — 77°, tandis que la neige carbonique seule donne une température de — 60°. Dans le vide, la température s'est abaissée jusqu'à — 103°.

L'anhydride carbonique est soluble dans l'eau, qui en dissout son volume à 0° ; l'eau chargée de ce gaz dissout un grand nombre de carbonates insolubles dans l'eau pure, ainsi que l'orthophosphate tricalcique.

Propriétés chimiques. — Il n'entretient ni la combustion, ni la respiration. Il est réduit par le charbon au rouge et par l'hydrogène :

$$CO_2 + C = 2\,CO$$
$$CO_2 + H_2 = CO + H_2O.$$

Il se combine directement avec un grand nombre d'oxydes basiques, tels que la chaux, la baryte, la strontiane, l'oxyde de zinc ; seulement la réaction s'effectue à une température plus ou moins élevée, suivant la nature de l'oxyde ; la chaux vive l'absorbe à froid ; il se forme toujours le carbonate correspondant.

L'anhydride carbonique s'unit directement aux alcalis solides ou en solution ; on obtient le carbonate correspondant et de l'eau :

$$CO^2 + 2(KOH) = CO^3K^2 + H^2O.$$

Si l'anhydride est en excès, il y a formation de bicarbonate alcalin ; ce phénomène se produit avec de l'eau de chaux : l'anhydride carbonique trouble l'eau de chaux en excès ; mais si l'action de l'anhydride carbonique continue, le précipité disparaît, parce que le bicarbonate de calcium est soluble dans l'eau.

Fonction chimique. — A l'anhydride carbonique correspond *l'acide carbonique* CO^3H^2 qui n'a pu encore être obtenu ; cet acide serait bibasique : on connaît les carbonates CO^3K^2 et CO^3KH ; les métaux divalents donnent des carbonates de formule CO^3M.

Composition. — On peut la déterminer par la synthèse, comme pour l'anhydride sulfureux, en faisant brûler du charbon de sucre dans l'oxygène pur : on constate que l'anhydride carbonique formé a le même volume que l'oxygène employé.

On admet que l'anhydride carbonique est formé par la combinaison de 1 volume d'oxygène et 1 demi-volume de vapeur de carbone condensés en 1 volume.

Dumas et Stass ont fait la synthèse en poids de l'anhydride carbonique ; ils ont trouvé pour composition en poids :

Carbone	27,27
Oxygène	72,73
	100,00

Cette composition correspond à la formule $CO_2 = 2$ vol.

599. Carbonates usuels. — Les carbonates usuels sont les carbonates de potassium et de sodium, le carbonate de calcium, la céruse, la calamine, etc.

Les carbonates sont généralement insolubles dans l'eau ; ils font effervescence avec les acides ; on les prépare généralement par double décomposition en appliquant les lois de Berthollet.

600. Oxyde de carbone. $CO = 28 = 2$ vol. — *Préparation.* — On le prépare en décomposant l'*acide oxalique* $C_2H_2O_4$ par la chaleur en présence de l'acide sulfurique :

$$C_2H_2O_4 = CO + CO_2 + H_2O.$$

On absorbera l'anhydride carbonique à l'aide d'une dissolution de potasse et on recueillera l'oxyde de carbone sur la cuve à eau.

Propriétés. — L'*oxyde de carbone* est un gaz incolore, inodore, insipide, ayant pour densité 0,972. Il est très difficilement liquéfiable.

Il brûle à l'air ou dans l'oxygène, avec une flamme bleue, en se transformant en gaz carbonique, avec dégagement de chaleur :

$$2\,CO + O_2 = 2\,CO_2 + 138 \text{ calories.}$$

Il est très avide d'oxygène : c'est un réducteur très énergique. Nous en verrons l'emploi dans la métallurgie pour la réduction des oxydes métalliques.

Il exerce sur l'organisme une action toxique très énergique. Il occasionne de violents maux de tête, des nausées, du vertige, et enfin la mort; 2 à 3 p. 100 de ce gaz dans l'atmosphère la rendent mortelle. Il se combine avec les globules du sang, et la combinaison formée est très difficile à détruire : le contre-poison est l'arrivée de l'air ou de l'oxygène dans les poumons.

601. Air confiné. — Lorsque plusieurs personnes sont

réunies dans une salle éclairée et chauffée, dont la ventilation est insuffisante, on éprouve bientôt des maux de tête et tous les symptômes de l'empoisonnement par l'oxyde de carbone.

En effet, d'abord il s'accumule de l'anhydride carbonique provenant de la respiration et des miasmes produits par la transpiration ; puis les appareils de chauffage actuels forment une assez grande quantité d'oxyde de carbone, par suite de leur tirage insuffisant : il faut alors ouvrir les portes et les fenêtres pour combattre les effets de l'oxyde de carbone. On devra déterminer dans les appartements une aération suffisante, ne jamais fermer les clefs des poêles allumés et empêcher l'atmosphère de devenir trop sèche, en plaçant sur les poêles une terrine pleine d'eau. Les poêles en fonte produisent de l'oxyde de carbone dans l'air qui touche leurs parois ; les poêles en faïence sont préférables, et on devra envelopper de poteries les tuyaux de chauffage. Quant aux poêles modernes, système Choubersky ou autres, ils chauffent fort bien, mais ils devraient être exclus des appartements à cause de l'oxyde de carbone qu'ils versent dans l'atmosphère.

CARBURES D'HYDROGÈNE

602. Carbures d'hydrogène. — On appelle *carbures d'hydrogène*, des corps composés formés de carbone et d'hydrogène. Les uns sont naturels, comme le caoutchouc, l'essence de térébenthine, le gaz des marais ; les autres sont artificiels, comme la benzine, la naphtaline, l'acétylène, l'éthylène, etc.

Les carbures d'hydrogène principaux sont :

$$
\begin{aligned}
&\text{L'acétylène.} &&C^2H^2 \\
&\text{Le méthane} &&CH^4 \\
&\text{L'éthylène} &&C^2H^4
\end{aligned}
$$

603. Acétylène. C H. — *Préparation.* L'*acétylène* prend naissance dans une foule de circonstances, notamment par l'action de la chaleur ou de l'électricité sur les matières organiques, ou par la combustion incomplète de presque tous les composés organiques ; on le prépare aujourd'hui très facilement en décomposant par l'eau le carbure de calcium C^2Ca.

M. Berthelot l'obtient en combinant directement le carbone et l'hydrogène sous l'action de l'arc électrique.

Propriétés. — L'acétylène est un gaz incolore d'une odeur fétide, ayant pour densité 0,92, se liquéfiant à 0° sous la pression de 48 atmosphères.

Sous l'action de la chaleur, l'acétylène se condense et se transforme en *benzine* :

$$3\,C^2H^2 = C^6H^6.$$

L'acétylène brûle avec une flamme éclairante, un peu fuligineuse ; les produits de la combustion sont l'anhydride carbonique et l'eau :

$$2\,C^2H^2 + 5\,O^2 = 4\,CO^2 + 2\,H^2O.$$

Le chlore peut s'unir à l'acétylène par addition, sous l'action de la lumière diffuse ; on obtient l'un des deux composés :

$$C^2H^2Cl^2 \qquad \text{ou} \qquad C^2H^2Cl^4.$$

Il forme avec la solution de sous-chlorure de cuivre ammoniacal un précipité rouge caractéristique, appelé *acétylure de cuivre*. L'acétylure de cuivre bouilli avec de l'acide chlorhydrique régénère l'acétylène.

604. Méthane. $CH^4 = 2$ vol. — *Préparation.* — On peut l'extraire de la vase des marais, en agitant celle-ci avec un bâton.

On le prépare dans les laboratoires en chauffant dans une petite cornue en grès un mélange de 30 grammes d'acétate de sodium et de 120 grammes de chaux sodée.

$$C^2H^3O^2Na + NaOH = CO^3Na^2 + CH^4.$$

Le carbonate de sodium, indécomposable par la chaleur,

reste dans la cornue ; le *formène* dégagé est recueilli sur la cuve à eau.

Propriétés. — Le *méthane*, ou *formène*, est un gaz incolore, inodore, neutre, de densité 0,559, très peu soluble dans l'eau et très difficilement liquéfiable.

Il est très combustible ; il brûle avec une flamme peu éclairante.

$$CH^4 + 4O^2 = 2CO^2 + 2H^2O + 194,9 \text{ calories.}$$

La combustion est accompagnée d'une violente explosion.

Mélangé à l'air, il forme un mélange détonant, doué d'un pouvoir brisant considérable, qui fait explosion quand on en approche un corps enflammé : de là les dangereuses explosions de feu grisou dans les mines de houille, et les explosions du mélange de gaz d'éclairage et d'air atmosphérique.

Le chlore peut se substituer à l'hydrogène du formène, atome à atome : il se forme des produits de substitution, dont le plus important est le chloroforme $CH Cl^3$.

État naturel. — Le formène, ou méthane, ou protocarbure d'hydrogène, découvert par Volta, en 1778, se rencontre dans la nature dans des conditions fort diverses :

1.° Il se dégage en abondance du sein de la terre pendant les éruptions volcaniques ;

2° Il s'échappe souvent des sources de pétrole et constitue les gaz inflammables que l'on rencontre en Dauphiné, en Chine, en Pensylvanie, etc. ;

3° Il se développe spontanément aux dépens de certaines espèces de houilles : il constitue ce que l'on appelle le *grisou*, qui, mélangé à l'air, détone lorsqu'on l'enflamme et produit des accidents très graves ;

4° Il se développe par la décomposition spontanée des végétaux enfouis sous l'eau dans la vase de nos marais : de là le nom de *gaz des marais* qui lui est donné communément ;

5° Il prend naissance dans le corps des animaux vivants : par exemple, il fait partie des gaz intestinaux.

605. Éthylène. $C^2H^4 = 2$ vol. — *Préparation.* — On le prépare en déshydratant l'alcool ordinaire à l'aide de l'acide sulfurique, à une température supérieure à 140° :

$$C^2H^6O = C^2H^4 + H^2O.$$

L'opération se fait dans un ballon muni d'un tube abducteur communiquant avec une série de flacons laveurs, dont le premier renferme une dissolution de potasse, et le second de l'acide sulfurique concentré. On introduit dans le ballon un mélange de 100 cent. cubes d'alcool et de 200 cent. cubes d'acide sulfurique, auquel on ajoute du sable pour empêcher la masse de se boursoufler. On chauffe avec précaution vers 160°. Il se dégage de l'éthylène, de la vapeur d'éther, du gaz sulfureux, du gaz carbonique, etc. Le gaz se purifie dans les flacons laveurs et vient se rendre dans les éprouvettes reposant sur la cuve à eau ou à mercure.

Propriétés. — L'*éthylène* ou *gaz oléfiant* est un gaz incolore, doué d'une odeur de marée, ayant pour densité 0,97, très peu soluble dans l'eau, mais très soluble dans l'alcool et dans l'éther.

Un mélange d'éthylène et d'oxygène détone, si on en approche un corps enflammé, si on y fait passer une étincelle, la combinaison est déterminée, et elle a lieu avec formation d'anhydride carbonique et d'eau :

$$C^2H^4 + 3O^2 = 2H^2O + 2CO^2 + 295 \text{ calories.}$$

La température est très élevée et la combustion est accompagnée d'une violente explosion qui, le plus souvent, fait voler en éclats le vase qui contient le mélange détonant.

Si, au lieu de mélanger les deux gaz, on se borne à présenter un corps enflammé à l'orifice d'une éprouvette pleine d'éthylène, le gaz prend feu et brûle avec une belle flamme éclairante ; une partie du charbon se dépose sur les parois de l'éprouvette, s'y refroidit et, dès lors, ne pouvant plus brûler, reste contre le verre sous la forme d'un dépôt noir.

Le chlore peut s'ajouter à l'éthylène volume à volume, sous l'action de la lumière ; il se forme l'*huile des Hollandais* $C^2H^4Cl^2$; si on met le feu à un mélange de 2 volumes d'éthylène et de 4 volumes de chlore, la combustion s'effectue avec une flamme brillante et il se dépose du noir de fumée.

$$C^2H^4 + 2Cl^2 = 4HCl + 2C.$$

Le brome dissout l'éthylène en formant $C^2H^4Br^2$.

606. Pétroles. — Les *pétroles* sont des carbures d'hydrogène analogues au formène ; ils sont constitués par des carbures d'hydrogène dont le point d'ébullition varie depuis 35° jusqu'à 500°, mélangés en proportions variables. Le pétrole pur est un liquide ayant pour densité 0,8, semblable à une huile odorante et volatile. Il est très inflammable ; quand on en approche un corps enflammé, il prend feu à distance par le moyen de sa vapeur ; il brûle avec une flamme bleuâtre, en produisant une fumée épaisse.

Les pétroles se divisent en *essences légères de pétrole, huiles lampantes* et *huiles lourdes de pétrole.*

Le pétrole brut distillé fournit un certain nombre de produits commerciaux :

1° Les *huiles légères de pétrole,* bouillant entre 35° et 70°, sont des corps très inflammables et très dangereux à manier ;

2° L'*essence de pétrole,* bouillant entre 70° et 120°, et émettant des vapeurs à la température ordinaire, ne doit être employée qu'avec précaution en utilisant les lampes à éponge pour sa combustion ;

3° L'*huile de pétrole rectifiée* ou *huile lampante,* bouillant entre 150° et 280°, n'émet pas de vapeur à la température ordinaire, et on peut y plonger sans danger une allumette enflammée. Pour la faire servir à l'éclairage, on la purifie par un traitement à l'acide sulfurique et à la soude ;

4° Les *huiles lourdes de pétrole* contiennent des carbures d'hydrogène dont le point d'ébullition est compris entre 300°

et 400°; elles ne sont plus propres à l'éclairage; on les emploie pour le chauffage ou pour graisser les machines;

5° Lorsqu'on ne pousse pas la distillation du pétrole jusqu'au bout, et qu'on abandonne le résidu de la distillation à l'évaporation lente à l'air libre, on obtient une substance onctueuse, inodore, qui, décolorée par le noir animal, forme une matière butyreuse, appelée la *vaseline*, employée aujourd'hui en pharmacie pour la préparation des pommades.

607. Benzine. C^6H^6. — La benzine s'extrait du goudron de houille par distillation vers 100°; le liquide obtenu est soumis à une série de congélations successives pour séparer la benzine des autres produits de la distillation. La benzine est un liquide incolore, très mobile, d'une odeur éthérée, se solidifiant dans la glace fondante et bouillant à 81°. Elle brûle avec une flamme fuligineuse.

Elle dissout un grand nombre de corps tels que le soufre, l'iode, les matières grasses, etc.

Traitée par l'acide azotique fumant, la benzine se transforme en *nitrobenzine* $C^6H^5AzO^2$; la nitrobenzine, traitée par la limaille de fer et l'acide acétique, donne l'*aniline* C^6H^7Az.

L'aniline est à son tour traitée par divers réactifs pour donner les magnifiques couleurs appelées *couleurs d'aniline*.

608. Gaz d'éclairage. — La distillation de la houille en vase clos produit le coke, des matières liquides et des gaz. Ces derniers constituent le gaz d'éclairage, qui se compose d'oxyde de carbone, d'hydrogène, de formène et d'éthylène. Il existe, en outre, dans ce mélange, des vapeurs d'hydrocarbures en général plus riches en carbone et qui représentent la majeure partie du pouvoir éclairant du gaz. Il résulte de là que pour que la distillation soit bien conduite, il faut que la température soit suffisante pour enlever à la houille tous ses produits volatils et insuffisante pour décomposer ses hydrocarbures.

A la sortie des cornues de distillation, le gaz est soumis à une épuration physique qui consiste à le laver pour le débarrasser des goudrons et des composés ammoniacaux. Il contient encore des produits nuisibles tels que de l'anhydride carbonique, de l'azote, de l'acide sulfhydrique. Les procédés d'épuration varient d'une usine à l'autre. Généralement on fait passer le gaz sur un mélange de fer et de sels de chaux obtenu en décomposant du sulfate de fer par la chaux. Ce mélange transforme l'acide sulfhydrique en sulfure de fer, l'anhydride carbonique en carbonate de calcium. Le gaz est ensuite recueilli dans de grands gazomètres pour être, de là, distribué dans la canalisation.

609. Flamme. — On appelle *flamme* toute matière gazeuse portée à l'incandescence : la température des flammes est toujours très élevée et supérieure au rouge blanc ; pour le montrer, il suffit de placer un fil de platine à une petite distance de la flamme d'une lampe à alcool : il rougit aussitôt.

Les gaz donnent des flammes peu brillantes, malgré leur température élevée : ainsi l'hydrogène brûle avec une flamme peu éclairante. L'éclat d'une flamme augmente quand on y introduit un corps solide fixe, qui se trouve alors porté au rouge : c'est ce qui arrive pour la flamme du phosphore, qui doit son éclat à l'anhydride phosphorique incandescent. Les carbures d'hydrogène brûlent avec une flamme très éclairante, grâce au carbone solide incandescent contenu dans la flamme et qui provient de la décomposition partielle des carbures par la chaleur. S'il y a trop de charbon, la flamme devient *fuligineuse* et donne un abondant dépôt de noir de fumée. Si l'on augmente la proportion d'oxygène ou d'air, la flamme devient pâle, parce que la combustion du carbone est complète et que la flamme ne renferme plus de matière solide. Bunsen a construit un bec dans lequel tout le carbone du gaz d'éclairage est brûlé par l'oxygène de l'air : on obtient ainsi une source de chaleur très intense.

Pour éteindre une flamme, il suffit d'en abaisser la température au-dessous du point d'inflammation du gaz combustible qui la constitue ; c'est ce que l'on fait en soufflant vivement sur la flamme d'une bougie. L'introduction d'une toile métallique dans une flamme suffit pour la refroidir, par suite de la conductibilité des métaux pour la chaleur.

610. Feu grisou. Lampe de Davy. — Le *formène* se dégage spontanément dans les houillères et s'accumule dans les parties supérieures des galeries où, mélangé à l'air, il forme un mélange explosif, détonant avec une violence extrême, lorsqu'un mineur pénètre dans la galerie avec une lampe allumée. Le grisou, en faisant explosion, projette les malheureux ouvriers mineurs contre les parois des galeries ou les ensévelit sous les quartiers de rochers détachés de la mine par la violence de l'explosion. Davy eut alors l'idée de substituer aux tubes de verre qui forment la cheminée de la lampe des mineurs un cylindre en toile métallique ne présentant aucune solution de continuité ; il construisit ainsi la lampe de sûreté connue sous le nom de *lampe de Davy*.

L'explosion se produit dans l'intérieur de la toile métallique ; mais elle ne peut pas se propager au dehors, eu égard à ce fait que la toile métallique refroidit au-dessous du rouge la flamme qui s'est produite dans l'intérieur de la cheminée ; en outre, la lampe s'éteint faute d'oxygène.

611. Sulfure de carbone et sulfocarbonates. — Quand on fait passer un courant de vapeur de soufre sur du charbon chauffé au rouge, on obtient un corps appelé le *sulfure de carbone* et ayant pour formule CS^2. Le sulfure de carbone est liquide à la température ordinaire ; il répand généralement une odeur infecte de choux pourris, due aux impuretés qu'il renferme. Il est très réfringent. Il bout à $+ 45°$ et il se solidifie à $- 116°$.

Il est insoluble dans l'eau ; il dissout le phosphore, l'iode, le brôme, le soufre, les corps gras, le caoutchouc, etc. Il est vénéneux.

Il brûle avec une flamme bleue, en produisant de l'anhydride sulfureux et de l'anhydride carbonique.

On le prépare en faisant passer de la vapeur de soufre sur du charbon porté au rouge. Au sulfure de carbone correspond l'*acide sulfocarbonique* CS^3H^2 et les sulfocarbonates, analogues aux carbonates; le sulfocarbonate de potassium CS^3K^2 est employé, concurremment avec CS^2, pour combattre le phylloxéra.

612. Cyanogène. $C Az = Cy = 26$. — On appelle ainsi un corps composé, ayant la propriété de jouer le même rôle chimique qu'un corps simple, analogue au chlore, au brome et à l'iode, comme l'a montré Gay-Lussac ; c'est un radical composé métalloïde, comme l'ammonium est un radical composé métallique. Aussi le désigne-t-on par le symbole Cy. Il forme avec les métaux des cyanures métalliques, analogues aux chlorures correspondants : les plus importants sont le *cyanure de potassium*, le *cyanure d'argent* et le *cyanure de mercure*.

Préparation. — On prépare le *cyanogène* en décomposant par la chaleur dans une cornue lutée quelques grammes de cyanure de mercure $Hg Cy^2$: il se dégage des vapeurs de mercure qui se condensent dans le col de la cornue et du cyanogène gazeux, que l'on recueille sur la cuve à mercure.

$$Hg Cy^2 = Hg + Cy^2.$$

Propriétés. — C'est un gaz incolore, d'une odeur particulière très pénétrante, de densité 1,8, se liquéfiant à $-20°$, sous la pression atmosphérique, en un liquide incolore, mobile, de densité 0,8 ; il se congèle à $-34°$. L'eau en dissout 4 fois son volume et l'alcool 25 fois le sien. Sous l'action de la chaleur, il se transforme, en se condensant, en une variété allotropique, solide, appelée le *paracyanogène*, que l'on obtient en chauffant le cyanogène en vase clos, à la température de 440°.

Le *cyanogène* se décompose facilement par la chaleur ou par l'étincelle électrique en ses deux éléments : il fournit alors son propre volume d'azote et du carbone très divisé. Il est très détonant.

Il brûle à l'air ou dans l'oxygène avec une flamme pourpre bordée de vert, en donnant de l'azote et de l'acide carbonique.

Il s'unit à l'hydrogène, volume à volume, à 500°, en fournissant l'*acide cyanhydrique*, HCy, analogue à l'acide chlorhydrique :

$$H^2 + Cy^2 = 2HCy.$$

Parmi les dérivés du cyanogène, il faut citer l'*acide fulminique*, $Cy^2(OH)^2$; le fulminate de mercure, Cy^2O^2Hg, est un corps très explosif employé pour la fabrication des amorces de guerre.

613. Acide cyanhydrique. $HCy = 2$ vol. — L'*acide cyanhydrique* est un liquide incolore, d'une odeur caractéristique d'amandes amères, bouillant à 26° et très soluble dans l'eau.

C'est le poison le plus violent que l'on connaisse : une goutte placée sur la langue d'un chien le foudroie instantanément ; ses vapeurs respirées occasionnent des étourdissements et amènent promptement la mort. Son contre-poison est l'ammoniaque ou le chlore.

On l'obtient pur en distillant dans une petite cornue de verre 30 grammes de cyanure de mercure bien sec et 15 grammes d'acide chlorhydrique en solution concentrée :

$$HgCy^2 + 2HCl = 2HCy + HgCl^2.$$

On le trouve tout formé dans les noyaux de cerises, l'essence d'amandes amères, la feuille de laurier-cerise, les fleurs du pêcher, etc. Le kirsch, l'eau de noyau, lui doivent leur saveur et leur parfum.

MÉTAUX EN GÉNÉRAL

614. *Propriétés.* — Les *métaux* sont des corps simples, d'un éclat particulier, dit *métallique,* bons conducteurs de la chaleur et de l'électricité. En se combinant avec l'oxygène, ils forment des composés binaires, appelés *oxydes métalliques*; l'hydrate d'un de ces oxydes, au moins, est une *base,* capable de réagir sur un acide pour former un *sel.* Les métaux se trouvent dans le sein de la terre, à des profondeurs plus ou moins considérables. Certains d'entre eux, comme l'or, le platine, sont à l'état natif; d'autres sont à l'état d'oxydes, de sulfures, de chlorures ou de sels.

Ils sont généralement solides à la température ordinaire, à l'exception du mercure qui est liquide et de l'hydrogène qui est gazeux. Ils sont plus ou moins fusibles, ductiles, malléables, tenaces et on doit tenir compte de leurs propriétés physiques pour les applications industrielles.

615. *Classification.* — On ne peut donner des métaux qu'une classification artificielle; on employait autrefois la classification de Thénard, légèrement modifiée; elle était fondée sur les modifications qu'éprouvent les métaux au contact de l'air, de l'eau, des acides, ainsi que sur l'action de la chaleur sur leurs oxydes; elle repose donc sur des caractères essentiellement pratiques.

On mettait d'abord l'*hydrogène* à part: puis on adoptait la classification suivante :

1re classe. — *Métaux communs.* — Ils s'oxydent à une température plus ou moins élevée; leurs oxydes ne sont pas complètement réductibles par la chaleur :

1re Section.	Potassium . . . . . K Sodium . . . . . Na Baryum . . . . . Ba Calcium . . . . . Ca	*Métaux dits alcalins, qui décomposent l'eau à la température ordinaire.*
2e Section .	Magnésium . . . Mg Manganèse. . . . Mn	*Décomposent l'eau vers 100°.*

3ᵉ Section .	Fer	Fe	*Décomposent l'eau au rouge ; sont attaqués à froid par les acides énergiques.*
	Nickel	Ni	
	Cobalt	Co	
	Chrome	Cr	
	Zinc	Zn	
	Cadmium	Cd	
4ᵉ Section .	Étain	Sn	*Décomposent l'eau au-dessus du rouge, sont attaqués par les dissolutions alcalines en dégageant de l'hydrogène.*
	Antimoine	Sb	
5ᵉ Section .	Cuivre	Cu	*Décomposent faiblement l'eau à une température très élevée.*
	Plomb	Pb	
	Bismuth	Bi	

2ᵉ classe. — *Métaux intermédiaires.* — Les métaux de cette classe ne s'oxydent pas à l'air, même à une température très élevée ; leurs oxydes sont irréductibles par la chaleur, ainsi que par l'hydrogène et par le charbon.

6ᵉ Section .	Aluminium	Al
	Glucinium	Gl

3ᵉ classe. — *Métaux précieux.* — Leurs oxydes sont facilement réductibles par la chaleur en métal et en oxygène.

7ᵉ Section .	Mercure	Hg	*S'oxydent à une température peu élevée.*
	Palladium	Pd	
	Iridium	Ir	
8ᵉ Section .	Argent	Ag	*Inaltérables à toutes les températures.*
	Or	Au	
	Platine	Pt	

Aujourd'hui, on classe les métaux d'après leur *valence* (§ 534).

616. Alliages. — Dans les arts, on n'emploie que très rarement les métaux purs, car aucun d'eux ne peut posséder toutes les qualités requises pour un usage industriel déterminé ; ainsi l'or et l'argent sont trop mous : la monnaie d'or ou d'argent pur s'userait trop vite ; on lui donne de la dureté en alliant du cuivre au métal précieux. Aucun métal isolé ne posséderait les conditions de *fusibilité*, de *ténacité* et de *malléabilité* requises pour la fabrication des caractères d'imprimerie : l'alliage de 80 parties de plomb et de 20 parties d'antimoine est assez fusible pour que l'on puisse couler facilement les caractères, et il est doué d'une ténacité telle qu'il ne s'écrase pas sous l'action de la presse, sans pourtant couper le papier.

Les métaux s'emploient alors exclusivement à l'état d'alliages, formés par l'union des métaux entre eux.

Propriétés. — Les alliages sont toujours plus durs, plus cassants, moins ductiles et moins tenaces que le plus ductile et le plus tenace des métaux constitutifs.

Leur fusibilité est plus grande que celle du métal le moins fusible ; elle peut même être plus grande que celle du métal le plus fusible : l'alliage de Darcet, par exemple, fond vers 100°.

Le mercure, l'étain et le bismuth donnent de la fusibilité à l'alliage ; le plomb et l'étain donnent de la dureté ; l'antimoine rend l'alliage cassant. Les alliages dans lesquels entre le mercure s'appellent *amalgames*.

Si l'on chauffe l'alliage solide dans le voisinage de son point de fusion, l'alliage le plus fusible fond le premier et se sépare du reste de la masse solide ; puis, un second alliage fond à son tour, et ainsi de suite, jusqu'à ce que tout l'alliage primitif soit fondu : ce phénomène a reçu le nom de *liquation*. On l'observe avec les alliages fusibles que l'on plaçait autrefois sur les chaudières des machines à vapeur pour prévenir les accidents résultant de leur explosion.

Le phénomène de la liquation démontre l'existence de combinaisons définies formées par les métaux, en s'alliant les uns aux autres.

617. Action de l'oxygène et de l'air sur les métaux. — *L'oxygène sec* agit sur tous les métaux, à une température plus ou moins élevée, à l'exception de l'argent, de l'or, du platine, de l'aluminium et de l'iridium ; le potassium seul s'oxyde à la température ordinaire dans l'oxygène sec ou dans l'air sec. Le fer est inaltérable dans l'oxygène sec, mais il se transforme à l'air humide en sesquioxyde de fer hydraté, appelé vulgairement *rouille :* cette oxydation est due à la présence de la vapeur d'eau et de l'anhydride carbonique de l'air. Dès que l'oxydation a commencé en un point, elle gagne rapidement toute la masse du fer, qui se transforme complètement en rouille ; il peut même se former un peu d'ammoniaque aux dépens de l'azote de l'air.

Avec le zinc, il y a formation, à l'air, d'hydrocarbonate de zinc ; mais l'action chimique est limitée à la surface du métal. On utilise cette propriété du zinc pour préserver le fer de l'oxydation : on recouvre le fer d'une couche extérieure de zinc, et l'on obtient ainsi le *fer galvanisé.* On pourrait aussi recouvrir la surface du fer avec une couche de vernis, de peinture à l'huile ou de peinture au minium, qui préserve le métal sous-jacent du contact de l'air.

Le cuivre se recouvre à l'air d'une couche de *vert-de-gris,* ou hydrocarbonate de cuivre ; ce vert-de-gris constitue la *patine* des bronzes d'art.

618. Sulfures métalliques. — Tous les métaux se combinent avec le soufre à une température plus ou moins élevée, à l'exception de l'*aluminium,* de l'*or* et du *platine :* il se forme le *sulfure métallique* correspondant.

Les sulfures métalliques sont presque tous insolubles dans l'eau, excepté les sulfures alcalins ; ils sont colorés. On utilise leur coloration soit pour la peinture, soit dans l'analyse chimique pour distinguer les sels métalliques les uns des autres.

Il existe la plus grande analogie entre les sulfures et les oxydes : cela résulte de l'analogie qui existe entre le soufre et l'oxygène.

On les prépare, soit en combinant directement le soufre et

le métal sous l'action de la chaleur, soit en chauffant l'oxyde métallique avec de la fleur de soufre et de l'eau, soit en faisant passer un courant d'hydrogène sulfuré dans une solution saline du métal, soit enfin en traitant par une solution de sulfure alcalin une solution saline du métal.

On trouve dans la nature un grand nombre de sulfures cristallisés, tels que la pyrite martiale, FeS^2; la galène, PbS; la blende, ZnS, etc.

619. Chlorures métalliques. — Tous les métaux sont attaqués par le chlore à une température plus ou moins élevée, ou par le *chlore naissant*. On obtient le *chlorure* correspondant au métal.

La plupart des chlorures métalliques sont solides, fusibles, volatils : certains d'entre eux sont liquides, comme le bichlorure d'étain et le perchlorure d'antimoine. La chaleur en décompose un certain nombre. Le chlorure d'argent est décomposé par la lumière ; le courant électrique les décompose en chlore et en métal.

Les chlorures sont généralement solubles dans l'eau, à l'exception du chlorure d'argent, du sous-chlorure de mercure et du chlorure de plomb : l'eau en décompose quelques-uns, comme le chlorure d'antimoine et le chlorure de bismuth.

L'oxygène est à peu près sans action sur les chlorures ; l'hydrogène en réduit un petit nombre ; l'ammoniaque est absorbée par presque tous les chlorures métalliques, surtout par le chlorure d'argent et le chlorure de calcium.

On les prépare : 1° En faisant agir le chlore sur le métal.

2° Par l'action combinée du chlore et du charbon sur l'oxyde métallique, comme pour la fabrication du chlorure d'aluminium, Al^2Cl^6.

3° En faisant réagir l'acide chlorhydrique sur le métal, soit à l'état gazeux, soit en dissolution, comme dans la préparation du chlorure ferreux, $FeCl^2$, du chlorure stanneux, $SnCl^2$, du chlorure de zinc, $ZnCl^2$, etc.

4.° Par l'action de *l'eau régale* sur le métal, comme pour les chlorures d'or et de platine.

5° En faisant réagir l'acide chlorhydrique sur l'oxyde, le carbonate ou le sulfure métallique, comme pour les chlorures de baryum et d'antimoine.

On trouve dans la nature le chlorure de sodium, Na Cl, à l'état de sel marin ou de sel gemme, des chlorures de potassium et de magnésium dans l'eau de mer, du chlorure d'argent dans le sol.

POTASSE, SOUDE, CHAUX

620. Hydrates métalliques. — On appelle ainsi le résultat de la combinaison de certains oxydes avec l'eau ou le résultat de la décomposition de l'eau par les métaux alcalins.

Le potassium et le sodium décomposent l'eau à la température ordinaire, en se substituant à l'hydrogène.

$$K^2 + 2H^2O = 2KOH + H^2 + 95,6 \text{ calories.}$$

La chaleur dégagée est suffisante pour enflammer l'hydrogène, qui brûle avec une flamme pourpre, provenant de la vapeur de potassium contenue dans la flamme, en sillonnant l'eau en tous sens.

Avec le sodium, la réaction est énergique ; la chaleur dégagée n'est pas suffisante pour enflammer l'hydrogène, si l'on opère sur une masse d'eau un peu considérable :

$$Na^2 + 2H^2O = 2NaOH + H^2 + 86,2 \text{ calories.}$$

On obtient aussi les *hydrates* de potassium et de sodium, auxquels on a donné le nom *d'alcalis*, qui se dissolvent dans l'eau et ramènent alors au bleu la teinture de tournesol rougie par un acide.

Ces hydrates portent les noms vulgaires de *potasse* K OH et de *soude* Na OH.

621. Potasse : KOH. — Soude : NaOH. — Ces alcalis sont

des corps solides blancs, en plaques opaques non cristallisées, fondant au rouge, indécomposables par la chaleur, très solubles dans l'eau, avec laquelle ils se combinent en dégageant de la chaleur pour former des hydrates définis. La potasse abandonnée à l'air en absorbe l'anhydride carbonique ; elle se transforme en carbonate de potassium déliquescent ; la soude se transforme en carbonate de sodium efflorescent. Elles forment avec les acides des sels, dits *alcalins,* avec élimination d'eau :

$$KOH + AzO^3H = AzO^3K + H^2O.$$

Préparation de la potasse et de la soude. — Leur préparation est une application des lois de Berthollet que nous étudierons plus tard :

$$CO^3K^2 + Ca(OH)^2 = 2(KOH) + CO^3Ca.$$

Nous décrirons seulement le procédé de préparation de la potasse, qui est applicable à la soude.

On introduit dans une bassine de fonte sept à huit litres d'eau, dans laquelle on fait dissoudre 2 kilogr. de carbonate de potassium : on fait bouillir et on ajoute, par petites portions, 1 kilogr. de chaux délayée dans de l'eau et formant un *lait de chaux,* en ayant soin d'ajouter de temps en temps un peu d'eau pour remplacer l'eau évaporée ; sans cette précaution, l'alcali concentré produirait la réaction inverse et régénérerait le carbonate de potassium.

L'opération est terminée lorsque en prenant un peu de liqueur et en la filtrant on obtient un liquide clair qui ne précipite plus par l'eau de chaux. On enlève la bassine du feu ; on laisse reposer la masse ; on décante la liqueur dans une bassine d'argent, et on chauffe rapidement pour évaporer l'excès d'eau. Lorsque le contenu de la bassine d'argent n'émet plus de vapeur et reste en fusion tranquille, on le coule sur une plaque de cuivre ; la masse se solidifie : on la brise et on enferme les fragments de potasse dans des flacons bien bouchés. On obtient ainsi la *potasse caustique à la chaux*, ou potasse impure. Pour obtenir la potasse pure, on dissout la potasse impure dans l'alcool qui ne dissout pas les sels étrangers ; on décante et on distille dans une cornue de verre, puis dans une bassine d'argent ; on obtient comme résidu la potasse pure ou *potasse à l'alcool*.

622. Chaux. $CaO = 56$. — La chaux vive est l'oxyde d'un métal appelé *calcium*, analogue au potassium et au sodium ; pour la préparer, on calcine au rouge la *craie*, ou *calcaire*, ou *pierre à chaux*, qui est du *carbonate de calcium* ; l'anhydride carbonique se dégage et on obtient une masse blanche, amorphe, terreuse qui est la chaux vive :

$$2\,CaO, C^2 O^4 = 2\,CO^2 + 2\,CaO.$$

La chaux est infusible et fixe à toute température ; si on projette de l'eau sur des morceaux de chaux vive, la chaux s'échauffe, craque, se brise et se gonfle en dégageant de la vapeur d'eau ; on obtient alors la *chaux éteinte*, CaO, HO, qui est une véritable combinaison de chaux et d'eau.

$$CaO + HO = CaO, HO + 7,55 \text{ calories.}$$

On appelle *lait de chaux* la bouillie obtenue en délayant la chaux éteinte dans l'eau ; on appelle *eau de chaux* la dissolution de 1 gramme de chaux dans 800 grammes d'eau à 15°. La solubilité de la chaux dans l'eau est très faible et décroît quand la température s'élève.

La chaux, exposée à l'air, en absorbe l'anhydride carbonique et la vapeur d'eau : elle se *délite* et tombe en poussière.

Usages. — La chaux sert surtout à préparer le chlorure de chaux et les mortiers.

623. Chaux diverses. — Les chaux se divisent en *chaux aériennes, chaux hydrauliques* et *ciments*. Les **chaux aériennes** ne renferment que très peu d'argile ; elles forment avec l'eau une pâte plus ou moins liante ; elles peuvent être *grasses* ou *maigres*. Les *chaux grasses*, ou chaux presque pures, foisonnent avec l'eau, en dégageant beaucoup de chaleur et en doublant de volume ; elles forment avec l'eau une pâte liante et grasse.

Les *chaux maigres* renferment un peu d'argile, d'oxyde de fer et de magnésie ; elles sont grises, rudes au toucher, ne foisonnent pas avec l'eau, avec laquelle elles forment une pâte courte et peu liante, sans changer sensiblement de volume.

Les chaux aériennes, mélangées à du sable, constituent les *mortiers aériens*, employés dans les constructions ordinaires.

Les **chaux hydrauliques** renferment une proportion d'argile, qui varie de 18 à 35 p. 100 : elles ne se délitent pas dans l'eau, avec laquelle elles se combinent en durcissant. Elles *font prise* avec l'eau en un temps très court. On les divise en *chaux moyennement hydrauliques, chaux hydrauliques ordinaires* et *chaux éminemment hydrauliques.*

Les *chaux moyennement hydrauliques* contiennent 18 p. 100 d'argile : elles font prise après quinze jours d'immersion ; leur consistance est celle du savon sec.

Les *chaux hydrauliques ordinaires* renferment 25 p. 100 d'argile : elles font prise après six ou huit jours d'immersion ; leur dureté est celle de la pierre tendre.

Les *chaux éminemment hydrauliques* renferment de 30 à 35 p. 100 d'argile ; elles font prise en deux ou trois jours et acquièrent la dureté de la pierre dure.

Les *ciments* contiennent de 35 à 70 p. 100 d'argile. Ils font prise immédiatement avec l'eau et deviennent très durs ; ils peuvent être employés pour les constructions hydrauliques et les constructions aériennes ; les principaux ciments sont le ciment romain, le ciment de Portland et le ciment Vicat.

624. Mortiers. — Les *mortiers aériens* se font avec de la chaux grasse, que l'on éteint et à laquelle on incorpore du sable : on obtient ainsi une pâte qui sert à joindre les pierres d'un édifice ; avec le temps, le mortier perd son eau, la chaux absorbe l'anhydride carbonique de l'air et se transforme en carbonate de calcium, qui cristallise, empâte les grains du sable et forme une masse adhérente à elle-même et aux pierres.

Les *mortiers hydrauliques* s'obtiennent en mélangeant de la chaux hydraulique et du sable ou de la chaux grasse et des matières argileuses cuites, comme des débris de poteries, de tuiles, de briques, de *pouzzolanes*. Les mortiers hydrauliques durcissent, parce que la silice de l'argile tend à former du silicate de calcium et que l'alumine de l'argile formera de l'aluminate de calcium : ces deux composés sont insolubles dans l'eau et deviennent très durs.

On appelle *béton* un aggloméré de chaux hydraulique et de petites pierres anguleuses; il est employé pour poser les piles des ponts et construire les digues.

MÉTALLURGIE DU FER

625. Minerais de fer. — Les *minerais* de fer sont des oxydes, des carbonates et des sulfures de fer.

Les minerais sulfurés donnent du fer de mauvaise qualité et ne sont pas employés communément. Les meilleurs minerais de fer sont : le fer oligiste ($Fe^2 O^3$), l'*hématite* rouge, l'hématite brune, la limonite $Fe^2 (OH)^6$, le fer magnétique ($Fe^3 O^4$), le fer spathique ($CO^3 Fe$). Ces minerais contiennent toujours des matières étrangères, comme la craie ou le sable, constituant la gangue du minerai.

626. Haut fourneau. — Le minerai de fer, broyé et lavé, est soumis, dans un *haut fourneau*, à un traitement chimique ayant pour but de réduire le minerai et de faire passer la gangue à l'état de *scorie* fusible. A cet effet, on mélange le minerai à du *coke* et à un *fondant* convenable, et on superpose dans le haut fourneau des couches alternantes du coke et du mélange précédent. On allume le charbon et on lance un courant d'air continu dans le haut fourneau, formé de deux troncs de cône réunis par leur grande base; le tronc de cône supérieur s'appelle la *cuve* et l'autre les *étalages*; au-dessous des étalages est le *creuset*.

La combustion du coke produit de l'oxyde de carbone, qui traverse la première couche de minerai et le réduit :

$$Fe^2O^3 + 3CO = 3CO^2 + 2Fe.$$

Le fer tombe dans les étalages où il se convertit en fonte, fond et gagne le creuset. L'anhydride carbonique formé trouve la couche de combustible incandescent suivante et se réduit à l'état d'oxyde de carbone :

$$CO^2 + C = 2CO.$$

Cet oxyde de carbone réduit le minerai qui suit, se transforme en anhydride carbonique et la même série de réactions chimiques se reproduit indéfiniment, puisque l'on charge continuellement le haut fourneau par le gueulard. Par celui-ci sortent des gaz qui brûlent et produisent une grande quantité de chaleur, que l'on utilise pour échauffer l'air lancé par les tuyères. Dans les étalages, la gangue et la castine se combinent pour former la scorie, qui fond; de sorte qu'au bout d'un certain temps, le creuset renferme de la fonte fondue, surmontée d'un bain de scories liquides que l'on fait écouler. La fonte est ensuite coulée en lingots ou *gueuses* de fonte, qui sont, par l'affinage, converties en *fer doux*, ou fer presque pur.

627. Fer. — On appelle *fer doux* du fer pur, aussi débarrassé que possible du carbone et des matières étrangères contenues dans la fonte : le fer doux est ductile et malléable. On l'obtient en *affinant* la fonte, c'est-à-dire en oxydant à l'air, à une température élevée, le carbone, le silicium, le soufre et le phosphore que renferme la fonte : le carbone est transformé en oxyde de carbone et le silicium en un *silicate de fer* irréductible par le charbon.

628. Fontes. — La *fonte* est du fer contenant de 2 à 5 p. 100 de carbone, avec des quantités très minimes de silicium, de soufre, de phosphore et de manganèse ; on peut aussi y trouver de l'azote. On connaît deux variétés de fonte : la *fonte grise* et la *fonte blanche*.

La *fonte grise* est d'un gris noir ; elle a pour densité 7 environ ; elle fond à 1.200° et devient très fluide ; aussi est-elle employée pour le moulage : en se solidifiant, elle augmente de volume et pénètre dans tous les détails du moule. Elle est douce, grenue et peut être travaillée à la lime et au tour. Le carbone de la fonte grise est libre en partie ; on l'aperçoit dans la masse sous l'aspect de paillettes de graphite.

La *fonte blanche* est en grains brillants, elle fond vers 1100° en devenant pâteuse ; elle est impropre au moulage ; elle sert à fabriquer le fer doux et l'acier.

La production de l'une ou l'autre fonte dépend de la température à laquelle a eu lieu la réduction du minerai de fer : la fonte blanche se produit à basse température ; la fonte grise prend naissance à une température très élevée.

629. Aciers. — L'*acier* est du fer renfermant de 0,7 à 1 p. 100 de carbone ; on prépare l'acier soit en affinant partiellement la fonte, comme dans le procédé Bessemer, soit en carburant le fer doux ; le premier procédé donne l'acier de forge, et le second procédé fournit l'acier de *cémentation*.

L'acier trempé est dur et cassant comme le verre ; l'acier recuit est plus ou moins dur, suivant la température à laquelle a eu lieu le recuit.

L'acier fond à une température un peu inférieure à celle de la fusion du fer, d'autant moins élevée que l'acier est plus carburé. Chauffé au rouge, puis refroidi brusquement par la *trempe* dans l'eau, il devient très dur et aussi cassant que le verre : on obtient alors l'acier **trempé**. Par le refroidissement lent, au contraire, l'acier, chauffé au rouge, se transforme en acier recuit, en gardant son élasticité et en présentant plus ou moins de dureté, suivant la température à laquelle a eu lieu le *recuit*. Pour *recuire* l'acier, on le trempe, puis on le porte à une température graduée de façon à détruire plus ou moins l'effet de la trempe. Il se colore alors de teintes variables :

à 220°	Jaune paille.
à 240°	Jaune d'or.
à 258°	Pourpre.
à 263°	Violet.
à 295°	Bleu.
à 322°	Bleu foncé.

Quand l'acier trempé a été porté à l'une de ces températures, on le laisse ensuite refroidir lentement.

L'acier de forge est employé pour fabriquer des lames d'épée, de sabre, de fleuret, des scies, des ressorts de voiture, des rails de chemin de fer, des bandages, etc. L'acier Bessemer et l'acier Martin servent à la construction des coques de navires, des tôles pour chaudières à vapeur, des canons, des affûts, des projectiles. L'acier fondu sert à la fabrication des ressorts de montre, des burins, des outils, des objets de coutellerie, des instruments de chirurgie, etc., etc.

PROPRIÉTÉS GÉNÉRALES DES SELS

630. *Propriétés physiques*. — On appelle *sel* le résultat de la substitution directe ou indirecte d'un métal à l'hydrogène remplaçable d'un acide. Certains sels peuvent se former directement, comme le sulfate de fer, le chlorure de zinc ; d'autres s'obtiennent en faisant réagir l'acide sur l'oxyde du sel ; dans ce cas, il y a formation du sel avec élimination d'eau.

Les sels sont des corps solides, cristallisés, plus ou moins solubles dans l'eau ; le courant électrique décompose les solutions salines ; le métal apparaît sur l'électrode négative.

631. Lois de Berthollet. — L'action des acides, des bases et des sels sur les sels est régie par les *lois de Berthollet*, fondées sur l'insolubilité et sur la volatilité des produits de la réaction.

Principe fondamental. — *Un acide, une base ou un sel réagissent sur un sel lorsqu'il peut résulter de cette réaction un corps moins soluble ou plus volatil que les corps réagissants, dans les conditions de l'expérience.*

I. *Action des acides sur les sels.* — 1re loi. — *Un acide est chassé de son sel par tout autre acide plus fixe que lui.*

Exemple. — Décomposition des carbonates par les acides, même les plus faibles :

$$CO^3K^2 + 2\,HCl = 2\,KCl + CO^2 + H^2O.$$

2° loi. — *Un acide chasse de son sel un autre acide insoluble ou très peu soluble à la température de l'expérience.*

Exemple. — L'acide sulfurique précipite la silice du silicate de potassium, à l'état de silice gélatineuse.

3e loi. — *Tout acide est chassé de son sel par un autre acide qui peut former, avec le métal du sel, un sel insoluble.*

Exemple. — L'acide sulfurique chasse l'acide azotique de l'azotate de plomb, parce qu'il peut se former du sulfate de plomb insoluble :

$$(Az\,O^3)^2\,Pb + SO^4H^2 = 2\,Az\,O^3H + SO^4Pb.$$

II. *Action des bases sur les sels.* — 1re loi. — *Une base fixe chasse d'un sel une autre base volatile à la température de l'expérience.*

Exemple. — La potasse, la soude, la chaux, chassent l'ammoniaque des sels ammoniacaux.

2e loi. — *Une base soluble chasse d'un sel une autre base insoluble.*

Exemple. — L'hydrate de plomb est chassé de ses sels par la potasse ou l'ammoniaque :

$$(Az\,O^3)^2\,Pb + 2\,KOH = Pb(OH)^2 + 2\,Az\,O^3K.$$

On applique cette loi pour la préparation d'un grand nombre d'hydrates métalliques.

3ᵉ loi. — *Une base est chassée de son sel par une autre base pouvant former avec l'acide du sel un sel insoluble.*

Exemple. — On prépare la potasse caustique en traitant une dissolution de carbonate de potassium par un lait de chaux; il se forme du carbonate de calcium insoluble, et la potasse, mise en liberté, se dissout dans la liqueur :

$$CO^3K^2 + Ca(OH)^2 = CO^3Ca + 2KOH.$$

III. *Action des sels sur les sels.* — **1ʳᵉ loi.** — *Deux sels réagissent l'un sur l'autre, lorsqu'ils peuvent donner naissance à un sel insoluble à la température de l'expérience.*

Exemple I. — Une dissolution d'azotate de baryum et une dissolution de sulfate de potassium réagissent l'une sur l'autre :

$$(AzO^3)^2Ba + SO^4K^2 = SO^4Ba + 2AzO^3K.$$

Exemple II. — Azotate d'argent et sel marin :

$$AzO^3Ag + NaCl = AgCl + AzO^3Na.$$

Exemple III. — A la température de l'ébullition, le chlorure de potassium et l'azotate de sodium réagissent l'un sur l'autre, parce qu'il peut se former du chlorure de sodium, très peu soluble à la température de l'expérience :

$$AzO^3Na + KCl = NaCl + AzO^3K.$$

On utilise cette réaction pour préparer le salpêtre.

2ᵉ loi. — *Deux sels réagissent l'un sur l'autre lorsqu'ils peuvent former un sel volatil à la température de l'expérience.*

Exemple. — Si l'on chauffe un mélange de sulfate d'ammonium et de carbonate de calcium, il se dégage du *carbonate d'ammonium.*

En chauffant du sel marin et du sulfate de mercure, on obtiendrait du chlorure de mercure volatil.

632. Salpêtre. AzO³K. — Le *salpêtre*, ou azotate de potassium, est un sel blanc, soluble dans l'eau, cédant très facilement son oxygène, surtout en présence du soufre et du charbon. On le prépare aujourd'hui en transformant le nitrate de soude naturel, ou salpêtre du Chili, en azotate de potassium, au moyen du chlorure de potassium.

La *poudre de guerre* est un mélange explosif de salpêtre, de charbon et de soufre, dans la proportion de 75 de salpêtre, 12,5 de charbon et 12,5 de soufre.

Voici la formule de sa combustion :

$$4\,AzO^3K + S^2 + 6\,C = 2\,K^2S + 6\,CO^2 + 2\,Az^2.$$

633. Potasse et soude du commerce. — 1° *Potasse*. On appelle *potasse du commerce*, le carbonate neutre de potassium, CO^3K^2; on l'obtient en lessivant les cendres des végétaux et en faisant cristalliser la liqueur. C'est un sel blanc, déliquescent, très soluble dans l'eau, servant à la fabrication des savons mous par la saponification des huiles. On l'obtient aussi en grande abondance en le retirant des salins de betteraves.

2° *Soude*. On appelle *soude du commerce*, le carbonate neutre de sodium, CO^3Na^2, qui est un sel blanc, efflorescent, très soluble dans l'eau, que l'on obtient artificiellement par le procédé **Leblanc** : on transforme d'abord le sel marin en sulfate de sodium, par un traitement à l'acide sulfurique ; puis on transforme le sulfate de sodium en carbonate de sodium, en faisant agir sur lui un mélange de craie et de charbon dans des fours à réverbère. La soude du commerce sert à la fabrication des savons durs, du verre ordinaire et du borax.

634. Carbonate de calcium. CO^3Ca. — Ce sel se trouve dans la nature à l'état de *spath d'Islande*, d'*aragonite*, de *marbre*, de *craie*, de *pierre à chaux*, etc. Il se décompose par la chaleur en chaux vive et en anhydride carbonique.

Le carbonate de calcium fait effervescence avec les acides, en perdant son anhydride carbonique ; c'est une conséquence des lois de Berthollet.

Le carbonate de calcium, insoluble dans l'eau pure, est soluble dans l'eau chargée d'anhydride carbonique : il se transforme en bicarbonate de calcium $(CO^3)^2CaH^2$, légèrement soluble dans l'eau. Toutes les eaux courantes renferment ainsi du carbonate de calcium, dissous à la faveur de l'anhydride carbonique de l'air atmosphérique. Certaines sources sont très riches en anhydride carbonique et dissolvent alors une grande quantité de carbonate de calcium : quand elles arrivent au contact de l'air, elles perdent l'anhydride carbonique en excès et abandonnent une quantité correspondante de carbonate de calcium qui cristallise et forme des *pétrifications* appelées *stalactites* et *stalagmites*.

Le carbonate de calcium est employé à l'état de pierre à bâtir, de pierre de taille, de marbre, d'albâtre, de pierre lithographique, de craie, etc. Il sert à la préparation de la chaux vive, des eaux gazeuses artificielles, etc.

635. **Plâtre.** SO^4Ca. — On trouve dans la nature le *gypse* ou *pierre à plâtre*, qui est le sulfate de calcium cristallisé, $SO^4Ca, 2H^2O$. Chauffé à 120°, le gypse perd son eau et se transforme en plâtre.

Le plâtre, gâché avec son volume d'eau, s'hydrate et passe rapidement à l'état de sulfate de calcium hydraté, sous la forme de petits cristaux *feutrés*, enchevêtrés les uns dans les autres ; la transformation s'accomplit avec augmentation de volume et dégagement de chaleur ; on peut donc employer le plâtre comme mortier.

On l'emploie aussi pour le moulage : la dilatation qui accompagne la *prise* du plâtre lui permet de pénétrer dans tous les détails du moule.

Le plâtre est un excellent engrais pour les prairies artificielles, à la dose de 300 kilogr. par hectare ; il doit être conservé à l'abri de l'humidité, parce qu'il absorbe rapidement la vapeur d'eau de l'atmosphère et s'évente : alors il ne fait plus prise avec l'eau.

636. **Sulfate de cuivre et sulfate de fer.** — Les propriétés de ces deux sels ont été étudiées plus loin (§§ 639 et 645).

637. **Aluns.** — On donne le nom d'*aluns* à des sels doubles, cristallisés en octaèdres réguliers, qui sont :

$$
\begin{aligned}
L'alun\ ordinaire\ &.\ .\ .\ .\ .\quad (SO^4)^3 Al^2, SO^4K^2, 24\,H^2O \\
—\quad de\ fer\ &.\ .\ .\ .\ .\ .\quad (SO^4)^3 Fe^2, SO^4K^2, 24\,H^2O \\
—\quad de\ chrome\ &.\ .\ .\ .\ .\quad (SO^4)^3 Cr^2, SO^4K^2, 24\,H^2O
\end{aligned}
$$

Les aluns sont surtout employés en teinture ; nous étudions plus loin les propriétés de l'alun ordinaire (642).

638. Argiles. — Les *argiles* sont des masses terreuses, imperméables à l'eau, servant surtout à la fabrication des poteries (642).

NOTIONS GÉNÉRALES SUR LES MÉTAUX USUELS

639. Fer. Fe = 56. — Le *fer* est un métal d'un gris bleuâtre, de densité 7,8 en moyenne, fondant entre 1 500° et 1 600°, pouvant se souder à lui-même, à la température du blanc soudant, présentant une cassure nerveuse quand il est de bonne qualité, et une cassure grenue, quand il manque de ténacité. Le fer est éminemment magnétique ; le fer doux s'aimante instantanément et perd instantanément son aimantation, lorsque l'action magnétisante est supprimée. L'acier aimanté conserve son aimantation.

Le fer, exposé à l'air, absorbe l'oxygène et la vapeur d'eau de l'atmosphère et se transforme en rouille ou *hydrate ferrique* $Fe^2(OH)^6$.

Le fer décompose l'eau au rouge en dégageant de l'hydrogène et en se transformant en oxyde magnétique de fer Fe^3O^4.

$$3Fe + 4H^2O = 4H^2 + Fe^3O^4.$$

Le fer est un métal très altérable à l'air ; il doit donc, pour les usages industriels ou domestiques, être préservé de la rouille.

Pour cela, on enduit le fer d'une peinture rouge obtenue en délayant du minium dans de l'huile de lin.

On peut encore plonger le fer dans un bain d'étain fondu, après l'avoir décapé à l'acide chlorhydrique faible ou par l'action de vapeurs de sel ammoniac ; on obtient ainsi le *fer-blanc*.

En trempant le fer dans un bain de zinc fondu, on obtiendra le fer *galvanisé*. On pourrait aussi recouvrir le fer d'une couche de plomb.

Le fer exposé à l'air se transforme complètement en rouille, parce que l'oxyde de fer est poreux ; si l'on recouvre le fer d'une couche de zinc ou d'étain, le fer sera préservé de l'oxydation ; le fer galvanisé est préférable au fer-blanc. En effet, l'hydrocarbonate de zinc est imperméable ; donc, l'oxydation du zinc ne sera que superficielle ; de plus, si par hasard le fer est mis à nu, il ne s'oxydera pas, parce que le zinc, étant le pôle négatif du couple électrique formé par la superposition des deux métaux, s'oxydera seul.

Dans le fer-blanc, la couche d'étain est à peu près inaltérable à l'air ; mais si le fer est mis à nu, il s'oxydera immédiatement, parce qu'il est le pôle négatif du couple : Étain — Fer ; la présence de l'étain active donc l'oxydation du fer.

On pourrait aussi préserver le fer de toute oxydation en le recouvrant d'un dépôt galvanique de cuivre, comme on le fait pour les candélabres à gaz.

Les deux sels de fer les plus importants sont le *perchlorure de fer* et le *sulfate de fer*.

Le *perchlorure de fer*, Fe^2Cl^6, est un corps solide très soluble dans l'eau, que l'on prépare en dissolvant le fer dans l'eau régale. La solution de perchlorure de fer est employée en médecine pour arrêter les hémorragies.

Le *sulfate de fer*, $SO^4Fe + 7H^2O$, appelé aussi *vitriol vert*, se prépare en traitant de la ferraille par l'acide sulfurique étendu d'eau ; on concentre la liqueur dans des bassines en plomb ; on laisse refroidir dans des cuves en bois sur les parois desquelles se déposent des cristaux verts qui s'effleurissent à l'air en passant à l'état de sulfate ferrique $(SO^4)^3Fe^2$.

Le sulfate de fer sert à préparer l'encre ordinaire, l'acide de Nordhausen, le colcothar, le bleu de Prusse, la poudre d'or employée dans la peinture sur porcelaine : on l'emploie dans la teinture pour teindre en noir, violet et pour préparer la cuve d'indigo.

C'est un désinfectant assez énergique.

640. Zinc. Zn $= 66$. — Le *zinc* est un métal d'un blanc bleuâtre, à texture cristalline, ayant pour densité 6,8 à l'état fondu, et 7,2 à l'état laminé. Il fond vers 350° et il bout à 930°. Il est cassant à la température ordinaire ; il devient ductile et malléable entre 108° et 150°. Aussi, pour le laminer, faut-il le porter préalablement à 140°. Il devient cassant à 200° et peut être alors pulvérisé dans un mortier. Il est difficile à travailler parce qu'il graisse la lime. Fondu dans un creuset et coulé dans l'eau par petites masses, il se solidifie en donnant le zinc en grenaille.

Le zinc est inaltérable à la température ordinaire dans l'oxygène et dans l'air sec ; à la température de son ébullition, il prend feu dans l'air en produisant une flamme blanche très éclatante : il se transforme en flocons blancs d'oxyde de zinc, très légers.

Exposé à l'air humide, il se recouvre d'une couche d'hydrocarbonate de zinc, qui préserve le reste de la masse de toute altération.

L'acide chlorhydrique attaque le zinc à la température ordinaire, en formant du chlorure de zinc et en dégageant de l'hydrogène. Le zinc pur n'est attaqué que très lentement par l'acide sulfurique ; avec le zinc impur, l'acide sulfurique détermine une attaque énergique du métal.

Les feuilles de zinc servent pour la couverture des toits, pour fabriquer des gouttières, des baignoires et des ustensiles divers. Le zinc sert à recouvrir le fer, pour préserver ce métal de l'oxydation ; il entre dans la composition de plusieurs alliages, tels que le laiton, le maillechort.

L'oxyde de zinc, Zn O, est un corps solide blanc, très léger, en flocons laineux, que l'on prépare en faisant passer un courant d'air sur du zinc fondu.

L'oxyde de zinc est presque exclusivement employé, sous le nom de *blanc de zinc*, pour la peinture en blanc. Il a sur la céruse, ou blanc de plomb, l'avantage de ne pas être vénéneux et de ne pas noircir en présence de l'hydrogène sulfuré. Cependant, beaucoup de peintres préfèrent employer la céruse, qui est plus couvrante, et qui rend siccative l'huile dans laquelle on la délaye, tandis qu'avant de délayer le blanc de zinc dans l'huile, il faut rendre cette huile siccative en la chauffant avec du bioxyde de manganèse ou en la mélangeant avec des sels de manganèse.

Le *sulfure de zinc*, ou blende, ZnS, se trouve dans la nature, ainsi que le *carbonate de zinc*, ou *calamine*, CO^3Zn. Le *sulfate de zinc*, ou *vitriol blanc*, SO^4Zn, est employé en médecine comme caustique léger; on peut aussi s'en servir comme désinfectant.

641. Nickel. $Ni = 59$. — Le *nickel* est un métal d'un blanc grisâtre, très dur, très ductile, très malléable, ayant pour densité 8,27 et un peu moins fusible que le fer. Il ne s'oxyde pas à l'air à la température ordinaire. Aussi l'emploie-t-on aujourd'hui pour recouvrir le fer et le préserver de l'oxydation.

Son sel le plus important est le *sulfate de nickel*, SO^4Ni, employé pour le nickelage.

Le nickel entre dans la composition de certains alliages, tels que le maillechort, l'alliage monétaire de la monnaie d'appoint belge, qui est un alliage de nickel et de cuivre, d'une belle couleur blanche, assez dur et ne s'altérant pas à l'air. Le nickel sert encore à recouvrir les métaux d'une couche inaltérable et susceptible d'un beau poli.

Pour nickeler les objets en fer, on dissout 10 grammes de chlorure de zinc dans 100 grammes d'eau et on y ajoute du sulfate de nickel jusqu'à coloration verte. On dépose les objets de fer dans le bassin et on chauffe pendant une heure à l'ébullition ; le fer se recouvre d'une couche adhérente mince de nickel ; on lave les objets nickelés avec de l'eau tenant de la craie en suspension.

On peut aussi employer le nickelage électrique : à cet effet, on dissout 60 grammes de sulfate double de nickel et d'ammonium dans un demi-litre d'eau bouillante ; d'autre part, on dissout 30 grammes de sulfate d'ammonium et 3 grammes d'acide citrique dans un demi-litre d'eau. On mélange les deux solutions et on y ajoute peu à peu du carbonate d'ammonium jusqu'à neutralisation complète. On filtre la liqueur, qui constitue le bain de nickel. La pièce à nickeler reliée au pôle négatif de la pile est plongée dans le bain ; l'électrode positive soluble est une lame de nickel.

642. Aluminium. Al $= 27$. — *L'aluminium* s'obtient aujourd'hui à bon compte par l'électrolyse de la cryolithe ou en réduisant l'alumine par le charbon sous l'action d'un courant électrique très intense.

On obtient ainsi un métal d'un blanc bleuâtre, très léger, de densité 2,56, d'une dureté et d'une ténacité comparables à celles de l'argent. Il est sonore, bon conducteur de la chaleur et meilleur conducteur de l'électricité que le fer ; il fond à 700° et n'a pas encore pu être volatilisé.

L'aluminium doit être considéré comme un métal précieux : il est inaltérable à l'air, il n'est pas attaqué par l'hydrogène sulfuré ; les acides azotique et sulfurique l'attaquent lentement à chaud, l'acide chlorhydrique le transforme à froid en chlorure d'aluminium soluble, $Al^2 Cl^6$.

Il ne s'allie qu'avec le cuivre, l'argent et le fer ; on l'utilise dans l'industrie pour la fabrication des objets légers, comme les montures de lunettes de spectacle ; on l'allie souvent au cuivre pour former le bronze d'aluminium d'une belle couleur jaune, employé pour la confection des surtouts de table, de couverts, de chaînes et de boîtiers de montre.

L'aluminium ne forme avec l'oxygène qu'un seul oxyde qui est l'*alumine* Al^2O^3. A l'état cristallisé, l'alumine constitue le corindon, pierre précieuse incolore, transparente, cristallisée en rhomboèdres isomorphes des cristaux naturels de sesquioxyde de fer. Lorsque le corindon renferme les traces d'oxydes étrangers, il se colore et constitue les pierres précieuses connues sous les noms de saphir, rubis, améthyste et topaze, ayant pour densité 4 et constituant les pierres les plus dures que l'on connaisse, après le diamant ; l'émeri est un mélange d'alumine et de sesquioxyde de fer, servant à user le verre et à polir les métaux ; étendu sur une feuille de papier et fixé par un peu de colle forte, il constitue le papier d'émeri.

Le principal sel d'aluminium est l'*alun* $(SO^4)^3Al^2$, SO^4K^2, $24H^2O$. L'*alun* est un sel blanc cristallisé en octaèdres réguliers, s'effleurissant à leur surface. Il est soluble dans 10 fois son poids d'eau froide et dans le tiers de son poids d'eau à 100°. L'alun subit la fusion aqueuse vers 92° ; si on le laisse refroidir, il prend l'aspect vitreux et constitue l'*alun de roche* ; au rouge sombre, il perd ses 24 molécules d'eau et devient anhydre, en se boursouflant : on le nomme alors *alun calciné* ; au rouge blanc, il dégage de l'anhydride sulfureux et de l'oxygène, en laissant un résidu fixe d'alumine et de sulfate de potassium.

On emploie l'alun comme mordant dans la teinture, pour fixer les couleurs ; il sert à conserver les cuirs, à coller la pâte à papier, à clarifier les suifs et les eaux bourbeuses. En médecine, on l'emploie comme astringent et comme caustique.

On donne le nom d'*argiles* à des masses terreuses, d'un grain très fin, d'une couleur variant du jaune au gris, suivant leur composition, formées de silicate d'aluminium plus ou moins mélangé à de la silice en excès, à de l'oxyde de fer, à de l'alumine, à de la magnésie, à du carbonate de calcium, etc.

L'argile pure est blanche ; l'argile mélangée à de l'oxyde de fer est jaune rougeâtre et se colore par la cuisson en rose ou en rouge plus ou moins intense, comme on le voit dans la fabrication des briques et des tuiles.

L'argile est très poreuse et très avide d'eau, dont elle peut retenir jusqu'aux trois quarts de son volume. L'argile délayée avec de l'eau en pâte liante perd de l'eau et éprouve un retrait considérable, en se fendillant en tous sens quand on l'expose à l'air.

L'argile bien humectée d'eau devient imperméable : cela explique l'existence des cours d'eau souterrains, formés par les eaux qui se sont infiltrées à travers les couches supérieures du sol et sont arrivées au contact de couches d'argile qu'elles ne peuvent traverser.

Les *poteries* se divisent en deux catégories : les poteries à pâte compacte, non rayées par l'acier, ou *poteries dures*, et les poteries à pâte tendre, rayées par l'acier, ou *poteries tendres*.

Tous les produits céramiques sont fabriqués à l'aide des diverses variétés d'argile, cuites à une température plus ou moins élevée et rendues imperméables par une glaçure ou couverte, qui donne à leur surface un beau poli.

Les poteries à pâte dure sont les faïences fines, les grès, les porcelaines ; les poteries à pâte tendre sont les faïences communes et les poteries grossières.

En mélangeant à l'argile un fondant, c'est-à-dire une substance fusible à la température de cuisson de la poterie, celle-ci devient translucide et constitue la *porcelaine* ou poterie semi-vitrifiée.

Les objets de poterie commune sont fabriqués avec des argiles ferrugineuses mélangées à du sable et à de la marne : la couverte est un silicate double d'aluminium et de plomb. Il faut éviter d'y laisser séjourner des aliments gras ou contenant du vinaigre, qui attaqueraient peu à peu la couverte en formant des sels de plomb très vénéneux.

On désigne sous le nom de *terres cuites* tous les objets faits avec des argiles marneuses mêlées de sable : ce sont les briques, les tuiles, les pannes, les formes à sucre, les pots à fleurs, les fourneaux à main, les tuyaux de conduite, etc. La pâte est façonnée à la main ou au tour ; puis elle subit une cuisson à une température peu élevée.

Les briques sont façonnées au moule, puis séchées à l'air et enfin cuites dans des fours : les briques réfractaires sont fabriquées avec des argiles pures additionnées de sable blanc.

643. Calcium Ca = 40. — Le *calcium* n'a aucune utilité par lui-même, mais son oxyde et ses sels sont très importants. On trouve dans la nature, à l'état de craie, de moellon, de marbre, de pierre de taille, de stalactites, etc., un sel de calcium que l'on appelle le *carbonate de calcium*, CO^2Ca, constituant à lui seul la majeure partie de la croûte terrestre.

Chauffée au rouge, la craie se décompose en *chaux vive*, $Ca\,O$, et en *gaz carbonique*, CO^2.

$$CO^3Ca = Ca\,O + CO^2.$$

La chaux est une masse blanche, terreuse, très avide d'eau, qui, en absorbant de l'eau, s'échauffe, craque, se gonfle et tombe en poussière en devenant la *chaux éteinte*, $Ca\,(OH)^2$.

La chaux, mélangée à du sable et à de l'eau, constitue le *mortier*. La chaux ordinaire renferme très peu d'argile ; mais on connaît une variété de chaux, appelée *chaux hydraulique*, renfermant une quantité d'argile variant de 18 à 35 p. 100. La chaux hydraulique mélangée à du sable et à de l'eau forme un mortier qui durcit au bout de très peu de temps : de là l'emploi de la chaux hydraulique pour la construction des piles de ponts, des digues, etc.

On trouve encore dans le sol la pierre à plâtre ou *gypse*, $SO^4Ca + 2H^2O$; le gypse calciné vers 130° perd son eau et se transforme en plâtre. Le plâtre gâché avec son volume d'eau forme un mortier qui durcit très vite. Le plâtre sert aussi pour fertiliser les prairies, pour prendre des moulages, etc.

644. Étain. $Sn = 118$. — L'*étain* est un métal d'un blanc d'argent, assez mou, très malléable et presque complètement inaltérable à l'air. Il est employé surtout à la fabrication du fer-blanc, du fer battu; il entre dans la composition du bronze, de la potée d'étain, de la soudure des plombiers, etc. Il sert aussi à étamer les casseroles en cuivre.

Le seul sel d'étain usuel est le *chlorure stanneux*, $Sn\,Cl^3 + 2H^2O$ employé en teinture comme rongeant.

645. Cuivre. $Cu = 63,5$. — Le *cuivre* est un métal d'un rouge clair, ayant pour densité 8,9 environ, fondant vers 1,150° et se vaporisant lentement en colorant en vert la flamme du foyer. Il a une odeur et une saveur sensibles et désagréables. Il est très tenace, très ductile, assez malléable, très bon conducteur de la chaleur et de l'électricité.

Le cuivre, exposé à l'air, se recouvre d'une couche de vert-de-gris, ou *hydrocarbonate de cuivre*, qui le préserve de toute oxydation ultérieure : c'est à la formation du vert-de-gris qu'est due la patine des statues en bronze et des objets d'art en cuivre. Le vert-de-gris est très vénéneux.

Le cuivre pur n'est employé que pour fabriquer des chaudières, des ustensiles de cuisine ou des feuilles pour doubler les navires. Le cuivre s'emploie presque toujours à l'état d'alliage avec des métaux qui le rendent moins aigre. Le *bronze* est un alliage de cuivre et d'étain à 90 p. 100 de cuivre. Le *laiton* est un alliage de cuivre et de zinc employé à fabriquer tous les objets dits *en cuivre*. On peut aussi allier le cuivre à l'*aluminium*. Le *métal anglais* est un alliage de cuivre, de zinc et de nickel, etc.

Le principal sel de cuivre est le *sulfate de cuivre*, $SO^4\,Cu + 5H^2O$. On le prépare en chauffant des rognures de cuivre avec de l'acide sulfurique. C'est un beau sel bleu, assez soluble dans l'eau, employé en teinture pour teindre en violet et en noir ; en agriculture, il sert à chauler les blés ; en électricité, sa solution est employée comme dépolarisant dans la pile de Daniell ; il sert à la galvanoplastie, au cuivrage, etc. Il est très vénéneux.

646. Plomb. $Pb = 208$. — Le *plomb* est un métal d'un gris bleuâtre, assez mou pour être rayé par l'ongle et pour laisser une trace grise sur le papier, très malléable, mais dénué de ténacité, de ductilité et d'élasticité : il ne s'écrouit pas. Il a pour densité 11,3 ; il fond à 335° et il émet des vapeurs au rouge.

Les acides organiques attaquent le plomb en présence de l'air ; aussi, comme les sels formés sont vénéneux, on ne doit pas employer le plomb pour la fabrication des ustensiles de cuisine.

Le plomb sert à faire les conduites d'eau et de gaz, le plomb de chasse, les balles de fusil, les caractères d'imprimerie, la soudure des plombiers, les chambres de plomb employées dans la préparation de l'acide sulfurique, les feuilles minces des toitures, etc.

Le plomb fondu, chauffé à l'air, se transforme d'abord en *oxyde de plomb*, PbO, puis en *minium*, Pb^3O^4 ; le minium est une poudre rouge, très lourde ; il sert à colorer les papiers de tenture, la cire à cacheter, à préparer un lut pour les joints des machines à vapeur, à fabriquer le cristal, le flint, le strass, le vernis des poteries ordinaires et l'émail des faïences. Enfin, il protège le fer de l'oxydation au contact de l'air.

La *céruse* est une combinaison de carbonate de plomb et d'hydrate de plomb, en proportions légèrement variables, de manière à ce que la composition s'éloigne peu de celle que représente la formule :

$$2\,CO^3Pb + Pb(OH)^2.$$

La céruse est un corps solide, blanc, doué d'un pouvoir

couvrant considérable. Elle enlève à l'huile sa couleur jaunâtre ; aussi la mélange-t-on à presque toutes les couleurs employées en peinture. Elle présente l'inconvénient de noircir, comme tous les sels de plomb, sous l'influence de l'acide sulfhydrique. Elle est très vénéneuse ; les poussières de céruse introduites dans l'économie produisent les accidents graves connus sous le nom de *coliques de plomb*.

647. Mercure. $Hg = 200$. — Le *mercure* est le seul métal liquide à la température ordinaire. Il a pour densité 13,59 ; il se solidifie à — 40° et il fond à 360°. Il est d'un gris blanc très brillant. Il est très vénéneux. Il sert à faire des baromètres, des thermomètres, à étamer les glaces, etc.

Le *calomel*, ou *chlorure mercureux*, Hg^2Cl^2, est un sel de mercure employé comme purgatif ou vomitif : on ne doit l'administrer qu'au moins quatre heures après ou avant le repas.

Le *sublimé corrosif*, ou *chlorure mercurique*, $HgCl^2$, est très vénéneux ; il est employé pour conserver les préparations d'histoire naturelle et en médecine pour les maladies de la peau. Les alliages contenant du mercure s'appellent des *amalgames*.

648. Argent. $Ag = 108$. — L'*argent* est un métal blanc, très malléable, très ductile, inaltérable à l'air pur ; mais il noircit au contact des émanations sulfhydriques. Il fond à 1,000°. Sa densité est égale à 10,5.

L'argent n'est jamais employé seul, parce qu'il est trop mou : on l'allie toujours au cuivre ; le titre de ces alliages varie, suivant l'usage auquel on les destine, depuis 950 jusqu'à 800 p. 1,000.

Les principaux sels d'argent sont : l'*azotate d'argent*, AzO^3Ag, ou *pierre infernale*, employé en médecine comme caustique léger ; le *bromure d'argent*, $AgBr$; le *chlorure d'argent*, $AgCl$, et l'*iodure d'argent*, AgI. Ces trois derniers sels sont insolubles dans l'eau, mais solubles dans l'hyposulfite de sodium. Ils sont très sensibles à l'action de la lumière qui les réduit à l'état d'argent métallique ; on les emploie en photographie.

649. Or. Au $= 196,4$. — L'*or* est un métal jaune par réflexion et vert par transparence, ayant pour densité 19,5, fondant à 1,250° et se volatilisant à une température plus élevée, en produisant des vapeurs vertes. L'or est le plus ductile et le plus malléable des métaux ; on en fait des feuilles d'or ayant un dix-millième de millimètre d'épaisseur.

L'or est inaltérable à l'air à toute température ; c'est un métal précieux par excellence ; le chlore et le brome l'attaquent à froid. Il peut former des alliages avec les autres métaux.

Les acides sont sans action sur l'or ; l'eau régale seule l'attaque et le transforme en *chlorure d'or*, $AuCl^3$.

L'or est trop mou pour être employé seul ; on l'allie toujours avec du cuivre ; le titre des alliages varie de 920 à 750 p. 1,000. L'or est employé pour frapper la monnaie d'or, les médailles d'or et pour la bijouterie ; on le réduit en feuilles pour la dorure sur bois, etc.

L'or se trouve toujours à l'état natif, en pépites, au milieu de sables charriés par les eaux.

Le seul sel d'or est le *chlorure d'or*, $AuCl^3$, employé en photographie pour virer les épreuves sur papier.

650. Platine. Pt $= 197$. — Le *platine* est un métal d'un gris blanc, moins brillant que l'argent, ayant pour densité 21,5, mou, malléable et tenace, fondant à 1,775°.

Le platine est inaltérable ; l'eau régale seule l'attaque et le transforme en *chlorure de platine*, $PtCl^4$.

Le platine est employé dans les laboratoires sous forme de creusets, de capsules, de cornues.

Le platine se trouve à l'état natif, dans les mines de l'Oural.

TABLE DES MATIÈRES

DU PREMIER VOLUME

Nancy, imprimerie Berger-Levrault et Cie.

Bibliothèque d'Enseignement commercial

Dirigée par M. Georges PAULET

PROFESSEUR A L'ÉCOLE DES SCIENCES POLITIQUES

La **Bibliothèque d'enseignement commercial** est principalement destinée aux élèves qui se préparent aux Écoles supérieures de commerce ou qui s'y disputent le diplôme supérieur; aux élèves des grandes écoles industrielles et des Facultés de droit, qui ne sauraient se désintéresser des études commerciales; aux jeunes gens et aux jeunes filles qui, dans les écoles professionnelles, dans les cours du soir ou à leurs heures de libre étude, cherchent à se mettre en état de rendre dans le commerce des services appréciés.

Rédigée par les professeurs, les jurisconsultes et les spécialistes les plus autorisés, échappant à tout parti pris de doctrine, sacrifiant les développements purement théoriques au souci d'une instruction réellement utile et pratique, cette Bibliothèque pourra rendre en même temps de précieux services aux industriels et aux négociants désireux de parfaire leur éducation technique et de se tenir toujours, comme leurs concurrents étrangers, au courant de la législation commerciale, des procédés et des faits commerciaux : elle constituera ainsi la véritable **Bibliothèque du commerçant.**

OUVRAGES PARUS

Code annoté du Commerce et de l'Industrie. Lois, décrets, règlements relatifs au commerce et à l'industrie, avec un commentaire tiré des circulaires ministérielles, de la jurisprudence du Conseil d'État et de la Cour de cassation, par Georges PAULET, chef de bureau au Ministère du commerce, 1891. Un volume grand in-8 sur deux colonnes, broché. . . **15 fr.**   Relié en demi-chagrin, plats toile. **18 fr.**

Code de Commerce et Lois commerciales usuelles, avec des notions de législation comparée, à l'usage des élèves des Facultés de droit et des Écoles de commerce, par E. COHENDY, professeur à la Faculté de droit et à l'École supérieure de commerce de Lyon. 2ᵉ édition. 1898. Un volume in-18, relié en percaline gaufrée . . . . . . **2 fr.**

Recueil des Lois industrielles, avec des notions de législation comparée, à l'usage des élèves des Facultés de droit et des écoles industrielles et commerciales, par E. COHENDY, professeur à la Faculté de droit et à l'École supérieure de commerce de Lyon. 2ᵉ édition. 1898. Un volume in-18, relié en percaline gaufrée. . . . . **2 fr.**

Manuel pratique des Opérations commerciales, par A. DANY, directeur de l'École supérieure de commerce du Havre, ancien chef de comptabilité, ancien professeur à la société mutuelle des employés de commerce du Havre. 1894. Un vol. in-8, relié en percal. gaufrée. **5 fr.**

BIBLIOTHÈQUE

D'ENSEIGNEMENT

COMMERCIAL